U0157436

"十四五"国家重点出版物出版规划项目·重大出版工程

中国学科及前沿领域2035发展战略丛书

学术引领系列

国家科学思想库

中国能源科学
2035发展战略

"中国学科及前沿领域发展战略研究（2021—2035）"项目组

科学出版社

北　京

内 容 简 介

21世纪前20年，能源科学蓬勃发展，为保障世界能源安全、应对全球气候变化、促进人类文明和经济社会的不断发展进步提供了有力支撑，我国也已经成为能源科学大国、能源技术装备产业大国和能源教育大国。《中国能源科学2035发展战略》在总结国际能源发展趋势的基础上，全面分析了我国能源科学技术的发展现状，提出了我国能源科学技术发展的指导思想和发展目标，集中阐述了化石能源，可再生能源与新能源，智能电网，综合能源系统，能量转换中的动力装置与热能利用，电力装备，储能装备及系统，氢能的生产、储运及利用，终端用能及节能，碳减排技术等领域的关键科学技术问题，面向2035年提出了我国能源科学技术的重点发展方向和相关建议。

本书为相关领域战略与管理专家、科技工作者、企业研发人员及高校师生提供了研究指引，为科研管理部门提供了决策参考，也是社会公众了解能源科学发展现状及趋势的重要读本。

图书在版编目（CIP）数据

中国能源科学2035发展战略／"中国学科及前沿领域发展战略研究（2021—2035）"项目组编．—北京：科学出版社，2023.5
（中国学科及前沿领域2035发展战略丛书）
ISBN 978-7-03-075237-6

Ⅰ.①中… Ⅱ.①中… Ⅲ.①能源‐发展战略‐研究‐中国 Ⅳ.①TK01

中国国家版本馆 CIP 数据核字（2023）第 047250 号

丛书策划：侯俊琳　朱萍萍
责任编辑：杨婵娟　王勤勤／责任校对：杨　然
责任印制：赵　博／封面设计：有道文化

科 学 出 版 社 出版
北京东黄城根北街16号
邮政编码：100717
http://www.sciencep.com

北京市金木堂数码科技有限公司印刷
科学出版社发行　各地新华书店经销
*
2023年5月第 一 版　开本：720×1000　1/16
2024年11月第三次印刷　印张：36 1/4
字数：612 000

定价：248.00元
（如有印装质量问题，我社负责调换）

"中国学科及前沿领域发展战略研究（2021—2035）"

联合领导小组

组　长　常　进　李静海

副组长　包信和　韩　宇

成　员　高鸿钧　张　涛　裴　钢　朱日祥　郭　雷

杨　卫　王笃金　杨永峰　王　岩　姚玉鹏

董国轩　杨俊林　徐岩英　于　晟　王岐东

刘　克　刘作仪　孙瑞娟　陈拥军

联合工作组

组　长　杨永峰　姚玉鹏

成　员　范英杰　孙　粒　刘益宏　王佳佳　马　强

马新勇　王　勇　缪　航　彭晴晴

《中国能源科学 2035 发展战略》

项 目 组

组　长　何雅玲　陈维江

专家组　马伟明　程时杰　金红光　李应红　陈　勇

宣益民　刘吉臻　罗　安　郭烈锦　夏长亮

王秋良　赵天寿　黄　震　姜培学　王成山

饶　宏　赖一楠　纪　军　关永刚

工作组　（以姓氏拼音为序）

别朝红　樊建人　范　英　何金良　贾宏杰

康重庆　李　斌　李　政　李立毅　李盛涛

廖　强　鲁宗相　骆仲泱　马衍伟　聂超群

齐　飞　阮新波　盛　况　帅　永　孙宏斌

孙晓峰　唐桂华　汤　涌　王　东　王秋旺

王如竹　文劲宇　席　光　肖立业　谢　佳

杨勇平　姚　洪　姚　强　尹　毅　张　兴

张希良

秘 书 组

组　长　唐桂华　鲁宗相

副组长　冯　霞

成　员　（以姓氏拼音为序）

曹炳阳　陈新宇　董学强　段立强　葛天舒

顾　伟　郭庆来　郝　勇　胡　军　李　俊

李明佳　李廷贤　刘启斌　罗　坤　吕友军

马国明　王　凯　吴　翊　吴　云　吴红飞

辛焕海　徐　超　徐震原　杨　帆　姚　伟

张成明

总　序

　　党的二十大胜利召开，吹响了以中国式现代化全面推进中华民族伟大复兴的前进号角。习近平总书记强调"教育、科技、人才是全面建设社会主义现代化国家的基础性、战略性支撑"[①]，明确要求到 2035 年要建成教育强国、科技强国、人才强国。新时代新征程对科技界提出了更高的要求。当前，世界科学技术发展日新月异，不断开辟新的认知疆域，并成为带动经济社会发展的核心变量，新一轮科技革命和产业变革正处于蓄势跃迁、快速迭代的关键阶段。开展面向 2035 年的中国学科及前沿领域发展战略研究，紧扣国家战略需求，研判科技发展大势，擘画战略、锚定方向，找准学科发展路径与方向，找准科技创新的主攻方向和突破口，对于实现全面建成社会主义现代化"两步走"战略目标具有重要意义。

　　当前，应对全球性重大挑战和转变科学研究范式是当代科学的时代特征之一。为此，各国政府不断调整和完善科技创新战略与政策，强化战略科技力量部署，支持科技前沿态势研判，加强重点领域研发投入，并积极培育战略新兴产业，从而保证国际竞争实力。

　　擘画战略、锚定方向是抢抓科技革命先机的必然之策。当前，新一轮科技革命蓬勃兴起，科学发展呈现相互渗透和重新会聚的趋

---

① 习近平. 高举中国特色社会主义伟大旗帜　为全面建设社会主义现代化国家而团结奋斗——在中国共产党第二十次全国代表大会上的报告. 北京：人民出版社，2022：33.

势，在科学逐渐分化与系统持续整合的反复过程中，新的学科增长点不断产生，并且衍生出一系列新兴交叉学科和前沿领域。随着知识生产的不断积累和新兴交叉学科的相继涌现，学科体系和布局也在动态调整，构建符合知识体系逻辑结构并促进知识与应用融通的协调可持续发展的学科体系尤为重要。

擘画战略、锚定方向是我国科技事业不断取得历史性成就的成功经验。科技创新一直是党和国家治国理政的核心内容。特别是党的十八大以来，以习近平同志为核心的党中央明确了我国建成世界科技强国的"三步走"路线图，实施了《国家创新驱动发展战略纲要》，持续加强原始创新，并将着力点放在解决关键核心技术背后的科学问题上。习近平总书记深刻指出："基础研究是整个科学体系的源头。要瞄准世界科技前沿，抓住大趋势，下好'先手棋'，打好基础、储备长远，甘于坐冷板凳，勇于做栽树人、挖井人，实现前瞻性基础研究、引领性原创成果重大突破，夯实世界科技强国建设的根基。"①

作为国家在科学技术方面最高咨询机构的中国科学院（简称中科院）和国家支持基础研究主渠道的国家自然科学基金委员会（简称自然科学基金委），在夯实学科基础、加强学科建设、引领科学研究发展方面担负着重要的责任。早在新中国成立初期，中科院学部即组织全国有关专家研究编制了《1956—1967年科学技术发展远景规划》。该规划的实施，实现了"两弹一星"研制等一系列重大突破，为新中国逐步形成科学技术研究体系奠定了基础。自然科学基金委自成立以来，通过学科发展战略研究，服务于科学基金的资助与管理，不断夯实国家知识基础，增进基础研究面向国家需求的能力。2009年，自然科学基金委和中科院联合启动了"2011—2020年中国学科发展

---

① 习近平. 努力成为世界主要科学中心和创新高地 [EB/OL]. (2021-03-15). http://www.qstheory.cn/dukan/qs/2021-03/15/c_1127209130.htm[2022-03-22].

战略研究"。2012 年，双方形成联合开展学科发展战略研究的常态化机制，持续研判科技发展态势，为我国科技创新领域的方向选择提供科学思想、路径选择和跨越的蓝图。

联合开展"中国学科及前沿领域发展战略研究（2021—2035）"，是中科院和自然科学基金委落实新时代"两步走"战略的具体实践。我们面向 2035 年国家发展目标，结合科技发展新特征，进行了系统设计，从三个方面组织研究工作：一是总论研究，对面向 2035 年的中国学科及前沿领域发展进行了概括和论述，内容包括学科的历史演进及其发展的驱动力、前沿领域的发展特征及其与社会的关联、学科与前沿领域的区别和联系、世界科学发展的整体态势，并汇总了各个学科及前沿领域的发展趋势、关键科学问题和重点方向；二是自然科学基础学科研究，主要针对科学基金资助体系中的重点学科开展战略研究，内容包括学科的科学意义与战略价值、发展规律与研究特点、发展现状与发展态势、发展思路与发展方向、资助机制与政策建议等；三是前沿领域研究，针对尚未形成学科规模、不具备明确学科属性的前沿交叉、新兴和关键核心技术领域开展战略研究，内容包括相关领域的战略价值、关键科学问题与核心技术问题、我国在相关领域的研究基础与条件、我国在相关领域的发展思路与政策建议等。

三年多来，400 多位院士、3000 多位专家，围绕总论、数学等 18 个学科和量子物质与应用等 19 个前沿领域问题，坚持突出前瞻布局、补齐发展短板、坚定创新自信、统筹分工协作的原则，开展了深入全面的战略研究工作，取得了一批重要成果，也形成了共识性结论。一是国家战略需求和技术要素成为当前学科及前沿领域发展的主要驱动力之一。有组织的科学研究及源于技术的广泛带动效应，实质化地推动了学科前沿的演进，夯实了科技发展的基础，促进了人才的培养，并衍生出更多新的学科生长点。二是学科及前沿领域的发展促进深层次交叉融通。学科及前沿领域的发展越来越呈现出多学科相互渗透的发展态势。某一类学科领域采用的研究策略和技术体系所产生的基础理论与方法论成果，可以作为共同的知识基础适用于不同学科领域的多个研究方向。三是科研范式正在经历深刻变革。解决系统性复杂问题成为当前科学发展的主要目标，导致相应的研究内容、方法和范畴等的改变，形成科学研究的多层次、多尺度、动态化的基本特征。数据驱动的科研模式有力地推动了新时代科研范式的变革。四是科学与社会的互动更加密切。发展学科及前沿领域愈加重要，与此同时，"互联网＋"正在改变科学交流生态，并且重塑了科学的边界，开放获取、开放科学、公众科学等都使得越来越多的非专业人士有机会参与到科学活动中来。

"中国学科及前沿领域发展战略研究（2021—2035）"系列成果以"中国学科及前沿领域2035发展战略丛书"的形式出版，纳入"国家科学思想库－学术引领系列"陆续出版。希望本丛书的出版，能够为科技界、产业界的专家学者和技术人员提供研究指引，为科研管理部门提供决策参考，为科学基金深化改革、"十四五"发展规划实施、国家科学政策制定提供有力支撑。

在本丛书即将付梓之际，我们衷心感谢为学科及前沿领域发展战略研究付出心血的院士专家，感谢在咨询、审读和管理支撑服务方面付出辛劳的同志，感谢参与项目组织和管理工作的中科院学部的丁仲礼、秦大河、王恩哥、朱道本、陈宜瑜、傅伯杰、李树深、李婷、苏荣辉、石兵、李鹏飞、钱莹洁、薛淮、冯霞，自然科学基金委的王长锐、韩智勇、邹立尧、冯雪莲、黎明、张兆田、杨列勋、高阵雨。学科及前沿领域发展战略研究是一项长期、系统的工作，对学科及前沿领域发展趋势的研判，对关键科学问题的凝练，对发展思路及方向的把握，对战略布局的谋划等，都需要一个不断深化、积累、完善的过程。我们由衷地希望更多院士专家参与到未来的学科及前沿领域发展战略研究中来，汇聚专家智慧，不断提升凝练科学问题的能力，为推动科研范式变革，促进基础研究高质量发展，把科技的命脉牢牢掌握在自己手中，服务支撑我国高水平科技自立自强和建设世界科技强国夯实根基做出更大贡献。

"中国学科及前沿领域发展战略研究（2021—2035）"
联合领导小组
2023 年 3 月

前　言

　　能源是经济社会持续稳定发展的基础和人民生活质量提高的重要保障，并且与气候及环境密切相关。能源既包括自然界广泛存在的化石能源、核能和可再生能源等，也包括由此转换而来的电能和氢能。能源科学是研究勘探、开发、输运、转化、存储和利用能源的基本规律的科学；能源技术是根据能源科学研究成果，为能源工程提供设计方法和手段，确保工程目标实现的技术。能源科学发展战略制定与决策部门的宏观政策导向、治理机制密切相关。在一定意义上，能源科学也包括一些管理科学、经济科学等社会科学的内涵。

　　我国正处在新型工业化、电气化、信息化、城镇化、农业现代化同步发展进程中，能源生产量、消费量、温室气体排放总量均位居世界前列。在目前社会经济结构和所处的发展阶段中，由于受化石能源的可耗竭性、新能源消纳能力、能源技术和效率水平、环境污染与温室气体排放等因素制约，我国能源发展面临着重大挑战。发展先进能源科学技术和研究开发利用可再生能源是应对我国能源挑战的根本途径。因此，制定系统的能源科学技术发展战略具有重大的科学意义和紧迫的现实意义。我国政府高瞻远瞩，提出加快能源革命，构建能源强国，特别是在"碳达峰、碳中和"和"构建以新能源为主体的新型电力系统"等战略目标下，能源科学技术受到前所未有的关注和重视，能源生产和消费正在发生巨大变革。

在此背景下，国家自然科学基金委员会和中国科学院在"中国学科及前沿领域发展战略研究（2021—2035）"项目中专门设置了能源科学发展战略研究专题。该系列发展战略研究报告的编写工作自2019年12月正式启动，集中了来自中国科学院、高校及行业研究机构从事能源相关研究的近百位专家和科技人员，形成了老中青相结合、经验丰富和充满活力的编写队伍，成立了项目组和秘书组，建立了国家自然科学基金委员会工程与材料科学部和中国科学院学部对口合作的战略研究机制。报告项目组以习近平新时代中国特色社会主义思想为指导，深入贯彻习近平总书记关于科技创新的一系列指示精神，特别是关于能源革命的重要论述，按照"鼓励探索，突出原创；聚焦前沿，独辟蹊径；需求牵引，突破瓶颈；共性导向，交叉融通"的新时代国家自然科学基金资助战略导向要求，在《未来10年中国学科发展战略·能源科学》报告的基础上，通过充分调研和分析、学术交流以及专业论坛讨论，形成了相应领域的研究成果，经过近20次会议研讨、3次专家院士咨询、近10稿修改后，于2021年12月完成了本书稿件的编写工作。

本书由13章组成，第一章在全面总结国际能源科学发展趋势的基础上，分析了我国能源科学技术的发展现状，提出了支撑我国可持续发展的能源科学发展思路，包括能源科学技术发展的指导思想、发展目标、学科发展重点的遴选原则；第二章至第十一章立足能源科学技术的学科基础，分别阐述了能源科学重点领域的基本范畴、内涵和战略地位，指出了发展规律与发展态势、关键科学问题与关键技术问题以及发展方向，主要包括以下领域：化石能源，可再生能源与新能源，智能电网，综合能源系统，能量转换中的动力装置与热能利用，电力装备，储能装备及系统，氢能的生产、储运及利用，终端用能及节能，碳减排技术；第十二章讨论了能源科学优先发展与前沿交叉领域，特别是能源科学与其他学科的交叉研究领域；

第十三章阐述了促进我国能源科学发展的建议。

需要指出的是，能源科学还涉及能源资源的勘查与开采、能源的利用与环境影响等内容，已经安排在丛书其他分册中，与本书一起形成"中国学科及前沿领域 2035 发展战略丛书"。

参加本书编写和咨询的专家学者非常多，我们仅列出了主要的贡献者名单，还有很多学者在研究过程中提供了资料、参与了讨论，在此一并表示衷心的感谢。

能源科学技术涉及范围广、学科多，尽管我们认真核对了所有内容，但仍难免有不妥之处，欢迎读者批评指正。

何雅玲　陈维江
《中国能源科学 2035 发展战略》项目组组长
2022 年 4 月

摘　　要

能源伴随着人类文明发展的每一个阶段。第一次工业革命和第二次工业革命，本质上都是能源革命，其极大地推动了历史进程，显著地改变了世界格局，并决定了各国迥然不同的历史命运。

目前，世界能源发展在资源、环境、结构、安全、效率等方面都面临着重大挑战。化石能源的大量开发使用，导致环境污染、气候变化等问题日益突出，严重威胁人类生存和可持续发展，建立在化石能源基础上的传统能源发展方式已难以为继，成为当前人类社会发展面临的共同挑战。在这种形势下，我国政府审时度势，提出了"加快能源革命，构建能源强国""碳达峰、碳中和""构建清洁低碳安全高效能源体系""构建以新能源为主体的新型电力系统"等目标，能源科学技术受到前所未有的关注和重视，能源科学技术发展对我国实现"双碳"目标、落实创新驱动发展战略、建设社会主义现代化强国、掌握关键核心技术与占领国际制高点具有重要的战略意义。全面梳理总结能源科学技术发展现状、科学预测其发展趋势、擘画其发展蓝图，对能源行业发展具有重大的指导意义。

本书形成的主要成果如下。

1）我国能源科学技术发展思路

当前及未来几十年是我国经济社会发展的重要战略机遇期，也是能源科学技术发展的重要战略机遇期。根据国家的重大需求，立足我国能源科学技术的现有基础与条件，着眼于能力建设和长远发展，通过加强基础研究推动能源科学技术的可持续发展。

我国能源科学技术发展的指导思想：从支撑国家安全和国家可持续发展的高度出发，紧扣能源革命和"双碳"目标，立足能源科学技术的学科基础，丰富和发展能源科学的内涵，构筑面向未来的能源科学学科体系，加强基础研究与人才培养，形成布局合理的基础研究队伍，为我国能源安全及社会、经济、环境的和谐发展提供有力的支撑，努力把我国建成世界主要能源科学中心和能源技术创新高地。

我国能源科学技术发展的总体目标：到 2035 年，要突破能源科学的若干基础科学问题和关键技术，形成完善的能源科学体系；建立一支高水平的研究队伍，显著增强我国能源科技自主创新能力；推进基础理论和技术应用的衔接，促进创新链与产业链的高度融合，促进全社会能源科技资源的高效配置和综合集成；加强科技平台及大科学装置的建设，显著增强能源科技保障经济社会发展和国家安全的能力；能源基础科学和前沿技术研究综合实力显著增强，能源开发、节能技术和清洁能源技术取得重要突破，形成一大批变革性能源技术，总体达到世界能源科技先进水平；能源结构和能源供给得到优化，实现 2030 年之前碳达峰，逐步形成满足在 2060 年之前实现碳中和的低碳能源利用技术；建成新一代以新能源为主体的高效、安全、可靠的新型电力系统，提高电能在终端能源消费中的占比，主要工业产品单位能耗指标达到或接近世界先进水平，使我国进入能源科技先进国家行列。

2）我国能源领域的关键科学技术问题

我国能源发展的关键科学技术问题主要有：化石能源、多种可再生能源及储能系统耦合的清洁低碳燃料转换与发电机制；太阳能和风能利用过程的能量传递、转换、储存和利用机理；以新能源为主体的新型电力系统关键理论与技术、安全性及其调控机制、市场机制和法规体系的构建；以电为中心的能源系统形态构建及其传输运行控制理论；不同物质流、能量流、信息流之间的转换调控集成以及低成本规模化能量转换和利用理论与技术。具体包括以下各方面。

（1）化石燃料特性控制、混合设计及其清洁低碳高效燃烧基础理论；化石燃料的定向利用新机制和新途径；灵活多源智能发电系统集成控制的技术研发和工程示范；非常规油气开采过程中多相多组分输运与连续排采理论；超临界 CO_2 提高非常规天然气开采技术；非常规油气资源的协同开发利用技术。

（2）可再生能源高效开发利用理论；可再生能源热力系统优化理论；先进能源转换理论；多类型水合物生成及分解热力学和动力学机理；生物质热化学转化机理与过程强化；可再生能源的高效准确勘查评估技术；数值核反应堆技术；规模化储能技术；新型太阳能电池制造技术；风能利用气动机理及结构动态特性调控技术。

（3）智能电网中物理–信息–社会系统基础理论；高比例可再生能源接入场景下的低惯量电力系统调度运行与控制理论；面向大规模可再生能源消纳的电力市场基础理论与定价机制；可再生能源并网与发电控制技术；面向高比例新能源并网的多端柔性直流输配电系统设计、控制与保护一体化技术；电力装备智能化技术；新型输电技术。

（4）异质能源系统耦合作用机理；多主体异质能流耦合的多尺度协同性；信息–能量–社会融合系统安全机理与协同优化；多能源市场时空耦合机理；数据–机理双重驱动的综合能源系统建模方法；综合能源系统数字孪生仿真技术及平台；面向"碳达峰、碳中和"的综合能源系统结构形态优化规划方法。

（5）新概念/新原理气动热力布局；高参数、极端工况下流体机械复杂内流理论与流动控制；设计软件工具、系统集成、先进材料制造工艺、关键零部件；系统匹配优化、健康管理、故障诊断与智能化调控技术；700℃先进超超临界燃煤发电技术汽轮机关键部件金属材料技术。

（6）复合场作用和极端条件下电介质材料基础理论；多特征参量信号传感机理与状态诊断理论；复杂多约束条件下高效能高品质电机系统设计、分析与驱动控制理论；环保型绝缘材料设计与合成；高精度状态信息感知与诊断技术；直流高压开关、高速电弧开断、高压套管等高端输变电装备技术；复杂环境工况高效能电机技术。

（7）可再生能源储能系统优化理论与方法；新型储能与电力系统耦合机理；储能材料能/质多物理场耦合传递转化机理；复合储能技术；热化学储能技术；电化学储能技术；模块化飞轮储能技术；超级电容器的整体构筑策略。

（8）超临界水煤气化过程的多相流热物理化学基础理论；超临界水煤气化制氢耦合发电系统集成优化理论；新型储氢机理；复合储氢技术的结合机理；煤的超临界水气化制氢与发电多联产制氢技术；光催化光热耦合制氢技术；高效电解水制氢系统；氢压缩技术；燃料电池电催化剂与系统水热管理技术。

（9）能源高效清洁利用原理；污染物的处理及利用原理；规模化高效储能机制；能源梯级综合利用和系统集成理论；能源–经济–社会–环境复杂作用机理；建筑光储直柔配电系统构建方法；可再生能源应用于建筑的产–供–用–蓄–调一体化分析方法；交通能源全生命周期及对环境和生态的影响机制。

（10）面向碳减排的生态工业基础理论和技术示范；碳减排技术的环境影响评估与风险控制理论；碳减排对能源及工业产品价格波

动的影响机制；碳交易对碳减排的激励和约束作用；高碳能源的无碳–低碳转换与排放技术；低碳燃料合成及二氧化碳资源化利用；基于可再生能源集成的多能互补碳减排技术；低成本高效率碳捕集、利用与封存技术。

3）我国能源科学技术的重点研究方向

现代能源科学技术的主要发展趋势是低碳化、多元化、绿色化、智能化。

（1）化石能源的清洁低碳智慧高效利用，包括：煤炭、石油、天然气的清洁、低碳、智慧、高效利用的基础理论、计算模型、测量方法、关键技术；非常规油气开采、炼制、利用全过程调控实现高效清洁开发利用；常规、非常规油气资源协同开发；多种资源的立体高效利用。

（2）可再生能源与新能源转换利用的调控、优化、匹配、集成，包括：可再生能源热力系统优化；变工况太阳能光热利用体系；生物质热化学转化机理与过程强化；高效制氢新方法；数值核反应堆技术；规模化储能方法；基于可再生能源与新能源的综合能源系统。

（3）面向高比例可再生能源的电力系统安全高效运行，包括：电力系统安全高效运行基础；清洁低碳电力技术；物理–信息–社会系统基础；电力装备智能化技术；新型输电技术。

（4）规模化综合能源系统的耦合安全与协同优化，包括：综合能源系统耦合建模与数字孪生仿真；综合能源系统安全评估与防御；综合能源系统能量管理与运行控制；规模化多能存储及储能系统集群优化；多元化辅助服务市场。

（5）高效、宽域、低碳动力装置与热能利用，包括：高超声速、新能源航空发动机；低碳/零碳燃气轮机；新概念/新原理气动热力布局；适应电网调频调峰需求的汽轮机负荷快速响应技术；新一代内燃机高效清洁燃烧技术；高参数、极端工况下流体机械复杂内流理论与流动控制；吸收－压缩耦合新型热泵循环；高效储热－热泵耦合系统。

（6）高可靠性、智慧感知、绿色环保的新型电力装备，包括：高可靠性、绿色环保的电工材料；复合场作用和极端条件下电介质材料演化规律；微电子、光学等高灵敏度、分布式信息感知方法；复杂多约束条件下的高性能电力器件与装备设计。

（7）储能系统中的核心器件研发与集成优化，包括：可再生能源储能系统优化；新型储能与电力系统耦合；复合式储能；储能器件的传热传质优化；热化学储能；电化学储能电极材料与电解液；高效固液相变储能材料；模块化飞轮储能；超级电容器。

（8）氢能的绿色规模生产、安全储运及高效利用，包括：煤的超临界水气化制氢与发电多联产制氢技术；光催化光热耦合制氢技术；高效电解水制氢系统；氢压缩技术；安全高效的复合储氢材料；高性能低成本燃料电池电催化剂与系统水热管理。

（9）终端用能的能源清洁、高效、低碳利用，包括：能量高效和清洁转换；工业废物处理和噪声治理；新能源和可替代能源利用技术；"双碳"目标下建筑物本体的关键节能技术；可再生能源应用于建筑的产－供－用－蓄－调方法；高效清洁的发动机燃烧理论；替代燃料和动力电池技术。

（10）大规模低成本的碳捕集、利用与封存技术，包括：碳排放技术层面与系统层面；高碳能源的无碳－低碳转换与排放技术；低碳燃料合成及二氧化碳资源化利用；低成本高效率碳捕集、利用与封存技术；碳减排技术的环境影响评估与风险控制。

4）我国能源科学技术前沿交叉重点研究方向

能源科学技术是一个高度综合、具有很强学科交叉特点的研究领域。能源与信息、智能、材料等领域的交叉融合迅猛发展，新技术不断涌现。

（1）化石能源与其他学科交叉研究：煤燃烧与材料科学、信息科学、计算机通信、人工智能、大气科学、环境科学、化学、地质学、生命科学、医学和经济学等领域交叉；与机械、材料、信息、环境等领域的新方法、新技术交叉融合,全面提升煤转化系统的本质安全、清洁高效和低碳绿色水平。

（2）可再生能源及新能源与其他学科交叉研究：太阳能利用与建筑节能；太阳能利用与环境保护；多能源供应体系下的能量利用系统优化；太阳-植物光合作用；太阳能化学与生物转化的基础科学问题研究；太阳能规模制氢与燃料电池耦合系统及其内部多相多物理及化学过程的理论及关键技术；风、水、光互补系统设计、运行与控制；基于生物质能-太阳能的农村多能互补系统设计、运行与控制；多能互补网络。

（3）电能及智慧能源系统与其他学科交叉研究：智能电网的信息平台；风能和太阳能的短期预测与电力调度；大容量高密度储能技术；新型电工材料；高效节能的照明技术；能源互联网与数字孪生；能源云与边缘计算；能源智能硬件及其智慧软件。

（4）储能与其他学科交叉研究：新抽水蓄能创新形式建设涉及工程热物理、地质学、采矿工程等交叉领域；先进储能材料；新型电磁/超导磁悬浮技术；电池管理系统的设计和开发。

（5）氢能与其他学科交叉研究：光生物制氢技术中的光能吸收、转化和利用；储氢材料；氢燃料电池应用中的新型关键材料、耐腐蚀材料,非铂或者低铂催化剂。

（6）CO_2控制相关的基础理论研究涉及能源、环境、化工、生物、地学和规划管理等多个学科领域：燃料化学能梯级利用的温室气体控制（与化学学科交叉）；CO_2储存与资源利用方法（与环境、地学学科交叉）；低碳排放型循环经济生态工业系统（与管理学科交叉）、CO_2的化学利用。

为实现我国能源科学技术发展的总体目标，本书还从科研队伍建设与人才培养、变革性能源技术研发和创新、重大能源科技创新平台建设、能源技术推广等方面提出了具体建议。

能源科学涵盖面很广，除以上内容外，还涉及能源资源的勘查与开采、能源的利用与环境影响等内容。这些内容已经安排在丛书其他分册中。

Abstract

Energy accompanies every stage of the development of human civilization. Both the first industrial revolution and the second industrial revolution are essentially energy revolutions, which have greatly promoted the historical process, significantly changed the world pattern, and finally determined the very different historical destinies of nations.

At present, the global energy development is facing major challenges in terms of resources, environment, structure, security, and efficiency. The large-scale development and utilization of fossil energy has led to increasingly prominent problems such as environmental pollution and climate change, which seriously threaten the survival and sustainable development of human beings. The traditional energy development mode based on fossil energy has become unsustainable and then become a common challenge to the development of human society. Under this situation, the Chinese government has put forward the strategic goals of "energy revolution" "carbon peaking and carbon neutrality" and "building a clean, low-carbon, safe and efficient energy system and building a new power system with new energy as the main body". Energy science and technology have received unprecedented attention and concerns. The development of energy science and technology has important strategic significance for China to achieve the "dual-carbon goals", implement the innovation-driven development strategy, build a socialist modernized power, master key core technologies, and occupy the international commanding heights. It is of great guiding significance to comprehensively sort out and summarize the development status of energy science and technology, scientifically predict its development trend, and draw its development blueprint.

Allowing for the background mentioned above, the National Natural Science Foundation of China (NSFC) and the Chinese Academy of Sciences (CAS) specifically set a research project of energy R&D in the series of "Research on the Development Strategy of Chinese Disciplines and Frontier Fields (2021—2035)". A research team is involved in the project with almost 100 scientists of different ages engaged in various fields related to energy study from Chinese Academy of Sciences, universities and professional research institutes, forming an experienced team for composition with vigour, including a consultant group, a secretary group and a cooperation mechanism between NSFC and CAS. After nearly 20 seminars and 3 rounds of consultation from experts and academicians, and revisions of nearly 10 drafts, this book was completed in December 2021.

This book is composed of 13 chapters. Chapter 1 summaries the development trends of international energy science and technology, analyzes the current overall status of energy science and technology in China, and points out the national energy R&D strategies including the overall objective, development goals and the selection principles of priority research areas.

Based on the discipline foundation of energy science and technology, Chapters 2 to 11 describe the basic connotation, orientation, development status and laws of various key fields of energy science and technology, and point out the development trend, key scientific and technical issues, and development direction. Hereinto, fossil energy is discussed in

Chapter 2, renewable energy and new energy in Chapter 3, smart grid in Chapter 4, integrated energy system in Chapter 5, power plant and thermal energy utilization in energy conversion in Chapter 6, power equipment in Chapter 7, energy storage equipment and system in Chapter 8, hydrogen energy in Chapter 9, end-use energy consumption and energy saving in Chapter 10, and finally carbon emission reduction technology in Chapter 11. Chapter 12 discusses the priority development fields and system layout of energy science, especially the interdisciplinary research fields of energy science with other disciplines. The suggestions for promoting the development of energy science in China are provided in Chapter 13.

In summary, the contents of this book are arranged according to the sequence of "source-transfer-net-storage-utilization". In particular, the frontier research on energy transformative innovation, the intersection of disciplines, and the key technological breakthroughs are highlighted. By the year 2035, China aims to achieve breakthroughs in energy science and technology in a number of basic scientific issues and key technologies and establish a complete energy science system. The energy structure and energy supply are optimized to achieve carbon emissions peak before 2030, and gradually form low-carbon energy utilization technologies that achieve carbon neutrality before 2060. A new generation of high-efficiency, safe and reliable new power with new energy as the main body system is built, and the unit energy consumption indices of main industrial products reach or approach the world's advanced level. China has entered the ranking of advanced countries in energy science and technology.

目　　录

第一章

能源科学技术现状与发展战略

第一节 全人类共同的挑战

能源是国民经济的支柱产业，也是经济持续稳定发展和人民生活改善的保障。进入 21 世纪以来，经济社会飞速发展，科技创新日新月异，支撑经济社会可持续发展的能源资源及其利用方式遇到了前所未有的挑战。充分运用以基础性、前瞻性、交叉性为核心的多角度研究方法，深入探索能源利用规律，研究能源利用新方法和新技术，对实现我国能源资源开发和利用的跨越式与可持续发展具有重要意义。

一、能源与环境的挑战

（一）人类面临化石能源枯竭的巨大挑战

21 世纪以来，全球能源格局发生重大变化。一方面，可再生能源产业高速发展；另一方面，油气资源仍然是全球能源市场的主体。根据英国石油公司（British Petroleum，BP）统计（BP Global，2021），受新冠疫情影响，2020年一次能源消费总量减少4.5%，创1945年以来的最大年度降幅。在能源消费种类方面，在2020年，石油仍占据31%的最大能源结构份额，煤炭占27%的份额，天然气和水电的份额分别上升至25%和7%，除水电外其他可再生能源的份额升至6%，如图1-1所示。由此可预见，在未来相当长一段时间内，全球仍不能摆脱对化石能源的依赖。

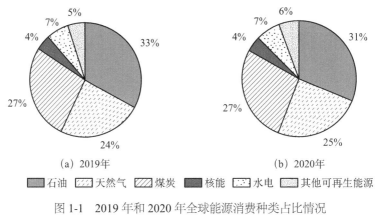

（a）2019年 　　　　　　　　　　　　（b）2020年

■石油　◫天然气　◨煤炭　■核能　▨水电　▨其他可再生能源

图1-1　2019年和2020年全球能源消费种类占比情况

资料来源：BP Global（2021）

截至2020年底，全球已探明石油、天然气和煤炭储量分别为17 320亿Bbl[①]、188.1万亿 m^3 和10 740亿t。根据全球储量/产量（R/P）计算，2020年，石油、天然气、煤炭探明储量可供开采53.7年、48.8年和141年（图1-2）。2000~2020年，以中东为代表的高油气储量地区储量/产量呈现逐年减小的趋势，全球面临的资源枯竭难题迫切要求寻找替代能源及开发高效节能技术。

（二）能源消耗引发日益严峻的环境问题

化石能源开采、储运、利用过程中产生的大量 SO_2、NO_x、烟尘等污染物是环境污染的主要原因。据美国国家航空航天局（National Aeronautics and Space Administration，NASA）地球系统数据记录（Greenpeace，2020），2019

---

① 　1 Bbl=1.589 87×10² dm³。

年全球煤炭、油气、冶金等主要工业部门共计向大气排放近 3000 万 t SO_2。化石燃料的燃烧使用，与 SO_2 污染严重程度密切相关。NO_x 对陆地、河流和海洋生态系统以及臭氧层均有较大影响，也是 $PM_{2.5}$ 的主要来源（张玉卓等，2015）。随着排放颗粒物的持续增加，雾霾频率显著增加，严重威胁人类的

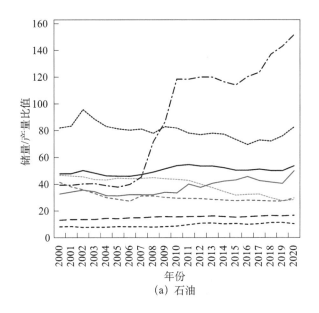

（a）石油

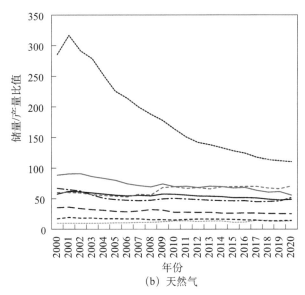

（b）天然气

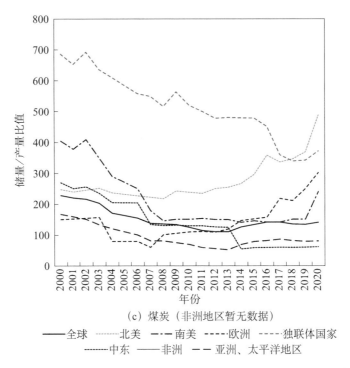

（c）煤炭（非洲地区暂无数据）

—— 全球　　⋯⋯ 北美　　—·— 南美　　----- 欧洲　　---- 独联体国家

---- 中东　　—— 非洲　　-- 亚洲、太平洋地区

图 1-2　2000～2020 年全球各地区石油、天然气和煤炭储量/产量比值

资料来源：BP Global（2021）

健康。国际非政府组织（non-governmental organization，NGO）全球碳计划（Global Carbon Project，GCP）发布的报告表明（Friedlingstein et al., 2020），2020 年全球化石燃料使用以及工业活动产生的 CO_2 排放量约 341 亿 t，受新冠疫情影响，排放量同比下降约 6.7%。大量温室气体排放引发了一系列全球气候变化问题，如近几十年频发的厄尔尼诺和拉尼娜等现象。温室效应日趋严重，2016 年《巴黎协定》提出，21 世纪全球平均气温上升幅度应控制在 2℃ 以内。然而，联合国政府间气候变化专门委员会（Intergovernmental Panel on Climate Change，IPCC）发布的第六次评估报告（AR6）的第一工作组报告表明（IPCC，2021），1850～2020 年由于人类活动的影响，全球地表平均温度提升了 1 ℃ 以上，实现温室气体排放控制目标存在巨大压力（图 1-3）。

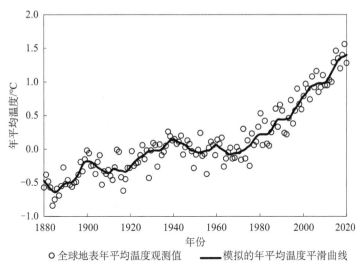

图 1-3 1880～2020 年全球地表平均温度

资料来源：IPCC（2021）

二、发展与减排之间的不平衡

从历史来看，工业化的每一个阶段都离不开对能源的利用和开发。维持经济的稳定增长就必须消耗一定规模的能源，同时也会以牺牲一定的环境为代价。

（一）经济发展与节能之间的不平衡

发达国家工业化过程中经济发展与能源消费存在普遍规律：①工业化过程中，无论是 GDP 还是人均 GDP 的增长，与总能源消费以及人均能耗增长呈近似线性关系。②能源消费强度（单位 GDP 能源消费量）与工业化进程密切相关。

进入 21 世纪以来，我国已进入了工业化前中期的关键发展阶段，根据国家统计局、国家发展和改革委员会发布的数据，2018 年、2019 年和 2020 年我国能源消费弹性系数（能源消费增长速度与经济增长速度之比）分别为 0.49、0.54 和 0.96（国家统计局，2021）。这表明，在工业化阶段重工业快速发展时期，我国对能源的依赖程度逐步加大（国家统计局，2019a，2019b），我国经济发展与节能之间的矛盾日益严重，如图1-4所示。

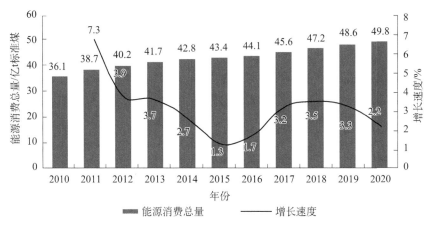

图1-4 2010～2020年中国能源消费总量及增长速度

资料来源：BP Global（2021）

（二）社会发展与减排之间的不平衡

国际经验表明，一个国家的能源消费和温室气体排放，在不同发展阶段的强度是不同的。在实现工业化的过程中，排放强度是增加趋势，实现工业化以后排放就开始减少。发达国家在过去的一二百年里已经实现了工业化，排放了大量的CO_2，发展中国家正处在社会和经济发展的快速上升阶段，相应消耗的能源也较多，排放强度也会有所增加。在经济全球化和国际产业分工日益深化的大背景下，产业链低端的发展中国家往往生产和出口大量高耗能和高排放产品。因此，发展中国家的发展需要消耗价廉易得的高密度能源，从而导致发展与减排之间存在严重不平衡。

（三）我国面临巨大减排压力

我国的基本国情决定了我国在应对气候变化，减少包括CO_2在内的污染物和温室气体排放进程中面临巨大的挑战。中国作为世界上最大的发展中国家，伴随着我国经济总量的迅速增长，能源消费和碳排放量也呈现了较大幅度的增长。2020年，全球新冠疫情暴发，世界各国的经济均遭受不同程度的打击，高碳工业发展或多或少受到影响。然而，2020年，我国碳排放量达到

98.99 亿 t，同比增长 0.6%，再创历史新高，占全球碳排放量的比重也提升至
30.7%（图 1-5）。目前，中国仍处于工业化进程中后期，经济发展带来的能源
消费增长和碳排放增加不可避免，实现碳达峰、碳中和任务艰巨。

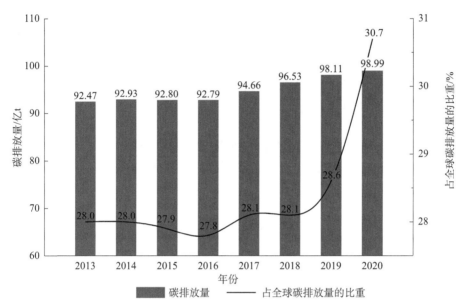

图 1-5　2013～2020 年中国碳排放量及其占全球排放量的比重变化趋势

资料来源：《世界能源统计年鉴 2021》（英国石油公司，2021）

三、能源可持续供应形势严峻

能源安全关系到一个国家乃至全球的生存和发展，其主要内涵就是确保
社会经济发展中能源的长期稳定和持续供应。国际能源机构（International
Energy Agency，IEA）统计显示，2020 年我国石油、天然气、煤炭需求都居
世界前列，而我国的化石能源采储量十分有限，未来我国化石能源的可持续
供应问题非常严峻。

（一）能源消费总量大、能源需求持续中低速增长、能源消费强度较高

2019 年，我国能源消费总量为 48.7 亿 t 标准煤，连续 11 年居世界第 1
位（国家统计局，2019b，2021）。长期来看，我国能源供需缺口将越来越大。

2011～2020 年，我国能源消费缺口先增后减，2017 年达到顶峰，由于 2018 年中美贸易战和新冠疫情的冲击，我国能源消费总量有所下降，能源消费缺口有所回落（表 1-1），但随着我国经济社会秩序持续稳定恢复，中国能源需求仍会呈上升态势。预计到 2030 年我国能源的总体缺口将超过 15 亿 t 标准煤。2020 年，我国能源总体对外依存度约为 18.1%，其中，石油对外依存度达 73%，天然气对外依存度达 43%。当前，外部不确定因素越来越多，能源高度依赖进口，不利于我国能源安全（沈澜，2020），供求矛盾将长期存在，尤其是石油、天然气需求将导致对外依存度较高。

表 1-1 2011 年以来我国能源消费缺口统计

年份	能源消费缺口 / 亿 t	增长率 /%	年份	能源消费缺口 / 亿 t	增长率 /%
2011	4.7	-4.1	2016	9.5	31.9
2012	5.1	8.5	2017	9.7	2.1
2013	5.8	13.7	2018	9.3	-4.1
2014	6.6	13.8	2019	9	-3.2
2015	7.2	9.1	2020	9	0

资料来源：《中国统计年鉴 2021》（国家统计局，2021）

（二）能源结构分布不合理，化石能源对外依存度高

在石油消费需求快速增加和国内资源存在限制的共同影响下，中国原油贸易对进口原油的依赖程度不断提高。近几年，我国原油产量增长持续低于消费增长，对外依存度日益扩大。2021 年 3 月，中国工程院院士马永生在全国政协十三届四次会议第二次全体会议上表示（北京青年报，2021），我国化石能源占比过高，2020 年煤炭消费占比仍达 56.7%，石油、天然气分别为 19.1% 和 8.5%，非化石能源为 15.7%；石油、天然气自给能力不强。我国是油气进口第一大国，2020 年对外依存度分别攀升到 73% 和 43%。因此，在石油危机和世界错综复杂的地缘政治影响下，我国必须加大石油储备的速度和力度。2020 年我国的石油储备量约 8500 万 t，刚刚达到 IEA 规定的战略石油储备能力的"达标线"，与美国的 9100 万 t 相比还有一定差距（BP Global，2018），相当于 90 天石油净进口量。但我国人均石油储备量不到美国的 1/5。

与世界上其他发达国家和地区相比仍有较大差距。在全人类倡导"减碳"的大背景下，我国在确保石油储备量基本"达标"的情况下，着力研发新能源等替代能源才是长久之计。

（三）清洁能源占比持续提升

近年来我国风电、光伏发电快速发展，水电保持平稳较快发展。2020 年，天然气、水电、核电、风电等清洁能源消费量占能源消费总量的 24.3%，同比上年提高 1.0 个百分点（能源发展网，2021）。新能源随机波动性强，高比例新能源并网将导致发电波动大幅增加，2019 年在国家电网有限公司（简称国家电网）经营范围内，新能源日最大功率波动已超过 1 亿 kW，山东、山西、宁夏、新疆等地区日最大功率波动已超 1000 万 kW。此外，新能源发电具有弱支撑性和低抗扰性，随着新能源大规模接入，常规电源被大量替代，系统转动惯量和调频、调压能力持续降低，电网发生大范围、宽频带、连锁性故障的风险持续累积（徐倩，2018）。

四、化石能源依赖严重、多元供应体系不完善

（一）化石能源消费依然占比较大

国家统计局（2020b）数据显示，2020 年我国煤炭消费量占一次能源消费总量的 56.6%，化石能源消费量占一次能源消费总量的 80% 以上。随着我国工业化的进一步发展，能源需求将进一步扩大。由于我国在化石能源领域"富煤、贫油、少气"的能源现状，煤炭一直作为我国的能源基石存在，虽然近年燃煤占比有所下降，但煤炭仍然在我国能源消费结构中占比较大。

（二）我国能源对外依存度不断攀升

2020 年我国石油、天然气占一次能源消费的比例分别为 19.6% 和 8.2%，二者的产量增长远远落后于消费量的增长（图 1-6）。近五年石油产量存在逐步下降的趋势，而天然气产量虽然稳步上升，但远远不及消费量的快速增长，至 2020 年我国天然气产量仅为消费量的 58.7%。随着我国石油、天然气消费的进一步增大，我国能源对外依存度将不断攀升。

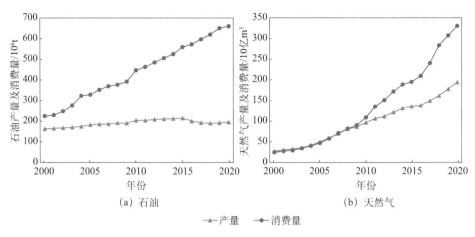

（a）石油　　　　　　　　　　（b）天然气

▲ 产量　　● 消费量

图 1-6　中国石油、天然气产量及消费量

资料来源：BP Global（2021）

（三）能源多元化供应体系不完善

当前我国的能源结构需进一步调整，着力促进非煤能源的发展，打造煤、油、气、核和可再生能源多核驱动的多元供应体系。近年来，我国大力发展风能、太阳能及氢能（hydrogen energy）为主的可再生能源。然而，多元供应体系的全面建设之路依旧漫长。一方面，清洁能源高效利用关键技术仍有待突破；另一方面，传统能源改革过程中各项政策、博弈、利益诉求交织，政策的落地以及作用的发挥不能完全按照理论实现，实施过程复杂而曲折。

五、电力系统安全稳定运行面临新挑战

随着我国碳达峰、碳中和目标的提出，构建以新能源为主体的新型电力系统、电源结构、系统特性、运行方式和主要风险等方面均将发生深刻变革，对电力系统安全稳定运行提出了新的挑战。

2020 年 9 月 22 日，国家主席习近平在第七十五届联合国大会一般性辩论上发表重要讲话："中国将提高国家自主贡献力度，采取更加有力的政策和措施，二氧化碳排放力争于 2030 年前达到峰值，努力争取 2060 年前实现碳中和。"[1] 我国 80% 以上的碳排放来自能源系统,而能源系统中 40% 以上来自电力系统,同时,随着终端电气化水平的提升,这一比例呈上升趋势。因此,加快电力系统绿色低碳发展是实现碳达峰、碳中和目标的必由之路。到 2030 年,我国风电、太阳能发电总装机容量预计将达到 12 亿 kW 以上(中共中央和国务院,2021)。

目前,我国电网已形成以华北、华中、华东、东北、西北、南方等区域电网为主体,区域电网间交直流互联的大型电网。截至 2020 年底,全国 220 kV 及以上输电线路长度 78.98 万 km,同比增长 4.6%;220 kV 及以上变电设备容量 448 680 万 kV·A,同比增长 5.2%。全国电网发电装机 21.99 亿 kW,同比增长 9.5%,其中火电 12.45 亿 kW(其中煤电 10.95 亿 kW)、水电 3.70 亿 kW、风电 2.81 亿 kW、太阳能发电 2.53 亿 kW、核电 0.50 亿 kW(图 1-7)。我国电网规模和发电装机规模均居世界首位。2020 年全社会用电量 75 110 亿 kW·h,同比增长 3.1%,"十三五"时期的年均增速为 5.7%。

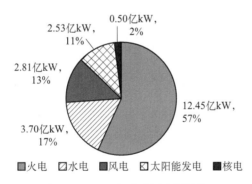

图 1-7 2020 年底我国电源结构
资料来源:2020 年国家能源局全国电力工业统计数据

电源结构的革命性变化,必然带来电力系统运行特性的深刻变化,风、光等可再生能源发电具有明显的随机性和间歇性,且不具备常规电源的转动惯量特性、稳定的频率支撑和动态无功支撑能力,抗干扰能力弱,未来高比例可再生能源电力系统的安全稳定运行将面临巨大挑战(陈国平等,2017a,2017b;国家统计局,2019a),需要提前谋划,采取差异化应对策略(谢小荣等,2021)。

---

① 习近平在第七十五届联合国大会一般性辩论上的讲话,http://jhsjk.people.cn/article/31871327。

（一）电源结构变革带来的供应风险

长期以来，我国电力供应以煤电等高碳电源为主，装机占比始终在 50% 以上，2020 年煤电装机容量达到 10.95 亿 kW，发电量为 4.63 万亿 kW·h，装机占比首次降至 50% 以下，但发电量占比仍超过 60%。

在碳达峰、碳中和目标愿景下，部分省份出台不再新增煤电、减煤限发并加速退出的政策，电力供应转向风、光等低碳电源，但风、光具有明显的随机性、间歇性，光伏夜间出力为零，风电出力低于 20% 的概率高达 50%、出力高于 70% 的概率不高于 10%。历史资料显示，新疆某地风电低于装机容量 20% 的低出力最长持续时间超过 8 天，陕西某地光伏低于装机容量 20% 的低出力最长持续时间超过 4 天。间歇性电源供电保障能力弱，而配套的抽水蓄能（pumped hydro energy storage，PHES）、储能等灵活性资源又受站址、成本回收机制等制约，发展严重滞后。《电力发展"十三五"规划（2016—2020 年）》明确提出，"抽水蓄能电站新增约 1700 万千瓦"，"单循环调峰气电新增规模 500 万千瓦"。截至 2020 年底，仅完成了目标增长量的 47%、72%。因此，电力供应或长期处于紧平衡甚至区域性短缺状态。

2020 年 12 月 14 日、16 日、30 日及 2021 年 1 月 7 日，全国用电负荷连续 4 次创历史新高。特别是 2021 年 1 月 7 日，晚间用电负荷高峰达到 11.89 亿 kW，在 21.99 亿 kW 电力装机中，2.53 亿 kW 太阳能发电出力为零，2.81 亿 kW 风电出力仅占 10%，再加上冬季枯水的影响，3.7 亿 kW 水电出力 1.7 亿 kW，仅占 46%，电力供应逼近安全极限。2020 年冬季，湖南、江西、浙江、江苏等地区均出现了不同程度的限电，居民取暖照明等基本生活保障受到影响。

（二）系统特性变革带来的运行风险

未来以新能源为主体的新型电力系统呈现"双高"（高比例可再生能源、高比例电力电子设备）、"双低"（低系统惯量、低抗干扰性）、"双峰"（早晚高峰、冬夏高峰）等叠加的特征，新的运行特征导致电力系统的频率、电压、功角三大核心因素均发生深刻变化，具体表现为：转动惯量降低导致调频能力下降（潘小海等，2021），无功支撑不足导致电压稳定问题突出（陈国平等，2017a，2017b），耦合关系复杂导致功角稳定难度加大（程鹏等，2020），电力电子装备易诱发次 / 超同步振荡（杨鹏等，2021）。结果导致系统的运行风险加剧；同时，随着煤电等电网友好型机组的减少，预防、抵御和清除风险使得系统恢复并保持安全稳定运行的措施手段"捉襟见肘"。

据国家电网测算，"十四五"期间其经营区域内最大日峰谷差将达到 4 亿 kW，最大日峰谷差率（峰谷差与最高负荷的比率）将增至 35%，叠加可再生能源的"反调峰"特性，系统的调峰能力将面临较大挑战。

近 10 年来，我国甘肃、内蒙古、河北等地区发生多起风机大规模脱网事故；新疆等地区发生宽频带振荡 100 余次；2015 年 7 月，哈密山北地区风电场产生的次同步谐波引发花园电厂机组轴系次同步扭振保护动作，导致 3 台 66 万 kW 机组同时跳机。

其他国家也出现过很多类似的案例。例如，2019 年 8 月，英国电网线路遭到雷击停运后霍恩风电场发生脱网、燃气电站停机等连锁故障，损失负荷 93.1 万 kW，包括首都伦敦在内多地的 100 万人受停电影响，扰乱了社会秩序。

（三）极端天气频发带来的停电风险

近年来，随着全球气候变暖，"十年一遇"、"几十年一遇"甚至"百年一遇"的灾害时有发生，传统意义上罕见的极端天气的出现变得更加频繁。2019 年，澳大利亚在 90 天内打破了 206 项高温纪录；2020 年，我国浙江梅雨量破历史纪录，7 月雷暴天气频发，雷云向地面放电共计 20 万余次。高比例可再生能源发电与天气高度耦合，在出现极端天气时电力系统面临负荷需求高涨、化石燃料供应短缺、可再生能源发电量降低、发输变电设备故障等风险。

2016 年 9 月，澳大利亚南部电网受台风暴雨影响，多条输电线路故障跳闸，风电机组因运行调节能力不足而大规模脱网，全网损失负荷 183 万 kW，导致约 170 万人受停电影响 7 h；2017 年 2 月受极端高温天气影响，用电负荷激增，而风电出力又低于预测，导致澳大利亚南部电网机组旋转备用紧张，区外受电电力持续超越联络线稳定限额，不得不拉闸限电，损失负荷 30 万 kW。

2021 年 2 月，美国得克萨斯州经历"百年一遇"的寒潮，在用电需求激增、天然气管线受冻输送受阻、风电机组被冻结等多重因素作用下发生大面积、长时间停电，400多万户家庭受到影响，部分家庭停电时间超过 72 h，电费单价大幅上涨。

（四）网络外力攻击带来的调控风险

风电、光伏等可再生能源发电多点分散接入的特点使得电力系统安全控制难度增大，加之数字化、信息化技术在电力系统感知与控制中的大规模渗透，如监控与数据采集系统（supervisory control and data acquisition，SCADA）、广域测量系统（wide area measurement system，WAMS）等，以及源－网－荷－储融合互动需求的增强，导致电力调控系统受到人为外力破坏或通过网络攻击引发大面积停电事故的风险增加。

近年来，黑客或其他组织通过网络攻击手段入侵电、水、油、气等能源工控系统并最终对目标进行破坏的事件频发。2010 年，伊朗纳坦兹核电站遭受"震网"（Stuxnet）病毒攻击，核设备产生故障，造成核发展计划延缓，2020 年，又发生了疑似由网络攻击引发的核设备事故；2014 年，"蜻蜓"黑客组织制造"超级电厂"病毒，阻断多国电力供应；2015 年 12 月，乌克兰电网遭遇网络攻击，导致包括首都基辅在内的 140 万人受停电影响 3～6 h。

总的来看，2030 年之前，由于可再生能源比例相对较低，且煤电等电网友好型电源还发挥着基石作用，电力系统安全稳定运行的风险相对可控。2030 年之后，随着"碳中和"进程加快，可再生能源占比持续上升，与此相关的风险和挑战也将大幅上升。需提前做好认识和行动的准备，坚持"居安思危、未雨绸缪、系统施策"的原则，做到"六个转变"：煤电由"主体电源"向"基础性和调节性电源"转变，可再生能源发展从"他助"到"自助"转变、从"免费"到"付费"转变，风险防控从"临时应对"到"事前预案"转变、从"被动防御"到"主动防御"转变，技术体系从"并网"到"组网"转变，保障电力系统安全稳定运行。

六、提高能源利用效率是各国一致的选择

能源利用效率决定了一个经济体的发展潜能。能源利用效率提高有助于减少对能源进口的依赖、提高本国企业竞争力。随着能源消费需求的不断增

长和能源供应的日益紧张，各国加快提高能源利用效率需求迫切。当前，许多发达国家在完善提高能源利用效率方面的共同特征主要包括将能源利用效率作为国家能源政策的基本工具；在法律层面上制定节能的量化目标；为推广能源利用效率措施提供资金与组织结构上的支持；发展各类综合性的能源利用效率项目。

（一）完善法律框架，力推节能政策

2018 年，IEA 在《能源效率 2018：分析及 2040 展望》(Energy Efficiency 2018: Analysis and Outlooks to 2040）中指出，各国政府针对提高能源效率而采取的政策和措施能带来巨大的经济、社会及环境效益。欧盟 2012 年出台的《能源效率指令》(Energy Efficiency Directive）提出，欧盟气候和能源目标是能效提升 32.5%。美国政府在 2012 年全国范围内启动"卓越能效计划"。德国在 2014～2017 年发布了《国家能效行动计划》(NAPE）和《2050 年气候行动计划》(German Climate Action Plan 2050），实行以能效和可再生能源为支柱的"能源转型"战略，制定了积极的能源与气候目标。英国政府在 2019年发布了《国家能源与气候计划》(NECP）草案，实施"最低能源效率标准"，着力提高终端能效。2020 年，德国政府发布了《德国 2050 年能源效率战略》(EffSTRA 2050），决定未来将提高能源效率政策的比例，并设定了 2030 年和 2050 年的能效目标（一次能源消费分别减少 30% 和 50%）（德国联邦经济和能源部，2020）。

我国始终十分重视节能减排工作。2020 年 9 月 22 日，国家主席习近平在第七十五届联合国大会一般性辩论上发表重要讲话，"中国将提高国家自主贡献力度，采取更加有力的政策和措施，二氧化碳排放力争于 2030 年前达到峰值，努力争取 2060 年前实现碳中和。"[①] 这也是我国基于推动构建人类命运共同体的责任担当和实现可持续发展的内在要求而作出的重大战略决策。此后，中央经济工作会议中将做好碳达峰、碳中和工作列为 2021 年八大重点任务之一；2021 年，国务院出台了《国务院关于加快建立健全绿色低碳循环发展经济体系的指导意见》；同年，全国人民代表大会表决通过《中华人民共和国国

---

① 习近平在第七十五届联合国大会一般性辩论上的讲话，http://jhsjk.people.cn/article/31871327。

民经济和社会发展第十四个五年规划和 2035 年远景目标纲要》，在这些宏观政策中，我国政府对提高能源效率作出了相关规划和部署。

（二）各国依靠科技创新提高能源效率

科技创新是节能减排的重要保证。近年来，欧盟成员国依靠政策引导，开发出了一系列的节能减排技术，通过不断改造工业制造业高耗能设备，以及更多地采用供热、供气和发电相结合的方式，提高了热量回收利用效率。表 1-2 为我国历年单位 GDP 能耗情况，单位 GDP 能耗整体上呈现逐年递减的趋势，这也体现了我国节能减排工作的显著效果。这一数据仍远落后于其他发达国家。2020 年，我国单位 GDP 能耗约是世界平均水平的 1.5 倍，是日本等发达国家的 3 倍。因此，能源效率低下是当前我国实现可持续发展面临的巨大挑战，也是迫切需要解决的问题。

表 1-2 我国历年单位 GDP 能耗

年份	能耗（t 标准煤 / 万元）	年份	能耗（t 标准煤 / 万元）
2010	0.88	2016	0.60
2011	0.86	2017	0.58
2012	0.83	2018	0.56
2013	0.79	2019	0.55
2014	0.76	2020	0.55
2015	0.72		

注：2010～2015 年数据按 2010 年可比价格计算，2016～2020 年数据按 2015 年可比价格计算。
资料来源：《中国统计年鉴 2022》

（三）国家节能工作取得一定进展，单位 GDP 能耗有所下降

改革开放以来，通过推进技术进步和加强对重点用能单位的管理，我国取得了 GDP 翻两番而能源消费仅翻一番的骄人成就。自 2005 年以来，我国的单位 GDP 能耗开始了长期的持续下降过程（图 1-8）。2012～2019 年，以能源消费年均 2.8% 的增长支撑了国民经济年均 7% 的增长，这意味着我国以较低的能源消耗支撑了经济快速发展的局面。

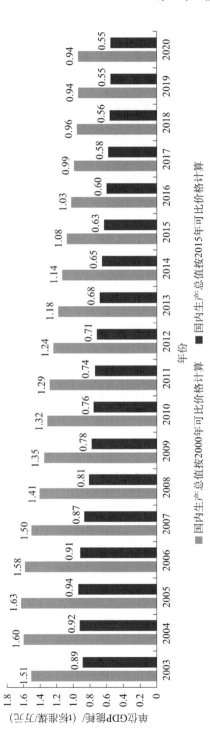

图 1-8 我国历年单位 GDP 能耗

资料来源:《中国统计年鉴 2022》

（四）电力煤耗有所下降，但仍高于发达国家水平

随着火电机组容量等级结构持续向大容量、高参数方向发展，以及电力结构的不断调整，我国电力煤耗不断下降。截至 2020 年底，全国 6000 kW 及以上火电厂供电标准煤耗降至 305.5 g 标准煤 / （kW·h），较上一年同比降低 0.9%（国家能源局，2021），但与其他发达国家相比仍有差距，我国电力的能源利用效率仍有很大的提高空间。

在提高能源效率的途径上，我国既需要考虑工业能效问题，更需要考虑需求侧用能设备效率问题，终端用能效率提升的潜力比发电设备效率提升大得多。通过能效竞跑制度，可以不断提升终端用能效率，同时也能催生终端用能设备的革新。中国未来应加紧与其他各国在提高能效方面的科技研发合作，加大更新设备和创新技术的投资力度，鼓励和倡导更加节能的生活方式，这是可持续发展的有效手段，也是全世界一致的选择。

第二节　世界能源技术发展现状与趋势

一、能源结构与能源利用技术向低碳和近零排放演化

发展低碳能源系统是全球能源领域的一个重要方向。长期以来，高碳化石能源在全球能源供应中占主导地位，化石能源的使用产生了大量的 CO_2 排放，导致全球气候变暖，给自然环境造成不可逆转的负面影响。低碳能源技术在应对气候变化中发挥着关键作用，世界各国纷纷加大对新能源和可再生能源的研发力度，加快对多种形式能源的开发利用，引领能源结构与能源利用技术向低碳和近零排放的方向发展。

（一）煤炭的清洁低碳高效利用

据国际能源署发布的《煤炭 2019：分析及 2024 预测》（Coal 2019: Analysis and Forecast to 2024），煤炭仍然是全球能源系统的主要燃料，煤电

占全球总发电量的近 40%，占能源相关的二氧化碳排放量的 40% 以上。煤炭的高效利用，碳捕集、利用与封存（carbon capture，utilization and storage，CCUS）对于实现低碳未来所需的碳排放量的大幅削减至关重要。先进煤化工技术（advanced coal to chemicals industry，ACCI）是我国清洁、高效和低碳利用煤炭的重要途径。ACCI 技术路线主要包括制备气体、液体燃料和化工品，如煤转化为合成天然气、煤基甲醇制汽油、煤基甲醇制烯烃等技术。2019 年，我国基于 ACCI 技术实现生产成品油 1332 万 t，生产合成天然气 39.4 亿 m^3，生产烯烃 1194 万 t，生产乙二醇 333 万 t，生产芳烃 28 万 t（Xie，2021）。2020 年的 IEA 报告表明，将 CCUS 技术应用到现有的电厂和工厂，在未来 50 年将减少 6000 亿 t 二氧化碳排放（IEA，2021a）。

（二）风电技术的改进使对风能资源的利用更为有效

截至 2020 年底，全球陆上风电规模达到 707 GW，海上风电规模为 35 GW（Global Wind Energy Council，2021）。图 1-9 为预计到 2030 年全球新增风电装机容量。

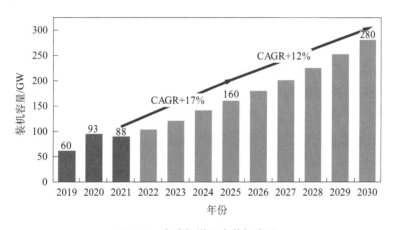

图 1-9　全球新增风电装机容量

资料来源：GWEC Market Intelligence；IEA World Energy Outlook 2020；Global Wind Energy Council（2021）
CAGR 指复合年均增长率（compound annual growth rate）

风力发电机组一般为三叶式水平轴风力发电机，由叶片、轮毂、发电机、塔架和储能装置组成。2021 年，西门子歌美飒（Siemens Gamesa）的 SG 14-222 DD 为世界上最大的风电原型机，其单机容量最高可达 15 MW，转子直径达到 222 m，预计 2024 年正式实现商业化（Rolink et al.，2021）。同年，明阳智能发布概念机 MySE 16.0-242，最大单机容量达到 16 MW，计划于 2024 年上半年进入商用生产阶段（Li et al.，2021）。对于风电技术的研究集中在空气动力学、结构动力学、电气和结构设计、控制、材料、电网联结、风能存储等方面。海上风电规模化是风电发展重要技术方向之一，而其故障检出率及运维成本高是制约其发展的重要原因。随着技术的发展，计算工具增强了传统维护策略的使用。状态监测仪器与改进的诊断和预测技术，以及自动化和机器人技术的创新正在推动海上运维的进一步变化（Rinaldi et al.，2021）。

（三）多种转化技术拓展了太阳能发电的途径

太阳能资源极为丰富，但其能源密度较低并且具有间歇性，使得其大规模使用的成本和技术难度均很高。太阳能发电主要包括光伏发电和光热发电。

太阳能光伏发电系统是一种利用太阳电池半导体材料的光伏效应，将太阳光辐射能直接转换为电能的发电系统。"双碳"目标下，随着光伏发电技术的不断更新和在政策的支持下，全球光伏市场强劲增长，2020 年，全球光伏新增装机容量 139 GW，累计光伏容量达到 760 GW（IEA-PVPS，2021）。目前主流太阳能电池板的效率在 15%～20%（Singh et al.，2021）。截至 2021 年，隆基公司推出 N 型 HPC 技术的 Hi-MON 型号组件效率达到 22.3%，功率达到 555 W（Mercure，2021）。光伏电池主要包括多结电池、单结砷化镓电池、晶体硅电池、薄膜技术电池、新兴光伏电池（如采用钙钛矿材料制成的电池）。2020 年，美国国家可再生能源实验室（National Renewable Energy Laboratory，NREL）制造出一种六结太阳能电池，在聚光比为 143 时，效率达到 47.1%（Singh et al.，2021）。2021 年，科学家基于亚稳态 Dion-Jacobson 2D 结构得到高效稳定的钙钛矿太阳能电池，其效率达到 24.7%（Zhang et al.，2021）。

太阳能光热发电，也称聚光型太阳能热发电（concentrated solar power，CSP），是直接通过会聚太阳光产生热能，再利用热能进行发电，具有易于储能的优势。2020 年，全球 CSP 总装机容量约为 6.5 GW（IEA，2019），到 2030 年全球 CSP 总装机容量将达到 22.4 GW（GlobalData，2019）。目前主流的 CSP 技术包括槽式、塔式、碟式和线性菲涅耳式。其中，槽式技术发展最早，太阳能到电能转化效率约 15%（Asif，2017）。塔式技术是目前国际上较为主流的光热发电技术，集热温度通常在 600 ℃以上（Asif，2017）。碟式技术适用于分布式发电场景，但由于其成本高昂，目前尚未实现商业化。线性菲涅耳技术发展较为成熟，具有成本低、风阻小等优势，但存在集热温度低、发电效率低等问题。近年来 CSP 发电量以及新增装机容量发展缓慢，国际可再生能源机构（International Renewable Energy Agency，IRENA）指出由于 CSP 主要依赖直射光，在一定程度上限制了其在具有高法向直接辐射辐照度（direct normal irradiance, DNI）区域的部署（IRENA，2021）。另外，IEA 指出 CSP 工厂的储能价值提高和成本降低是未来吸引投资的关键（IEA，2021b）。

（四）新一代核电技术的发展提高了核电的安全性与经济性

核电可以提供大规模的清洁电力。据统计，截至 2020 年，核电装机容量已达到 415 GW（IEA，2021c）。第三代和第四代反应堆被认为是先进的核电反应堆。第三代技术包括第三代反应堆和第三代＋反应堆，主要改进了燃料技术、热效率、安全系统以及降低维护和资金成本的标准化设计，正在运行的第三代技术反应堆主要有 US-ABWR、HPR-1000 和 AP1000 等。第四代反应堆属于最先进的核电技术，具有高安全性、可持续性、高效率和更少核废料等优点，主要包括热堆和快堆两种反应堆类型。目前华能石岛湾高温气冷堆核电站是全球首座将第四代核电技术成功商业化的示范项目，由中国华能集团有限公司（简称中国华能）、中国核工业建设集团有限公司和清华控股有限公司共同出资组建，其规模为 200 MW（国家原子能机构，2021）。据 IEA 报道，为了实现 2050 年净零排放目标，2020～2050 年全球平均每年新增核电容量需要达到 20 GW，然而全球实际核电容量增速与此仍有一定差距（IEA，2021d）。

（五）水能、地热能以及海洋能的开发利用技术发展迅速

水电是一种较为灵活的发电技术，水库可以提供内置能量存储，并且水电的快速响应时间可以用来优化电力生产以满足电网用电需求的突然增加。截至 2020 年，水电仍然是最大的可再生电力来源，2020 年全球水电新增装机容量达到 21 GW，新增发电量 124 TW·h（IEA，2021e）。IEA 报道，在 2050

年净零排放情景中,水电在2020～2030年需保持3%的年平均发电量增幅(IEA,2021e)。

高温地热资源可用于发电,低温地热资源可用于取暖或者工业利用。2020年,地热发电量增长了2%,在过去的5年里,地热年均新增装机容量为500 MW(IEA,2021f)。目前商业化的地热发电主要包括干蒸汽技术、二次蒸汽技术和双汽循环技术,其中双汽循环技术发展最快,其主要利用有机兰金循环(organic Rankine cycle,ORC)系统和卡林那(Kalina)循环系统,优点是可以利用低温地热资源发电,发电规模约为150 MW(Kamran and Rayyan,2021)。大规模地热发电的发展受技术限制较大,面临项目建设周期长、勘探打井风险大、成本高、环境影响无法评估等方面的挑战。

利用海洋能的方法主要集中在波浪能、潮汐能、垂直分层温度差和盐度差以及海上生物质能方面。2020年海洋技术发电量增加了400 GW·h,主要由于丹麦新增200 MW装机容量(IEA,2021g)。虽然全球(主要包括英国、加拿大、澳大利亚、中国和丹麦)已经部署了10 kW至1 MW的先进海上发电项目,但这些示范和小型商业项目成本仍然较高,在规模化之前仍然需要进一步降低成本(IEA,2021g)。目前,海洋能源对世界能源结构的贡献仍很小,关键技术仍处于开发和示范阶段。

(六)生物质能的现代化发展空间广阔

2010～2019年,全球生物质燃料消费量平均每年增长5%。受新冠疫情影响,全球运输中断,导致2020年全球生物质燃料消费量出现下降。IEA预测到2026年,全球对生物燃料的年需求将增长28%(IEA,2021h)。生物质能的现代利用方式有生物质发电、生物质沼气、生物质车用燃料和生物质清洁燃烧供热等,其中,生物质发电和生物乙醇燃料已得到政策支持,但目前发展规模不大。

(七)在对传统能源的替代中,氢能技术具有广阔的发展空间

氢能被认为是解决能源安全和环境问题很有前景的方案之一。根据IEA的数据,2020年世界氢气年产量约9000万t,其中60%以天然气为原料,19%以煤炭为原料,其余21%是生产其他化工产品得到的副产物氢(IEA,

2021i）。目前氢气主要应用在工业领域（炼油、制氨、生产甲醇和生产钢铁等）和氢燃料电池电动汽车领域。

目前的制氢技术主要包括热处理制氢、电解制氢、光解制氢等。常用的热处理制氢技术主要包括天然气重整、煤炭气化、生物质气化、高温水解和热化学水解等技术。电解制氢技术是利用电能将水分解为氢气和氧气。其中以碱性溶液电解技术最为成熟，质子交换膜（proton exchange membrane，PEM）电解技术成本低、潜力大且灵活响应能力突出，发展前景良好，但目前成熟度相对不足。光解制氢过程是利用光能将水分解为氧气和氢气，这种制氢技术目前还处于初期研究阶段。

二、提高能效在能源科学技术发展中地位凸显

IEA 认为，就保障能源安全与缓解气候变化而言，提高能源效率与可再生能源的发展同样重要，而且提高能源效率更具有成本效益且潜力巨大，值得各国在长期能源政策中加以重视。在 IEA 的 2050 年净零排放场景中（IEA，2021j），能源效率是使清洁能源增长超过能源需求增长的关键因素。在该设想中，到 2030 年，世界的能源效率将提高 1/3。为实现这一结果，需要提高能源转化和运输效率，尤其是提高化石能源发电效率和电网的输配电效率。同时，提高用能终端的能效标准对于提高能源效率和实现碳中和目标具有非常重要的意义。

（一）提高煤炭发电效率的新技术得到迅速发展

截至 2020 年底，煤炭发电量占全球总发电量的 35.1%（BP Global，2021），目前世界范围内硬煤发电的平均效率为 37.5%（World Coal Association，2020）。为提高煤炭发电效率并减少环境污染，国际上目前的主流技术包括超超临界汽轮机发电技术、流化床燃烧技术、整体煤气化联合循环（integrated gasification combined cycle，IGCC）发电技术等。目前，超超临界技术发展领先的国家主要是中国、日本、德国等。目前我国超超临界机组技术水平、发展速度、装机容量和机组数量均已跃居世界首位，已建成效率超过 47% 的 1000 MW 二次再热超超临界机组（张苏闽，2019）。流化床燃烧技术主要包括沸腾流化床和

循环流化床（circulating fluidized bed，CFB），该技术尤其适用于低质煤燃烧发电，并已实现商业化。IGCC 发电技术是更清洁高效的煤炭发电技术，燃煤IGCC 电厂的发电效率约为 47%（Szima et al.，2021）。此外，IGCC 电厂与CCUS 可以实现无缝对接。

（二）技术的推广与改进提高了天然气的发电效率

2020 年全球天然气发电量为 6268.1 TW·h，占全球总发电量的 23.4%（BP Global，2021）。在各类电源发电量中，天然气发电量排名第二，仅次于煤电。天然气联合循环燃气轮机的能量转换效率最高可超过 60%，用同一种燃料生产的电力比传统的简单循环发电高 50%（IRENA，2019）。目前，美国已经有80% 以上的天然气发电来自天然气联合循环电厂（EIA，2019）。

（三）热电联产技术的发展提高了燃料的转化效率

热电联产（combined heat and power, CHP）技术在发电的同时，充分利用系统余热，可以将燃料 75%～80% 的化学能转化为有用能量，通常规模从1 kW 到 500 MW 不等（IEA，2008a）。热电联产技术的研发方向主要有高温热电联产、中等及小规模应用技术和生物质热电联产。费尔菲尔德市场研究公司（Fairfield Market Research）预测，2026 年全球热电联产市场价值将达到 269 亿美元，而 2020 年为 191 亿美元，市场有望在 2021～2026 年的预测年份之间实现 6.2% 的复合年均增长率（GlobeNewswire News Room，2021）。分布式冷热电联产（distributed combined cooling, heating and power, DCCHP）可以与建筑能源系统有机结合，实现燃料的高效利用，特别是天然气冷热电联产已经得到了愈来愈多的规模化应用，被认为是天然气高效利用的最有效途径。

（四）能效制度迅速推动了热泵空调技术的发展，产品能效显著提升

我国是空调制冷的最大消费国，我国制冷用电量占全社会用电量的 15% 以上，预计到 2030 年，大型公共建筑制冷能效提升 30%，制冷总体能效提升25% 以上（国家发展和改革委员会等，2019）。制冷空调业除了应用在建筑领

域外，也应用在交通应用、食品冷冻冷藏、数据中心等领域。我国工业用能占社会总能耗的 60% 以上，能源加工转换中的余能占全国总能耗的 26.3%（徐震原和王如竹，2020），其主要形式是余热，考虑到我国以煤炭为主和依赖进口原油的能源结构，余热回收不但可以降低能耗和碳排放，还可以有效减少进口能源依赖。尽管余热回收已经发展多年，但是大量 150℃ 以下的余热是作为废热排放的，实现低品位余热有效利用对于工业节能意义巨大，工业热泵的大量应用对于我国"双碳"目标的实现意义重大。

（五）提高终端耗能部门能效标准，助力构建清洁低碳高效的能源体系

工业、建筑、交通是我国主要的终端耗能部门，三者总能耗合计占比超过 90%。在重点行业领域推动开展节能改造，提高能效标准，鼓励清洁高效用能是"十四五"期间需要重点开展的工作之一。在工业领域，电机耗电量在工业总用电量中的占比为 60%～70%（徐震原和王如竹，2020），电机系统整体运行效率较发达国家低 20% 左右，具有巨大的能效升级潜力。在能效标准的推动下，预计到 2023 年，在役高效节能电机占比达到 20% 以上，实现年节电量 490 亿 kW·h，相当于节约标准煤 1500 万 t，减排二氧化碳 2800 万 t（工业和信息化部和市场监督管理总局，2021）。在建筑领域，通过推动合理规划和控制建筑总规模、强化建筑物节能标准、改进北方建筑供暖方式、现有建筑节能改造等措施，在温度升高 2 ℃ 目标情景下，到 2050 年建筑总能耗可下降至 7.13 亿 t 标准煤，电气化率可由目前的 28% 提升到 60% 以上（项目综合报告编写组等，2020）。在交通运输行业，主要通过运输结构化、能效提升等降低能耗强度，并通过使用电、氢能等实现能源零碳化。

三、电能存储与输配电技术发展迅速

电力供应是能源系统中极其重要的一个环节，电力系统安全稳定运行的迫切需求使电能存储与输配电技术在近年来得到了迅速的发展，高效灵活的电能存储以及输配电技术也在实现净零排放中扮演重要角色。

（一）储电技术具有不同的应用场景

依据不同储电技术的应用规模和响应时间（图1-10），特定的电力系统应用场景可以选择有针对性的电能存储方案。电池储能技术利用电能和化学能之间的转换，实现电能的存储和输出。不仅具有快速响应和双向调节的技术特点，而且具有环境适应性强、小型分散配置且建设周期短等优点。各类电池技术可在电力系统电源侧、电网侧、用户侧承担不同的角色，发挥不同的作用。锂离子电池由于其高性能和快速降低的成本，已经被用于许多电力固定方面，如频率调节、电网输配电。后锂离子时代的研究则主要针对更高能量密度、更长寿命周期，以及规模化的有效扩展制造。抽水蓄能（pumped hydro energy storage，PHES）和压缩空气蓄能（compressed air energy storage，CAES）技术通常用于提供大容量的电能管理，这两种技术可以放电长达数小时，且具有较好的技术经济性。飞轮（flywheels）技术的放电时间较短，通常用于改善供电质量。复合动态电池技术和混合储能系统采用不同存储技术组合来提高整个系统性能，能够实现不同储能技术的互补。

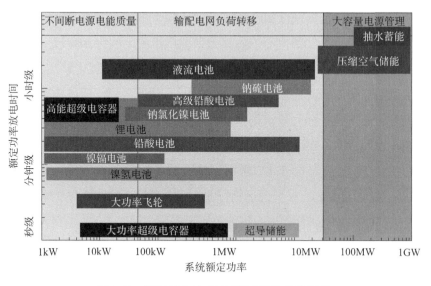

图1-10 不同储电技术的应用规模和响应时间

资料来源：*Electricity storage and renewables: Cost and markets to 2030*（IRENA，2017）

（二）高压直流输电技术的发展使输电线损得以降低

目前，世界范围内平均输配电损失约占电力生产总量的8%（World

Nuclear Association，2020）。高压直流输电技术的发展使得长距离降低线损成为可能。现代直流技术已经可以实现地下输送，并与交流电网相连接，直流输电作为交直流混合电网的主要功率传输纽带，是混合电网安全高效运行的重要一环。目前世界范围内有 100 多个直流输电项目，典型的高压直流输电系统的额定功率通常超过 100 MW（饶宏等，2019）。未来超高压直流输电系统（具有长距离 800 kV 及以上输电能力）有望得到快速发展，这有利于将地质或环境较为敏感地区的可再生能源电力接入电网，紧凑型、低损耗、高可靠性的特高压柔性直流输电技术在大规模可再生能源并网、大型城市供电等领域具有显著的技术优势。灵活的高压直流输电也允许应用多终端系统，最终构建全规模的高压直流电网。

（三）分布式与集中式发电相结合提高输配电效率

分布式发电采用就近输送电力的原则，包括各种连接到电网的独立机组。在实际应用中，分布式与集中式相结合的发电系统将具有很高的输配电效率。分布式发电机组装机容量一般小于集中式发电机组装机容量，虽然单位装机成本更高，但可以节约输配电投资。可再生能源发电资源强度较低，更加适合分布式发电系统。将这些机组部署在负荷中心，与集中式发电相结合，可以改进电力质量，提高系统可靠性，提高电力"可观、可测、可控"水平。另外，分布式发电与可再生能源发电的非连续性供电特点，对电网的负载提出了更高的要求，也为管理电力系统、优化电力分配和稳定电网运行提供了新手段。

（四）智能电网技术的发展提高了电力系统的整体性能

智能电网是指利用先进的技术提高电力系统的能源转换效率、电能利用率、供电质量和可靠性。智能电网的基础是分布式数据传输、计算和控制技术，以及多个供电单元之间数据和控制命令的有效传输技术。可静态或动态地响应电网的变化，或者通过有功和无功管理进行远程控制，为配电（或传输）提供智能保障。对于智能电网，美国主要关注电网基础架构的升级，利用信息技术实现系统智能对人工的替代。欧盟主要关注如何更加有效地将可再生能源和分布式能源（distributed energy resource，DER）接入智能电网中。我国关注源–网–荷–储一体化，构建源–网–荷–储高度融合的新型电力系统发展路径，同时利用电力气象技术提高新能源并网发电的消纳空间。

（五）分布式电力系统有效集成智能电网和电能储存

分布式电力系统是以小型发电技术为核心，集成智能电网、电能储存等技术形成一种主要分布于用户侧的小型电力系统。电池储能在电能储存领域举足轻重，这得益于电池储能可以进行快速部署，精确定位，它可以提高整个电网的效率和复原力。在全球范围内，电池储能最常见的用途是频率调节，其次是备用容量、电费管理和能源时间迁移。电动汽车电池管理系统是电池储能领域的重要板块，主要用于监测和控制汽车电能存储系统，确保电池的健康，优化电池平衡以提高其寿命和容量，并向汽车系统提供电力。

四、CCUS是化石能源低碳利用的关键技术

煤电等常规电源仍是保障电力供应的重要基础。我国现有的11亿kW煤电机组多处于"青壮年"时期，须用好、用足存量资源。相比新能源，煤电能量密度大、出力可调节，具有保电力、保电量、保调节的"三保"兜底保障作用，电力保供主体地位短期内难以改变。煤电清洁化发展是电力系统兼顾低碳转型与保障供电的关键所在，其中的关键技术是CCUS技术。

CCUS是目前能够低碳利用含碳化石能源的技术，也是能够实现负排放（通过与生物质能利用技术结合或采用空气捕集方式）效果的技术。2005年，IPCC特别报告定义CCUS为"从工业和能源相关的生产活动中分离CO_2，运输到储存地埋存，使CO_2长期与大气隔绝的一个过程"。

（一）迫切需要大幅度降低CCUS能耗与成本

CO_2捕集过程的成本和能耗占CCUS全环节成本和能耗的70%～80%，是CCUS的关键环节和研发焦点（生态环境部环境规划院等，2021）。以目前的技术水平，要实现燃煤电厂的碳捕集，主流的CO_2捕集技术包括燃烧后捕

集、燃烧前捕集和富氧燃烧的能耗损失基本都要超过 7%～15% 的发电效率，相当于使燃煤发电效率倒退半个世纪（图 1-11）。为此，研发低能耗和低成本的 CO_2 捕集技术是 CCUS 技术发展的突破口。

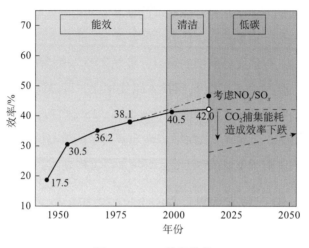

图 1-11　CO_2 捕集效率

（二）新型分离技术与燃料源头捕集技术是潜力方向

目前 CO_2 分离技术主要有化学/物理吸收、吸附、薄膜技术、低温冷凝和水合物技术等。化学吸收采用溶液与 CO_2 发生化学反应进行吸收，并在较高温度下进行解吸再生。溶液吸收法的优点是吸收性强、吸收快，但要消耗大量低温蒸汽，且化学溶剂有一定的腐蚀性，因此研发新吸收剂体系能同时满足"高吸收率、高吸收负荷、低再生能耗"和"低蒸汽压、抗氧化、低腐蚀性"等特点是关键（Morken et al.，2019）。物理吸收利用 CO_2 在溶液中的溶解度随压力而改变的原理来吸收、分离 CO_2，主要在低温、高压下进行吸收，吸收剂一般不需要加热再生。化学吸附可利用负载胺、硅酸盐、碳酸盐等通过化学反应吸附 CO_2，并在高温下进行再生。其主要特点是吸附选择性高，对环境蒸汽或水分耐受性好。物理吸附主要基于在较高压力下吸附，降压加冲洗或降压加抽空的再生循环工艺。变压或变压/变温吸附材料包括活性炭、分子筛、水滑石、笼形水合物等（Wiheeb et al.，2016）。目前该技术已经处于商业应用阶段。膜分离原理为利用各种气体和薄膜之间不同的化学及物理反应，使得某一种气体能较快通过薄膜，达到分离的目的。通常薄膜的分离效率并不高，因此应用中往往会设置多层薄膜及气体回流，但同时也提高了工艺的复杂性，能耗及成本也随之增加，目前膜分离技术的主要挑战在于规模化和成本。

通过探索新的能量转化路径以实现能量高效利用与低能耗脱碳的一体化是降低捕集能耗的另一重要方向，代表性的技术方向即燃料源头脱碳技术，具体包括化学链燃烧、碳氢组分解耦的煤炭分级气化等。燃料源头脱碳技术与现有的燃烧后烟气捕集为主的 CO_2 捕集技术路线相比，可以将 CO_2 捕集能耗代价从额外多消耗 20%～30% 燃料转变为节省 10%～15% 燃料；捕集成本从目前的 70 美元 /t 降低到 10 美元 /t，从而根本性地解决了能效与低碳之间的矛盾，是高碳能源低碳利用的变革性技术（生态环境部环境规划院等，2021）。

（三）CO_2 输运技术成熟，输运网络有待建立

CO_2 输运技术包括车船与管道两类，前者适用于小规模近距离输运，后者适用于大规模长距离输运。无论是用车船还是管道输运，其技术都已经成熟并商业化，下一步是建立输运管网并建立相应的技术规范以及政策法规。

（四）利用技术为 CCUS 早期示范与推广创造机会

CO_2 利用主要包括地质利用、化工利用与生物利用三大类。CO_2 地质利用是将 CO_2 注入地下，利用地质条件生产或强化能源、资源开采的过程，以强化油气开采为代表。CO_2 化工利用是以化学转化为主要手段，将 CO_2 和共反应物转化成目标产物。CO_2 生物利用是以生物转化为主要手段，将 CO_2 用于生物质合成，实现 CO_2 资源化利用的过程，主要产品有食品和饲料、生物肥料、化学品与生物燃料和气体肥料等。目前，CO_2 利用技术新方向多，技术发展参差不齐，但普遍存在 CO_2 处理规模有限、减排时效性短、利用过程额外耗能以及成本较高等问题。但是，部分以 EoR（enhanced oil recovery，强化石油开采）为代表的利用技术为早期 CCUS 技术的示范与推广创造了低成本机会，是目前 CCUS 技术领域的热点。

（五）封存技术和全球及主要国家 CCUS 封存潜力

从封存环节看，在深层、在岸或沿海地质构造封存 CO_2 的技术是类似的，

这些技术由石油和天然气工业开发出来，并且已经证明在特定条件下，在石油和天然气田以及盐沼池构造中进行封存是经济可行的。全球陆上理论封存容量为 6 万亿～42 万亿 t，海底理论封存容量为 2 万亿～13 万亿 t（生态环境部环境规划院等，2021）。表 1-3 展示了世界主要国家及地区 CCUS 地质封存潜力与 CO_2 排放。在所有封存类型中，深部咸水层封存占据主导地位，其封存容量占比约 98%，且分布广泛，是较为理想的 CO_2 封存场所；油气藏由于存在完整的构造、详细的地质勘探基础等条件，是适合 CO_2 封存的早期地质场所。

表 1-3　世界主要国家及地区 CCUS 地质封存潜力与 CO_2 排放

国家 / 地区	理论封存容量 / 万亿 t	2019 年排放量 / 亿 t	至 2060 年 CO_2 累计排放量 估值 /（10^{10} t）
中国	121～413	98	40
亚洲（除中国）	49～55	74	30
北美洲	230～2153	60	25
欧洲	50	41	17
澳大利亚	22～41	4	1.6

资料来源：生态环境部环境规划院等（2021）

五、主要行业碳减排技术成为新重点

没有任何一种技术可以提供达到净零排放所需的全部碳减排量，净零排放的实现需要依靠广泛的燃料和多样化的技术，以及各行业的通力协作。

（一）电力行业的技术改造升级是碳减排的关键

电力领域的减排方向是利用可再生能源（太阳能、风能等）发电规模化开发与高效利用、新一代核电技术以及配备 CCUS 技术的火电厂。电力行业减排潜力占全球累计二氧化碳减排量的 35% 左右，其中可再生能源贡献 62%，其次是 CCUS（包括 bio-energy with carbon capture utilization and storage，BECCUS，即生物质能 +CCUS）占 15%，核能占 4%，太阳能和风能合计占 40% 以上（图 1-12）。

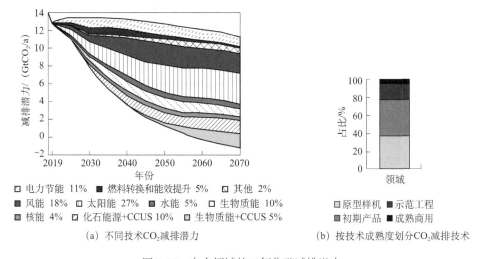

电力节能 11%　■ 燃料转换和能效提升 5%　其他 2%
■ 风能 18%　太阳能 27%　■ 水能 5%　生物质能 10%
■ 核能 4%　化石能源+CCUS 10%　生物质能+CCUS 5%

原型样机　■ 示范工程
初期产品　■ 成熟商用

（a）不同技术CO$_2$减排潜力　　　　（b）按技术成熟度划分CO$_2$减排技术

图 1-12　电力领域的二氧化碳减排潜力

资料来源：*Energy Technology Perspectives 2020*（IEA，2020a）

（二）清洁低碳的替代燃料在碳减排方面发挥重要作用

在 2070 年可持续发展情景中，生物能源、氢气和氢基燃料（氨和合成燃料）等低碳替代燃料提供了所有最终能源需求的 20%，仅氢气和氢基燃料就满足了所有最终能源需求的 13%。液体生物燃料的使用虽然只占最终能源需求总量的 5%，但对运输部门的碳减排至关重要。生物甲烷和沼气仅占最终能源使用总量的 2%，但由于在现有天然气电网中与天然气混合，到 2070 年，生物甲烷平均占全球电网天然气消费的 15% 以上（图 1-13）。

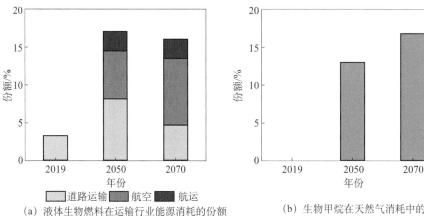

道路运输　航空　■ 航运

（a）液体生物燃料在运输行业能源消耗的份额　　　（b）生物甲烷在天然气消耗中的份额

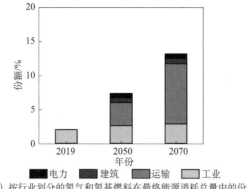

（c）按行业划分的氢气和氢基燃料在最终能源消耗总量中的份额

图 1-13　清洁能源在可持续发展中的作用

资料来源：*Energy Technology Perspectives 2020*（IEA，2020a）

（三）工业领域的能源减排依靠替代燃料、电气化、提高能效和碳捕集

工业上，目前约有 70% 的 CO_2 排放量来源于化工生产、钢铁冶炼及水泥制造，各细分领域的减排潜力可参见图 1-14。我国工业行业二氧化碳减排潜力相对也较大。工业减排主要依靠替代燃料、电气化、提高能效和碳捕集技术。将低碳氢用于初级钢铁和化学品生产的技术比直接电气化技术更先进，基于低碳氢的直接铁还原技术为初级钢铁制造开辟了新的碳减排途径，碳捕集技术由于成本较高，还有待进一步的研发和普及。

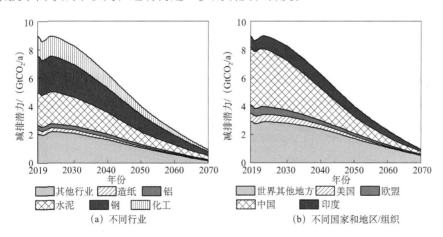

图 1-14　工业行业二氧化碳减排潜力

资料来源：*Energy Technology Perspectives 2020*（IEA，2020a）

（四）交通运输领域的减排主要通过提高能效和替代燃料

交通运输行业的节能减排需要转变运输结构和方式，这依赖于各类节能技术的协同发展，如车辆、动力集成、发动机技术、空调节能以及替代燃料。目前有很多项目处于示范和部署阶段（图1-15），这些项目主要体现为提高能效和采用替代燃料两个方面，具有较好的市场潜力。另外，近5年来新能源动力飞速发展，在支持性政策和技术进步的支持下，全球新能源汽车数量显著增长。受新冠疫情影响，截至2020年底，全球汽车销量下降约16%，而新能源汽车注册量依然增加了41%，全球新能源汽车的总数量为1023万辆（Car Sales Statistics，2020）。交通运输的电气化是减少人口稠密地区空气污染的关键，是促进能源多样化和减少温室气体排放目标可期的选择。

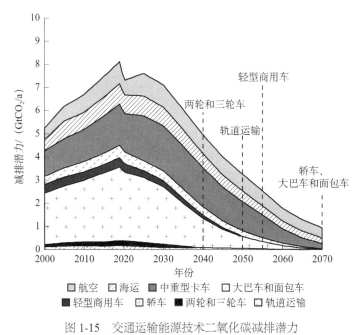

图1-15 交通运输能源技术二氧化碳减排潜力

资料来源：*Energy Technology Perspectives 2020*（IEA，2020a）

（五）电气化、替代能源以及节能建筑设计是影响建筑领域碳减排的关键因素

参见图1-16，目前建筑行业碳排放量占全球总量的37%，主要来源于燃

烧化石燃料进行空间和生活用水的加热以及烹饪。在节能建筑设计中，提高电气化程度是供热碳减排的主要方法，以化石燃料为基础的空间和生活用水的加热技术可被与可再生能源相结合的低碳电力热泵和热交换器所取代，或者被清洁区域供热系统所取代。此外，优化建筑节能设计也是降低建筑行业能耗的关键。到 2070 年，节能建筑设计、电气化和可再生能源一体化程度的提高将使建筑行业的直接碳排放量减少到 3 亿 t 以下。

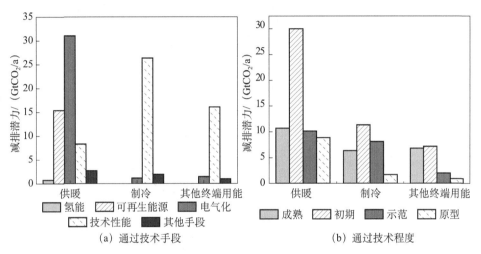

图 1-16　建筑行业碳减排潜力

资料来源：*Energy Technology Perspectives 2020*（IEA，2020a）

（六）清洁能源转型需要提高能源相关方面的投资

电力和低碳发电技术是增加相关投资需求的最大原因，为实现净零排放，电力部门的投资需求增加约 7600 亿美元/a（图 1-17），主要用于投资可再生能源、电网的升级和扩展以及提高工业、交通和建筑中的能源利用效率。燃料方面增加的投资主要用于氢气和氢基燃料、生物质燃料。建筑行业也需要大量投资，用于发展建筑隔热性能提升等技术延长建筑寿命。交通运输行业中增加的投资，用于开发和部署目前无法商业化应用的技术，尤其是重工业长途运输领域。对现有技术的革新以及对新技术的迅速发展和应用的需要，强调了增加研发投资的重要性。另外，碳减排情景下，各行业高碳排放领域的投资有所降低。随着电力、低碳发电技术及清洁替代燃料的发展，化石燃料开采及加工方面的投资需求减少；建筑寿命延长后，建筑长期投资降低；减少旅行和使用公共交通工具，减少了对公路车辆投资的需要，也抵消了部分增加的投资。

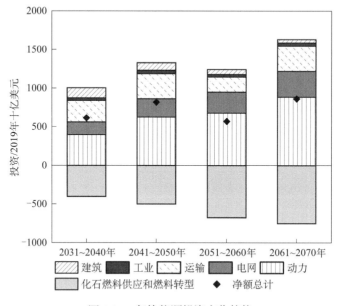

图 1-17　年均能源投资变化趋势

资料来源：*Energy Technology Perspectives 2020*（IEA，2020a）

六、能源科技投入近年来持续增加

在全球经济增速放缓、气候变暖以及地缘政治博弈日益复杂的背景下，能源问题受到世界各国的高度关注。各国都在不断加强能源科技投入力度，力图改变现有的能源结构。新能源与洁净能源技术的利用，既减少了国家对传统化石能源的依赖，加强了国家能源安全，又有利于减少温室气体的排放，保护人类的生存环境，并推动新型能源产业的增长，是未来可持续发展道路的最优选择。

（一）发达国家近年来能源科技投入稳步增加

能源研发投入水平对能源科技的发展起着关键性作用。根据 IEA 对世界各国政府能源研发预算情况统计（图 1-18），2015～2020 年世界各国能源研发预算总体保持上涨。其中，2020 年欧洲地区国家和美国政府能源研发支出强劲增长，各国政府能源研发总支出增长 2%。

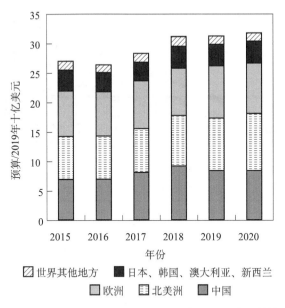

图 1-18　世界各国或地区 2015~2020 年能源研发预算情况

资料来源：*World Energy Investment 2021, Global Trends in Renewable Energy Investment 2020*

（IEA，2020b；UNEP，2020）

（二）不同地区核电容量与发电份额将持续增长

2050 年全球核电总容量将达到 900 GW 以上，发电份额达到总发电量的 17%~18%。其中除欧盟的核电规模有下降趋势外，美国与其他经济合作组织国家基本保持原有规模不变，而世界其他国家和地区核电容量与发电份额持续增大，尤其是中国的核电规模将急速扩大，由 2012 年的 50 GW 以下扩大到 2050 年的 250 GW 左右（图 1-19）。

（三）新能源和可再生能源投资集中在风能和太阳能技术上

新能源和可再生能源投资正呈现出范围更宽、规模更大的特点，不仅投资额持续增长，投资范围也进一步集中化。图 1-20 为世界范围内新能源和可再生能源技术 2006~2021 年投资构成，太阳能吸引了最多的投资，每年的投资均达到当年可再生能源总投资的 50% 左右，风能位列第二，这两者占总投资的比例接近 85%。

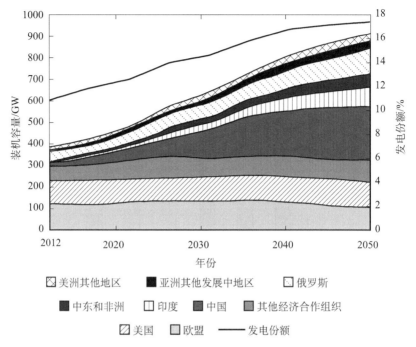

图 1-19   不同地区 / 组织 / 国家核电装机容量与发电份额

资料来源：*Nuclear Roadmap 2015, Energy Technology Perspectives 2020*

（IEA，2015；IEA，2020a）

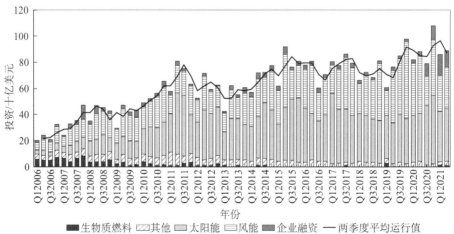

图 1-20   全球 2006～2021 年新能源和可再生能源的投资构成

Q1 和 Q3 分别指第一季度 (quarter 1) 和第三季度 (quarter 3)；两季度平均运行值

指第一季度和第三季度的平均运行值

资料来源：*Renewable Energy Investment Tracker*（BloombergNEF，2021）

第三节　我国能源科学技术现状与基础

一、化石能源领域

煤、石油和天然气等化石能源一直以来都是我国主要能源资源。近年来，我国在煤、石油和天然气等化石能源领域的技术取得了长足进步。

（一）洁净煤利用与转换

我国在煤炭加工与净化、燃烧、转化以及污染物控制技术等关键技术装备及其系统方面取得了较大进展。我国在选煤过程工艺与技术方面和发达国家基本持平。燃煤发电技术及设备制造装备水平已接近世界先进水平，在超临界及超超临界发电技术方面实现了跨越式发展，功率等级达到 1000 MW，主汽参数达到 31 MPa/600℃/620℃/620℃，发电效率大于 48%。电除尘器的生产规模和使用数量均居世界首位，电除尘技术接近世界先进水平。电袋复合除尘技术已在多家电厂成功应用。烟气脱硫（flue gas desulphurization，FGD）技术总体上达到国外先进水平，半干法烟气脱硫技术在近期也已实现工业应用和推广。选择性催化还原（selective catalytic reduction，SCR）是我国现阶段燃煤电厂应用最多的氮氧化物脱除方法，而选择性非催化还原（selective non-catalytic reduction，SNCR）技术也有一定的应用。

我国在先进的煤炭利用及污染物控制技术方面的研究及开发也得到充分发展。煤炭的高效近零排放多联产系统是煤炭利用技术的发展方向，基于完全煤气化技术的多联产系统已经实现示范运行，而煤炭热解燃烧分级利用技术也已完成工业装置的示范运行。

（二）清洁石油化工与能源转化利用

进入 21 世纪，我国清洁石油资源化工与能源转化利用技术的发展明显加快。在石化领域，炼化一体化已从最初的由先建炼油厂为后建石化厂乙烯和芳烃装置提供石脑油原料的简单分散的一体化，发展成为炼油与石油化工物料互供、能量资源和公用工程共享的一种综合紧密的一体化，以提高石油资源的利用效率，降低投资和生产成本，适应油品和石化产品需求变化。

传统炼化一体化技术在新型催化剂开发、降低成本、优化操作等方面取得了一些新进展。加氢裂化正成为炼化一体化的核心主体技术，通过采用新型催化剂、优化调整工艺流程或工艺条件，广泛用于多产石脑油或加氢尾油。

（三）燃油动力节约与洁净转换

我国年交通燃料的消费总量位居世界第二，近 20 年来，国际内燃机技术获得了巨大进步。现有先进的燃烧技术包括汽油Ⅳ压燃着火燃烧（gasoline compression ignition，GCI）、双燃料的反应活性控制着火燃烧（reactivity controlled compression ignition，RCCI）、汽油／柴油双燃料高预混合低温燃烧（highly premixed charge combustion，HPCC）等，均具有很高的热效率。

替代燃料是内燃机实现高效低污染的一个重要途径，国内在生物乙醇和生物柴油高效清洁燃烧方面以及二甲基醚、天然气、氢气、生物柴油等替代燃料基础理论和应用方面也取得较好进展。

近年来，新型的研究手段和方法被应用于内燃机领域的研究中，如用发射光谱和平面激光诱导荧光技术（planar laser-induced fluorescence，PLIF）、以激光／光学技术为主的燃烧诊断技术等，从而促进了内燃机燃烧机理的研究进展，也推动了内燃机技术的发展。

（四）天然气化工与能源利用

近年来我国天然气化工和能源利用的迅速发展源于全球范围内大力支持清洁能源。我国对天然气延伸利用的工艺距离国际水平还有差距，现阶段主要制备甲醇、聚甲醛、烯烃和芳烃的装备落后，存在投资成本高、能源消耗大等问题。我国应积极研发新技术，吸收并引进国际先进技术，扩大天然气化工延伸企业的建设。

另外，大型天然气液化流程和设备等关键技术、系统设计和工程技术、液化天然气（liquefied natural gas，LNG）储存及运输以及冷能利用均是急需技术突破的重要领域。

（五）非常规油气

近年来，中国非常规油气勘探开发获得战略性突破，非常规油气产量占油气总产量的 22%。2019 年新疆油田公司吉木萨尔页岩油联合站举行开工仪式，这标志着全国最大的页岩油油田进入开发建设阶段。尽管我国非常规油气开发取得了一定的成绩，但也面临着巨大的挑战。我国页岩气、页岩油的埋藏特征、地质条件复杂，勘探开发技术有待提高。大规模开发页岩气、页岩油面临瓶颈技术，如地质旋转导向技术，目前仍在攻关阶段。在理论和技术层面，我国还未找到合适的开发页岩油技术，而依靠现有技术无法实现规模效益开发。

二、可再生能源与新能源领域

"十三五"时期，我国可再生能源取得了突飞猛进的发展，各类可再生能源增长迅速。截至 2020 年底，我国可再生能源发电装机总规模达到 9.5 亿 kW，占总装机规模的比例达到 43.3%；2020 年，可再生能源发电量达到 2.2 万亿 kW·h，占全社会用电量的比例达到 29.5%；现在装机规模的 40% 左右、发电量的 30% 左右为可再生能源，全部可再生能源装机为世界第一，可再生能源的开发利用规模稳居世界第一。目前，我国海上风电机组以 5 MW 级为主，主力海上机型布局在 6 MW 以上级别的整机制造商有上海电气集团股份有限公司（简称上海电气）、金风科技、中国东方电气集团有限公司（简称东方电气）等，布局在 4~5 MW 区间的有中国船舶集团海装风电股份有限公司（简称海装）和远景能源有限公司（简称远景能源）。几乎所有的整机制造商已经将新机型开发重点落在 8~10 MW 区间。

在太阳能热发电技术方面，2016 年 9 月国家能源局发布了《国家能源局关于建设太阳能热发电示范项目的通知》，并公布了第一批太阳能热发电示范项目 20 个。截至 2020 年，我国首批太阳能热发电示范项目中有 7 个项目并网发电，目前以槽式和塔式为主。另外，我国也正在开展超临界二氧化碳（S-CO_2）太阳能热发电技术的研究。

新一代核电技术大大提高了核电的安全性与经济性。我国高效紧凑型钠-超临界二氧化碳印刷电路板式换热器的研制成功，在第四代核能系统——液态金属冷却快堆革新型动力转换技术领域取得重大突破。我国核能开发单位积极推进小型堆研发和工程实施，针对陆上小堆需求，研发了ACP100、ACPR100、CAP200等小型堆，并开展供热堆的研发。另外针对海上核能浮动平台研究，开展了ACP100S、ACPR50S、CAP50S等海洋核动力平台小型堆技术。近年来在国家的大力支持下，我国高校在核聚变工程实验堆和聚变堆材料等方面开展了深入研究。2018年1月3日，国家发展和改革委员会宣布核聚变堆主机关键系统综合研究设施在合肥集中建设，从而为核聚变堆主机关键系统研究提供粒子流、电、磁、热、力等极端实验条件，从而极大促进我国核聚变能应用的进程。

三、能量转换中的动力装置与热能利用

近年来依托重大装备制造和重大示范工程，我国极大地推动了关键能源装备技术攻关、试验示范和推广应用（中华人民共和国国务院新闻办公室，2020）。

航空发动机技术的不断进步，推动了飞机和航空事业的发展与进步。例如，国产客机C919于2018年12月28日试飞成功，中国商用飞机有限责任公司宣布，将在未来交付首架C919客机。燃气轮机产业是国家战略性高技术产业，2020年我国自主研发的F级50 MW重型燃气轮机整机正式下线，并实现满负荷运行。杭州汽轮机股份有限公司研制的目前全球功率最大的驱动用工业汽轮机"150万t/a乙烯装置驱动用工业汽轮机"获得国际首台（套）产品认定。2020年9月16日，世界内燃机发展迎来了历史性新突破，潍柴控股集团有限公司发布全球首款热效率突破50%的商业化商用车柴油机。在流体机械与制冷领域，沈阳鼓风机集团股份有限公司国产首台套10万 m^3 等级空分装置用空气压缩机组填补了国内空白，打破了国外技术垄断。

《节能与新能源汽车技术路线图2.0》中明确提出（中国汽车工程学会，2021），预计到2035年节能与新能源汽车年销售量占比将达到50%，汽车产业实现电动化转型，其中的节能汽车要全面实现混动化，新能源动力逐步占据主体地位。

在新能源利用领域，热泵空调技术已成为未来发展趋势。大型的工业热泵工程体量可以达到几十至几百兆瓦，小型的家用热泵则在几至几十千瓦。2019 年启用的北京大兴国际机场地源热泵工程，每年可节省标准煤 21 078 t，减少碳排放 1.58 万 t。

四、电能领域

智能电网研究是国家能源发展战略中的重要环节。2015 年 7 月 7 日国家发展和改革委员会、国家能源局联合发布的《国家发展改革委 国家能源局关于促进智能电网发展的指导意见》中明确指出"发展智能电网是实现我国能源生产、消费、技术和体制革命的重要手段，是发展能源互联网的重要基础"。

可再生能源电力并网是智能电网要解决的主要问题。交流并网并通过高压直流外送方式已实现运行。2017 年，酒泉—湖南 ±800 kV 输电工程投入运行，实现甘肃风电大规模外送。

智能电力装备是智能电网的基础，涉及设备故障理论、故障的智能感知、智能分析、智能决策等方面。在电力装备运行状态分析与故障诊断方面，我国电力系统从 2010 年起开始，全面推广实施设备状态检修，全面提升设备智能化水平，推广应用智能设备和技术，实现电网安全在线预警和设备智能化监控。

超导电力技术在未来电网的发展中占有重要的地位。2020 年 10 月，国家电网兴建的国内首条 35 kV 千米级高温超导电缆示范工程试拉试验成功，开启了高温超导电缆输电技术在国内的首次商业化应用，核心技术国产化率达100%。

电力电子技术是实现能量转换的基础。电力电子集成的共同理念推动了功率半导体拓扑、分布式控制、模块与组件等关键技术的发展。虽然国内在电力电子集成技术方面的研究起步相对较晚，但研究的力度与产品的孵化效率都得到了快速提升，三相变频 / 变流在轨道交通、新能源与工业等领域都有典型应用。

特高压输电是实现大容量电力远距离输送的最有效手段之一（韩先才等，2020）。2020 年 11 月 24 日，世界首个特高压多端混合直流输电工程——昆柳龙直流工程昆北—龙门极 2 高低端换流器成功解锁，系统电压第一次跃升至

800 kV，输送功率稳增到 800 MW，标志着昆柳龙直流工程开启 800 kV 运行模式，特高压输电进入柔性直流新时代。

五、氢能领域

氢能是一种清洁的二次能源，被誉为 21 世纪的"终极能源"，我国非常重视氢能利用的研究。

在应用方面，国内目前氢燃料电池汽车应用规模不大，但发展快速。2019 年全年，中国共生产氢燃料电池汽车 3018 辆（合格证数据），同比增长 86.41%。截至 2020 年底，我国已建成加氢站 118 座。[①]

虽然燃料电池发动机的关键技术基本已经被突破，但是还需要更进一步对燃料电池产业化技术进行改进、提升，使产业化技术成熟。这个阶段需要加大研发力度，以保证中国在燃料电池发动机关键技术方面的水平和领先优势。2021 年 11 月，中国石油化工集团有限公司（简称中国石化）首套 PEM 制氢示范站在所属燕山石化公司启动投用，标志着中国石化自主研发的国产 PEM 制氢设备打通了从关键材料、核心部件到系统集成的整套流程。为企业利用"绿电"制"绿氢"提供了可复制的技术和工程示范，对加快推进能源转型、促进北京市建立"绿氢"能源基地具有重要意义。

目前国内已形成了以"广上北"为中心的珠三角、长三角、京津冀以及川渝鄂等主要氢能产业集群。此外，由国家能源投资集团有限责任公司（简称国家能源集团）牵头，国家电网、东方电气、中国航天科技集团有限公司等多家中央企业参与的氢能产业联盟已经正式成立。未来，随着相关政策不断出台以及企业的积极投入，氢能产业将步入黄金发展时期，市场未来开发潜力巨大。

六、气候变化领域

我国一贯重视并认真负责地应对气候变化问题，除了大力发展可再生能

[①] 截至2022年底，我国已建成加氢站310座。——编者注

源外，CCUS 是国际公认的应对气候变化的有效途径。我国在"十三五"时期部署了多个科技项目，在 CCUS 关键基础理论、CO_2 烟气微藻减排、高效能吸收剂/吸附材料、膜法捕集 CO_2、富氧燃烧捕集、化学链燃烧、CO_2 驱油/驱煤层气、CO_2 矿化利用、CO_2 合成化学品等方面取得突破性进展。

在示范工程应用方面，目前国内最大的燃烧后 CO_2 捕集装置规模为 15 万 t/a，再生热耗 2.4 GJ/tCO_2。最大的燃烧前 CO_2 捕集装置规模达到 9.6 万 t/a，单位能耗 2.2 GJ/tCO_2。国内吸附法 CO_2 捕集处于千吨级中试示范阶段，CO_2 捕集率和浓度达到 90%。膜法分离 CO_2 捕集技术处于实验室开发阶段，尚无中试验证。煤粉富氧燃烧技术已完成实验室研究，建设并投运了 3 MW_{th} 和 35 MW_{th} 中试试验平台，干烟气 CO_2 浓度可稳定在 80% 以上，实现了高浓度 CO_2 捕集。在 CO_2 利用与封存技术方面，我国正在运行的 12 个不同规模的全流程驱油与封存示范项目，防腐技术有所突破，原油增产率在 10% 左右。我国在矿化利用方面开发了 CO_2 矿化养护混凝土技术、钢渣矿化利用 CO_2 等技术（李玲玲，2021）。

七、储能领域

我国在储能技术方面的研究与发达国家相比差距较大。目前国内研究机构以高校和研究所为主，储热方面集中在显热储热、潜热储热和化学反应储热；蓄冷方面包括水蓄冷、冰蓄冷、共晶盐蓄冷等；储电方面集中在抽水蓄能、压缩空气蓄能、飞轮蓄能和电化学蓄能；在电磁储能方面的超导电磁储能和超级电容器等方向也开展了深入研究。截至 2020 年底，我国抽水蓄能电站已建 3149 万 kW、在建 5373 万 kW，已建、在建抽水蓄能电站约 8500 万 kW，居世界首位（水力水电规划设计总院，2021）。在飞轮储能（flywheel energy storage，FES）技术方面，国内已经实现了该技术在石油钻机动力调峰（2017 年）、轨道交通制动能回收（2019 年）、不间断发电车（2019 年）的示范应用，高功率飞轮储能技术达到国际先进水平。在压缩空气储能（compressed-air energy storage，CAES）技术方面，我国目前已开始开展百兆瓦级压缩空气储能技术的研发与示范工作，2019 年 11 月，山东肥城 1250 MW/7500 MW·h 先进压缩空气储能重大项目开工。另外，我国在电化学储能（锂离子电池、钠离子电池、液流电池、镍氢电池等）、超级电容器储能方面都有深入的研究。由于国家投入力度和相关政策问题，储能系统的重视程度在近几年已有长足发展，但要取得能应用于实际电力系统的成果，还需国家投入的进一步增加和相关政策的发布。

第四节 能源科学发展思路

一、能源科学的学科领域

能源是人类文明进步的基础和动力，攸关国计民生和国家安全，关系人类生存和发展，对于促进经济社会发展、增进人民福祉至关重要。能源既包括自然界广泛存在的化石能源、核能、可再生能源等，也包括由此转化而来的电能和氢能等。能源科学是研究勘探、开发、输运、转化、存储和利用能源的基本规律的科学，还用于指导各种能源技术和工程的实施。能源合理、高效、洁净的使用过程与能源科学基本规律相关联，因此，建立在科学基础上的节能也是能源科学技术研究的重要内容之一。

能源的可持续性与人类的进步和发展息息相关，随着我国经济建设和科技发展水平的不断提高，我国已经逐渐意识到必须依托一些宏观和微观的科学规律与方法，建立一门专门研究能源发展变化规律、合理高效转换理论和方法且与环境友好密切关联的能源科学。

能源科学是一个高度综合，具有很强学科交叉特点的工程科学领域，涉及的学科非常广泛，IEA（2008b）曾将部分关键能源技术涉及的相关学科归纳为地质学、地球物理学、地球化学、材料科学、海洋科学、化学、纳米与分子科学、农学、热流科学等。能源科学发展的技术路线和能源消费行为等又与决策部门的宏观导向密切相关，这一学科在一定意义上也包括一些管理科学、经济科学和社会科学的相关内涵。因此，能源科学要通过学科交叉、渗透、融合，从基础性、前瞻性、交叉性等多个角度重点研究能源领域中的共性科学问题，揭示能源转换与利用过程的一般规律。

本书集中阐述综合能源系统（integrated energy system），化石能源，可再生能源与新能源，智能电网，能量转换中的动力装置与热能利用，电力装备，储能装备及系统，氢能生产、储运及利用，终端用能及节能，碳减排技术以及能源科学优先发展与前沿交叉领域等的基本内涵、定位、发展现状与趋势，并提出未来 15 年能源科学技术的重点发展方向和相关建议。

能源科技还包括能源勘探开发技术、人文社会系统层面节能等内容，由于篇幅有限及作者学科限制，本书没有涉及以上内容。

二、指导思想与发展目标

能源科学技术在社会需求的强有力带动下快速发展，当前及未来几十年是我国经济社会发展的重要战略机遇期，也是能源科学技术发展的重要战略机遇期。能源科学技术发展要立足我国能源科学的现有基础与条件，着眼于能力建设和长远发展，通过基础科学的发展推动能源科学技术的快速发展。

我国能源科学发展的总体指导思想是：从支撑国家安全和可持续发展的高度出发，紧扣能源革命和"双碳"目标，立足能源科学技术的学科基础，丰富和发展能源科学的内涵，加强基础研究与人才培养，构筑面向未来的能源科学学科体系，形成布局合理的基础研究队伍，为我国能源安全及社会、经济、环境的和谐发展提供有力的支撑，努力建成世界主要能源科学中心和能源技术创新高地。

到 2035 年我国能源科学技术发展的总体目标是：突破能源科学技术中的若干基础科学问题和关键技术，形成完善的能源科学体系；建立一支高水平的研究队伍，显著增强我国能源科技自主创新能力；推进基础理论和技术应用的衔接，促进创新链与产业链的高度融合，促进全社会能源科技资源的高效配置和综合集成；加强科技平台及大科学装置的建设，显著增强能源科技保障经济社会发展和国家安全的能力；能源基础科学和前沿技术研究综合实力显著提高，能源开发、节能技术和清洁能源技术取得重要突破，形成一大批变革性能源技术，总体达到世界能源科技先进水平；能源结构和能源供给得到优化,实现2030年之前碳达峰,逐步形成满足在2060年之前实现碳中和的低碳能源利用技术;建成以清洁低碳能源为主体的能源供应体系,主要工业产品单位能耗指标达到或接近世界先进水平,使我国进入能源科技先进国家行列。

从现在开始到2035年,力争在我国能源科学技术的若干重要方面实现以下目标。

1. 节能减排

坚持节能优先,降低能耗。攻克主要耗能领域的节能关键技术,大力提高一次能源利用效率和终端用能效率。重点研究开发以电力、冶金、化工为代表的流程工业以及建筑业和交通运输业等主要高耗能领域的节能技术与装备,机电产品节能技术,高效节能、长寿命的半导体照明产品等,能源梯级综合利用技术等。

2. 煤炭的清洁高效综合利用

大力发展煤炭清洁、高效、安全开发和利用技术,并力争达到国际先进水平。重点研究开发煤炭高效开采技术及配套装备、重型燃气轮机、IGCC、高参数超超临界机组、超临界大型循环流化床等高效发电技术与装备,大力开发煤液化以及煤气化、煤化工等转化技术,以煤气化为基础的多联产系统技术,燃煤污染物综合控制和利用技术与装备等。力争到2035年,突破新型煤炭高效清洁利用技术,初步形成煤基能源与化工工业体系。

3. 可再生能源低成本规模化开发利用

风能、太阳能、生物质能等可再生能源技术取得突破并实现规模化应用。重点研究开发大型风力发电设备,沿海与陆地风电场和西部风能资源密集区建设技术与装备,高性价比太阳光伏电池及利用技术,太阳能热发电技术,太阳能建筑一体化技术及其应用,生物质能和地热能等开发利用技术。推动技术进步以克服可再生能源利用技术面临的规模化与经济性等障碍。未来5年,可再生能源有望成为能源消费增量主体。2035年,可再生能源可满足能源消费增量需求;2050年,可再生能源将成为能源消费总量主体。力争在2035年突破生物质液体燃料技术并形成规模化商业化应用。

4. 超大规模输配电和电网安全保障

提高能源区域优化配置的技术能力。重点开发安全可靠的先进电力输配技术，实现大容量、远距离、高效率的电力输配。重点研究开发大容量、远距离直流输电技术和特高压交流输电技术与装备，间歇式电源并网及输配技术，电能质量监测与控制技术，大规模互联电网的安全保障技术，西电东输工程中的重大关键技术，电网调度自动化技术，高效配电与供电管理信息技术和系统。力争在2035年突破大容量、低损失电力输送技术和分散、不稳定的可再生能源发电并网以及分布式电网技术，电力装备安全技术和电网安全新技术比例将达到90%，初步形成以太阳能光伏技术、风能技术等为主的分布式、独立微网新型电力系统。

5. 核能开发与利用

安全有序发展核电。加强核电规划、选址、设计、建造、运行和退役等全生命周期管理和监督，坚持采用最先进的技术、最严格的标准发展核电。完善多层次核能、核安全法规标准体系，加强核应急预案和法制、体制、机制建设，形成有效应对核事故的国家核应急能力体系。强化核安保与核材料管制，严格履行核安保与核不扩散国际义务，始终保持良好的核安保记录。建成若干应用先进三代技术[①]的核电站，新一代核电、小型堆等多项核能利用技术取得明显突破。

6. 研发 CCUS 技术

加大对燃烧前、燃烧后和富氧燃烧技术的研发力度，提高 CCUS 技术经济性；开拓化学链燃烧的先进联合循环系统等低能耗二氧化碳捕集的革新技术；启动二氧化碳封存技术的科学研究；二氧化碳排放力争于2030年前达到峰值，努力争取2060年前实现碳中和。

7. 能源科学交叉前沿研究

重视能源科学前沿理论探索及技术研发，包括氢能源体系、燃料电池实用化分布式电站等技术的基础科学研究；力争在2050年对天然气水合物开发与利用技术、氢能利用技术、燃料电池汽车技术、深层地热工程化技术、海洋

---

① 截至2021年底，我国第四代核电项目已投运。——编者注

能发电技术等取得突破。大力推动多学科交叉融合，拓宽能源科学纵向深度及横向广度，深度融合 5G、互联网、物联网（internet of things，IoT）、人工智能（artificial intelligence，AI）、大数据、云计算等现代网络通信技术与信息处理技术，创建能源科学技术研究的新模式，实现"政产学研"协同创新。

三、能源科学发展重点的遴选原则

为实现能源科学的发展目标，应该将系统布局和重点发展有效结合。重点发展领域的遴选应该遵循以下原则。

1. 加强基础研究

能源科学研究周期长，能源科学技术的突破往往都是长期积累的结果，因此，基础性、前瞻性的布局更加重要。离开基础科学的发展，就不可能有积累、有创新，也就不可能改变被动跟踪的技术现状。因此，只有加强基础研究和应用基础研究，才能构筑强大的学科基础，增强创新能力，逐步实现能源科技进步和跨越式发展，缩短与发达国家的差距，并在某些领域实现突破和技术领先。

2. 持续支持创新性高风险的研究

只要是创新的研究就具有不确定性，应该向重点发展的领域倾斜，鼓励创新，允许失败，营造勇攀能源科技高峰的氛围，使得少数创新的研究成果脱颖而出，尤其需要关注从 0 到 1 的交叉前沿创新研究。

3. 始终保持系统布局

能源科学的综合性和交叉性特点要求各领域协调发展，在重要的领域不能有空白，因此我们应该始终将系统布局作为一项工作目标，在一些欠发达的领域要保持持续的支持和有计划的扶持。

4. 把能力建设作为重中之重

基础研究能力是创新的基础，而人才、设施条件和机制体制是能力的载体。我们应该注重能源专业人才梯队的建设，集中扶持建设领先的能源科学重大研究设施和研究中心，建设开放共享的管理机制，切实提高能源科学技术的研究能力。

5. 鼓励面向应用的集成研究

能源基础研究成果的转化也体现出很强的综合性，因此要提高集成创新的能力，鼓励面向应用的交叉研究，促进能源科学研究成果尽快地应用于生产实践，促进技术装备的进步和工艺水平的提高。

6. 注重扶持具有特色的研究

对于一些具有地域特点、资源特点的研究要注意扶持，对于与特定条件密切相关的分布式能源利用、转化、传输的研究应该重点支持，稳定队伍，争取在一些特色方向上有所创新。

本章参考文献

北京青年报. 2021. 全国政协委员马永生：2020 年石油、天然气对外依存度分别攀升到 73% 和 43%. https://baijiahao.baidu.com/s?id=1693536928770287865&wfr=spider&for=pc [2022-03-11].

陈国平，李明节，许涛，等. 2017a. 关于新能源发展的技术瓶颈研究. 中国电机工程学报，37(1): 20-26.

陈国平，李明节，许涛，等. 2017b. 我国电网支撑可再生能源发展的实践与挑战. 电网技术，41(10): 3095-3103.

程鹏，马静，李庆，等. 2020. 风电机组电网友好型控制技术要点及展望. 中国电机工程学报，40(2): 456-466.

德国联邦经济和能源部. 2020. 德国 2050 年能源效率战略. http://www.chinanecc.cn/upload/File/1594780530797.pdf[2022-07-21].

工业和信息化部，市场监督管理总局. 2021. 电机能效提升计划（2021—2023 年）. https://baijiahao.baidu.com/s?id=1717175133304703385&wfr=spider&for=pc[2022-03-11].

国家发展和改革委员会，工业和信息化部，住房和城乡建设部，等. 2019. 绿色高效制冷行动方案. 轻工标准与质量，(4):27-28.

国家能源局. 2021. 2020 年全国电力工业统计数据. http://www.nea.gov.cn/2021-01/20/c_139683739.htm[2022-03-11].

国家统计局. 2019a. 国家数据. https://data.stats.gov.cn/easyquery.htm?cn=C01&zb=A070A&sj=2019[2022-03-11].

国家统计局. 2019b. 中国统计年鉴 2019. http://www.stats.gov.cn/tjsj/ndsj/2019/indexch.htm [2022-03-11].

国家统计局. 2020a. 2019 年分省（区、市）万元地区生产总值能耗降低率等指标公报. http://www.stats.gov.cn/tjsj/tjgb/qttjgb/qgqttjgb/202008/t20200811_1782230.html[2022-03-11].

国家统计局. 2020b.《国家统计局统计科学研究所所长闫海琪解读 2020 年我国经济发展新动能指数》. http://www.stats.gov.cn/tjsj/sjjd/202107/t20210726_181936.html[2022-03-11].

国家统计局. 2021. 中国统计年鉴 2021. http://www.stats.gov.cn/tjsj/ndsj/2021/indexch.htm [2022-03-11].

国家原子能机构. 2021. 全球首座高温气冷堆示范工程成功并网发电. http://www.caea.gov.cn/n6758881/n6758890/c6813014/content.html[2022-03-15].

韩先才, 孙昕, 陈海波, 等. 2020. 中国特高压交流输电工程技术发展综述. 中国电机工程学报, 40(14): 4371-4386.

李玲玲. 2021. 2020 年全球二氧化碳排放情况分析：全球二氧化碳排放量为 319.8 亿吨，中国二氧化碳排放量全球排名第一. https://www.chyxx.com/industry/202108/966523.html[2021-08-03].

刘文华. 2021. 能源供应保障有力 能耗强度继续下降. http://www.stats.gov.cn/tjsj/sjjd/202101/t20210119_1812639.html[2022-03-11].

能源发展网. 2021. 2020 年，中国清洁能源消费量占能源消费总量达 24.3%，清洁能源"风光好". http://www.chinapower.com.cn/xw/pyq/20210812/94205.html[2022-07-21].

潘小海, 梁双, 张茗洋. 2021. 碳达峰碳中和背景下电力系统安全稳定运行的风险挑战与对策研究. 中国工程咨询, 8: 37-42.

饶宏, 冷祥彪, 潘雅娴, 等. 2019. 全球直流输电发展分析及国际化拓展建议. 南方电网技术, 13(10):1-7.

沈澜. 2020. 我国能源安全保障研究. 合作经济与科技, 16: 18-20.

生态环境部环境规划院, 中国科学院武汉岩体力学研究所, 中国 21 世纪议程管理中心. 2021. 中国二氧化碳捕集利用与封存 (CCUS) 年度报告（2021）. http://www.360doc.com/content/22/0326/18/55208646_1023447225.shtml[2022-03-11].

水力水电规划设计总院. 2021. 中国可再生能源发展报告 2020. 北京：中国水利水电出版社.

王根，周胜，梁栋．2021．电机系统能效评估及高效电机推广应用浅析．上海节能，12:1411-1417．

项目综合报告编写组，何建坤，解振华，等．2020．《中国长期低碳发展战略与转型路径研究》综合报告．中国人口·资源与环境，30(11):1-25．

谢小荣，贺静波，毛航银，等．2021．"双高"电力系统稳定性的新问题及分类探讨．中国电机工程学报，41(2): 461-475．

徐倩．2018．新形势下中国石油储备现状及未来规划．化工管理，25: 16-17．

徐震原，王如竹．2020．空调制冷技术解读：现状及展望．科学通报，65(24):2555-2570．

杨鹏，刘锋，姜齐荣，等．2021．"双高"电力系统大扰动稳定性：问题、挑战与展望．清华大学学报（自然科学版），5: 403-414．

张苏闽．2019．1000 MW二次再热超超临界机组工程特点及运行分析．电力工程技术，38(2): 159-162，168．

张玉卓，蒋文化，俞珠峰，等．2015．世界能源发展趋势及对我国能源革命的启示．中国工程科学，17(9): 140-145．

中共中央，国务院．2021．中共中央 国务院关于完整准确全面贯彻新发展理念做好碳达峰碳中和工作的意见．http://www.gov.cn/zhengce/2021-10/24/content_5644613.htm[2022-06-16]．

中国汽车工程学会．2021．节能与新能源汽车技术路线图2.0．北京：机械工业出版社．

中华人民共和国国务院新闻办公室．2020．《新时代的中国能源发展》白皮书．http://www.gov.cn/zhengce/2020-12/21/content_5571916.htm [2020-12-24]．

Asif M. 2017. Encyclopedia of Sustainable Technologies (Fundamentals and Application of Solar Thermal Technologies). Oxford: Elsevier: 27-36.

Bloomberg N E F. 2021. Renewable Energy Investment Tracker. https://assets.bbhub.io/professional/sites/24/BNEF-Renewable-Energy-Investment-Tracker-1H-2021_FINAL_abridged.pdf [2022-07-17].

BP Global. 2012. BP Energy Outlook 2030. https://www.bp.com/en/global/corporate/search-results.html?q=BP%20Energy%20Outlook%202030&hPP=10&idx=bp.com&p=0&fR%5BbaseUrl%5D%5B0%5D=%2F[2022-03-11].

BP Global. 2018. Statistical Review of World Energy. https://www.bp.com/en/global//corporate/energy-economics/statistical-review-of-world-energy.html[2022-03-11].

BP Global. 2021. Statistical Review of World Energy | Energy economics. https://www.bp.com/en/global/corporate/energy-economics/statistical-review-of-world-energy.html[2022-03-11].

Car Sales Statistics. 2020. (Full year). International: worldwide Car Sales. https://www.bestselling-cars.com/international/2020-full-year-international-worldwide-car-sales/[2022-3-14].

EIA. 2019. U.S. natural gas-fired combined-cycle capacity surpasses coal-fired capacity. https://www.eia.gov/todayinenergy/detail.php?id=39012[2022-03-12].

Friedlingstein P, O'Sullivan M, Jones M W, et al. 2020. Global carbon budget 2020. Earth System Science Data, 12: 3269-3340.

Global Wind Energy Council. 2021. Global Wind Report 2021. https://gwec.net/global-wind-report-2021/[2021-10-24].

GlobalData. 2019. China to lead global concentrated solar power market by 2030. https://www.globaldata.com/china-to-lead-global-concentrated-solar-power-market-by-2030-says-globaldata/[2021-10-29].

GlobeNewswire News Room. 2021. LTD F C S O P. Global Combined Heat and Power (CHP) Market Was Valued at USD 19.1 Bn in 2020 and is Anticipated to be Worth USD 26.9 Bn in 2026. https://www.globenewswire.com/news-release/2021/12/13/2350983/0/en/Global-Combined-Heat-and-Power-CHP-Market-Was-Valued-at-US-19-1-Bn-in-2020-and-is-Anticipated-to-be-Worth-US-26-9-Bn-in-2026.html[2022-03-12].

Greenpeace. 2020. Ranking the World's Sulfur Dioxide (SO_2) Hotspots: 2019-2020. https://www.greenpeace.org/africa/en/press/12340/global-so2-emissions-drop-in-2019-greenpeace-global-ranking/[2022-03-11].

IEA. 2008a. Combined Heat and Power. https://www.iea.org/reports/combined-heat-and-power [2022-03-12].

IEA. 2008b. Energy Technology Perspectives 2008: Scenarios and Strategies to 2050, OECD/IEA. https://www.iea.org/reports/energy-technology-perspectives-2008 [2022-07-17].

IEA. 2015. Nuclear Roadmap 2015. https://iea.blob.core.windows.net/assets/3b1ca208-29e1-4418-9de8-f8d468dc3f61/Nuclear_RM_2015_FINAL_WEB_Sept_2015_V3.pdf [2022-07-17].

IEA. 2018. Energy Efficiency 2018. https://www.iea.org/reports/energy- efficiency- 2018[2022-03-11].

IEA. 2019. Solar Energy: Mapping the Road Ahead – Analysis. https://www.iea.org/reports/solar-energy-mapping-the-road-ahead[2022-03-11].

IEA. 2020a. Energy Technology Perspectives 2020. https://www.iea.org/reports/energy-technology-perspectives-2020 [2022-07-17].

IEA. 2020b. World Energy Investment 2020. https://www.iea.org/reports/world-energy-investment-2020 [2022-07-17].

IEA. 2021a. CCUS in Clean Energy Transitions – Analysis. https://www.iea.org/reports/ccus-in-clean-energy-transitions[2022-03-12].

IEA. 2021b. Concentrated Solar Power (CSP). https://www.iea.org/reports/concentrated-solar-power-csp[2022-03-15].

IEA. 2021c. Nuclear-Fuels & Technologies. https://www.iea.org/fuels-and-technologies/nuclear[2022-03-11].

IEA. 2021d. Nuclear Power-Analysis. https://www.iea.org/reports/nuclear-power[2021-12-06].

IEA. 2021e. Hydropower-Analysis. https://www.iea.org/reports/hydropower [2021-12-06].

IEA. 2021f. Geothermal Power – Analysis. https://www.iea.org/reports/geothermal-power[2021-12-06].

IEA. 2021g. Ocean Power – Analysis. https://www.iea.org/reports/ocean-power [2021-12-06].

IEA. 2021h. Bioenergy - Fuels & Technologies. https://www.iea.org/fuels-and-technologies/bioenergy[2022-03-12].

IEA. 2021i. Global Hydrogen Review 2021 – Analysis. https://www.iea.org/reports/global-hydrogen-review-2021[2021-10-29].

IEA. 2021j. Energy Efficiency 2021. https://www.iea.org/reports/energy-efficiency-2021[2022-07-17].

IEA-PVPS. 2021. Snapshot 2021. https://iea-pvps.org/snapshot-reports/snapshot-2021/[2021-10-29].

IPCC. 2021. AR6 Climate Change 2021: The Physical Science Basis. https://www.ipcc.ch/report/ar6/wg1/ [2022-07-17].

IRENA. 2017. Electricity storage and renewables: Cost and markets to 2030. https://www.irena.org/publications/2017/oct/electricity-storage-and-renewables-costs-and-markets [2022-07-17].

IRENA. 2019. Innovation landscape brief: Flexibility in conventional power plants, International Renewable Energy Agency, Abu Dhabi. https://www.irena.org/-/media/Files/IRENA/Agency/Publication/2019/Sep/IRENA_Flexibility_in_CPPs_2019.pdf?la=en&hash=AF60106EA083E492638D8FA9ADF7FD099259F5A1 [2022-07-17].

IRENA. 2021. Power Generation Costs : Solar Power. https://www.irena.org/costs/Power-Generation-Costs/Solar-Power[2022-03-15].

Kamran M F, Rayyan M. 2021. Fundamentals of Renewable Energy Systems: Technologies, Design and Operation. Amsterdam: Elsevier Academic Press.

Li J, Shi W, Zhang L, et al. 2021. Wind–Wave Coupling Effect on the Dynamic Response of a

Combined Wind–Wave Energy Converter. Journal of Marine Science and Engineering, 9: 1101.

Mercure M. 2021. LONGi Unveils the Hi-MO N Bifacial Module. Solar Industry. https://solarindustrymag.com/longi-unveils-the-hi-mo-n-bifacial-module[2022-03-15].

Morken A K, Pedersen S, Nesse S O, et al. 2019. CO_2 capture with monoethanolamine: Solvent management and environmental impacts during long term operation at the Technology Centre Mongstad (TCM). International Journal of Greenhouse Gas Control, 82:175-183.

Rinaldi G, Thies P R, Johanning L. 2021. Current status and future trends in the operation and maintenance of offshore wind turbines: A review. Energies, 14(9): 1-28.

Rolink A, Jacobs G, Schröder T, et al. 2021. Methodology for the systematic design of conical plain bearings for use as main bearings in wind turbines. Forschung Im Ingenieurwesen, 85: 629-637.

Singh B P, Groyal S K, Kumar P. 2021. Solar PV cell materials and technologies: Analyzing the recent developments. Materials Today: Proceedings, 43: 2843-2849.

Szima S, Arnaiz D P C, Cloete S, et al. 2021. Techno-Economic Assessment of IGCC Power Plants Using Gas Switching Technology to Minimize the Energy Penalty of CO_2 Capture. Clean Technologies, 3(3): 594-617.

UNEP. 2020. Global Trends in Renewable Energy Investment 2020.https://www.fs-unep-centre.org/wp-content/uploads/2020/06/GTR_2020.pdf [2022-07-17].

Wiheeb A D, Helwani Z, Kim J, et al. 2016. Pressure swing adsorption technologies for carbon dioxide capture. Separation and Purification Reviews, 45: 108-121.

World Coal Association. 2020. Letter to the Editor-WCA response to The Economist. https://www.worldcoal.org/letter-to-the-editor-wca-response-to-the-economist/[2022-03-11].

World Nuclear Association. 2020. Electricity Transmission system. https://world-nuclear.org/information-library/current-and-future-generation/electricity-transmission-grids.aspx[2022-03-14].

Xie K. 2021. Reviews of clean coal conversion technology in China: Situations & challenges. Chinese Journal of Chemical Engineering, 35: 62-69.

Zhang F, Park S Y, Yao C L, et al. 2021. Metastable Dion-Jacobson 2D structure enables efficient and stable perovskite solar cells. Science, 375(6576) : 71-76.

第二章

化 石 能 源

化石能源是碳氢化合物（hydrocarbon，HC）或其衍生物，是由千百万年前被埋在地下的动植物经过漫长的地质年代形成的，因此称为化石能源。化石能源所包含的天然资源有煤炭、石油和天然气等。

化石能源在世界能源消费构成中占有非常重要的地位，占比达到 80%，而在中国，化石能源在能源消费结构中的占比更大，约 85%。在可预见的将来，化石燃料在世界一次能源中的地位依然非常重要，石油、煤炭和天然气仍将"三足鼎立"。因此，必须通过化石能源清洁低碳利用和高效转换来应对当前与未来能源消费及环境领域的诸多挑战。

第一节　煤炭清洁低碳高效利用

我国资源禀赋以煤为主，煤炭占化石能源储量的 96%，其 2019 年在一次能源生产和消费中分别占 68.6% 和 57.7%，是支撑我国经济社会发展的基础能源（国家统计局，2022）。煤炭提供了 64.5% 的发电量，也是钢铁、建材、化工等产业重要的燃料和原料。未来我国能源消费需求仍将持续稳定增长，为应对气候变化，要实现"双碳"目标，能源消费增量部分将主要靠清洁与可再生能源提供，但年煤炭消费量仍将保持在 35 亿 t 左右。因此，在未来较长时期内，煤炭仍将是保障我国能源安全稳定的基石。一方面煤电将为可再生能源大比例消纳提供灵活调峰服务，另一方面迫切需要实现煤炭的清洁、低碳、高效、智慧利用。

一、基本范畴、内涵和战略地位

煤的利用方式在我国主要是燃烧和转化利用。清洁、低碳、智慧发电是煤燃烧领域的三大发展方向。我国高度重视燃煤污染治理，在燃煤常规污染物（如 SO_x、NO_x、细颗粒物等）治理方面已达到超低排放水平，处于世界领先水平；非常规污染物［如重金属、挥发性有机化合物（volatile organic compounds，VOCs）等］也已成为本领域关注的对象。我国是全球最大的 CO_2 排放国，其中煤燃烧 CO_2 排放量占总 CO_2 排放量的 75% 以上（IEA，2019）。低碳煤燃烧技术是实现"双碳"目标最可行的技术之一，主要包含新型低碳燃烧技术（如增压富氧燃烧、化学链燃烧、氨 – 煤燃烧、超临界 CO_2 动力循环）和 CCUS。燃煤智慧发电是智能化与信息化技术在煤电领域的高度发展和深度融合，涵盖范围最广、复杂程度最高，"智慧"体现在先进测量与智能控制、可视化、大数据等技术的系统化应用。煤炭高效灵活智能发电是推动煤炭清洁高效利用，支撑可再生能源发展、电网智能化与数字化水平提升的重要方向。

煤转化包括煤热解、煤气化和煤液化三种热转化技术，以及由上述三种技术结合衍生出的煤炭分级转化的多联产系统技术。煤转化技术是我国发展煤基大宗化学品和油气清洁燃料、化工产品单体和材料中间体等过程工业的关键与核心。近年来，我国煤转化技术产业化进程加速，部分技术处于世界领先水平。适应多煤种和低能耗的新型煤气化、煤液化和热解分质利用，以及煤基原料的前沿合成技术是当前的研究热点。

二、发展规律与发展态势

（一）国际发展规律与发展态势

国际上，欧洲、美国、日本、澳大利亚等地区或国家在洁净煤领域都开展了大量的基础研究和新技术的示范应用，针对常规污染物形成丰富多样的单一污染物控制技术。对燃煤烟气中多种污染物进行联合控制以降低烟气净化成本，成为燃煤污染物控制技术发展的重要趋势。在燃煤工业炉窑和民用散煤污染控制方面，国外在燃煤工业炉窑的清洁燃料制备、高效燃烧及炉型结构、低 NO_x 燃烧技术和燃烧烟气的深度治理等方面进行了大量研究，整体水平领先国内。

第一代低碳燃烧技术已进行大规模工业示范，可以实现煤燃烧过程中 CO_2 的高效捕集，但是其过程能耗较高，经济性较差，因此提高低碳燃烧过程系统效率、减少碳捕集成本成为低碳燃烧研究的重要趋势。目前国内外正在开发新一代低碳燃烧技术（如化学链燃烧、增压富氧燃烧、超临界 CO_2 动力循环等），有望将成本降低 30% 以上。

目前新建煤电机组通常采用高参数的超临界或超超临界发电技术。为适应可再生能源的快速增长，以燃煤发电为主的国家或地区均在研发灵活性高、多能互补发电技术以及智能发电技术，实现燃煤发电的灵活智能与可再生能源耦合。欧洲部分供热机组的电负荷最低出力可以降至 20%～40% 额定负荷，燃煤锅炉生物质掺烧比例可以达到 20%～50%。

在煤转化领域，国外起步较早，西方发达国家在煤炭清洁转化及相关技术的研发方面掌握了一系列核心技术，具有一定的优势。进入 21 世纪以来，由于能源消费结构的变化、对碳减排和环境污染的关注等因素，发达国家对煤气化、煤液化技术的研发投入逐年减少，仅有南非、美国等少数国家开展了煤制燃料和化工品工程示范与商业运行。而煤分级转化技术开始受到各国重视，美国能源部（United States Department of Energy，DOE）"21 世纪能源展望"（Vision 21）计划、日本通产省"21 世纪煤炭技术战略"均将煤分级转化多联产系统技术列为制取燃气、燃油及高附加值化学品（或化工产品单体或高性能材料的原料）的重要研究方向。国外煤炭转化利用总体处于高端技术研发与技术储备阶段。

（二）国内发展规律与发展态势

近 20 年，我国在煤炭"清洁、低碳、高效、智慧利用"发展方面取得了巨大成就，先后多次下调燃煤主要污染物排放标准限值。我国现役燃煤电厂已全面完成超低排放改造，常规污染物排放控制处于世界领先水平。但是其他工业（如建材、钢铁等耗煤行业）、工业炉窑和民用散煤污染物排放还较为粗放，需要进一步加强管控。燃煤释放的汞等重金属、VOCs 等非常规污染物的排放控制亟待加强；燃煤电厂超低排放改造过程中形成的 SO_3、废弃脱硝催化剂、脱硫废水等二次污染物也日渐引起行业关注。

根据《中国应对气候变化的政策与行动 2019 年度报告》，2019 年的单位国内生产总值 CO_2 排放比 2005 年下降了 48.1%，提前完成了碳减排目标。我国已经初步完成了第一代低碳燃烧技术研发和技术储备，各项技术指标已达世界先进水平。要加快开展新一代低碳燃烧技术的中试和示范部署，构建低成本、低能耗、安全可靠的低碳燃烧的技术体系和产业集群。

提高机组的灵活性，满足深度调频调峰的需要，提高机组效率和运行安全性，是国家对现役机组的要求。当前，煤电平均供电煤耗下降到 310 g 标准煤/（kW·h）以下，"发展智能发电技术，开展发电过程智能化检测、控制技术研究与智能仪表装备研发，攻关高效燃煤发电机组先进运行控制技术与示范应用"成为下一步重点研究方向。同时，需发展更加先进的燃煤发电流程工艺及部件关键技术，以适应燃煤发电快速变负荷的需求，支撑可再生能源的大比例接入。

国内煤气化技术的研发起步较晚，前期主要引进国外先进技术。进入 21 世纪后，我国煤气化技术的基础研究、技术开发、工程示范、工业应用等均取得了长足进步，成功开发了多喷嘴对置式水煤浆气化技术等各种水煤浆和干煤粉气化技术，并实现了工业应用，使我国煤气化技术完成了从"跟跑"、"并跑"到"领跑"的跨越。

煤液化技术开发与工业化也取得了巨大成就，建成投运了全球单体最大规模的 400 万 t/a 煤间接液化厂和全球首套百万吨级直接液化厂。目前我国煤制油产能已达到 921 万 t/a，无论是系统集成、工艺技术和大型装备材料，还是催化剂、煤耗水耗、系统能效，均处于国际领先水平。煤液化新工艺技术向规模更大、产品更加多元与精细化、高端化方向发展。

基于热解－气化－燃烧不同组合方式的煤分级转化工艺过程和关键技术研究始于 20 世纪 80 年代，部分技术已经进行了示范，体现了很好的经济性。煤基多联产系统耦合 CO_2 化学转化技术从单元基础研究、过程优化、流程模拟到系统集成，再到工程示范，在各级研究机构均蓬勃开展，并取得了良好进展。

近年来，我国在煤制化工品方向的技术进步较为迅速，已取得一系列重大成果，建成投运了甲醇制烯烃、甲醇制乙醇、甲醇制乙二醇等工厂。尽管国内在煤制烯烃和含氧化合物等方面总体上处于世界领先水平，但还需进一步降低水耗和能耗，实现产品的灵活调变；在煤制芳烃等方面，需要进一步突破关键技术，实现自主成套工艺技术和工业示范。

三、发展现状与研究前沿

（一）发展现状

煤炭清洁高效利用一直是国家科技计划重点支持方向，特别是我国出台燃煤电厂超低排放改造政策后，国内外科研机构开发了大量的先进清洁燃烧和污染物治理技术与装备。国内煤电行业自主创新能力大幅提升，实现了从跟踪、模仿到部分领域"并跑""领跑"的转变。"十三五"时期，科学技术部部署了"煤炭高效清洁利用和新型节能技术"重点专项，着重在燃煤污染物资源化利用关键技术和燃煤 $PM_{2.5}$、重金属及有机污染物控制技术方面设置了重大共性关键技术任务，针对燃煤常规污染物超低排放技术及一体化控制技术设置了应用示范任务。

在低碳燃烧技术方面，第一代低碳燃烧技术已经完成了"实验室—小试—中试—工业化"的全流程研发，并建成了华能天津整体煤气化发电 IGCC 电站项目、湖北应城 35 MW_{th} 燃煤富氧燃烧等一批工业示范项目。但是目前我国大规模 CCUS 项目较少。2019 年，科学技术部等发布了《中国碳捕集利用与封存技术发展路线图（2019）》，对我国 CCUS 技术发展进行了系统的部署。

目前我国基本实现了燃煤电厂的自动化与信息化，正在开展灵活高效、多源互补的智能发电系统研究和应用。现役机组最低出力通常在 30%～40% 额定负荷，但供热机组缺乏成熟的热电解耦手段，电出力只有 20%～30% 额定负荷的调节能力。国内已开展太阳能与燃煤互补发电示范工程，煤和生物质耦合发电也已在小型循环流化床热电机组中得到成功应用，但是还没有在煤粉燃烧发电机组中广泛应用，而且效率、污染物控制、经济性、可靠性有待提高。

国外实现工业化应用的煤气化技术种类很多，但新工艺、新技术的开发目前基本处于停滞状态。近20年来，我国煤气化技术的研究开发和产业化突飞猛进，在核心技术水平和煤炭气化能力上均居于国际领先地位。

煤炭分级利用是我国《能源技术革命创新行动计划（2016—2030年）》重点鼓励发展的方向。"十三五"期间科学技术部也在"煤炭高效清洁利用和新型节能技术"重点专项中设置部署了煤热解燃烧分级转化、中低阶煤分级分质清洁高效转化利用等方向的应用、工程示范任务。在煤基原料制清洁燃料和化工品方面，国际上开发了不同工艺的合成气制醇/醚、烯烃和芳烃等化学品技术。我国将煤制油定位为国家能源战略技术储备和产能储备示范工程，重点进行煤制油技术装备的升级示范，并在规模、技术和节能减排方面提出了目标要求，使我国成为掌握大型煤制油先进技术的国家。同时开展了费托油品深加工、柴油－汽油－航油－润滑油联产、煤温和加氢液化等技术研究。近年来国内成功开发了煤经甲醇制烯烃、乙醇、芳烃和煤制乙二醇等工艺技术，但是仍存在能耗高、水耗高、关键创新性技术缺乏等问题，与引领能源革命的要求相比，还有较大的差距。

（二）研究前沿

近10年来，针对燃煤污染物排放控制的各种先进技术层出不穷，燃煤烟气中SO_2、NO_x深度脱除技术、新型高效除尘技术、复杂烟气条件下$PM_{2.5}$的在线测量技术、燃煤发电机组协同生产兼顾节能节水的超低排放与一体化控制技术、$PM_{2.5}$控制技术及应用、汞等重金属的控制技术及与其他污染物的协同脱除技术与应用、有机污染物的高效吸附/催化氧化及其与其他污染物的协同脱除技术等，均得到了广泛而深入的研究，部分技术已在大型商业化电厂进行了示范验证。

低碳燃烧技术也得到了快速发展，多种先进、低成本的技术得到了广泛的研究，如增压富氧燃烧中系统构建、燃烧特性、污染物排放特性，化学链燃烧中多金属复合型氧载体材料、煤灰与氧载体的相互作用和分离方法，直

接超临界 CO_2 动力循环技术中超临界 CO_2 的管内传热特性等。

在智慧发电方面，一些新技术不断涌现，如三维空间定位与可视化智能巡检技术、炉内智能检测与燃烧优化控制、采用数字化煤场实现锅炉和煤场的智能信息互动与自动燃料配置、基于深度调频与深度调峰的网源协调灵活性发电技术，以及将数据挖掘、遗传算法、神经网络和预测控制等先进的计算机智能方法应用于工程设计、生产调度、过程监控、故障诊断、运营管控等，实现电力生产过程与管理决策的智能化。

在煤气化技术方面，通过过程强化，不断提高气化炉单位体积的处理能力，降低装置投资，包括：开发新的单元技术，优化工艺流程，降低系统物耗能耗，提升全系统效率；开发环境友好技术，实现近零排放。

煤液化技术前沿研究包括：煤液化新工艺和新方法，研制高效的费托合成催化剂与煤温和加氢催化剂，大型煤液化反应器技术，煤制油复杂系统集成与优化技术，初级合成油品分离与深加工的生产高端油品与化学品技术，煤温和加氢与费托合成耦合的分级液化技术，柴油－汽油－航油－润滑油－化学品联产工艺技术，上下游工艺匹配技术等。

煤分级转化技术前沿研究包括：依据煤的结构组成特点，采用热解／气化技术、结合前沿合成技术加工精制功能化学品和中间体（化工产品单体）的多联产系统技术、高温热解煤气高效除尘和净化、热解半焦（粉焦）精加工利用、焦油和焦炉煤气深加工、热解高酚废水净化等。

煤制清洁燃料和化学品技术前沿研究包括：以合成气／甲醇等为原料的碳氢氧原子化学键的定向调控、目标化合物的化学合成新途径、催化剂的精准合成和制备，以及生成目标产物的合成工艺及反应器等，开发系列煤基原料转化制清洁燃料和化学品新技术，保障产品的高选择性、低成本、低消耗等。

四、关键科学问题、关键技术问题与发展方向

（一）关键科学问题

（1）高参数机组炉膛内气固多相高效燃烧的速度场、浓度场、温度场等关键参数的在线检测、高精度模拟、多场协同高效组织以及低碳燃烧优化控制原理。

（2）燃煤与可再生能源、储热耦合发电对燃料化学能释放、热质输运和热功转换的影响机理和智能优化控制理论。

（3）高温高压多相湍流条件下流动和传热过程对复杂气化反应的影响机理；灰渣熔融特性、流动特性及其对复杂传热和反应过程的影响机理；复杂煤气化过程的高可信度建模与动态模拟。

（4）各种非常规污染物（细颗粒、重金属、VOCs、放射性核素等）及 CO_2 的生成机理、迁移路径、赋存形态、交互作用机制。

（5）费托合成反应机理以及煤加氢液化活泼氢的传递机理；大型煤液化反应器中传热传质和化学反应动力学；初级油品加工中的加氢催化裂化/异构机理；煤温和加氢与费托合成耦合方法；煤结构组成特点与其原子经济性反应的规律。

（6）以合成气/甲醇等为原料的碳氢氧原子化学键的定向调控、目标化合物的化学合成新途径、催化剂的精准合成和制备；多尺度传质机制及其对催化过程的影响机理。

（7）新工质/新循环燃煤发电系统热学优化理论、部件能量传递转换机理、变负荷运行效率损伤机理及调控方法。

（二）关键技术问题

（1）基于人工智能的灵活多源智能发电系统集成与优化控制的技术研发和工程示范。

（2）煤在高压甚至超临界 CO_2 条件下安全可控的稳定燃烧技术及基于工业示范的高效低成本 CO_2 捕集系统集成。

（3）高效、低成本、多污染物（特别是非常规污染物）协同控制技术研发、工程示范及环境健康效益分析评价。

（4）煤气化过程强化技术、高温合成气显热高效回收技术、煤气化废水减量化技术、煤气化灰渣的资源化利用技术、煤热解与气化耦合技术等。

（5）新型高效费托合成、高效合成气/甲醇制清洁燃料和化学品与煤温和加氢催化剂的研制，煤基原料转化制清洁燃料和化学品新技术的过程强化技术及大型反应器技术，柴油-汽油-航油-润滑油-化学品联产的工艺技术，煤温和加氢与费托合成相耦合的分级液化工艺技术，煤制油大规模系统集成技术。

（6）含尘含油高温热解煤气高效除尘和能量梯级回收利用，以效率－经济－环境协调为目标的多联产系统的优化集成技术。

（三）发展方向

大幅度降低燃煤常规污染物的控制成本，消除污染物控制过程中的二次污染、减少废水等，全面实现燃煤电站锅炉污染物排放与天然气排放水平相当、燃煤工业锅炉和冶金／建材炉窑污染物达到超低排放，逐步消减民用散煤的消费量和提高散煤燃烧污染物控制水平。

进一步降低 CCUS 过程的能耗成本，提高系统的运行效率，同时减少低碳燃烧过程中可能存在的二次污染；对第二代低碳燃烧技术进行中试规模以上试验验证，低碳技术总体向装置大型化、燃料多元化和过程低成本方向发展。

提高燃煤发电机组的灵活性，支撑可再生能源的接入，在满足机组经济性和环保性条件下进一步降低在役机组的最小出力，提升负荷响应速度，满足深度调峰要求；实现燃煤－可再生能源－储能的耦合发电系统的安全灵活调控；构建通用、开放、支持多种智能算法的智能控制系统平台。

在煤转化制清洁燃料和化学品的成套技术方面，需要突破煤制烯烃、芳烃、含氧化合物等过程关键技术，开发更大装置规模、高原子经济性、乙烯丙烯灵活调控的甲醇制烯烃技术，开发规模化合成气直接制烯烃／芳烃技术，开发规模化煤制乙醇／乙二醇／低碳醇工业技术。煤气化系统的主要发展方向是从单纯的"气化岛"向"气化岛＋环保岛"的方向发展，以及依托大数据、信息化技术，保障煤气化装置的安稳长满优运行。煤制油将向更大装置规模的综合体方向发展，进一步提高能源利用效率，降低水耗和煤耗，实现产品多元化、精细化与高端化，提升技术经济性，同时开发煤温和加氢液化与费托合成相耦合的新一代煤制油技术。煤基多联产系统技术的发展方向主要包括煤热解气化发电联产系统技术、煤气化化学品发电联产系统技术、煤液化精制化学品和高性能燃料系统技术、循环流化床煤热解分级利用热电油气多联产系统、低阶煤分级利用提取油气和联产半焦技术。

第二节　清洁石油化工与能源转化利用

石油是现代社会的血液，石油化工（简称石化）是基于复杂物理和化学过程对原油进行加工处理的过程工业，可以生产一系列石化产品，包括石油气等气体燃料和汽油、煤油、柴油等液体燃料，以及润滑油、沥青、石蜡等其他功能性产品，同时还能够为三大合成材料以及其他有机物的合成提供原料。特别是石油能源的转化利用，在石化中长期占据重要地位。进入21世纪以后，伴随着国民经济的持续高速发展，我国原油消费量一直呈快速增长势头，已由2007年的3.46亿t增至2019年的6.96亿t（国家统计局，2022），并将在未来相当长的一段时间内保持这一高位。未来我国石化将继续向清洁、绿色、智能、低碳等方向发展。

一、基本范畴、内涵和战略地位

石化是与国家战略需求息息相关的国民经济重要支柱性产业。随着炼油能力的增强，我国原油加工量逐年增加。尽管由于非化石能源比例的提升，世界范围内炼油能力增速放缓，石油消费占能源结构的比例缓慢下降，但2020年我国原油加工量仍同比增长3.5%，达到6.74亿t。与2014年相比，原油总进口量从3.08亿t提升到5.42亿t，对外依存度达到72.7%（国家统计局，2022）。因此对于我国而言，石油大量进口引发的能源安全局势日益严峻，另外，国际油价剧烈变化给石化产业造成的经营压力也不容忽视。同时，当前国家和人民群众对于环境保护的要求越来越高，"绿水青山"的可持续发展理念已贯彻到国民经济的各个领域。来自环保政策的压力以及能源资源综合利用等方面的要求，促使以传统化石能源为原料的能源化工进行转型升级。这些都给我国石化产业带来了前所未有的严峻挑战，成为亟须解决的问题。

为了实现可持续发展目标，石化生产过程清洁化和高效化成为我国能源化工领域的重大需求，对于重油、劣质油等非常规石油资源利用的要求也在不断提高。作为污染排放大户的石化产业，既承担了巨大的环保责任，又面临未来发展的重大机遇。当前，全球石化产业正在向清洁化、资源化、高效化、智能化等方向发展。而我国石化产业的发展除了密切关注国际发展趋势外，更需要与国家石油安全战略保持一致，与建设资源节约型、环境友好型社会的发展理念相互促进，合理利用现存的能源资源，加速石化技术的进步，发展出适合我国资源禀赋和经济形势的清洁石油化工与能源转化利用产业，为国民经济和社会发展提供充足的石化产品。

二、发展规律与发展态势

（一）国际发展规律与发展态势

经过上百年的发展，美、英、德等国已形成完整的石化技术体系。在炼油技术方面，近年来以环保安全持续升级、劣质资源加工利用、高值化利用、智能化发展等重要需求为牵引。国际石化领域形成了以清洁燃料生产、重油和劣质油轻质化加工、精细定向分离、智能化技术等为主的持续发展方向，当前其发展规律与发展态势如下。

在清洁燃料生产方面，为满足日益增长的汽柴油质量升级要求，当前主要技术发展趋势是调整现有车用燃料生产工艺以满足新一代清洁燃料指标的要求，同时也增加其他来源汽柴油的生产。当前重点发展催化汽柴油脱硫、催化汽油降烯烃、高辛烷值清洁汽油组分生产等多类技术，其中烷基化作为高辛烷值清洁汽油组分生产重要技术手段之一得到了快速发展。汽柴油产品质量持续攀升的同时，过程的绿色化也逐步引起重视，如绿色介质正逐步取代有毒有害溶剂，废气、废水及废渣处理技术也正在不断发展。

在劣质资源加工利用方面，重油和劣质油的轻质化加工技术一直是炼油技术开发的重点，也是世界性难题，其发展对于拓展可用资源总量、缓解石油能源危机具有重大意义。当前重点发展沸腾床加氢技术和悬浮床加氢技术等多类技术，目标是发展出原料适应性更强、转化率更高、连续操作时间更长的重油和劣质油轻质化加工手段。

在石油高值化利用方面，目前石脑油和汽油的选择性分离及定向转化技术已经较为成熟，柴油的选择性分离及转化生产芳烃等高值化工品已引起广泛关注，近年来基于可调溶解度的重油超临界萃取工艺也为重油的选择性分离技术发展提供了新的思路。另外，原油直接制化学品技术得到了广泛关注，促进了定向分离－加工这一新型组合工艺的快速发展。石油作为碳源生产高性能碳材料也是石油资源化的重要路线之一，近年来基于超临界萃取技术分离催化裂化油浆生产针状焦技术成功应用，极大地改善了原料依赖性，使得未来重油生产碳材料技术有望得到进一步发展。

在智能化发展方面，炼化过程的数据量巨大，如何合理利用炼化数据，实现从数字化到智能化的转变十分关键。石化过程在开发大数据模型的同时，也出现了以分子炼油为理念的分子管理模型。炼化过程的控制及管理，日益从单纯的信息化技术部署转向更具成效的数字化及智能化优化系统开发。当前普遍认为，机理－数据融合模型更适用于炼化过程的优化控制。因此，开发机理模型以及机理－数据融合模型是炼化过程数字化及智能化将来需要重点关注的方向。

（二）国内发展规律与发展态势

石化产业作为我国国民经济支柱产业之一，清洁油品技术、百万吨级乙烯成套技术、高效环保芳烃成套技术等多项关键技术达到国际先进或领先水平。但当前我国石化产业面临着市场消费增长渐缓、消费结构升级、竞争主体多元化等新的形势，炼油加工能力过剩与成品油消费增速放缓的矛盾已然显现，同时高端化工产品市场被欧美发达国家产品占据，中低端化工产品市场又面临中东地区等低成本产品竞争的巨大压力，国际行业竞争日益加剧。因此，当前我国石化的发展规律与发展态势主要包括以下几个方面。

在清洁燃料生产方面，我国石化产业注重产品的进一步清洁化及过程绿色化。当前石油主要产品仍是汽柴油，近年来我国的车用燃料标准持续提升，部分指标要求已经明显高于国外现行标准。未来车用燃料标准仍将持续提高，从单纯限制有害元素到分子结构调整。在指标持续提升的同时，我国也在逐步实施乙醇汽油标准，减少了其他含氧化合物的添加量。在多种因素作用下，我国的汽油池组成将发生改变，由催化裂化汽油为绝对主体向多种来源组分共同发展。

在劣质资源加工利用方面，我国具有多煤少油的资源禀赋，而且重油和劣质油资源产量大，原油中重组分含量高，有效利用重油和劣质油资源意义重大。早期对于重油和劣质油资源的利用以延迟焦化为主，副产大量附加值较低的焦炭，目前已经逐步关停。作为我国核心二次加工工艺之一，重油催化裂化技术取得了很大成功，目前工艺水平已经世界领先。为了改善原料质量，重油加氢精制也得到了蓬勃发展，其中催化剂和装备都实现了国产化。此外，新型重油加工工艺也广受关注，包括重油的选择性梯级分离及重油加氢裂化技术等。目前石化企业都十分重视重油加工技术，重油加工催化剂及工艺是我国炼化技术未来需要突破的重点课题之一。

在石油高值化利用方面，当前我国石化原料利用日益精细化，二次加工工艺开发由组分的整体加工逐渐转向"分离 - 选择性加工"的组合工艺路线。例如，针对石脑油较早提出了"宜烯则烯、宜芳则芳"的综合利用理念，由传统的精馏切割后进行乙烯裂解及催化重整，发展到轻石脑油正异构烷烃吸附分离技术。同时，炼化一体化正进一步推进，化工型炼厂比例逐渐扩大。特别是沿海大型民营炼化企业近几年均选择了炼化一体化路线。紧随炼化一体化需求发展，以增产化工原料为目标的石油加工技术，如为重整及乙烯装置提供优质原料的加氢裂化技术，得到了重点发展。此外，催化裂解生产烯烃技术也引起了广泛重视。

在智能化发展方面，我国石油加工工业与信息工业的结合已有很长历史，目前国内的大型炼厂均具有相对比较完备的控制及信息化系统。在大数据及人工智能发展的大背景下，炼化过程的智能化成为装置平稳运转及性能优化的重要抓手，生产过程数字化及智能化技术方兴未艾。

三、发展现状与研究前沿

（一）发展现状

当前，全球范围内石化技术向清洁化、绿色化、高端化、智能化等方向发展，并形成了一批大型炼化基地。在国外已经形成美国墨西哥湾沿岸、日本东京湾、新加坡裕廊岛、沙特阿拉伯朱拜勒和延布石化工业园等一批世界级炼化基地；在国内则拥有大连长兴岛、河北曹妃甸、江苏连云港、浙江宁波、上海漕泾、广东惠州和福建漳州古雷七大基地，全部投射沿海重点开发地区。我国于 2016 年发布了《石化和化学工业发展规划（2016—2020 年）》，对"十三五"期间我国石化产业明确提出了经济发展、结构调整、创新驱动、绿色发展和两化融合五大发展目标及八项主要任务。

在技术和产业层面，炼化技术、原油制化学品技术、炼化一体化技术等均得到了广泛的关注。在炼化技术方面，国内外近年来均围绕环保安全、资源开拓等需求，在清洁燃料生产、劣质重油加工等方面对炼化技术进行持续发展。在原油制化学品技术方面，形成了以原油直接制烯烃、原油加氢裂化气转化、热原油制化学品等为代表的四代技术路径，极大地提高了化学品收率。以低碳烯烃为例，除传统的以石脑油为主要原料的蒸汽裂解工艺外，近年来发展的技术主要有原油直接制烯烃（crude oil direct to olefins，COTO）、丙烷脱氢制丙烯（propane dehydrogenation to propylene，PDH）、烯烃歧化制丙烯和丁烯氧化脱氢制丁二烯等技术。由埃克森美孚公司建设的全球第一套商业化运营的原油直接制烯烃装置于 2014 年在新加坡投产。沙特阿拉伯国家石油公司则直接将原油送到加氢裂化装置，脱硫后将较轻组分分离并送到蒸汽裂解装置，较重组分送到深度催化裂化装置进行烯烃最大化生产。我国炼油工业已拥有具有世界先进水平的全流程炼化技术，具备建设千万吨级炼厂的能力，支持了产业的发展。例如，目前我国形成了包括催化汽油吸附脱硫（S-Zorb）和汽柴油加氢脱硫在内的清洁燃料生产系列化技术；固定床渣油加氢技术成熟应用，沸腾床渣油加氢和浆态床渣油加氢技术业已取得进展；轻质循环油（light cycle oil，LCO）选择性加氢 - 催化裂化生产高辛烷值汽油或芳烃、LCO 加氢裂化生产高辛烷值汽油组分技术开发成功及工业应用，为炼厂调整柴汽比提升效益提供了支撑。基于上述技术的发展，我国着重建设了一批大型炼化一体化项目，如浙江石化 2000 万 t/a 炼化一体化项目、大连恒力 2000 万 t/a 炼化一体化项目等均正在规划和建设。同时，我国还在石油精细化工中下游制约性技术方面不断取得突破，如丙烯酸、丙烯腈、环氧丙烷等绿色工艺技术均已实现国产化。

（二）研究前沿

目前，清洁石油化工与能源转化利用的发展需要遵循适应国家石油安全战略、适应建设节约型经济、适应资源与环境协调可持续发展的基本要求，因此有必要发展优化工艺路线及技术手段，清洁高效利用石油资源。结合全球低碳化发展需求，清洁石油化工与能源转化利用的研究前沿主要集中在以下几个方面。

在清洁燃料生产技术方面，虽然我国车用动力电动化大潮涌动，但不可忽视的是，交通运输占我国终端能耗的比例达到了14%，其中70%来自石油能源，因此在未来很长一段时间内石化燃料需求仍将保持高位，有必要继续对催化汽柴油脱硫、催化汽油降烯烃、高辛烷值清洁汽油组分生产等清洁燃料生产技术进行发展。

在劣质资源加工利用方面，加氢技术成为处理重油、劣质油、渣油的最有效手段。目前国内外加氢技术主要包括悬浮床加氢裂化技术、沸腾床加氢裂化技术、移动床加氢裂化技术和固定床加氢处理技术。其中固定床渣油加氢技术是目前最为成熟的加氢技术，而悬浮床加氢裂化技术是目前最先进的加氢技术，可加工世界上密度最大的渣油，并可实现90%以上的高转化率。其技术发展方向为进一步降低成本、减少能耗、提高转化率和适应清洁生产要求。

在石油高值化利用方面，需要从基于传统的组分及馏分层次的粗放型技术研发路线进一步深入到分子层次，认识石油加工过程分子转化的基本规律，构建石油资源高效绿色转化的分子工程基础理论，取得一系列分子层次的新认识，探索绿色化、高值化的石油分子转化新路线，促进石化产业的技术升级和产业升级。

在智能化发展方面，通过在石化分离过程中引入数字化、信息化和智能化技术，特别是人工智能技术，利用智能化系统和设备提高生产、维护、销售、污废处理等环节的效率，减少管理成本和人力成本，有助于清洁高效、环境友好型石化产业的建设。

需要特别指出的是，根据"双碳"目标，低碳石化技术将成为未来我国石化产业的重中之重。石化产业作为碳排放较重的工业产业之一，需要在石化原料低碳化、生产技术低碳化、能耗排放低碳化等多方面开发低碳技术，以应对低碳化趋势未来给行业带来的巨大影响。

四、关键科学问题、关键技术问题与发展方向

（一）关键科学问题

（1）基于分子层次的石油资源转化过程表征，石油复杂分子系统中"结构-性能-传递-反应"定量关系，石油资源复杂分子体系转化过程模型。

（2）基于石油分子特征的定向分离路线设计，基于新型分离介质及新型分离技术的石油复杂体系分离过程调控。

（3）石油分子催化转化过程的构效关系及失活机理，新型催化剂级配理论及计算模型，新型高效催化材料的设计和工业催化剂制备方法。

（4）石油资源清洁低碳转化与过程强化的新理论及新方法，石油资源污染排放处理方法。

（二）关键技术问题

（1）石油资源最大化利用系统工程，石化过程分子管理及智能优化控制系统，含油残渣高效综合利用技术。

（2）定向转化生产清洁油品、特种油品和芳烃技术等的石油资源制备高端化学品技术，定向制备高性能碳材料等新型材料技术，新型石油资源加工高值化新路线。

（3）新一代高活性、高分散性催化剂制备技术，废催化剂高收率回收利用技术，煤油共炼协同反应机理、原料匹配性调控技术。

（4）石油资源高效及绿色转化技术新路线，石化低碳生产技术、低碳能源技术以及低碳和零碳排放技术。

（5）大型浆态床加氢反应器、新型高压差减压阀、高压油煤浆输送泵等关键装备的自主研制开发。

（三）发展方向

（1）满足未来环保法规标准要求的清洁燃料生产。

（2）高转化率重油、劣质油、渣油加氢处理技术。

（3）石油高值化利用中的分子工程和绿色高值转化新路线。

（4）数字化、信息化和智能化石化分离技术与企业运维体系。

（5）石化原料、生产技术、能耗排放低碳化。

第三节　燃油动力节约与洁净转换

一、基本范畴、内涵和战略地位

燃油动力节约与洁净转换涉及燃油在动力装置中的燃烧。汽油机、柴油机、船舶发动机、航空发动机是交通运输工具和国防装备中的主要动力装置，在国民经济和国防安全领域具有重要的战略地位。燃油动力装置中的燃烧涉及燃料喷射、混合气形成、着火特性、燃烧放热、化学反应动力学、污染物生成与控制等方向。

在当前复杂多变的国际局势下，我国油气供给风险加大（BP，2019），能源安全结构性矛盾突出。另外，燃油动力装置的能源消耗也是造成局部环境污染和全球温室气体排放的主要因素之一，如 HC、CO、NO_x、颗粒物以及噪声等污染排放，尤其以机动车和非道路移动源排放为主（包括工程机械、农业机械、船舶、航空）。随着能源、环保和碳中和问题日益凸显，燃油动力节约与洁净转换迫在眉睫，其本质上包括三方面内涵：传统动力装置的高效清洁燃烧、低碳清洁燃料的替代利用、新型动力装置与系统多元化。具体来说，需要加速调整燃油动力装置能源结构，转变能源利用模式，加快绿色、多元、高效、低碳的可持续能源应用。汽车动力向燃料和动力系统多元化方向发展；海洋运输将超低排放的高效船用柴油机、气体燃料和双燃料发动机、零排放技术作为未来的发展方向；航空运输则以生物燃料和电能驱动作为通用航空动力的重要方向。最终，构建我国安全、高效、绿色现代交通运输体系。

二、发展规律与发展态势

在能源生产方面,除了传统石油燃料的高效生产,非传统化石燃料、煤基燃料制取、生物质燃料生产制备及氢制造技术等也得到了长足的发展。在能源高效清洁利用方面,高效清洁燃烧、电池、控制以及燃料电池技术等呈现多元化的发展态势,涉及燃烧学、热力学、反应动力学和流体力学等多个学科。内燃机作为一种最为广泛的燃油动力转化装置,其高效清洁利用成为一些发达国家的研究重点。当前燃油动力领域能源利用发展的主要趋势如下。

(一)先进高效燃烧技术

当前先进高效燃烧技术主要包括均质充量压缩着火(homogeneous charge compression ignition,HCCI)、预混压燃着火(premixed charge compression ignition,PCCI)和反应可控压缩着火(reactivity controlled compression ignition,RCCI)。HCCI 技术使稀薄混合气实现可控压缩着火,配备可变气门系统和机械增压,采用高压汽油直喷形成合适的混合气,利用大流量废气再循环(exhaust gas recirculation,EGR)降低燃烧温度,可减少 NO_x 排放。PCCI 除了采用大流量 EGR 外,可通过米勒循环降低有效压缩比,在高负荷工况下也能实现平稳的燃烧过程,大幅度降低 NO_x 与碳烟。未来可通过对喷射策略、燃烧控制等技术的有效应用,扩大发动机高效运转区域。RCCI 技术以预混合气的快速燃烧作为增加等容度的主要方式,可实现较高的指示热效率。在多种负荷条件下进行稳定着火控制,抑制剧烈的热释并确保燃烧效率是目前亟待解决的课题(中国内燃机工业协会,2020)。

(二)多元化动力机械技术

为缓解燃油动力机械带来的能源和环境问题,越来越多的新型替代燃料得到应用,如氢气、天然气、煤基燃料(甲醇、二甲基醚)、生物质燃料(醇类、生物柴油)等,这些替代燃料在交通能源结构中所占的比例逐年增加。此外,纯电动、油电混动以及燃料电池等也成为多元化交通能源结构的发展趋势。

（三）混合动力技术

混合动力技术可以降低汽车能耗，减少污染物排放，同时弥补纯电力动力的不足，成为未来交通领域动力机械的发展核心。混合动力的发动机热效率可以更多保持在高效率区间运行，如丰田和长安混合动力专用发动机热效率基本上达到 40% 以上。未来混合动力的发展将主要体现在混合动力动力总成、能量管理策略，以及动力性能平衡等技术的发展。

三、发展现状与研究前沿

燃油动力装置主要燃用的是原油的加工产品，根据不同的用途需求，将原油按照不同的馏分加工为汽油、煤油、柴油。动力装置的发展与燃油品质的提升息息相关，未来实现从油井到车轮的全生命周期低碳化，需要燃油与发动机紧密地协同优化，也是未来燃油动力节能与洁净转化的前沿研究方向。

（一）汽油燃料利用

汽油是从石油分馏或裂化、裂解出具有挥发性、可燃性的烃类混合物液体，外观透明，可燃，馏程为 30～220℃，主要成分为 C_5～C_{12} 脂肪烃和环烷烃，以及一定量芳香烃。汽油作为燃料，在挥发性、热值、理化稳定性、腐蚀性、燃烧稳定性等方面具备无可比拟的优势。汽油的辛烷值越高，抗爆性就越好。

随着油耗和排放法规的日趋严格，高效低排放的先进燃烧技术被寄予厚望。低温燃烧概念本质上是一种稀薄燃烧，缸内最高燃烧温度一般不高于 1800 K。均质充量压缩着火（HCCI）、部分预混压燃着火（PPCI），以及汽油压缩着火（GCI）都可以实现低温燃烧。其中 GCI 模式，即在压燃式发动机上使用汽油类燃料获得可控燃烧，是一种有效提高发动机效率的燃烧模式。燃料在压缩冲程末期喷入气缸，同时使用进气增压和废气再循环等手段，提高喷油速率，确保在燃烧开始前结束喷油，使得燃烧和空气在热量释放前有部分混合，实现温度、浓度的分层，从而实现高效清洁燃烧。针对 GCI 新型燃烧方式，需要类似柴油机的高压缩比（16∶1左右），对于汽油燃料的辛烷值需求不再是高辛烷值，反而是低辛烷值和高挥发性（中国民用航空局，2020）。

从国一到国六排放标准，除了要求污染物不断减少，二氧化碳排放限值和油耗限值也不断降低，油耗标准越发严格，对点燃式汽油发动机的节能减排提出更高要求。为了应对更高热效率的需求，需要提高压缩比，但传统的汽油机属于当量燃烧模式，以及爆震、表面点火等不正常燃烧现象的可能发生，使得汽油机热效率提升受到很多限制，这些都对燃料高辛烷值和高抗爆性能提出了更高要求。油耗标准的进一步提升（2025 年 4 L/100 km，2030 年 3.2 L/100 km），对纯汽油发动机的技术发展提出了严峻的挑战，因此未来动力系统多元化已成为趋势。混合动力专用汽油机将是下一阶段应对 2025 年和 2030 年油耗标准的主要技术路径。混合动力专用发动机是通过阿特金森循环、高滚流进气道、超高压缩比、冷却 EGR 和高能点火来实现高热效率，其燃烧过程中的爆震控制尤为重要，这也对高辛烷值和抗爆性汽油提出了新的需求。

（二）煤油等航空燃料利用

目前世界航空燃油消费量约占石油产品需求的 9%，据国际航空运输协会（International Air Transport Association，IATA）预测，未来 20 年内全球年均航空客运量将达到 73 亿人次。国际航空运输协会要求到 2050 年国际航空碳排放量降至 2005 年的一半。中国民用航空局 2011 年已提出全行业能耗和 CO_2 排放增速要低于行业发展速度。根据《巴黎协定》，国际民用航空组织（International Civil Aviation Organization，ICAO）制定了限制国际航班 CO_2 排放量增长的政策，到 2040 年航空能效每年需要提高 3% 以上。因而近年来在新型高效低污染燃烧技术、航空煤油替代燃料以及先进航空推进技术方面有长足发展空间。

航空发动机低排放燃烧技术的研究前沿主要包括：①双环形燃烧技术，在贫油状况下进行燃烧，提高燃烧效率减少 NO_x。②轴向分段燃烧技术，采用分级轴向布置，在高温下停留时间短，从而减少 NO_x 排放。③贫油预混与预蒸发燃烧，火焰温度低，能有效降低 NO_x 产生，并增加燃烧室部件耐久性，但存在回火等问题。④多点贫油直射燃烧技术，多喷嘴在低压下注入燃料，增强燃料的雾化性能，提高燃烧的稳定性同时降低 NO_x 排放。

航空发动机先进推进技术的研究前沿主要包括：①齿轮传动涡扇发动机能从结构上减小发动机排放、增加燃烧效率，需要提高进气量，解决风机和压气机低压级、涡轮最优转速冲突的问题。②桨扇发动机，由涡轮通过减速器带动螺旋桨，能够保持极高的转速，相比涡扇结构能够降低 40% 油耗，但存在噪声大、高振动等问题。

替代航空燃料的发展趋势归纳总结如下：①合成油，主要成分是正异链烷烃，密度低并且剔除硫等污染物，美军已经在 C-17、F15、F22 等多种机型上使用 S8 合成油。②生物燃料，从生物质中提取，二氧化碳排放量远低于传统航空煤油，可再生性强、碳排放低，但是成本昂贵。

（三）柴油燃料利用

柴油主要由原油蒸馏、裂化、焦化等过程生产的柴油馏分调配而成，也可由页岩油加工和煤液化制取。柴油主要由碳原子数 $C_5 \sim C_{12}$ 的饱和烷烃、环烷烃、芳香烃组成，其馏程范围较汽油和煤油更高并覆盖很宽范围。车用和非道路用柴油馏程范围 $180 \sim 370℃$，船用重柴油馏程范围 $340 \sim 650℃$。柴油广泛应用于大型车辆、工程机械、农用机械、船舰、铁路机车等，当前我国 40% 以上的原油被炼制成柴油并被柴油机消耗。

柴油机混合扩散燃烧占主导的特征决定其 NO_x 与碳烟排放之间的此消彼长关系，因此，柴油机排放难控制是长期以来的挑战。柴油燃料品质对柴油机排放控制至关重要，如柴油硫含量是避免后处理器中毒的关键，柴油燃料芳烃控制将进一步加严，多环芳烃从当前的 7% 可能进一步降低到约 1%，降低颗粒物及芳香烃类排放。另外一个关键参数是十六烷值，过低和过高的十六烷值均不利于柴油机高效运转，但究竟最佳燃烧的十六烷值区间是什么，以及满足全生命周期下最低碳排放的十六烷值区间仍有待进一步研究。

相比于汽油机，由于不存在爆震问题，压缩比较高，柴油机热效率相对汽油机高 $20\% \sim 30\%$，在节能和减少 CO_2 排放方面具有更大优势。当前，柴油机燃油喷射压力不断提升，正在进行 300 MPa 以上喷射压力研究。柴油机喷雾混合特性决定了后续燃烧和排放控制，需要研究不断提高的喷射压力和多段喷射方式对喷雾特性和混合气浓度分布特性的影响，尤其是高转速

（3500 rpm[①]）下的强化快速喷雾混合过程。目前先进柴油机在向高增压方向发展，单级增压压比可达 4～5 bar[②]，高的增压压力不仅提升动力性、经济性和降低排放，更是军用柴油机提高强化程度和功重比的重要技术手段。

基于先进的控制手段，2020 年潍柴重型商用柴油机热效率突破 50%，大缸径的船用低速柴油机有效热效率可达 53.5%，因此未来民用柴油机的主要发展是在满足日益严格的排放标准的前提下，不断提升其热效率。对于军用柴油机其关键是高速高强化发展，提高升功率和功重比，当前高强化军用柴油机升功率已达 110 kW，正在朝着 140 kW 发展。因此，高速、高强化、高效、低排放的柴油机是未来发展的关键，而这一发展目标也需要适应燃料多元化的发展需求（中国民用航空局，2020）。

当前，低碳替代燃料，如天然气、醇类燃料、生物柴油、氢气、氨气以及 E-fuel（利用风光水等电能转化氢气与 CO_2 制备的液体燃料）在柴油机中均有应用。低碳燃料与柴油掺混需要解决互溶性问题，双燃料燃烧方式则面临着喷雾自燃、扩散燃烧，射流预混点火，火焰传播等复杂的缸内燃烧现象，相应机制有待深入探究。此外，使用低碳燃料后，需要开发有效的后处理技术以应对新燃料使用后对一些非常规排放（如未燃甲醇、乙醇、天然气排放）的处理。

四、关键科学问题、关键技术问题与发展方向

根据燃油动力领域国内外节能和洁净转换的发展趋势，兼顾我国中长期发展的战略需求，燃油动力领域的关键科学问题、关键技术问题与发展方向如下。

（一）关键科学问题

（1）高环境压力、超高喷油压力、高 EGR 稀释、稀燃等"极限"条件下喷雾混合机制和燃烧理论，高功率密度、高强化条件下的喷雾快速混合燃烧理论与技术，超临界条件下的喷雾混合燃烧机制及控制方法。

---

① 1 rpm=1 r/min。
② 1 bar=10⁵ Pa。

（2）石化燃料与低碳燃料掺混使用的高效清洁燃烧理论及复杂条件下发动机燃烧污染物的控制方法。

（3）石化燃料特性控制、清洁混合燃料设计及其燃烧基础理论。

（4）内燃机和航空发动机节能理论与新型热力循环。

（二）关键技术问题

（1）双环形燃烧技术、轴向分段燃烧技术、贫油预混与预蒸发燃烧、多点入射贫油直射燃烧技术的高效清洁燃烧组织；内燃机和航空发动机高强化燃烧下的光学诊断与高精度数值模拟技术。

（2）内燃机和航空发动机节能关键技术；发动机与后处理系统清洁燃烧控制策略；灵活燃料发动机燃烧与污染物排放控制技术；燃料与发动机协同全生命周期下碳排放控制方法和技术研究。

（3）多种动力系统耦合关键技术，如混合动力系统优化、新型混合动力系统研究；混合动力系统控制策略和技术；混合动力专用高效清洁发动机开发。

（三）发展方向

通过"极限"条件下喷雾燃烧调控、先进的热力循环、混合动力等理论与技术突破，提高燃油动力系统的能源转化效率是未来发展的重要方向；同时为了应对动力系统低碳和碳中和的发展目标，需要探明不同动力系统燃用低碳及碳中和燃料时高效清洁的控制方法；如何满足未来近零的排放法规要求，使燃油动力系统达到零环境影响目标也是重要发展方向之一。

第四节　天然气化工与能源利用

天然气的主要成分是甲烷，同时含有少量乙烷、丙烷、氮气等成分。天然气是一种优质清洁高效能源，主要用作燃料，也用作制造乙醇、烃类燃料、氢化油等化工产品的原料。近年来，全球天然气的生产和消费持续增长，在一次能源结构中的所占比例已超过 25%，并有望在将来超过石油在能源结构中的比例。

一、基本范畴、内涵和战略地位

跟国际上其他国家一样，天然气、煤和石油在我国能源结构中占据重要地位。我国的天然气可采集资源量超过 50 万亿 m^3，煤层甲烷（煤层气）的储量亦不少。随着科学技术水平的不断进步以及能源结构的变化，天然气化工与能源利用新技术迅速发展，使得这种能源的成本建设费用降低、利用效率提高、发展前景更为乐观。

与煤和石油等化石资源相比，天然气由于富含甲烷而具有最高的碳氢比，因此在燃烧过程中会生成相对较少的二氧化碳。另外，除了直接燃烧，天然气还可以通过化学、化工方法被转化为高品质液体燃料、氢气以及高值化学品。天然气化工利用主要研究甲烷（天然气的主要成分）的高效活化和定向转化，以及催化涉及的重要基础问题，包括发展高效催化途径、开发高效经济的催化材料、发展新的表征技术、创新催化反应理论等。

另外，分布式能源是天然气能量利用的一个重要方面。分布式能源系统是指发布在用户端的能源综合利用系统。一次能源以气体燃料为主，二次能源以发布在用户端的冷热电联供（combined cooling，heating and power，CCHP）系统为主。分布式能源系统的主要优点是可以通过冷热电联产提高能源利用效率，因此具有广泛的发展前景。

二、发展规律与发展态势

（一）天然气化工利用

作为天然气的主要成分，甲烷十分稳定，直接催化转化非常困难。甲烷通过水蒸气重整、部分氧化、干重整等方法被用来制合成气（氢气和一氧化碳），再经费托合成进行处理。相关技术的工业化在 20 世纪 90 年代后步入新的发展轨道。1993 年，壳牌在马来西亚民都鲁（Bintulu）的 GTL 工厂装置投入运营；2002年，英国石油公司在美国阿拉斯加州尼基斯基（Nikiski）的实验装置投入运营；2003年，壳牌在卡塔尔的第二套GTL项目签约，同年，英国石油公司建成一个超大型工业装置，采用钴催化剂固定床反应器，天然气产量可高达13 000 t/d；2004年，埃克森美孚公司与卡塔尔政府签约，在卡塔尔北部莱凡角（Ras Laffan）投资70亿美元，建设世界上最大的GTL项目。

相比之下，将天然气经合成气转化的路线虽然比较成熟，但制合成气过程约占60%的能耗。发展直接转化方式能实现较低能耗下甲烷的定向转化，具有很大的经济潜力。近年来，我国在甲烷无氧条件下直接转化为烯烃、芳烃等方向取得了重大进展，同时将甲烷活化后引入羰基制备含氧化合物也是基础研究领域的热点。此外，为了避免高温带来的高能耗和危险性，引入电场、等离子体等外场辅助以实现甲烷的定向转化，也是本领域的研究热点。

（二）天然气分布式能源

在我国，天然气分布式能源是指以天然气为燃料，通过冷热电三联供等方式实现能源梯级利用，并在负荷中心就近实现能源供应。该技术不仅具备能源利用效率高、配置灵活、环境友好、经济性好等优势，还可以改善电源结构，削峰填谷，提高供电安全和应急能力，已成为全球能源发展的重要方向之一。全球分布式能源技术报告显示，2017年全球分布式能源装机容量约为132.4 GW，预计到2026年将增至528.4 GW。

美国是世界上最早开发天然气分布式能源的国家，其发展水平一直居于世界前列。美国国家环境保护局（Environmental Protection Agency，EPA）专门成立了分布式能源协作小组，甚至提出了分布式能源战略。截至2016年，美国分布式能源总装机容量约为82.5 GW，热电联产总装机容量占全国发电量超过15%，预计至2030年前分布式能源仍会以较高速率增长。欧洲尤其重视分布式天然气能源的开发和利用。德国通过电力市场自由化改革、优惠免税政策及分布式能源电厂补贴等，使分布式能源装机容量超过总装机容量的50%。丹麦通过能源退税和低息贷款等政策，使其成为世界上分布式能源发展程度最高的国家之一，目前丹麦80%以上的区域采用热电联产方式供热，其分布式发电量接近总发电量的60%。日本则是世界分布式能源装机容量最大的国家之一。据日本经济产业省（Ministry of Economy，Trade and Industry，METI）预计，到 2030 年，日本热电联产装机容量将可能达到 16.3 GW，其发电量将占总电力供应的 20%。

我国天然气分布式能源于 20 世纪 90 年代起步，在政策方面，相关部委相继出台了《分布式发电管理暂行办法》《可再生能源发展"十三五"规划》等指导意见及措施。1999 年上海浦东国际机场天然气分布式能源系统项目立项建设，并于 2000 年正式投入使用。此后，上海陆续建设 60 余个分布式能源系统，对于国内分布式能源发展具有示范意义。例如，上海迪士尼分布式能源项目，2016 年发电量超过 8000 万 kW·h，综合能源利用效率高达 85.9%。此外，北京、南京、大连、成都和广州等城市都积极建设了冷热电联产的分布式能源系统。

三、发展现状与研究前沿

（一）天然气化工利用

1. 发展现状

目前，天然气利用主要是经水蒸气重整及部分氧化制合成气。将甲烷和二氧化碳这两种温室气体进行干重整也是重要路线，在碳减排和碳资源利用中起到重要作用。但是干重整过程必须要克服氢碳比较低、反应器温度较高、催化剂容易积碳等劣势。2020 年，中国科学院大连化学物理研究所的包信和院士团队发现镍颗粒与氮化硼纳米片之间存在强烈的相互作用，可以在 750℃保持长时间运行（Dong et al.，2020）。

合成气经费托合成过程中，其转化率和目标产物选择性决定了该过程的经济效益。20 世纪初，合成气催化转化的目标产物一般是轻质油及甲醇。甲醇通过二次转化，合成低碳烯烃、二甲醚（dimethyl ether，DME）和甲醛等高附加值化工原料。2010 年后，合成气直接催化转化为低碳烯烃研究取得了重要进展，荷兰化学家 de Jong 首次提出 FTO（费托合成烯烃）的概念，基于 Fe-S-Na 催化剂的低碳烯烃选择性高达 50% 以上。2016 年，中国科学院大连化学物理研究所的包信和院士课题组提出 OX-ZEO（Zn-CrOx+MSAPO/MOR）催化体系，其低碳烯烃选择性高达 80%（排除掉二氧化碳）（Jiao et al.，2016）。2019 年，中国科学院大连化学物理研究所与陕西延长石油（集团）有限责任公司（简称延长石油集团）合作，在榆林成功开展了该技术的工业试验。2016 年，中国科学院上海高等研究院发表了合成气在温和条件下经特殊晶面 Co_2C 催化转化为低碳烯烃的工作，其低碳烯烃选择性超过 60%（Zhong et al.，2016）。目前，中国科学院上海高等研究院已与山西潞安矿业（集团）有限责任公司（简称潞安集团）等企业达成协议，拟在催化剂放大制备、反应器设计、工艺过程开发等方面共同合作。

2. 研究前沿

对于基础研究，进一步开发单一产物的催化剂是未来合成气催化转化的新趋势。而如何快速将已有的成果实现大规模工业生产，也是目前亟须解决的问题。近 10 年来，学术界在低温氧化甲烷制甲醇领域取得一些进步，开发了过氧化氢作为氧化剂的低温氧化技术，可以在较低甚至室温下活化甲烷，并取得较高的甲醇选择性。例如，以 FeCu/ZSM-5 为催化剂，引入过氧化氢作为氧化剂，可以在较低温度下实现 10.1% 的甲烷转化率，并能达到 93% 的甲醇选择性（Hammond et al.，2012）。但由于过氧化氢价格较为昂贵，研究可高效利用或原位合成过氧化氢并同步氧化甲烷的技术十分必要。又如，我国科学家开发出的 AuPd@ZSM-5-C16 催化剂，在温和的反应条件下利用催化剂表面的"分子围栏"锁住原位生成的过氧化氢，提升甲烷转化率至 17.3%，并保持甲醇选择性在 92%（Jin et al.，2020）。而将甲烷直接转化，在无氧条件下实现了甲烷一步法生产乙烯和芳烃（Guo et al.，2014），也为天然气的高效利用开辟了一种全新的路径。

此外，将甲烷活化后引入羧基，或者将天然气中含量仅次于甲烷的乙烷转化为乙酸，也是近年来基础研究领域的热点。然而，上述催化转化体系大多在间歇反应器中进行，原料的转化率和目标产物的收率距离可工业示范的标准相差较远，因此在催化科学和技术没有重大突破的情况下，实现经济生产仍具有极大的挑战。

除了热驱动甲烷反应以外，还可以用其他能量形式，如光催化和电催化、热电耦合催化是一个可行的方向。此外，低温等离子体活化也是一种有效的手段，在等离子体作用下，反应物的电中性特点也会改变，很可能会获得与常规热催化完全不同的产物。

（二）天然气分布式能源

1. 发展现状

2011 年，国家发展和改革委员会在《关于发展天然气分布式能源的指导意见》中指出我国将建设 1000 个左右天然气分布式能源项目，到 2020 年，分布式能源系统装机规模达到 50 GW。2016 年，在《能源发展"十三五"规划》中明确提出，各地区应该根据自身特点发展分布式能源系统。2017 年，国家发展和改革委员会联合多部门印发了《加快推进天然气利用的意见》，在大中城市建立天然气分布式能源示范项目。2019 年出台了分布式发电市场化交易试点名单。因此，国内分布式能源应用技术在余热利用、系统管理与控制以及智慧能源等方面的基础研究取得了显著进步。然而，我国的天然气分布式能源起步较晚，技术与应用水平均与发达国家有较大差距。截至 2019 年底，我国的天然气分布式能源项目数 586 个，总装机 20.42 GW，与建设目标相距甚远。

2. 研究前沿

当前，天然气分布式能源技术的研究前沿体现在以下 4 个方面。

（1）微型燃气轮机和燃气内燃机的关键设备与控制技术，包括精密铸造和烧结金属陶瓷转子、空气或磁悬浮轴承、余热回收装置、永磁发电技术、变频控制技术和增压涡轮技术等。

（2）低品位一次能源和二次能源利用技术，如超低甲烷浓度瓦斯乏风高效催化燃烧技术、耦合蓄热技术的分布式能源设备、蓄热功能化催化燃烧技术、低温余热利用技术、耦合沼气生产的分布式能源技术等。

（3）智能控制与群控优化技术，包括能源梯级利用新模式与平衡调控方法、新型应用场景、分布式能源系统智能控制技术，基于互联网、大数据、人工智能和区块链等技术的智慧能源等。

（4）综合系统优化技术，包括多能源互补分布式综合供能系统、分布式能源系统电网接入模式、储能技术及其耦合方法、小型天然气分布式发电技术、分布式能源与燃料电池耦合模式及技术和分布式发电参与电力市场模式等。

四、关键科学问题、关键技术问题与发展方向

（一）关键科学问题

（1）甲烷碳氢键高效活化、碳碳键可控偶联的新机制。

（2）甲烷无氧条件下碳氢键活化、自由基演化和产物形成及路径的原子－分子层次机制。

（3）甲烷化学链转化所用氧载体的结构及其与性能的内在关联。

（4）甲烷中碳氢键断裂产氢与煤中重质有机质加氢转化耦合过程中的化学机理以及化工过程。

（5）分布式能源系统中能源梯级利用的节能技术本质和去中心化供能的互联网经济本质。

（二）关键技术问题

（1）对甲烷转化过程中反应中间物和催化剂表界面配位结构的高时间分辨、高空间分辨的原位表征。

（2）高金属催化剂的抗积碳性能、延长催化剂使用寿命；甲烷转化过程反应物、中间物及产物的吸脱附特性和调控技术。

（3）甲烷化学链转化技术。

（4）突破微型燃气轮机和燃气内燃机等核心发电设备，形成标准化、系列化、模块化的成套装备，同时通过集约化、模块化设计完善分布式能源系统智能控制技术，构建能够实现综合能源利用的智能电网。

（三）发展方向

甲烷无氧活化及转化制高值化学品、甲烷化学链转化、甲烷催化氧化制含氧化合物、煤和天然气耦合反应，探索从能源政策、工艺技术和用能方式等方面推进天然气分布式能源的高效利用。

第五节　非常规油气

非常规油气资源包括致密气、煤层气、页岩气、天然气水合物等，一般采用传统油气开发技术无法获得自然工业产量，需要结合我国陆相地层为主、岩相变化大的特点，开展非常规油气钻井工艺、运移规律、开发利用、环境风险控制等理论和技术研究，从而实现经济开采。中国石油经济技术研究院2019年发布的《2050年世界与中国能源展望（2019版）》中预测，2050年全球一次能源消费中油气占比55%。然而，从长远看，常规油气资源不能满足世界经济的发展需求，非常规油气的开发和利用受到了各国政府的重视。2020年我国石油和天然气的对外依存度分别为73%和43%，因此也非常重视非常规油气资源的开发和利用。我国非常规油气资源类型多、分布广、资源潜力大、发展前景好，随着我国经济快速发展对油气资源的需求飞速增长，在能源格局中的地位越发重要。

一、基本范畴、内涵和战略地位

煤层气是指赋存于煤层及其围岩中的与煤炭共伴生的可燃烃类气体，是地史时期煤中有机质热演化生烃产物。煤层气含量中约90%以上为甲烷。国内天然气生产并不能完全满足市场需求，非常规天然气是我国天然气的重要组成部分，其中煤层气占到我国非常规天然气的22%，具有较大的开发前景（赵庆波等，2009）。进行煤层气开发，具有可观的安全、经济和社会三重效益，不仅能防治煤矿瓦斯事故，消除矿井瓦斯灾害，保障煤矿安全开采，还可使其变灾为宝，保护环境，优化能源结构，因此受到各主要产煤国的重视。

页岩气是位于特低孔（有效孔隙度一般小于10%）低渗（小于4mD）储层页岩中的连续生成的生化学成因气、热成因气或游合成因气，属于典型的自生自储气（张金川等，2004）。有调查报告显示（US Energy Information

Administration，2013），全球页岩气资源量约为 $4.56\times10^{14}\ m^3$，相当于煤层气和致密气资源量的总和，主要分布在北美、中亚、中东和北非等地区。我国页岩气资源储量也非常丰富（石立红，2015）。2011～2013 年，国土资源部组织实施了"全国页岩气资源潜力调查评价及有利区优选"项目，对我国陆域五大区、41 个盆地和地区、87 个评价单元、57 个含气页岩层段的页岩气资源潜力进行了评价。结果显示，中国页岩气陆域的上扬子及滇黔桂区、华北及东北区、中下扬子及东南区和西北区五大区中地质资源潜力 134.42 万亿 m^3、技术可采资源潜力 25.08 万亿 m^3；海相 8.2 万亿 m^3，海陆过渡相 8.9 万亿 m^3，陆相 7.9 万亿 m^3，三大沉积相页岩气可采资源潜力相近。

国务院已于 2017 年 11 月 3 日正式批准将天然气水合物列为新矿种，成为我国第 173 个矿种。天然气水合物作为一种新型清洁高效环境友好的替代能源，其能量密度高、资源量巨大、全球分布广，世界各国已经对其进行广泛资源勘探与开采研究。天然气水合物是分布于深海沉积物或陆域的永久冻土中，由天然气与水在高压低温条件下形成的一种类冰状的亚稳态结晶物质。因其外观像冰一样而且遇火即可燃烧，所以又被称作"可燃冰"。目前全世界探测到的天然气水合物中的含碳总量至少为 $1\times10^{13}\ t$，是目前已探明的所有化石燃料（煤、石油和天然气等）总量的 2 倍多（Makogon et al.，2007）。经过对我国天然气水合物资源的取样评估预测，南海天然气水合物的含天然气总量约为 $6.5\times10^{13}\ m^3$，等价于 650 亿 t 石油当量（付强等，2015）；而青藏高原祁连山永久冻土地带天然气水合物的含天然气总量为 $1.2\times10^{11}\sim2.4\times10^{14}\ m^3$（Lu et al.，2013）。总体而言，我国天然气水合物资源研究起步虽然较晚，但是储量丰富，具有相当可观的应用前景，在我国能源战略布局上有重要的地位。

非常规油气资源的开发利用内涵和研究范围在于如何实现非常规油气资源勘探、钻井、采收、炼制，进而满足终端油气资源的使用需求，实现对部分或全部进口油气的替代。因此，在未来几十年间，加大对我国非常规油气资源的开采和利用，对平抑油价以及在优化能源生产和消费格局上补充国内清洁能源需求、控制温室气体排放，对于构建资源节约、环境友好的生产方式和消费模式，增强可持续发展能力，提高生态文明水平，推进绿色发展具有重要意义，也能为国家能源资源保障提供新的方向，降低油气资源对外依存度从而保证能源供应安全，这对国民经济健康发展具有重要的战略意义。

二、发展规律与发展态势

（一）国际发展规律与发展态势

煤层气工业起源于美国，从技术发展角度把美国煤层气产业发展划分为 4 个阶段（徐凤银等，2008）：①理论认识指导煤层气试验开发阶段（1975~1980 年）；②成藏优势及井间干扰理论推动煤层气商业开发阶段（1981~1988 年）；③勘探开发实用技术应用阶段（1989~2003 年）；④平稳发展阶段（2004 年至今）。澳大利亚十分重视煤层气的开发利用，近几年澳大利亚已成功利用中半径水平井技术开发煤层气，并取得了良好的开发效果和经济效益（张卫东和魏韦，2008）。2010 年 5 月，俄罗斯政府把发展煤炭工业和煤层甲烷的开采列为能源部门的工作重点。俄罗斯主要含煤盆地的煤层甲烷气资源量约为 84 万亿 m^3，资源量占世界第一位（孙永祥，2011）。

页岩气作为新兴的天然气资源，具有分布范围广、储量丰富、高效清洁、开发潜力大等特点，因此规模化商业开发势必会改变整个世界的能源结构，甚至会影响到全球经济、地缘政治以及军事格局（谢和平等，2016）。2017 年，美国页岩气产量达到 4620 亿 m^3，占其当年天然气产量的 50% 以上。2019 年 3 月美国页岩气日产量达 18.73 亿 m^3。美国能源信息署（Energy Information Administration，EIA）预测，到 2035 年，美国 46% 的天然气供给将来自页岩气。继美国之后，加拿大成为全球第二个页岩气实现商业化开发的国家。其页岩气技术可采资源量为 16.2 万亿 m^3。2017 年我国第一个页岩气藏投入商业化开发（杨宁，2014）。

天然气水合物是高效清洁的新型战略能源，国际社会高度关注其未来的开发利用前景。中国、美国、日本、俄罗斯、加拿大、印度等通过调查发现了大规模的天然气水合物矿藏，其中俄罗斯、美国、加拿大、日本和中国在天然气水合物钻探开发到试采方面均处于先进行列，目前已形成国际领先的新型试采工艺，但均未达到商业化开采程度。

（二）国内发展规律与发展态势

我国煤层气储层普遍具有低储层压力、低渗透率和低含气饱和度的"三低"特性。从"十一五"期间将煤层气列入能源发展长远规划，到"十二五"

期间开展示范工程项目加快产业化步伐，再到"十三五"期间国家实施创新驱动发展战略，带动能源产业转型升级，进一步推动煤层气理论基础研究与产业技术进步。但就目前而言，我国煤层气产业仍处于初级阶段，规模小，市场竞争力弱，制约发展的一些矛盾和问题亟待解决。例如，我国煤层气资源赋存条件复杂，开发技术要求高，区域适配性差，在基础理论和技术工艺方面尚未取得根本性突破，瓦斯抽采难度增大、利用率低等。

根据最近 EIA 2013 年统计（US Energy Information Administration, 2013）：中国页岩气技术可采储量为 31.6 万亿 m^3，约占全球技术可采储量的 15.3%，全球排名第一（姚军等，2013）。2018 年、2019 年我国页岩气产量分别为 108 亿 m^3 和 150 亿 m^3，我国的页岩气开发潜力巨大，然而与北美典型页岩气产区的成藏条件有明显差异，因此现阶段大规模的商业化开发还面临着诸多挑战，在借鉴北美成功经验的同时也应结合我国自身特点，探索适合我国页岩气开发的新技术。

为增加天然气供应、保障能源供应安全，我国自 20 世纪 80 年代初开始对天然气水合物进行前期研究及相关勘查工作，于 2007 年在南海北部神狐海域成功钻获了天然气水合物岩心样品（Zhang et al.，2007）。2013 年，我国在广东沿海珠江口盆地东部海域首次钻获高纯度天然气水合物样品（Zhang et al.，2014），并通过钻探获得可观控制储量，相当于 1000 亿～1500 亿 m^3 的天然气储量。2017 年 6 月，中国海域天然气水合物首次试采圆满成功，实现了"可燃冰"全流程试采技术（防砂技术、储层改造技术、钻完井技术、勘查技术、测试与模拟实验技术、环境监测技术）的重要突破，形成了国际领先的新型试采工艺，第一次针对粉砂质地层水合物进行了开采试验，取得了持续产气时间最长、产气总量最大、气流稳定、环境安全等多项重大突破性成果，创造了产气时长和总量的世界纪录。

三、发展现状与研究前沿

（一）发展现状

自 20 世纪 80 年代美国率先开采煤层气以来，世界各国竞相开发煤层气。经过多年发展，煤层气产业在世界范围内形成，但仅有美国、加拿大、中国和澳大利亚等少数国家形成工业化规模开采。目前，用煤层气发电和作为民用燃料比较普遍。我国在煤层气地面开采方面主要实现煤层气与天然气共输共用，少部分用于矿区及周边地区民用燃料、工业燃料以及汽车燃料、生产炭黑等。

美国是世界上非常规油气勘探开发最成功的国家，已进入页岩气的大规模商业开发阶段。政产学一体化的创新机制、基础研究成果加上企业家的气田实践创新，使美国形成了一整套完整的页岩油气开发技术体系，在降低页岩油气的开发成本的同时增加了产量，扩大了规模，从而实现了页岩气的商业开发（宋邵佳，2018）。近年来国家出台了一系列产业扶持政策，促进了非常规油气的增储上产，已经实现从常规油气向非常规油气的跨越式发展，使得非常规油气勘探开发取得"革命性"突破，在"十三五"期间实现了工业化发展，其中页岩气已基本实现了水平钻井、多段压裂和多井同步压裂等技术装备的自主化，为非常规油气发展奠定了坚实基础。但我国非常规油气产业仍处于初级阶段，对页岩气技术层面的研究集中在资源勘探和装备技术方面，在页岩气开发基础理论和技术工艺方面尚未取得根本性突破，依然面临着政策和技术层面的困境与挑战。发展不协调、不充分、关键技术被国外垄断、质量和效益不高的问题依然突出，制约其快速发展和大幅增储上产。因此，生搬硬套美国开采技术难以适应我国实际情况，必须开发出适应我国独特页岩气地质条件的、系统成套的开采技术和配套装备。

2017年5月，我国首次海域天然气水合物试采成功，标志着我国在天然气水合物勘查开发理论、技术、工程、装备方面取得历史性突破。但目前我国天然气水合物资源勘查与开发仍处在起步阶段，如南海目标区水合物成藏赋存条件复杂、针对泥质粉砂型储层开采技术要求高，在实现水合物高效开采相关基础理论和技术工艺方面尚未取得根本性突破。因此急需自主创新掌握天然气水合物勘查开采的核心技术，形成适合我国地质条件的天然气水合物资源调查与评价技术方法、勘查开采关键技术及配套装备。

（二）研究前沿

在煤层气方面，研究前沿主要包括：煤层气与天然气共输共用，煤层气用于发电或汽车民用燃料及合成氨、甲醇等产业领域。油气运移基础理论的研究、钻采开发工艺的优化、如何加强环境风险控制。

在页岩气方面，研究前沿主要包括：水平钻井、多段压裂和多井同步压裂等技术的开发；研发独特页岩气地质条件的、系统成套的开采技术和配套装备；对页岩气成藏机理、地质条件、资源潜力和开采有利区等基础理论的细致研究。

在天然气水合物方面，研究前沿主要包括：加强开发天然气水合物等资源的理论和科技攻关，构建深海采矿相关理论基础，研究南海多类型水合物储层多相多组分输运与连续排采理论与技术，形成深海资源勘探开发一体化装备，持续推进生产性试采与后期商业化开采；关于天然气水合物在管道输运安全如何检测堵塞并预警，实现陆/海上油气安全高效输运的风险控制；水合物相变技术利用，如储能、气水气液分离、海水淡化、重金属分离等。

四、关键科学问题、关键技术问题与发展方向

（一）关键科学问题

（1）非常规油气（煤层气、页岩气）开发过程的油气运移理论、钻采开发工艺、环境风险控制理论。

（2）非常规油气（煤层气、页岩气）开采过程中多相多组分输运与连续排采理论。

（3）天然气水合物开采储层热压传导机制及长期广域稳定性机制。

（二）关键技术问题

非常规油气（煤层气、页岩气、天然气水合物）已成为油气工业发展的重要组成部分，急需广泛吸收相关学科的新成果，发展新的石油与天然气开发利用理论与技术。需突破陆相沉积盆地地质条件复杂、环境风险高等难题，其中的关键技术包括：①长距离水平钻井、多段体积压裂国产化技术；②超临界 CO_2 提高非常规天然气开采技术；③非常规油气资源的协同开发利用技术；④天然气水合物 - 浅层气 - 常规油气"多气合采"技术；⑤井底气 - 水快速分离技术；⑥非常规油气开采和利用的环境监测与评价技术。

（三）发展方向

未来的非常规油气开发方向在基础研究与技术攻关阶段，主要在国家层面开展全国范围内的非常规油气资源评价工作，准确掌握非常规油气资源潜力及其分布特点，优选有利区；将非常规油气开采与利用紧密结合，推动油气开采、炼制、利用全过程调控，通过整体协同推动非常规油气全过程的高效清洁开发利用；常规、非常规油气资源、多目的层协同开发，实现多种资源的立体开发。

具体而言，就是在煤层气、页岩气方面开展超临界 CO_2 压裂储层改造，以及提高煤层气、页岩气采收率理论与技术；同时加快深层页岩气勘探开发，形成新一代缝网压裂技术，在储层改造、强化增效、环境风险评价等关键技术方面取得突破。使勘探开发设备国产化，因地制宜合理设计地面"井工厂"和压裂规模，建立适合我国复杂地质条件经济有效的开发模式，尽快实现煤层气、页岩气大规模工业化经济性开采，形成未来替代能源。

在天然气水合物开发方面与浅层气、常规油气联合试采，加强理论和科技攻关，构建深海采矿相关理论基础，形成深海资源开发装备，持续推进工业化试验。带动相关产业发展，加快天然气水合物资源勘探开发，拉动钻采装备制造、管网建设、工程施工、液化天然气船、非常规天然气勘探开发特种技术及装备制造，形成上游勘探开发、中游运输储备、下游综合利用的完整产业链。

本章参考文献

付强，周守为，李清平. 2015. 天然气水合物资源勘探与试采技术研究现状与发展战略. 中国工程学，9: 123-132.

国家统计局. 2022. https://data.stats.gov.cn/easyquery.htm?cn=C01[2022-07-21].

石立红. 2015. 超临界 CO_2 开采页岩气技术可行性与安全性研究. 成都：西南石油大学博士学位论文.

宋邵佳 . 2018. 美国的页岩气开发及其对能源外交的影响 . 北京外交学院硕士学位论文 .

孙永祥 . 2011. 煤层气开发 : 俄罗斯能源发展新方向 . 资源导刊, (1): 40-41.

谢和平, 高峰, 鞠杨, 等 . 2016. 页岩气储层改造的体破裂理论与技术构想 . 科学通报, 61(1): 36-46.

徐凤银, 李曙光, 王德桂 . 2008. 煤层气勘探开发的理论与技术发展方向 . 中国石油勘探, 13(5): 1-6.

杨宁 . 2014. 国内外页岩气发展现状及展望 . 当代石油石化, 22(8): 16-21.

姚军, 孙海, 黄朝琴, 等 . 2013. 页岩气藏开发中的关键力学问题 . 中国科学 : 物理学 力学 天文学, 43(12): 1527-1547.

张金川, 金之钧, 袁明生 . 2004. 页岩气成藏机理和分布 . 天然气工业, 24(7)：15-18.

张卫东, 魏韦 . 2008. 煤层气水平井开发技术现状及发展趋势 . 中国煤层气, 5(4): 19-22.

赵庆波, 陈刚, 李贵中 . 2009. 中国煤层气富集高产规律、开采特点及勘探开发适用技术 . 天然气工业, 29(9): 13-19.

中国民用航空局 . 2020. 2019 年民航行业发展统计公报 http://www.gov.cn/xinwen/2020-06/13/content_5519220.htm[2022-06-13].

中国内燃机工业协会 . 2020. 内燃机行业 "十四五" 发展规划 . http://www.chinacaj.net/ueditor/php/upload/file/20211115/1636964411177650.pdf[2022-07-21].

BP. 2019. BP Energy Outlook 2019.https://www.bp.com/en/global/corporate/news-and-insights/press-releases/bp-energy-outlook-2019.html[2019-02-14].

Dong J H, Fu Q, Li H B, et al. 2020. Reaction-induced strong metal-support interactions between metals and inert boron nitride nanosheets. Journal of the American Chemical Society, 142: 17167-17174.

Guo X G, Fang G Z, Li G, et al. 2014. Direct, nonoxidative conversion of methane to ethylene, aromatics, and hydrogen. Science, 344(6184): 616-619.

Hammond C, Forde M M, Ab Rahim M H, et al. 2012. Direct catalytic conversion of methane to methanol in an aqueous medium by using copper-promoted Fe-ZSM-5. Angewandte Chemie-International Edition, 51: 5129-5133.

IEA. 2019. Global Energy and CO_2 Status Report 2018. http://www.indiaenvironmentportal.org.in/content/462340/global-energy-co2-status-report-2018-the-latest-trends-in-energy-and-emissions-in-2018/ [2019-03-26].

Jiao F, Li J J, Pan X L, et al. 2016. Selective conversion of syngas to light olefins. Science, 351(6277): 1065-1068.

Jin Z, Wang L, Zuidema E, et al. 2020. Hydrogen zeolite modification for *in situ* peroxide formation in methane oxidation to methanol. Science, 367: 193-197.

Lu Z Q, Zhu Y H, Liu H, et al. 2013. Gas source for gas hydrate and its significance in the Qilian Mountain permafrost, Qinghai. Marine and Petroleum Geology, 43: 341-348.

Makogon Y F, Holditch S A, Makogon T Y. 2007. Natural gas-hydrates—A potential energy source for the 21st century. Journal of Petroleum Science and Engineering, 56(1-3): 14-31.

US Energy Information Administration. 2013. Technically recoverable shale oil and shale gas resources: An assessment of 137 shale formations in 41 countries outside the United States. http://www.eia.gov/analysis/studies/worldshalegas/[2015-12-17].

Zhang G X, Yang S X, Zhang M, et al. 2014. GMGS2 expedition investigates rich and complex gas hydrate environment in the South China Sea. In: Fire in the Ice, Methane Hydrate Newsletter. vol. 14. National Technology Laboratory, U.S. Department of Energy: 1-5.

Zhang H Q, Yang S X, Wu N Y, et al. 2007. Successful and surprising results for China's first gas hydrate drilling expedition. In: Fire in the Ice, Methane Hydrate Newsletter. vol. 7. National Technology Laboratory, U.S. Department of Energy: 6-9.

Zhong L S, Yu F, An Y L, et al. 2016. Cobalt carbide nanoprisms for direct production of lower olefins from syngas. Nature, 538: 84.

第三章

可再生能源与新能源

　　要实现二氧化碳排放 2030 年前达到峰值，2060 年前碳中和的目标，可再生能源和新能源是必经之路。可再生能源主要是指太阳能、生物质能、风能、水能、地热、海洋能等资源量丰富，且可循环往复使用的一类能源资源。可再生能源转化利用具有涉及领域广、研究对象复杂多变、交叉学科门类多、学科集成度高等特点。可再生能源的开发利用已成为我国能源工业发展的重要战略目标，必须高度重视可再生能源利用技术的基础研究。根据 2020 年 12 月国务院新闻办公室发布的《新时代的中国能源发展》中的数据，2019 年，我国清洁能源消费量占能源消费总量的比例达到 23.4%，比 2012 年提高 8.9 个百分点，水电、风电、太阳能发电累计装机规模均位居世界首位。根据 2021 年 10 月国务院新闻办公室发表的《中国应对气候变化的政策与行动》白皮书，2020 年我国碳排放强度比 2015 年下降 18.8%，超额完成中国向国际社会承诺的 2020 年目标，非化石能源消费量占能源消费总量比例达到 15.9%。为了实现我国 2060 年前碳中和的目标，要把目前化石能源占 80% 以上的能源系统变成零碳能源系统，这将进一步推动能源生产与消费革命，加快调整能源结构，构建清洁低碳高效能源体系。尽可能利用清洁能源，清洁、高效率、高效益、智能是今后能源技术发展的主旋律和创新驱动力。

第一节 太 阳 能

一、基本范畴、内涵和战略地位

太阳能资源总量巨大，分布广泛，陆地上可利用的太阳能约为世界能耗的 480 倍。太阳能资源开发利用的关键是解决高效收集和转化过程中能量转换、储存和输运，传热传质与动力学，新型材料研发等问题。

二、发展规律与发展态势

太阳能发电是全球能源转型战略的重要支撑之一。光伏方面，电池效率的世界纪录不断刷新，根据美国国家可再生能源实验室的最新报道（截至 2022 年 6 月），晶硅电池突破 27.6%，聚光多结电池达到 47.1%[1]；光热方面，吸热温度高于 700℃高参数超临界 CO_2 布雷顿循环示范装置正在建设，大规模高温储热和低成本长周期储热，以及利用可再生能源合成燃料等技术发展迅猛；太阳能中温集热技术（85～200℃）及其工业应用已经开始示范应用。

太阳能利用研究领域的特点如下。

（1）多学科交叉特色鲜明：太阳能利用与物理、化学、光学、电学、热学、力学、材料科学、建筑科学、生物科学、控制科学、数学规划、气象学等学科有着密切联系，是综合性强、交叉特色鲜明的研究领域。

（2）向高效化和低成本化发展：太阳能的能量密度低，具有较强的波动性，规模化低成本储能与高效梯级利用是研究的重点。

（3）多技术路径相互竞争并互为补充：从太阳能发电到太阳能制冷，都存在多种技术路径。它们各有特点，应用场合各有不同，存在一定的竞争关

---

[1] https://www.nrel.gov/pv/cell-efficiency.html.

系，也具有互补作用。

（4）利用环节相互匹配集成优化：太阳能的收集、储存、转换和利用，存在时间、空间、容量的差异，需根据能量品位和用量、稳定性、经济性等，优化工作参数、技术路径和设备的选取，获得尽量高的效益。

（5）与其他能源互补耦合：由于太阳能供给受到气候影响较大，宜与其他能源共同使用，实现可靠稳定的能源供给。

三、发展现状与研究前沿

太阳能转化利用包括太阳能中低温利用（太阳能供热、制冷以及跨季节储热）、太阳能光热发电、光伏发电、太阳能制备燃料、太阳能全光谱利用等。太阳能中低温利用的技术最为成熟，在农业种植、农产品干燥与处理、畜牧养殖和工业过程处理等场合均有广泛的应用潜力。太阳能热泵加热系统既可以大幅度降低集热器表面温度，提高集热效率，还可以减少集热器热损。在非寒冷地区，普通平板型集热器效率可达 60%～80%。在太阳能充足的条件下，太阳能热泵加热系统的蒸发温度比空气源热泵的蒸发温度更高，可以有效提高热泵系统的性能。太阳能发电主要分为光热和光伏。光热发电根据聚焦方式不同分为槽式、塔式、碟式、菲涅耳式等。我国商业化运行的光热电站有中广核德令哈 50 MW 槽式、中控德令哈 50 MW 塔式、首航节能敦煌 100 MW 熔融盐塔式、兰州大成敦煌 50 MW 线性菲涅耳式等。截至 2021 年底，全球光热发电装机 6.39 GW；全球光伏装机 843 GW，其中，中国装机 306 GW[①]。2035 年，中国光伏装机总规模将达到 3000 GW，发电量可达当年全社会用电量的 28%，2050 年达到当年全社会用电量的 39%（国家发改委能源研究所等，2019）。

目前，太阳能制备燃料以及全光谱利用尚处于初步发展阶段，其研究前沿主要分为两类：一是高效利用的新理论、新方法和新材料，如热光伏、光子增强热电子发射发电的新理论和新方法、太阳能燃料制备的廉价高效催化剂等；二是面向规模化高效利用的新技术，如满足不同需求的中温利

---

① https://www.irena.org/solar.

用新技术、超临界 CO_2 布雷顿循环中的储热材料和透平制造新技术与新工艺等。

1. 太阳能光热利用

该领域研究前沿主要包括：太阳能光谱频率的分频分质利用，真空管和平板集热器件的设计优化，空气集热器的热分析和性能提升，中高温集热器件的热效率与集热温度特性，太阳能制冷、空调、干燥、供暖等新原理和新技术，太阳能中温集热器结构设计优化，太阳能中温工业热能与化石能源的互补构建，以及太阳能集热器件阵列化和规模化带来的流体热输配优化问题。

2. 太阳能热发电系统与高温集热储热技术

该领域研究前沿主要包括：高温太阳能集热器与热机的匹配耦合问题、可靠性问题和热机循环工质，高温储热材料合成，不同气候条件下系统性能优化、动态特性研究等；高参数太阳能"光—热—功"转换过程传递、转化及系统运行规律；高温高效吸热器、高温高储热密度的材料与系统、高效动力循环装备的开发、运行以及调控策略优化。

3. 太阳能光伏光热耦合系统特性及其运行优化

该领域研究前沿主要包括：新型光伏转换机制，光伏材料开发与性能改善，光伏器件结构设计，光伏材料和器件的制备与表征技术；太阳能光伏与光热结合的太阳能光伏/热（PV/T）系统，建筑一体化彩色太阳能光伏板的电热特性；吉瓦时级储热多能互补调峰调频发电技术，以高比例可再生能源为主体和基于光伏光热耦合的电源-输配-负荷一体化技术；大规模光伏光热耦合并网发电系统的规划设计理论与方法，多能互补电站与电网协调配合的机理问题和新型电力电子变换设备及控制策略等。

4. 太阳能燃料制备系统特性及运行优化

该领域研究前沿主要包括：太阳能制氢，太阳能甲醇、天然气等重整制取燃料，重点研究解决太阳能光解制氢中的太阳能全波段利用问题、太阳能液体或气体燃料重整过程中的热力学与梯级利用问题等，关键催化剂的研制与筛选，太阳能燃料制备过程中的热物理问题，太阳能驱动的合成燃料以及"源－储－荷"系统优化及调控策略等。

四、关键科学问题、关键技术问题与发展方向

太阳能转换利用中的关键科学问题、关键技术问题和发展方向如下。

（一）关键科学问题

（1）太阳能制冷/热泵工质的热力特性与传热传质特性。

（2）聚光器运行策略与接收面能流动态分配理论。

（3）新型中/高温吸热器设计及其与聚光场耦合运行方法。

（4）不同温度品位使用要求的相变储热材料及强化换热机制。

（5）高温高密度长寿命的光热化学储能材料与储/放热调控机制。

（6）先进高效的太阳能动力循环装置设计、制造及系统优化配置方法。

（7）光伏光热耦合发电优化运行与调控方法。

（8）聚光光伏电池能量转换中的工程热物理问题。

（9）非平衡条件下太阳能热化学反应过程中的工程热物理问题。

（10）太阳能全光谱梯级利用中的工程热物理问题。

（二）关键技术问题

（1）太阳能大规模跨季节储热技术。

（2）太阳能建筑一体化中特种玻璃的开发与制造技术。

（3）聚光器在线校准技术与高精度追踪控制技术。

（4）新型太阳能中温及高温吸热储热技术。

（5）用于光热的复合相变储能技术。

（6）高温光热化学储能技术。

（7）太阳能驱动的超临界 CO_2 布雷顿循环装备设计与制造技术。

（8）基于光热发电的调峰调频技术。

（9）高效长寿命的钙钛矿等新型太阳能电池设计与制造技术。

（10）太阳能燃料高效催化剂研制与开发技术。

（三）发展方向和前沿课题

1. 低成本聚光集热

聚光集热是太阳能利用过程中成本占比最大的部分。该领域的发展方向和前沿课题包括：高效率低成本的非成像聚光；聚光器运行策略与接收面能流动态分配理论；聚光器在线校准技术与高精度追踪控制方法；具有自适应能力的新型吸热器设计理论和方法；吸热器表面热应力分布规律及其运行安全；新型太阳能高温吸热器设计与制造等。

2. 规模化光热储能

规模化储能是太阳能热发电和热利用的核心竞争力。该领域的发展方向和前沿课题包括：循环稳定性好的高温热化学储热材料与储 / 放热调控机制；中高温相变储热材料及换热强化方法；高温熔融盐材料及防腐机理；规模化储热系统设计及换热优化方法；太阳能建筑采暖中低温高密度储热技术与系统。

3. 先进热力循环系统设计与制造

提高效率是降低太阳能热发电成本的最佳途径。该领域的发展方向和前沿课题包括：超临界 CO_2 布雷顿循环动力系统的设计、制造与运行调控方法；布雷顿循环系统动态运行特性以及与光伏、风电等波动性可再生能源发电系统耦合的实时调控机制。

4. 太阳能燃料制备

液态阳光是未来太阳能利用的重要方向。该领域的发展方向和前沿课题包括：太阳辐射能或转换后的热能与燃料合成或燃料转化之间的耦合匹配原理；高效太阳能反应器的优化设计方法；太阳能燃料和热化学转化的高效催化剂及其过程中的传热传质问题等。

5. 太阳能全光谱梯级利用

全光谱的梯级利用是太阳能利用的最优方式之一。该领域的发展方向和前沿课题包括：太阳能全光谱梯级利用过程中，太阳能转化或利用过程不可逆损失的发生机理及定量参数表征方法；多物理场耦合场景下热光伏和光子增强热电子发射等新技术中发现的新现象；全光谱梯级利用过程中，光场、温度场、流场、反应场等多物理场耦合的机理及增效新方法。

第二节　风　　能

一、基本范畴、内涵和战略地位

风能利用以风力发电为主，即通过风力机捕集风能并将其转换成电能后并网传输供电力需求用户使用。风能发电技术是一个多学科交叉研究领域，涉及工程热物理与能源利用、空气动力学、结构力学、电机与电力拖动、机械学、电力电子学、材料学等学科。该领域主要研究对象包括风特性、风电机组产能效率及其关键部件、风电场等。

进入 21 世纪以来，能源和环境问题日益突出，成为当前国际政治经济领域的热点问题，也是我国社会经济发展的基础性重大问题。我国能源结构中煤电比例过高的问题十分严重，燃煤发电对环境、气候、水资源、交通运输等造成了很大压力。

风能利用不仅对节能减排和环境保护有重要意义，同时也推动了风电装备产业的发展，并且已经形成规模化的风电装备产业，根据全球风能理事会（Global Wind Energy Council，GWEC）的统计，截至 2020 年底，全球风电累计装机容量为 743 GW，较 2001 年底增长超过 30 倍，年均复合增长率为 19.91%。从新增装机容量来看，2020 年全球风电新增装机容量为 91.2 GW，较 2001 年增长超过 13 倍，年均复合增长率为 17.64%。风电作为现阶段发展最快的可再生能源之一，在全球电力生产结构中的占比正在逐年上升，拥有广阔的发展前景。

在风电行业的发展方面，中国已经成为世界规模最大的风电市场。根据中国风能协会的统计，截至 2020 年底，全国风电累计装机容量超过 2.81 亿 kW，同比增长 32.6%，风电装机占全部发电装机的 12.79%，已经成为仅次于火电和水电的第三大电力来源。由此可见，以风力发电为龙头的清洁电源形式对于改善我国电源结构，实现能源开发对环境友好、可持续发展及 CO_2 减排具有重要的战略地位。

二、发展规律与发展态势

风电机组继续向大型化、智能化和高可靠性方向发展。随着风电机组单机容量的不断增加及我国风电开发的不断深入，利用智能控制技术，通过先进传感技术和大数据分析技术的深度融合，综合分析风电机组运行状态及工况条件，对机组运行参数进行实时调整，实现风电设备的高效、高可靠性运行，是未来风电设备智能化研究的趋势。

积极稳妥推进海上风电建设，并向大型化、深海（水深大于 50 m）领域发展。目前，陆地上风电场设备和建设技术基本成熟，今后风电技术发展的主要驱动力来自蓬勃崛起的海上风电，特别是近海区域。相比陆上风机，近海风机无论是叶片还是整机尺寸都显著增大，由于海上环境更加复杂，需要同时考虑风、浪、冰、水波等对叶片及整机气动、结构及材料等方面的影响，海洋潮湿的环境和周围的盐雾容易引起结构与部件的腐蚀问题也值得重视，海上风电场电能传输问题也需要研究。

重视和开展风电机组的实际运行研究基础数据的采集，延长机组有效寿命。风电场运维在互联网、大数据、故障预测诊断等技术的推动下，继续沿着智能化、信息化方向发展；加强政府管理和协调，完善海上风电行业政策，全面实现行业信息化管理，完善风电行业国家标准和管理体系。

风能利用研究领域的发展规律如下。

（1）风能利用具有多学科交叉的特点。风能利用与空气动力学、结构动力学、计算机技术、电机与电力拖动、电磁学、控制技术及材料学有密切联系，具有鲜明的学科交叉的特点。

（2）风能利用方式多样化。风能利用除最主要的风力发电外，还包括风力驱动海水淡化装置，以及风力制热、制冷等利用方式。

（3）工作条件复杂。自然风况复杂多变，随机性大，机组能量汲取效率、使用寿命以及安装中的微观选址，都是需要解决的关键核心科学问题。

（4）风能利用与其他能源优势互补。由于自然界中风具有多变性，风速与风向不稳定，需要与其他能源相互配合、优势互补，使能源利用更加灵活、稳定。

三、发展现状与研究前沿

需稳妥推进海上风电，海上风电是未来风电行业的重点发展方向，积极研究 8~10 MW 海上风电机组关键技术，建立大型风电场群智能控制系统和运行管理体系，降低海上风电场的度电成本，实现 5~6 MW 大型海上风电机组安装规范化和机组运维智能化。国际上以 6 MW 及以上机型为主，正在研发单机容量在 10~20 MW 的超大型海上机组及其关键零部件技术，而相关漂浮式支撑使规模化深海风能开发成为可能。

陆上风电建设规模不断扩大，且陆上风电场应用环境多元化，研发适合山区等复杂地形和低温、低风速和高海拔等环境的机组并提高使用寿命需要技术突破；在公共平台基础上，联合知名风电研究机构研发 100 m 以上大柔性叶片、六自由度全尺度传动链测试技术。

风力发电发展迅速，研究前沿主要包括三个方面内容。①探索风能利用新设计、新材料等。②海上风能利用及风机的智能化维护。③规模化风能利用新技术，如风电与储能系统、其他能源相互配合，实现可靠稳定的能源供给。具体如下。

1）新型叶片材料与设计、风力发电系统新型控制方法

考虑到长叶片绕流的三维特性，采用全三维的气动设计理论与方法的叶片设计。风机大型化的发展趋势，需要考虑叶片重量及质量，进而开展不同叶片材料的研究与应用。为寻求最大风能利用效率，开展变转速、变桨距及叶片独立变桨距控制的风机控制研究。

2）远海风能利用

由于中、远海风能资源巨大，远海风能利用是人类未来必然的选择。开

展适合于中、远海风能利用的新模式研究及悬浮式风电机组与波浪能发电、潮汐能发电或洋流能发电等综合能源利用装置的研究，揭示多种海洋能源形式之间的耦合机理，研究这类机组的动态特性与稳定性。

3）大型风机智能化

智能化风电有利于设备的后期维护。由于风机通常都"体型巨大"，在日常维护中需要高空作业，尤其是风力驱动风机叶片时，会给工作人员带来危险。随着无人机、大数据、移动智能设备等最新的技术成果在风电设备上得以应用，人类对风电的控制变得更加得心应手。风电机组的控制类型多种多样，智能叶片技术、变桨健康诊断、振动监测、叶片健康监测、智能润滑、智能偏航、智能变桨、智能解缆、智能测试都将是风机智能研究的方向。

4）大型风电场结合储能系统的工程应用及研究

加装储能系统是将风电的非连续能源转化为无缝衔接的连续能源的有效途径，能弥补风电的间歇性、波动性缺点，改善风电场输出功率的可控性，提升稳定水平。储能系统的合理配置还能有效增强风电机组的低电压穿越能力、增大电力系统的风电穿透功率极限、改善电能质量及优化系统经济性。研发高效的储能装置及其配套设备，与风力发电机组容量相匹配，支持充放电状态的迅速切换，确保并网系统的安全稳定，已成为充分利用新能源的发展路线。

5）风电场多能互补综合利用系统

风能、太阳能、水能、煤炭、天然气等资源进行优势组合，开展风光水火储多能互补系统一体化运行，提高电力输出功率的稳定性，提升电力系统对风电的消纳能力和综合效益。

四、关键科学问题、关键技术问题与发展方向

（一）关键科学问题

（1）超大型海上风电叶片风能吸收与流动控制机理。

（2）大型风电场中风场、地形与风机相互作用机理与控制。

（3）柔性叶片气弹特性、传动链结构气动与结构动力学作用与控制机理。

（4）复杂工况叶片变桨及风机偏航的机理与控制。

（二）关键技术问题

（1）风能利用气动机理及结构动态特性调控技术。

（2）风机流动与噪声关联机制。

（3）叶片结冰机理与新型高效防除冰技术。

（4）发电系统多场动态耦合特性与解耦技术。

（5）流-固-声耦合过程中的能量转化机理。

（6）深海漂浮式机组模拟与测试技术以及智慧风电场技术。

（三）发展方向

1. 柔性叶片噪声与结构动态特性关联机制

大型风电柔性叶片的气动噪声主要是由非定常来流经过叶片，在叶片表面产生的非定常涡，以及尾迹脱落涡和叶片相互作用产生的，与叶片结构特性密切相关。为此，需要开展叶片的结构特性及气弹振动对涡声的影响研究及非定常流场下弹性振动边界涡诱导发声研究，为进一步研究风电叶片的降噪设计及机理奠定基础。

2. 大型及超大型风电叶片设计体系

根据我国风力资源特征及需求，开展大型风机专用翼型族、叶片设计技术、相关设计标准、先进计算方法等研究，使我国的风机发挥最大发电功效，达到高效利用风力资源的目的。

3. 储能装置与风电系统耦合及效率

高效风电储能装置及其配套设备系统对风电间歇性、波动性的适应与互补，改善风电场输出功率的可控性，提升发电稳定水平。

4. 适合当地气候与地理特点的风电场优化设计、微观选址

我国地形和气候等条件远比欧美的复杂，而我国目前又普遍采用来自欧美的技术和软件，因此，需要开展针对我国复杂地形地貌风场微观选址中的

基础问题和适合我国独特气候的风电场优化设计研究。

5.海上风电规模化利用

我国海上风能资源丰富，拥有发展海上风电的天然优势。目前，我国大容量风机关键技术已取得突破，具备产业发展条件，一个高起点、大容量、全产业链的海上风电产业基地正在形成，海上风电规模化利用正在进入快速发展新阶段。

第三节 生 物 质 能

一、基本范畴、内涵和战略地位

生物质主要包括林材及林业加工废弃物、农业生产和加工剩余物、水生藻类、陆生能源作物、城市和工业有机废弃物与动物粪便等（Sun et al.，2018），我国每年可利用的生物质资源约 4.5 亿 t 标准煤，如被充分利用可减排 10 亿 t 二氧化碳，将成为实现"双碳"目标的重要支撑。在工程热物理学科范畴内，应着重研究与各类生物质转化利用过程中的反应机理及动力学特性、热质传递与转化调控相关的工程热物理问题，以解决生物质转化效率低、定向获得目标产物难、经济性差等问题。

二、发展规律与发展态势

生物质清洁利用中热化学转化包括燃烧发电、气化制气和热解液化等，催化转化包括水热催化解聚、水热催化合成、气化催化合成等，生化转化包括醇类发酵、沼气发酵、生物制氢等，近年来基础研究和工程应用均有较大进展。

生物质能利用研究领域的发展规律与发展态势如下。

（1）生物质能利用具有多学科交叉特点。生物质能利用与化学工程、环境工程、材料工程、生命科学、机械工程、生物工程、光学工程等学科深度交叉，具有综合性强、学科交叉特色鲜明的特点。

（2）生物质转化目标产品多样化、高值化，包括车用和航空燃料、炭材料、合成气、肥料、生物燃气、供热、发电和化学品等。

（3）生物质能利用技术路线多元化。多种技术路线存在互补关系，相互耦合实现生物质全组分高效利用，降低生物质转化成本。

（4）生物质能利用可以与太阳能、风能等可再生能源利用互补和集成，生物质转化过程可由太阳能、地热能等提供热源。此外，生物质能可作为波动性可再生能源的重要补充，实现稳定可靠的能源供给。

三、发展现状与研究前沿

（一）热化学转化技术

1. 生物质直燃发电

近年来，全球生物质能装机容量持续稳定上升，截至 2019 年底，我国已投产生物质发电项目 1094 个，并网装机容量 22.54 GW，年发电量 1111 亿 $kW \cdot h$。国内已投产单机容量最大的生物质发电项目为广东粤电湛江生物质发电项目（2×50 MW）。我国生物质燃烧锅炉以中温中压为主，与国际先进的高温高压参数相比，系统发电效率低 10%。开发燃煤耦合生物质发电技术可有效提高生物质发电效率。另外，生物质热电联产的能源转化效率可达到 60%～80%，也是未来重点发展方向。

2. 生物质气化

国外主要开展生物质气化技术的国家有丹麦、瑞典、德国、瑞士、意大利、芬兰、美国、比利时等，已有总计 1500 套气化设备在运行。近年来，我国生物质气化技术发展迅速，从单气化发展到耦合气化，由气化单一产品发展到热、炭、肥、电等多联产工艺。国内首个最大耦合发电示范项目——大唐长山热电厂 660 MW 超临界燃煤发电机组耦合 20 MW 生物质发电改造示范项目于 2020 年上半年投运成功。安徽省安庆市建立了 70 t/d 稻壳气化热炭联产示范工程，实现了高效稳定投产运行。如何实现气化过程中燃气和炭协同耦合，以及生物质高效转化和高值化耦合是多联产技术的关键。

3. 生物质热解液化

全球生物质热解液化技术快速发展，目前已开发了循环流化床、鼓泡流化床、下降管、旋转锥、烧蚀涡流、真空热解等反应器。我国学者在定向热解机理解析、新型反应器开发、产品提质和热解多联产方面取得了突出成绩，目前已建成年处理 5 万 t 生物质的热解气化炭气油联产联供示范工程。此外，农林废弃物类生物质具有能量密度低、分散性强、收集运输成本高等缺点，移动式热解能够就地将生物质转化为生物油并联产生物炭，被认为是未来最有前景的生物质高值化利用技术。近年来，我国开发了内外耦合加热双螺旋移动式热解液化装置，大幅度提高了生物质的加热速率，已完成了 2 t/d 的中试示范验证，目前正在进行 10 t/d 工业化装置建设。

（二）生物质催化转化技术

生物质水热催化转化是国际研究热点，美国威斯康星大学的研究者提出了水相催化转化纤维素等制备燃料及化学品技术。我国建成了国际首座百吨级规模的农林废弃生物质制备生物燃料的中试工厂，制备的生物航油产品性能指标达到了美国材料与试验协会质量标准 ASTM-D7566。生物质水热转化技术发展呈现以下趋势：首先是通过联产高价值化学品，大幅度降低制备高性能生物燃油产品的成本；其次是越来越重视过程的低碳绿色化，即采用更为绿色可再生的溶剂体系及低成本的非贵金属催化剂体系。

（三）生物化学转化技术

1. 醇类燃料发酵技术

我国对非粮原料发酵制备醇类燃料关键技术进行了重点攻关，取得了较大的进展。国投广东生物能源有限公司于 2016 年建成年产 15 万 t 木薯燃料乙醇项目。在安徽、河南、黑龙江、吉林等地区先后开展了纤维素燃料乙醇技术示范。总体上我国在高性能厌氧发酵反应器研制、高效纤维素降解酶和生物质预处理技术等方面与国外先进技术的差距不断缩小，但针对专一性纤维素降解酶复配定制方法、浓醪底物糖化发酵过程多相流动、热质传递与生化反应耦合强化、高效糖化发酵反应器开发等方面研究仍明显不足。

2. 沼气发酵技术

德国在沼气发电领域处于世界领先水平，2019 年德国有超过 9500 座大型沼气工程，发电装机容量达到 5000 MW（German Biogas Association, 2020）。近年来，我国沼气技术发展较快，全国户用沼气池年产沼气量约 120 亿 m^3。然而，我国沼气发酵技术仍存在原料转化率低、产气率低、沼气净化提纯技术成本高、沼液深度处理技术落后等问题。此外，多元原料混合发酵、沼气 CO_2 固定及回用等技术的研究有待加强。同时，沼气发酵中的微生物代谢能量学及动力学、微生物种间电子传递特性及调控方法、悬浮及生物膜厌氧反应器内的非均相动力学、热力学及传热传质学的基础研究均亟待深入。

3. 微生物制氢技术

根据产氢微生物种类的不同，微生物制氢可分为三大类：暗发酵细菌制氢、光发酵细菌制氢和微藻光合制氢。我国主要工作集中于产氢菌生理生态学机理等研究，而对生物制氢反应器内传输机理与特性、反应器最优设计与控制，以及高效产氢工程菌群构建、代谢调控机理、消除产氢抑制性副产物积累、原料和光能转化效率提升等方面研究仍然需要加强。

4. 微生物电捕获 CO_2 产甲烷技术

微生物电捕获 CO_2 产甲烷技术可实现多元分散溶解性生物质的强化生物降解并回收生物电能，同时实现 CO_2 生物电还原制备甲烷。我国在废水有机质强化生物处理的放大工艺与装置方面已取得一定进展，开展了 CO_2 捕获传质限制、生物电活性产甲烷微生物定向调控等机理层面的研究，但在 CO_2 高效捕获电极放大化及装备、反应器电信号采集等方面亟待研发。

5. 微藻固定 CO_2 及能源化利用技术

目前微藻固定 CO_2 及能源化研究集中于利用组学技术解析微藻固碳、油脂和碳水化合物合成等相关代谢路径与其交互关系，探究微藻油脂积累与细胞生长的关键代谢物及功能基因，增加微藻在固碳与能源化利用方面的潜力，而在增强微藻细胞、CO_2 气泡和营养液多相流动及混合传质、定向调控生物反应器内的多元竞争途径、促进微藻固碳富集油脂等方面的研究有待突破。

四、关键科学问题、关键技术问题与发展方向

（一）关键科学问题

（1）生物质定向热解机理与过程强化。

（2）生物质气化多联产产物协同生成及调控机制。

（3）水相解聚制取生物航油中热质传递理论与方法。

（4）生物质干燥和热解中热质传递强化机制。

（5）自然生物系统仿生原理、方法及过程强化。

（6）生物基多组分互作代谢机制及调控。

（7）生物质生化转化中热质传递与反应机理。

（8）微生物转化过程的代谢电子转移与传输机制。

（9）生物质碳氢定向生化转化和梯级利用理论及过程强化方法。

（10）组学技术解析微藻固碳及能源物质合成代谢途径。

（二）关键技术问题

（1）生物油提质制备含氧燃油添加剂和芳烃技术。

（2）生物质催化热解油蒸汽提质技术。

（3）生物质气化热－电－气－炭多联产优化技术。

（4）高效低能耗生物质热转化中传热技术。

（5）木质素高效解聚与热安定性添加剂制备技术。

（6）新型微生物能源转化仿生反应器技术。

（7）微生物电化学及资源化利用技术。

（8）微藻固碳及其能源化梯级转化调控技术。

（三）发展方向

1. 生物质定向热解

主要包括：生物质定向热解和热解产物定向重构机理、生物质中氧的定

向转移与脱除机理；催化热解反应器内微观热质传递规律；高品质航油添加剂、汽柴油含氧添加剂、化品、高纯氢定向制备基础研究；移动式热解制油技术基础研究；"分散制油、集中炼制"新模式构建。

2. 生物质气化多联产

主要包括：焦炭燃烧－气化－热解－干燥传热传质与反应匹配规律；焦油高效催化裂解脱除方法；焦炭和气化气燃烧中 NO_x 生成机理及新型脱除技术；固定床气化炉床内横向传热不均机制及优化方法；"生物质分布式热－电－气－炭多联产"新模式构建。

3. 生物质水相催化

主要包括：木质纤维素定向解聚与转化制备醇、醛、酮等平台化合物；纤维多糖定向制备丁醇、丙酮和乙醇新技术及相应的膜分离技术；平台化合物碳链定向偶联与调控技术；木质素高效解聚与热安定性添加剂组分的选择性制备；喷气燃料产品炼制与品质调控技术。

4. 生物质高效水解糖平台

主要包括：生物质多尺度结构精确解析；自然生物系统高效转化生物质原理；生物质水热催化拆解过程中的热质传递强化与转化调控方法；纤维素酶复配机制解析及高效水解糖化体系构建（Cai et al.，2017）。

5. 生物合成与转化

主要包括：生物基多组分互作代谢机理及燃料分子定向合成；基于基因编辑及高通量筛选等方法的高效工程菌株构建；基于合成生物学的微生物代谢途径优化；微生物能源转化反应器内多尺度传递与转化机理；生物固碳减排过程强化方法；生物催化制备可再生合成燃料特性。

6. 生物固定利用 CO_2

主要包括：微藻关键固碳酶调控光合系统活性比和光合商的固碳机制；微藻光合固碳亚细胞结构功能特征解析；生物反应器内多元竞争途径促进固碳调控方法；微生物电化学 CO_2 制甲烷的能量梯级传递机制；生物膜电极强化电子传递和生物酶催化提高 CO_2 利用效率方法。

7. 生物质资源全利用体系

主要包括：生物质热化学/化学催化/生物转化多级转化系统集成原理；生物质全组分分离分级技术与转化路径耦合的机制、模型与系统构建；生物质资源全利用的全生命周期评价体系构建。

第四节　水　　能

一、基本范畴、内涵和战略地位

水能资源是水体中的动能、势能和压力能资源的总称。广义的水能资源包括河流水能、潮汐能、波浪能、海流能等资源；狭义的水能资源是指河流水能资源。水能科学是关于水能资源合理规划开发、综合高效利用、优化运行管理以及水、机、电磁高效转换的综合性交叉学科，涉及水电能源科学、水利工程、水文学、数学、经济学、系统科学与工程、控制科学、信息科学等多个学科领域。水能开发对江河的综合治理和综合利用具有积极作用，对促进国民经济发展，改善能源消费结构，缓解由于消耗煤炭、石油资源所带来的环境污染具有重要意义，处于能源发展战略的优先地位（中国水力发电工程学会，2015，2016；国家能源局，2016；Ibrahim，2010）。

二、发展规律与发展态势

作为实现可持续发展的重要资源，水能已纳入区域、国家和全球层面的众多发展文件与战略。因此，可持续发展目标也覆盖了水问题的各个方面。作为世界最大规模的可再生能源，水电既是全球气候变化影响的承受者，也是应对气候变化、实现可持续未来的解决方案。基于这一背景，当前多个国家正在对水电功能进行重塑。主要包括水电正由"电源供应者"逐步转向

"电源供应者＋'电池'调节者"的角色。另外，也在对梯级水电功能进行再造，即对已经建成和规划中的梯级水电站群加建季节性抽水蓄能水电站。水电发展的这一变化必然会对我国及世界能源战略布局、梯级水电调度运行、电网电力资源配置产生重大影响。因此，也需要在国家层面及早开展相关基础理论和关键技术研究。

水能利用研究领域的发展规律如下。

1. 流域及跨流域水能资源综合开发规划

我国地域辽阔，水能资源分布和用电负荷极不均匀。水电 70% 集中在西南六省（自治区、直辖市）（四川省、云南省、贵州省、广西壮族自治区、重庆市、西藏自治区），用电负荷主要集中在京津冀、长三角、珠三角等中东部及沿海地区。水资源与电力负荷中心的逆向分布特点决定了我国水电需要跨省、跨区域大规模、大范围输送消纳，这也是我国实现碳中和的核心问题之一。因而，为满足防洪、发电、灌溉、航运、供水、生态等多方面综合利用要求，水能规划研究重点转向流域及跨流域空间尺度的一体化开发方面，以期更好地反映水能利用、社会经济效益、生态环境等因素间的相互影响；同时，多目标水能规划模型也越来越复杂，各种系统工程方法和现代智能优化方法被广泛引入（Li et al.，2018）。

2. 变化环境下水电能源综合优化与利用

针对气候变化、人口增长和城市化等全球挑战带来的影响，水电能源运行环境日益复杂，调度对象已发展到流域及跨流域巨型水电站群；调度方式从单纯水电能源优化调度发展到多元能源联合优化调度；调度目标从发电或防洪等单目标发展到兼顾防洪、生态、航运、供水等方面的多目标；调度模型求解方法从常规运筹学方法发展到现代智能优化方法；运营环境从垂直垄断阶段发展到多级市场竞争阶段（严陆光等，2010）。

3. 水能与多种能源的源－网－荷－储智慧运行

"智慧工厂""智慧运行"等科技创新可大幅度提升水电工程建设管理与电站运行智慧化水平。"十四五"期间，水电工程智慧建造与电站智慧运行仍然是水电行业科技创新发展的前沿与主旋律。随着水电装机规模的大幅增加，清洁能源已成为推进能源转型和应对气候变化的重要途径。水电已逐渐成为促进新能源消纳和减少弃水、弃风、弃光等的有效方式之一。水能与多种能源的源、网、荷深度融合及紧密互动是对未来能源供给系统提出的新要求，并已经设立了"互联网＋"智慧能源等示范项目（严陆光等，2011）。

4. 水力发电机组的安全运行和控制

对于水电站来说，保证发电机设备可靠安全、健康运行是整个生产过程的核心。水电站运行管理的关键工作就是设备的运行、维护和检修。作为水力发电主要动力设备的水轮发电机组效率较高，且启动、操作灵活。在利用水电承担电力系统的调峰、调频、负荷备用和事故备用等任务，提高整个系统的经济效益的过程中，水力发电机组的工况转换频繁、复杂，对设备的冲击较大，故障率较高，因而，对于设备制造、维护、检修的要求也高。针对水力发电机组运行条件复杂、工况恶劣的特点，研究巨型机组的优化控制策略使之达到最佳稳定运行状态一直被国内外学者视为水力发电机组安全稳定运行的前沿问题之一，其众多分支的产生、发展与壮大是状态检修技术、机组控制和系统辨识理论与其他学科交叉渗透的结果。

三、发展现状与研究前沿

截至 2020 年，我国水电装机容量和年发电量已经突破了 3.70 亿 kW 和 1.20 万亿 kW·h。我国水电发展迅速，水工技术居世界先进水平，已经建成的三峡水电站是目前世界上总装机容量最大的水电站。

尽管我国水能资源丰富，但目前水力发电面临一定的问题和挑战。跨区域大规模输配消纳仍然存在较大困难，弃水弃电与拉闸限电并存；水电价格形成机制的不完善导致水电开发成本居高不下，四川、云南地区甚至出现水电上网价格高于江苏等用电端火电价格的现象；水电开发对生态环境的不利影响以及社会舆论对水电开发的质疑等都是当前水电开发面临的挑战。

因此，未来水电开发的前沿方向可聚焦于以下四个方面。

1. 变化环境条件下流域水能开发的长期生态学效应

随着水能开发规模的扩大和水能资源综合利用要求的提高，在规划的综合性和对国家能源战略的响应方面的不足逐步凸显。在水能与新能源协调开发利用、政治影响因素分析、全球气候变暖应对以及决策模式转变等方面，当前水能规划理论与方法难以满足相应的需求，针对这些问题开展的研究极可能形成新的学科增长点。

2. 电力市场环境下水电能源系统优化决策理论与方法

为持久发挥水利枢纽工程的综合效益，国内外开展了大量的理论研究和工程实践，一些新理论、新学科、新技术的不断发展，极大地推动了水能学科的发展。近年来，我国电力市场改革的实施使水电能源系统的运行环境发生了根本性变化，市场竞争条件下水电能源优化运行的先进理论与方法成为学术和工程界研究的前沿与热点问题（Feng et al.，2020）。

3. 巨型水力发电机组的制造、在线状态监测与故障诊断

水力发电机组安全稳定运行研究与当代前沿科学的融合仍然是其未来一段时间的发展方向，特别是下述发展趋势日趋明显：传感器的精密化、灵敏化、多维化，诊断理论和诊断模型的多元化、智能化，监测诊断技术的快捷化、自动化，诊断方式的远程化、网络化，系统功能上监测－诊断－预报治理和管理的一体化（潘家铮等，2000）。

4. 流域及跨流域水电站水库群源网智慧调度及风险管理

水电站水库群是电力系统的重要组成部分，国内外对电源侧和负荷侧的不确定性分析已经开展了大量研究，取得了丰硕的成果，在源－网－荷－储一体化实施的背景下，水电站如何与其他能源一起实时智慧响应系统和负荷侧的需求变化已是亟须解决的重要战略与前沿问题，与其密切相关的风险管理问题更是不可忽视的重点方向（王浩等，2019）。

四、关键科学问题、关键技术问题与发展方向

（一）关键科学问题

（1）流域及跨流域能源、水利、生态综合规划。

（2）气象－水文－水电变量的定量分析与演变规律。

（3）巨型水电站水库群防洪、发电、供水多目标优化调度。

（4）大型流域水电站水库群智慧发电调度理论与方法。

（5）气象、水文不确定条件下水库群调度风险管理。

（6）水电、火电、新能源联合优化调度与风险调控。

（7）电力市场环境下水电站水库群优化调度及风险。

（8）能源结构调整下的抽水蓄能电站开发和利用规划。

（9）源－网－荷－储一体化下的水电站水库群优化调度方法。

（二）关键技术问题

（1）变化环境下水文模拟及预报关键技术。

（2）基于地－空观测大数据的水情监测与模拟技术。

（3）大型流域水电站水库群智慧发电系统构建技术。

（4）多时空多尺度实时、短期、中长期水文预报误差分析技术。

（5）大规模复杂水电站水库群优化调度模型多维多目标求解技术。

（6）水电站水库群入库来水预报与优化调度一体化模型构建技术。

（7）巨型水力发电机组的制造、在线状态监测与故障诊断技术。

（三）发展方向

1. 洪水资源化利用发电技术

洪水资源化利用是水力发电效益提高的重要途径。该领域的发展方向和前沿课题包括：入库径流过程预报误差多元联合分布求解；多元入库径流过程系列模拟；水库群汛期运行水位动态控制模型和方法；中小洪水条件下水库群发电调度优化与防洪风险分析；水电站水库弃水电量定义与优化方法等。

2. 复杂优化调度模型的求解

优化模型的求解对于水电系统的优化和效益提高具有至关重要的作用。该领域的发展方向和前沿课题包括：水电站水库群优化调度面临的"维数灾难"问题；智能优化求解算法易陷入局部最优的规避方法；巨型复杂优化调度系统模型的非线性快速求解技术等。

3. 水库群发电调度风险管理

风险管理是水电系统安全经济运行的重要基础和前提。该领域的发展方向和前沿课题包括：影响发电调度的风险要素识别理论与方法；多维风险联合分布与快速估计方法；多目标调度风险评价与决策方法；水电站水库群发电优化调度风险可接受水平确定等。

4. 水电与多种能源联合运行

水电发挥优良的调节性能是清洁能源联网运行效益提升的重要支撑。该领域的发展方向和前沿课题包括：水电与多种能源互补运行分析；水电与新能源联合调度运行模型构建；电力市场条件抽水蓄能电站效益提升技术；混合式抽水蓄能电站经济运行理论方法等。

5. 预报调度一体化水库调度

预报是水力发电调度效益提升的关键措施之一，是水库发挥综合利用效益的重要前提。该领域的发展方向和前沿课题包括：考虑预报不确定性的水库群优化调度模型；水库群综合利用多目标调度风险管理方法；多种来水不确定条件下水库群防洪、发电、供水等效益优化等。

6. 水电站系统协调优化运行

源－网－荷－储一体化运行条件下，水电站群作为电源重要的组成部分，对于系统协调优化运行具有重要意义。该领域的发展方向和前沿课题包括：水电站水库群出力和发电量不确定性分析；负荷曲线预测及多电源电力电量平衡需求；水电站实时经济运行及风险与效益分析方法等。

第五节 海 洋 能

一、基本范畴、内涵和战略地位

能源是开发海洋、发展海洋经济的重要基础，是建设海洋强国的重要保障，但海洋开发活动远离大陆，常规电网电力能源难以抵达海上，海岛和海上设施供电难、供电贵的问题，严重制约海洋开发活动的快速健康发展。开发利用海洋能，实现就地取能、就地使用，可为海洋资源开发提供有力支撑。

海洋能指依附在海水中的可再生能源，海洋通过各种物理过程接收、储存和散发能量，这些能量以潮汐、潮流、波浪、温度差、盐度梯度、海流等形式存在于海洋之中。潮汐能与潮流能来源于月球、太阳引力，其他海洋能均来源于太阳辐射，海洋面积占地球总面积的71%，太阳到达地球的能量，大部分落在海洋上空和海水中，部分转化为各种形式的海洋能。因而海洋能总储量巨大，据联合国政府间气候变化专门委员会（IPCC）出版的《可再生能源资源与气候变化》（*Renewable Energy Sources and Climate Change Mitigation*），认为全球各种海洋能的理论储量约为7400 EJ/a。

二、发展规律与发展态势

随着技术的不断成熟，海洋能技术从近海开始向资源更加丰富、环境更加苛刻的深远海发展，研究重点也逐步由原理性验证向高效高可靠设计转移。目前，我国海洋可再生能源产业的区域布局和产业链条已现雏形，正处于由科研阶段向产业推广的关键阶段，需要进一步攻克高效高可靠关键技术，提升装备的稳定性、可靠性，开展大容量、集群化应用，并拓展应用场景，探索与海上开发活动的结合。

海洋能方向的发展规律如下。

（1）海洋能利用是一项集电学、力学、防腐、控制、船舶、数学、工程等多学科为一体的工程技术，是集成融合各学科并整体应用的研究领域。

（2）海洋能利用需达到高效俘获和高效转换。海洋环境复杂多变，核心关键技术还存在优化空间，如何实现能量的高效俘获和高效转换，是海洋能利用研究的基础环节。

（3）海洋能利用具有技术形式多样化的鲜明特点。海洋能能种较多，各能种并存，形成了具有鲜明地域性特点的海洋环境，因此各地技术侧重点不同，呈现出各式各样的海洋能利用技术方案。

（4）海洋能利用耦合海上其他可再生能源形成多能互补。海洋能具有分布广泛、能流密度低的特点，多种海上能源综合利用，形成优势互补，实现能源的持续稳定供给。

（5）海洋能利用以低成本、规模化发展为目标。由于海洋能装备需适应复杂的海洋环境，其结构及建造成本高昂，低成本及规模化发展是海洋能利用技术的研究重点。

（6）海洋能利用应用领域拓展。海上空间广阔，不受地域限制，基于海洋能利用可开展多种生产经营活动，如养殖、旅游、科普等，能扩大海洋能源应用的范围，进而产生社会效益和经济效益。

三、发展现状与研究前沿

海洋能利用包括海洋能发电、海洋能制氢、海洋能制淡、海洋能供暖制冷等方面的利用，其中，利用海洋能发电技术成熟度较高，也是应用最为广泛的技术。目前，全球海洋能研究主要集中在原理样机验证和工程样机实海况发电试验阶段。为支持海洋能研究，美国能源部下属水能技术办公室（Water Power Technologies Office）多年来持续设立海洋能研究项目，完成多个工程样机实海况试验，并在夏威夷军事基地、俄勒冈州等建设多个海洋能测试场。欧洲多个国家持续多年进行海洋能技术研究和工程样机建设，实现了多个工程样机并网供电，并完成欧洲海洋能源中心（European Marine Energy Centre，EMEC）建设。

我国海洋能技术发展也得到国家的大力支持。近年来，在国家项目和政策的持续支持下，我国波浪能、潮流能等利用技术取得一系列重大突破：浙江大学研建的 300 kW 潮流能发电机组长期实效发电，舟山兆瓦级潮流能总成平台于 2016 年在浙江舟山下海，标志着中国潮流能发电进入"兆瓦时代"；2017 年 4 月由中国科学院广州能源研究所研发的 260 kW 鹰式多能互补海上发电平台在珠海市万山岛实现我国首次并网供电，2018 年成功为西沙永兴岛并网供电，标志着我国波浪能技术已由近海走向深远海，并具备为远海岛屿供电的能力；2020 年 8 月，由中国科学院广州能源研究所研制的 500 kW 鹰式波浪能发电装置正式进行实海况试验，我国设计及建造大型化波浪能装置的能力更进一步。

我国海洋能产业发展布局效果凸显，威海综合试验场、舟山兆瓦级潮流能场、万山兆瓦级波浪能场已展开建设，即将形成利用海洋能并网供电的示范项目。目前，我国海洋可再生能源产业的区域布局和产业链条已现雏形，正处于由科研阶段向产业推广的关键阶段。

1. 潮流能利用

潮流能利用的研究前沿内容：漂浮式潮流能技术、大型潮流能机组与小型潮流能机组并重，其中机组的稳定性、可靠性、低成本和风险仍然是研究重点。

2. 波浪能利用

波浪能利用的研究前沿内容：发电装置稳定性和生存性，通过突破关键技术，提升装置的生存能力，提高装置的海上运行时间；装置阵列化应用，依据海域的资源特点，根据装置的大小规格，实现波浪能优化利用。布放海域由近岸向深远海发展，通过提高锚泊设计、海洋施工能力，获得更广阔海域的波浪能资源。

3. 潮汐能利用

潮汐能利用最前沿内容：环境友好型潮汐能技术，潮汐潟湖发电、动态潮汐能、海湾内外相位差发电等环境友好型潮汐能利用技术已成为国际潮汐能技术新的研究方向。

4. 温差能利用

温差能利用的研究前沿内容：装置的大型化、更高效的热力循环和温差能综合利用。其中，海洋温差能技术除了用于发电外，在海水淡化、制氢、空调制冷、深水养殖等方面有着广泛的综合应用前景。

5. 盐差能利用

盐差能利用的研究前沿内容：渗透膜、压力交换器等关键技术和部件研发，提高关键部件规模化生产程度，降低温差能发电装置成本。

四、关键科学问题、关键技术问题与发展方向

（一）关键科学问题

（1）波浪能高效俘获的最优阻尼在动力摄取系统的实现。

（2）波浪能转换中的非线性力学问题。

（3）直驱式波浪能发电系统中波浪采集器的响应特性。

（4）潮流能叶片水动力学计算和优化设计。

（5）潮流能与叶片特性相匹配的动力摄取系统设计。

（6）漂浮式、悬浮式装置在波流作用下的运动和载荷。

（7）装置摇动对效率的影响。

（8）潮汐能大坝对库区水质、泥沙淤积和潮间带生态等方面环境影响的水动力学特性。

（9）潮汐电站建造的大型沉箱结构在拖运、沉放过程中的运动和受力研究以及相应的设计、制造问题。

（10）热力循环基础研究，包括热力循环工质研究、过程建模以及求解。

（11）低压蒸汽透平的数值计算和优化设计。

（12）换热器性能研究及结构优化。

（二）关键技术问题

（1）百千瓦级漂浮式波浪能发电关键技术及装置。

（2）兆瓦级波浪能装置深远海阵列式应用技术。

（3）漂浮式海上能源平台抗台风技术。

（4）压电、摩擦纳米等新型波浪能发电技术。

（5）600 kW 潮流能发电关键技术及装置。

（6）兆瓦级海流能装置规模化智能化应用技术。

（7）纳米级微型海流能捕获技术。

（8）十千瓦级海洋温差能发电技术。

（9）兆瓦级海洋温差能发电装置及综合利用技术。

（10）兆瓦级超低水头潮汐能利用关键技术。

（11）结合近海构筑物的海洋能利用技术。

（12）深远海海洋观测设备海洋能供电技术。

（三）发展方向

潮汐能在技术上已经成熟，面临的问题是成本较高以及大坝造成的各种环境危害，因此，技术发展方向集中在低成本建造、低成本规模化、优化运行和降低环境危害等方面。盐差能技术普遍处于关键技术突破期，渗透膜、压力交换器等关键技术和部件研发仍需突破，需进一步推动原理样机研发。目前发展态势较好的有波浪能、潮流能和温差能等。

1. 波浪能高效利用

波浪能高效俘获是波浪能利用过程中最基础的环节。我国波浪能装置整机转换效率与国外波浪能技术处于"并跑"水平，但需要进一步提高波浪能装置的能量转换效率，提升装置发电量。

2. 波浪能装置高可靠自治运行

高可靠自治运行是波浪能装置实海况运行过程中的关键环节。我国波浪能装置实海况运行时间与国外先进机组存在一定差距，亟须突破波浪能装置自保护技术、抗台风锚泊技术和能量转换系统自治技术，提高波浪装置的生存能力和免维护能力。

3. 大型波浪能装置阵列化

大型波浪能装置阵列化应用是推动波浪能利用技术成熟化的必要途径。我国对大型海洋能装置的阵列化研究理论体系与核心技术尚未实质性开展，与国外存在较大差距，亟须开展大型波浪能装置阵列化并网示范应用，服务海岛电力系统建设。

4. 潮流能机组大型化

机组大型化是降低潮流能利用成本的最佳途径。机组大型化将加剧叶轮载荷和输出能量波动，亟须掌握适应兆瓦级机组复杂海况的桨叶、变桨、变频器等关键部件研发及整机设计技术。

5.潮流能高效俘获技术

潮流能高效俘获是潮流能利用过程中最基础的环节。潮流能能量输入不稳定，需进一步开展潮流能机组叶形优化，并掌握智能变桨控制，实现双向对流和不同工况下的高效转换。

6.温差能向综合利用方向快速发展

温差能需要重点突破关键技术与核心部件瓶颈并开展综合利用技术研究与示范。我国温差能在热力循环理论效率、氨透平理论效率等方面研究整体与国外处于同一水平，急需重点突破高效节能透平、换热器技术和深海冷海水大管径高强度管道结构与保温、敷设技术。

第六节 地 热 能

一、基本范畴、内涵和战略地位

地热能是蕴藏在地球内部的热能，是一种清洁低碳、分布广泛、资源丰富、安全优质的可再生能源。根据开发深度的不同，地热资源可划分为浅层地热（通常在 200 m 以浅）、水热型地热（通常在 200～3000 m）以及增强型地热（通常在 3000 m 以深）三种。中国地质调查局等（2018）联合调查评价结果显示，全国 336 个地级以上城市浅层地热能年可开采资源量折合 7 亿 t 标准煤；全国水热型地热资源量折合 1.25 万亿 t 标准煤，年可开采资源量折合 19 亿 t 标准煤；埋深在 3000～10 000 m 的干热岩资源量折合 856 万亿 t 标准煤。

地热资源开发的关键是解决地热资源勘探、评价、热能提取和热功转换过程中涉及的能量开发利用系统形式问题，这是传热学、热力学、传质学及其与岩石力学、化学、材料学等学科的交叉问题。

二、发展规律与发展态势

中国地热能产业体系已显现雏形（何攀和王中鹏，2020），在地热能直接利用、地热能发电、油田地热开发利用和增强型地热系统（enhanced geothermal systems，EGS）等方面均取得一定进展。

在地热能直接利用方面，我国稳居世界第一位，地热供暖、地源热泵、地热干燥等方法已经基本成熟。在地热能发电方面，从20世纪80年代后期开始到2019年（45.26 MW）以前，我国地热发电发展缓慢（图3-1），中低温地热发电停滞，高温地热发电装机容量很小（Huttrer，2020），干热岩资源发电尚属空白。在油田地热开发利用方面，我国还处于初期阶段（汪集暘等，2017）。EGS是开发以干热岩为代表的深层地热能的主要方式。我国EGS取热研究工作起步较晚，目前处于前期理论探索、实验室模拟和钻井普查阶段（何攀和王中鹏，2020）。

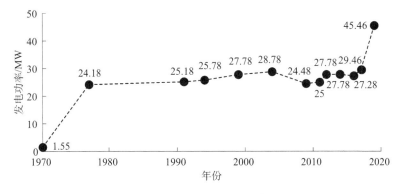

图 3-1 中国地热发电装机容量

资料来源：何攀和王中鹏（2020）

地热能开发利用研究领域的发展规律如下（Lund and Toth, 2021）。

（1）地热能的个性化、梯级化利用特点。不同形式、不同深度的地热资源具有不同温度和热能品位，利用方式也不同，同时面临着换热、热功转换设备的复杂多样性，因此经济、高效的地热能个性化、梯级化利用系统是研究的重点。

（2）地热能开发利用由"浅"向"深"发展。深层地热储量巨大，通常具有较高的温度、利用价值，但同时也面临着较大的技术难度和成本投入，以干热岩为代表的深层地热开发利用是地热能研究领域一个重要发展方向（曾义金，2015）。

（3）地热能开发利用的多学科交叉特点。地热能开发利用包含了传热传质学、热力学、岩石力学、化学、石油工程学、电磁学、材料学等多个学科，具有较强的学科交叉特点。

（4）地热能与其他可再生能源的"地热＋"模式。相比于其他可再生能源，地热能的最大优势是它的稳定性和连续性。因此，把地热和风能、太阳能等可再生能源结合利用的"地热＋"模式是未来的重要发展方向。

三、发展现状与研究前沿

地热开发利用包含了地热资源勘查评估、热能提取、地热资源能量转换等过程，具体研究进展总结如下（Tian et al.，2020）。

在地热资源勘查与评估方面，大地热流场、地热资源评价等方面取得一系列研究成果；初步形成从重磁电普查到地震勘探详查的多种方法综合的地球物理勘探方法；地球化学勘探技术体系已逐步形成；钻井技术取得很大进步。

在水热型地热资源热能提取方面，"水热型换热系统"应用最广，但长期开采存在地下水位下降问题和砂岩储层难以实现连续回灌的难题。"保水取热系统"无需抽采地下水，只利用自身的循环水通过换热器管壁与深层围岩进行换热而获得地热能，是中深层地热开发的重要方式，近年来已经在陕西等北方地区得到应用。

在 EGS 方面，EGS 通过水力压裂在井间形成连通的裂隙网络，工质在裂隙岩体中循环流动，持续开采地热能。EGS 取热工质以水为主，缺点在取热循环中不可避免的水量流失也会造成经济损失。以超临界 CO_2 为工质的研究也刚刚起步，以期在获得相当热能的同时产生附加的 CO_2 地质埋存效益（罗峰，2014）。

在地热资源能量转换方面，地热资源的能量转换主要涵盖"热－电""热－

热""热－冷"三个层次。"热－电"是通过热功转换设备将地热能转换为电能。"热－热"主要指通过热泵提升地热能品质。"热－冷"则包含了两层含义：一是利用浅层土壤、湖泊等夏季温度低于气温的特点，将其作为热泵的冷源向用户提供冷量；二是以地热蒸汽或地热水作为热源，利用其热能驱动相关制冷系统。

目前地热能开发利用研究的前沿主要为开发高效准确的资源勘查与评估技术、高效的热能提取技术和热能转换技术。

1. 地热资源勘查与评估

研究前沿主要包括：基于地球物理、地球化学和"同位素"分析等方法的地下温度场三维精细刻画，高效高精度储层建模方法和资源评估方法，数据驱动的动态热储信息反演方法，热开采过程中的智能决策和控制。

2. 地热能高效提取过程中的机理和关键技术

研究前沿主要包括：水热型储层高效热提取系统，污垢生成机理及防治方法，储层高效回灌技术；油井改造成地热井的关键方法，"采热－采油"综合利用技术；干热岩储层多场耦合储层改造技术，EGS 多尺度多场耦合传热规律和开采方案优化。

3. 地热资源热能转换技术和系统

研究前沿主要包括：高效双工质发电和其他新型中低温发电方法；新型热泵、吸收式制冷等"热－热"和"热－冷"转换方法；地热能梯级利用方法、系统、应用及示范；"地热＋"多能互补方法、系统、评价模型和示范；自主知识产权地热资源开发利用模拟软件和工艺设计软件。

四、关键科学问题、关键技术问题与发展方向

（一）关键科学问题

（1）深层地热储层热－流－力－化多场耦合热质传输机理。

（2）高效准确的地热储层多场多尺度热质传输模型及求解方法。

（3）地热开采前及开采中热提取方案评估和优化方法。

（4）深层地热压裂、热刺激、化学刺激等储层改造方法和机理。

（5）地热水回灌对热储层（尤其是砂岩储层）物理场的影响机理。

（6）地热开采过程中井筒、管道等腐蚀及结垢机理。

（7）新型热提取和热功转换方法及其热质传输机理。

（二）关键技术问题

（1）热储温度场三维勘查重构和数据反演技术。

（2）高效准确热储层多场多尺度耦合数值模拟技术。

（3）地热开采方案评价及优化技术。

（4）深层地热储层改造高效热提取技术。

（5）高效经济回灌技术及腐蚀、结垢防治技术。

（6）新型井下换热、超长热管等取热不取水技术。

（7）高效双工质发电和其他新型中低温地热发电技术。

（8）新型"地热+"多能互补综合能源利用技术。

（9）废弃油气藏地热资源改造利用技术。

（三）发展方向

1. 地热开采评价

地热开采评价领域的发展方向包括：热储温度场三维精细刻画勘查方法和储量评估研究，地热开采方案评估和优化方法研究，数据驱动的动态热储信息反演方法研究，热开采过程中的智能决策和控制研究。

2. 深层地热储层改造

深层地热储层改造领域的发展方向包括：多场耦合下的地热储层破裂机理研究，暂堵剂等在储层中的运移规律及其对储层改造影响研究，酸化剂在储层中的反应机理及其对储层改造影响研究，储层改造后裂缝三维结构精细刻画技术、增强热提取量和减缓热突破的新型裂缝调控技术研究。

3. 地热资源开发过程

地热资源开发过程中的发展方向包括：深层地热储层热－流－力－化多

场耦合热质传输机理研究，地热水回灌对热储层物理场的影响机理研究，地热开采过程中井筒等腐蚀及结垢机理研究，新型井下换热、超长热管等取热不取水技术研究，高效双工质发电和其他新型中低温地热发电技术研究，废弃油气藏地热资源改造利用技术研究，新型"地热+"多能互补综合能源利用技术研究。

4. 地热开发系统描述方法

地热开发系统描述方法领域的发展方向包括：无裂缝型热储高效的解析和数值模型研究，裂缝型储层多场耦合多尺度数值模型及高效求解算法研究，热储-井筒-地面设备-用户一体化耦合模型研究，自主知识产权的地热资源开发模拟软件和工艺设计软件研究。

第七节 核 能

一、基本范畴、内涵和战略地位

核能技术是人类可控地利用核裂变或核聚变产生巨大能量的技术，最主要的应用是发电，已成为主流能源技术之一。此外，核能在供热、制氢、船舶与航天动力推进等多领域亦有较大应用前景。多学科交叉是核能技术发展的重要特征，核能技术的进步亦推动相关学科的发展。核能是一种能够解决能源供应安全、减排二氧化碳、减少环境污染的重要能源技术。核能的安全高效利用对我国经济可持续发展具有重要战略意义。同时，核能还是一个战略性新兴产业，对国防建设具有重大战略价值。由于核能的战略和经济意义，我国政府长期支持核能科技的开发，提出了"在确保安全的前提下高效发展核电"的方针政策，并在国家层面实施了"中国国际核聚变能源计划""大型先进压水堆及高温气冷堆核电站重大专项""未来先进核裂变能""先进核裂变能的燃料增殖与嬗变"等一批重大专项项目。核电在优化能源结构、缓解我国当前经济社会发展过程中所面临的资源和环境等突出问题、实现我国经济社会的科学发展方面具有重要地位，安全高效发展核电已成为我国能源发展战略的重要组成部分。

二、发展规律与发展态势

（一）核裂变技术

20 世纪 60 年代后期至 70 年代，裂变反应堆逐渐从试验性和原型核电机组发展到符合核能安全、先进、成熟和经济原则的第二代核电技术，但对严重事故现象及预防措施没有给予足够重视。20 世纪 90 年代，提出了可以防范与缓解严重事故、提高安全可靠性和改善人因工程的第三代核电技术概念。我国引进的 EPR 和 AP1000 于 2018 年 6 月并网，自主研发的华龙一号首堆于 2020 年 11 月 27 日并网成功。

第四代核能技术具有良好的经济性、更高的安全性、核燃料资源的持久性、废物的最小化和可靠的防扩散性等优点，且多数可考虑能量的综合利用，采用先进的热循环生产电力，同时生产氢气、淡化海水等，但目前对这些技术的研究才刚刚开始。

（二）核聚变技术

2006 年，中国等七国签署启动国际热核实验堆（international thermonuclear experimental reactor，ITER）计划，拟在法国南部参与建造一个能产生大规模核聚变反应的超导托卡马克装置；2020 年 8 月 31 日，ITER 托卡马克装置杜瓦下部筒体吊装工作圆满完成。我国核工业西南物理研究院的新一代"人造太阳"装置——中国环流器二号 M 装置（HL-2M）正式建成并于 2020 年 12 月 4 日实现首次放电，为我国核聚变堆的自主设计与建造打下了坚实基础。

（三）燃料循环技术

燃料循环技术可极大拓展现有铀资源的使用年限并降低核废料的影响。美国、日本、欧盟、俄罗斯等国家或组织均提出基于分离、嬗变技术的核燃料循环概念，以实现核废物最少化处置、核资源最大化利用以及核不扩散的目的。近年来，我国在高放废液分离、干法后处理等方面取得进展，并提出具有国际影响的铝合金化处理氧化物乏燃料的新概念，但在后处理工艺设备、自动控制、远距离维修等方面与国际先进水平相差甚远。

三、发展现状与研究前沿

目前我国核电安全总体水平及核电自主设计能力有了显著提升，但是不可否认我国核电发展也存在着多个制约因素。首先，自主品牌核电技术经济竞争力较弱。其次，我国铀资源并不丰富，提高燃料利用率是保障我国核电长期发展的关键问题。再次，我国面临着如何处理核废物的挑战，加大力度开展嬗变堆技术研究对保证我国核电可持续发展具有重要意义。最后，我国必须适度地开展与聚变示范堆相关的基础研究，为工业化聚变电站的实现奠定基础。

核能领域的研究前沿总结为三个方面。

1. 实现核电可持续发展三个层次关键技术的突破

三个层次关键技术改进和提高热堆核能系统水平，从"第二代"向"第三代"技术发展和过渡；发展快堆核能系统及燃料闭合循环技术，实现铀资源利用的最优化；发展嬗变技术，实现核废物最少化。三个层次的先进核能技术与核燃料循环技术的协调、配套发展，必须作为一个完整的系统工程统筹安排。

2. 实现第四代核能及嬗变技术发展目标

第四代核能系统在多个方面都具有显著的先进性和竞争力，我国计划于2025年前后建成首个原型示范钠冷快堆。同时，研究加速器驱动次临界反应堆系统相关领域技术，是我国核裂变能可持续发展值得探索的新技术途径，也为核材料隐蔽生产提供了可能性并有助于推动我国钍资源的利用。

3. 核聚变关键技术突破

聚变能虽然经过了50年的发展，但等离子体燃烧连续运行这一科学问题尚未得到彻底验证。通过ITER计划和平台探究等离子体平衡及控制、等离子体与壁相互作用等科学问题，是开发锡化铌（Nb_3Sn）超导磁体、低活化及抗辐照损伤材料等技术的关键。

四、关键科学问题、关键技术问题与发展方向

（一）关键科学问题

（1）燃料元件全寿期核－热－力多场多尺度耦合机制。

（2）严重事故后棒束热－流－力－化学－材料耦合作用及堆芯多组分材料多元熔化演变机制。

（3）钠冷快堆跨尺度安全分析。

（4）铅基反应堆材料腐蚀机制及抗腐蚀特性。

（5）熔融盐堆全寿期材料相容性及化学控制。

（6）强辐照条件下反应堆燃料及结构材料性能退化机制。

（7）高参数、长脉冲等离子体自持燃烧关键问题。

（二）关键技术问题

（1）压水堆多尺度多场高保真建模技术。

（2）数值核反应堆大规模并行计算技术。

（3）新型反应堆燃料组件设计及加工技术。

（4）托卡马克装置长时间稳定运行技术。

（5）包层材料及多功能包层设计技术。

（6）核安全及管理技术。

（7）熔融盐堆运行控制技术。

（8）核电先进热力循环技术。

（9）核燃料循环技术。

（三）发展方向

1. 数值反应堆技术

该领域发展方向包括：高保真多尺度核反应堆热工水力分析方法，核反应堆物理、热工、力学多物理场精细化耦合分析技术，材料辐照脆化和辐照肿胀多尺度模拟计算技术，多源数据、多模型、多物理装置结合的模拟验证技术。

2. 燃料元件多尺度多维性能评价及退化机制

该领域发展方向包括：辐照、热、力等因素耦合作用下燃料材料性能演化机理，热工水力、变形、材料和燃耗间的强耦合效应，热工－机械－材料－燃耗三维精细化耦合建模。

3. 核电厂严重事故现象与机理

该领域发展方向包括：堆芯材料多尺度、多成分、多相态演变机理及耦合机制，非均匀熔池演变机理，氢气燃爆转换机理，熔融物与混凝土作用机理，多因素影响下放射性核素迁徙机理。

4. 液态金属冷却反应堆关键技术

该领域发展方向包括：液态金属冷却反应堆标准规范、数据库和发展规划，燃料组件设计及工艺，材料辐射防控及结构完整性保障，反应堆运行维护，液态金属单相及两相冷却剂热工水力及化学工艺。

第八节　天然气水合物

一、基本范畴、内涵和战略地位

天然气水合物是一种在低温高压下由天然气和水生成的一种笼形结晶化合物。其外形如冰雪，遇火即燃，俗称"可燃冰"。自然界中的天然气水合物主要存在于海洋大陆架的沉积物层和陆地冻土带，迄今至少在 116 个地区发现了天然气水合物，其分布十分广泛。天然气水合物被誉为"21 世纪石油天然气最有潜力的替代能源"，其有机碳含量约占全球有机碳的 53.3%，约为现有地球常规化石燃料（石油、天然气和煤）总碳量的 2 倍，储量巨大，并且具有能量密度高、分布广、燃烧后清洁无污染等特点（Li et al., 2016）。所以，天然气水合物将有望成为继页岩气、致密气、煤层气、油砂等之后的储量最为巨大的接替能源，成为当代能源科学的一大研究热点（Moridis et al.，2011）。据自然资源部估算，我国仅南海天然气水合物的总资源量就达到 $6.4 \times 10^{10} \sim 7.7 \times 10^{10}$ t 油当量，约相当于我国陆上和近海石油天然气总资源量的 1/2（付强等，2015）。因此，天然气水合物储量如此巨大，如果能够实现其安全可控开发，可补充我国天然气供给，降低能源对外依存度，提高能源供给安全，优化能源结构，将对我国的能源格局产生重大影响。

二、发展规律与发展态势

我国政府非常重视天然气水合物研究开发。《能源技术革命创新行动计划（2016—2030 年）》中将"突破天然气水合物勘探开发基础理论和关键技术，开展先导钻探和试采试验"列入 15 项力推的能源技术创新。2017 年 5 月中国地质调查局和中国海洋石油集团有限公司（简称中海油）在中国南海北部神狐海域及荔湾 3-1 白云凹陷区，分别采用"地质流体抽取法"和"固态流化开采法"成功开展了天然气水合物试采。2020 年 3 月中国地质调查局组织实施了我国海域天然气水合物第二轮试采，攻克了深海浅软地层水平井钻采核心技术，创造了产气总量 86.14 万 m³ 和日均产气量 2.87 万 m³ 两项世界纪录，实现了从"探索性试采"向"试验性试采"的重大跨越，具有重大的科学意义（新华社，2017）。2017 年 5 月 18 日，中共中央、国务院对我国海域天然气水合物成功试采发来贺电，指出"天然气水合物是资源量丰富的高效清洁能源，是未来全球能源发展的战略制高点"。这些成果拓展了我国天然气水合物基础研究的空间，加速了我国天然气水合物开发技术的发展，部分成果达到了国际领先水平。但是，正如中共中央、国务院在 2017 年 5 月 18 日对我国海域天然气水合物成功试采发来贺电时所指出的，"海域天然气水合物试采成功只是万里长征迈出的关键一步，后续任务依然艰巨繁重"。目前国内外天然气水合物试采仍属于技术验证范畴，离真正商业开发需求还有较远的距离。因此，深化天然气水合物基础理论研究，优化完善天然气水合物开采工艺，建立适合我国资源特点的天然气水合物开发技术体系迫在眉睫。

三、发展现状与研究前沿

全球目前开展天然气水合物试采的地区有四处。其中，加拿大、美国分别于 2002～2008 年、2012 年开展了冻土区天然气水合物试采。日本于 2013 年和 2017 年完成了其南海海槽海洋水合物试采。2017 年和 2020 年我国在南海神狐海域成功开展了天然气水合物试采。2017 年天然气水合物试采成功是我国首次也是世界第一次成功实现了全球资源量占比 90% 以上、开发难度最大的泥质粉砂型天然气水合物的安全可控开采，为实现天然气水合物的产业化储备了技术，积累了宝贵经验，取得了理论、技术、工程和装备的自主创新。天然气水合物开采的基础实验与理论研究，如天然气水合物原位基础物性、理论模型、分子动力学模拟、数值模拟开发等在资源开采中具有重要作用，为开采方法的发展提供了有效的指导。天然气水合物开采方法的研究在不断探索和改进中，更加经济、高效、安全的天然气水合物资源开采方法为人们所期待。

同时，天然气水合物以沉积物的胶结物存在，其开采将导致天然气水合物分解，从而影响沉积物强度，有可能引起海底滑坡、浅层构造变动，诱发海啸、地震等地质灾害，并对天然气水合物开采钻井平台、井筒、海底管道等海洋构建物产生影响。另外，甲烷气体的温室效应明显高于 CO_2，如果甲烷气体大量泄漏，将会引起温度上升，影响全球气候变化。总之，在开发天然气水合物资源的同时应开展全面、综合的环境影响评估研究，做好开采的环境保护措施。水合物应用前景广阔，在发电、化工、城市工业用气和居民用气及气体储运、CO_2 分离和封存等领域均有重要的应用。

（一）天然气水合物资源开采技术

天然气水合物资源开采技术的研究前沿主要包括：基于热力学理论，建立复杂真实条件下的天然气水合物的热力学和分解动力学方程；揭示水合物藏分解过程中气 – 水 – 水合物 – 固体沉积物之间的相互作用本质规律；阐明海底温压条件、电解质溶液、沉积物孔隙效应、界面效应等复杂因素影响机制。基于传热传质基础理论，揭示天然气水合物分解过程中水合物相变、多相渗流、传热传质、沉积物骨架结构变化四者的相互作用机理；基于热力学评价理论，对天然气水合物开采过程的非平衡过程进行评价，是天然气水合物开采方法优化的理论基础。

（二）天然气水合物环境影响

天然气水合物环境影响的研究前沿主要包括：天然气水合物分解对沉积层地质力学的影响机理；天然气水合物分解甲烷在上覆海水中的转化机理及环境影响机制；甲烷转化对海洋环境参数的影响机制；天然气水合物分解活动对全球气候演变的响应机制，以及其对天然气水合物开采的反馈机制。

（三）水合物综合应用技术

水合物综合应用技术的研究前沿主要包括：水合物储运及封存过程中气体水合物快速形成／分解机理及调控方法，水合物生成促进剂、分解促进剂筛选理论及方法，水合物法气体分离机理的分子动力学机理，天然气水合物燃烧基础理论等。

四、关键科学问题、关键技术问题与发展方向

（一）关键科学问题

（1）多类型水合物生成及分解热力学和动力学机理。

（2）多孔介质中天然气水合物分解过程中的相变－传热－渗流－形变耦合机理。

（3）水合物开采分子动力学模拟、物理模拟及数值模拟。

（4）水合物分解过程中水（冰）－气－砂－水合物多相渗流及传热传质机理。

（5）水合物形成分解过程微观形态、微孔隙结构与宏观沉积物力学特性及形变的耦合演化机理。

（6）天然气水合物置换开采的动力学机理及影响机制。

（7）水合物分解甲烷泄漏的动力机制及泄漏通道特性。

（8）水合物储运中气体水合物快速形成、分解机理及方法。

（9）水合物生成促进剂、分解促进剂筛选理论及方法。

（10）水合物法气体分离机理的分子动力学机理。

（11）天然气水合物燃烧基础理论。

（二）关键技术问题

（1）多场协同作用下天然气水合物优化开采技术。

（2）水合物开采过程沉积层骨架三维结构表征技术。

（3）热激法、降压法和化学试剂法等开采方法的实验室、中试及试验场测试技术。

（4）天然气水合物开采钻井及完井优化技术。

（5）天然气水合物开采防砂控砂技术。

（6）新型天然气水合物开采技术。

（7）天然气水合物开采对生态环境影响综合评价技术。

（8）天然气水合物开采数值模拟软件开发技术。

（9）天然气水合物开采全生命周期系统评价技术。

（10）水合物法气体储运技术。

（11）水合物法气体分离技术。

（三）发展方向

1. 天然气水合物开采的基础性科学问题

该领域的发展方向包括：天然气水合物分解过程中相变－传热－渗流－形变多场耦合理论的微观基础与宏观规律的统一研究，多类型天然气水合物成藏地质条件下水合物分解机理及开采方法优化研究，天然气水合物长周期稳定高效分解控制机理研究，非均质条件下天然气水合物分解过程热质耦合传递机理及控制方法研究，大尺度/全尺度天然气水合物开采物理模拟及数值模拟研究，天然气水合物开采方法适应性评价技术研究。

2. 天然气水合物开采经济性评价、环境评价、安全评价

该领域的发展方向包括：天然气水合物开采全生命周期系统评价技术研究，天然气水合物开采对海底地质过程的影响机理研究，天然气水合物开采对环境生态综合评价方法研究。

3. 天然气水合物综合应用

该领域的发展方向包括：水合物生成 / 分解分子动力学模拟研究，高储气量水合物法气体储运技术研究，水合物法气体分离的全生命周期评价，新型水合物法的工程应用（如海水淡化、燃料电池等）的基础研究等。

第九节　空气热能及热泵技术利用

一、基本范畴、内涵和战略地位

空气热能是指储存在大气环境中的热能，且能够被热泵装置转换利用，形成高于环境温度、以满足供热需求的热源。空气热能与地热能一样，来源于太阳能。如图 3-2 所示，太阳能是地球所需能量的基本来源。太阳能以短

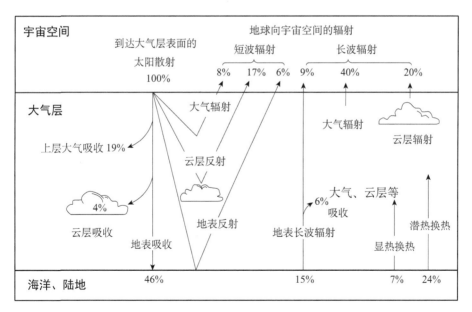

图 3-2　到达地球的太阳能量平衡图

资料来源：Esch（2015）

波辐射的形式到达地球大气层表面，约 46% 的太阳能最终到达地表并被吸收。这部分能量最终有约 30% 以潜热或显热的形式通过对流、蒸发等方式进入靠近地表的大气层及云层中，即空气热能的来源。

热泵技术的发明和应用，为利用环境中的热能创造了可能，包括浅层地热能、地表水中的热能以及环境空气中的热能。只要温度高于热泵系统的蒸发温度，这些环境中的热能都可以通过热泵提升为更高品位的热能，用于生活用水加热、采暖和工业加热。人类一切活动所消耗的各种形式的能源，最终都转变为热能存于空气中，包括采用热泵等技术从空气本身获取的热量，最终仍通过热耗散等方式回到大气。由此可以说，大气环境是一个取之不尽用之不竭的热库。

简言之，热泵系统以消耗少量电能为代价，从浅层地热能、地表水的热能以及环境空气的热能中获取热量并提升其品位以满足供热需求。以空气源热泵为例，由于热泵系统所消耗的电能最终仍然转化为热量被制冷工质所吸收并提供给高温热沉，以从空气热源中吸收的热量替代了等量的电能或化石燃料热能（常规能源）。考虑到整个社会庞大的供热（生活热水、采暖和工业加热）需求，空气源热泵具有巨大的常规能源替代及减排潜力。

二、发展规律与发展态势

空气源热泵目前多应用于我国黄河流域的严寒地区，长江中下游的夏热冬冷地区、其他夏热冬暖地区和温和地区，结合变频、准二级压缩、热回收等技术在一定程度上扩大了空气源热泵的应用范围（Wang and Li, 2019）。目前已经开发出可以在低至 -30℃ 的环境温度下制取热水或供暖的低环境温度空气源热泵，将空气源热泵供暖的应用范围扩大到了我国广大的寒冷及严寒地区。同时，针对"双碳"目标，空气源热泵需要承担起工业蒸汽供应的重任，如何高效从空气中取热，提供工业生产用的高温蒸汽，是空气源热泵发展面临的新问题和新挑战。如何进一步解决结霜问题及开发高效除霜方法，扩展空气源热泵的适用环境温度范围，开发新型高效压缩机及关键系统部件，提升空气源热泵的热输出温度是以后发展的主要关注点。与此同时，基于浅层地热能、地表水、工业废水的多种热泵系统也是以后大力发展的重点领域。

三、发展现状与研究前沿

经过近几年的发展，空气源热泵目前已经在我国北方煤改电工程和南方分布式供暖中有了一定的基础应用，为进一步拓宽热泵的应用范围，还需要在常规应用的可靠性优化、极寒温度应用工况和更高温度供热三个方向上对空气源热泵技术进行优化。就可靠性优化而言，目前空气源热泵运行中存在的结霜除霜的难题对其可靠性威胁最大。空气源热泵机组在结霜运行时，随着霜层增厚，出现蒸发温度下降、制热量下降、风机性能衰减、电流增大等现象，甚至烧毁压缩机。目前针对空气源热泵，最常用的除霜方法是四通阀换向除霜，此时化霜过程会暂停空气源热泵供热，甚至从室内空气取热，以避免结霜过程加剧对热泵采暖造成影响（Amer and Wang，2017）。就极寒温度应用工况而言，目前普通空气源热泵应用于寒冷地区时其性能非常低，甚至无法运行，主要原因是随着空气源温度的降低，热泵循环工质质量流量下降，供热量急剧减少，压缩机排气温度随着压缩比的升高而急剧升高，降低了运行可靠性，长期运行必然会严重损坏压缩机（Biao et al.，2019）。为了扩大空气源热泵设备在低环境温度下的适用性，已有很多学者和企业开展了相关研究工作，可以将空气源热泵进一步扩展应用到我国广大的寒冷及严寒地区。就更高温度供热而言，目前热泵技术的温度提升范围主要集中在30~60℃，随着热输出温度的提高，热能品位增加，相应的热量需求量也会大幅度增加。以工业过程用热为例，各类工业用热的温度大多在80~150℃。同时从热源温度角度而言，热源温度越低，相应的可利用热源就越多。例如，空气源、生活废水和河水就可以充当20℃的热源，而更高温度（50℃以上）的热源来源主要是浅层地热能、地下水和工业废水。因此，为了进一步拓宽热泵的应用范围，应该进一步优化热泵的循环工质以及系统构型，以实现空气源热泵的高效高温供热，甚至考虑开发空气源的高温蒸汽大温升热泵系统（Yan et al.，2020）。

四、关键科学问题、关键技术问题与发展方向

（一）关键科学问题

（1）结霜过程模拟及传热传质机理。

（2）除霜动态过程的能量流分析和熵增最小化。

（3）超低温环境换热衰减机理及传热传质强化。

（4）新型高温热泵技术及热力过程特性。

（5）超高温热泵系统循环构建及优化方法。

（6）低品位热源品位提升热泵技术及其模型构建。

（7）空气源热泵供热综合性能评价与空间分析方法。

（8）多种热源热泵系统的性能提升和评价。

（二）关键技术问题

（1）翅片蒸发器霜层的动态测量及实时检测技术。

（2）新型高效除霜方法及智能控制技术。

（3）宽温区高效翅片换热器优化设计及验证技术。

（4）新型压缩机设计及变工况高效调节技术。

（5）双模式控制的膨胀阀控制及优化技术。

（6）高效大温升热泵系统性能在线测量及评估技术。

（7）空气源热泵系统参数模拟软件开发技术。

（8）多种热源热泵全生命周期系统性能评价技术。

（三）发展方向

1. 结霜过程模拟与优化

空气源热泵结霜过程模拟与优化的发展方向包括：新型热泵工质及传热传质机理研究，空气侧强化换热方法研究，高效除霜方法及智能控制研究，翅片管换热器防脏堵干预技术研究，以及空气热源的可用性区域评估研究。

2. 高效环保热泵系统构建

高效环保热泵系统构建的发展方向包括：新型压缩机设计开发研究，系

统压差与流量的解耦方法研究，变工况高效调节与优化控制研究，全工况膨胀阀流量精确控制研究和大小温差兼容高效换热技术研究，超低温环境换热衰减规律研究，环保节能高效工质研究，超临界热泵技术研究。

3. 热泵全生命周期评价

空气源热泵全生命周期评价的发展方向包括：多种热源耦合热泵技术研究，以及多种热源热泵系统应用中的环境效应研究，高效工业热泵技术研究，工业热能载体的能量密度对比研究，热泵综合性能评价与空间分析研究等。

本章参考文献

付强，周守为，李清平. 2015. 天然气水合物资源勘探与试采技术研究现状与发展战略. 中国工程科学，17（9）：123-132.

国家发改委能源研究所，隆基绿能科技股份有限公司，陕西煤业化工集团. 2019. 中国 2050 年光伏发展展望 (2019). https://max.book118.com/html/2021/0129/7053006161003050.shtm [2021-01-30].

国家能源局. 2016. 水电发展"十三五"规划（2016-2020 年）. http://www.nea.gov.cn/135867663_14804701976251n.pdf [2022-03-11].

何攀，王中鹏. 2020. 中国地热能产业发展蓝皮书（2020）. 地热能在线.

罗峰. 2014. 增强型地热系统和二氧化碳利用中的流动与换热问题研究. 清华大学博士学位论文.

潘家铮，何璟，沈磊. 2000. 中国水力发电工程：运行管理卷. 北京：中国电力出版社.

汪集暘，邱楠生，胡圣标，等. 2017. 中国油田地热研究的进展和发展趋势. 地学前缘，24(3): 1-12.

王浩，王旭，雷晓辉，等. 2019. 梯级水库群联合调度关键技术发展历程与展望. 水利学报，50(1)：25-37.

新华社. 2017. 直击我国海域天然气水合物（可燃冰）成功试采. 国土资源，6: 6-13.

严陆光，周孝信，张楚汉，等. 2010. 关于筹建青海大规模光伏发电与水电结合的国家综合能源基地的建议. 电工电能新技术，29：1-9.

严陆光，周孝信，张楚汉，等 . 2011. 关于筹建青海大规模光伏发电与水电结合的国家综合能源基地的建议（续）. 电工电能新技术, 30：8-11.

曾义金 . 2015. 干热岩热能开发技术进展与思考 . 石油钻探技术 , 43(2):1-7.

中国地质调查局，国家能源局新能源和可再生能源司，中国科学院科技战略咨询研究院，等 . 2018. 中国地热能发展报告 2018. 北京 : 中国石化出版社 .

中国水力发电工程学会 . 2015. 中国水力发电年鉴（第 18 卷，2013 ）. 北京 : 中国电力出版社 .

中国水力发电工程学会 . 2016. 中国水力发电年鉴（第 19 卷 , 2014 ）. 北京 : 中国电力出版社 .

Amer M, Wang C C. 2017. Review of defrosting methods. Renewable and Sustainable Energy Reviews, 73: 53-74.

Biao X, Han T Y, He L, et al. 2019. Experimental study of an improved air-source heat pump system with a novel three-cylinder two-stage variable volume ratio rotary compressor. International Journal of Refrigeration, 100: 343-353.

Cai J M, He H F, Banks S W, et al. 2017. Review of physicochemical properties and analytical characterization of lignocellulosic biomass. Renewable and Sustainable Energy Reviews, 76: 309-322.

Esch M P. 2015. Designing the urban microclimate: A framework for a design-decision support tool for the dissemination of knowledge on the urban microclimate to the urban design process. A+ BE| Architecture and the Built Environment, 6: 1-308.

Feng Z, Liu S, Niu W, et al. 2020. Ecological flow considered multi-objective storage energy operation chart optimization of large-scale mixed reservoirs. Journal of Hydrology, 581: 124425.

German Biogas Association. 2020. Biogas market data in Germany 2019/2020.https://biogas.org/edcom/webfvb.nsf/id/EN-German-biogas-market-data[2022-07-21]

Huttrer G W. 2020. Geothermal power generation in the world 2015-2020 update report. In: Proceedings World Geothermal Congress 2020. Reykjavik: International Geothermal Association: 01017.

Ibrahim Y. 2010. Hydropower for sustainable water and energy development. Renewable Sustainable Energy Review, 14: 462-469.

Li X S, Xu C G, Zhang Y, et al. 2016. Investigation into gas production from natural gas hydrate: A review. Applied Energy, 172: 286-322.

Li X Z, Chen Z J, Fan X C, et al. 2018. Hydropower development situation and prospects in

China. Renewable Sustainable Energy Review, 82: 232-239.

Lund J W, Toth A N. 2021. Direct utilization of geothermal energy 2020 worldwide review. Geothermics, 90: 101915.

Moridis G J, Collett T S, Pooladi-Darvish M, et al. 2011. Challenges, uncertainties, and issues facing gas production from gas-hydrate deposits. SPE Reservoir Evaluation & Engineering, 14: 76-112.

Sun C H, Xia A, Liao Q, et al. 2018. Biomass and bioenergy: current state. In: Bioreactors for Microbial Biomass and Energy Conversion. Singapore: Springer.

Tian T, Dong Y, Zhang W, et al. 2020. Rapid development of China's geothermal industry -- China National Report of the 2020 World Geothermal Conference In: Proceedings World Geothermal Congress 2020. Reykjavik: International Geothermal Association, 01068.

Wang W Y, Li X Y. 2019. Intermediate pressure optimization for two-stage air-source heat pump with flash tank cycle vapor injection via extremum seeking. Applied Energy, 238: 612-626.

Yan H Z, Hu B, Wang R Z. 2020. Air-source heat pump for distributed steam generation: A new and sustainable solution to replace coal-fired boilers in China. Advanced Sustainable Systems, 4(11): 2000118.

第四章

智 能 电 网

第一节　大规模可再生能源发电与组网

一、基本范畴、内涵和战略地位

大力发展可再生能源，实现能源结构的清洁化转型，是我国保障能源供应安全、促进大气污染防治、应对气候变化的重要举措，是我国实现能源革命的必由之路。根据国家能源局统计数据，自 2005 年《中华人民共和国可再生能源法》颁布以来，我国风电累计装机规模已经增长了超过 100 倍，2021 年达到 3 亿 kW，占全球风电装机规模的 35.8%，光伏累计装机容量相比 2005 年增长超过了 1000 倍，达到 3.06 亿 kW，占全球光伏发电规模的 32.9%（国家能源局，2021，2022）。近年来，随着全球海上风电成本的快速下降，海上风电已经成为我国可再生能源发展的新热点，装机规模有望快速增加，2019 年我国海上风电总装机不足 1000 万 kW，而 2018 年 4 月国家能源局正式批复同意的《广东省海上风电发展规划（2017—2030 年）》（修编）预计 2030 年广东规划容量将达到 6685 万 kW，相当于 3 个三峡水电站的装机规模（刘吉臻等，

2021）。总的来看，我国风电、光伏历年新增装机容量呈波动式上涨态热（图
4-1）。我国年度可再生能源投资超过 8000 亿元，是我国拉动经济增长的最重
要支柱性产业之一。

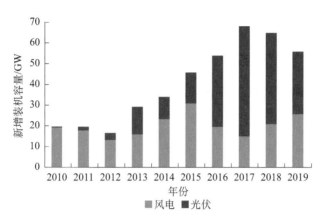

图 4-1　我国风电、光伏历年新增装机容量

面向未来，可再生能源的发展将推动我国能源结构的深化转型。2020 年
9 月，国家主席习近平在第七十五届联合国大会一般性辩论上发表重要讲话，
提出了"二氧化碳排放力争于 2030 年前达到峰值，努力争取 2060 年前实现碳
中和"的宏伟目标。2020 年 10 月，国家主席习近平在气候变化大会上再次承
诺我国 2030 年可再生能源装机达到 12 亿 kW 的目标[①]。大力发展可再生能源，
实现能源系统的脱碳运行，将成为推动"后疫情时代的绿色复苏"的重要着
力点。

实现可再生能源到电能的转化、确保可再生能源发电平稳并网、进
而满足广大用电需求是实现大规模可再生能源高效利用的必由之路。保障
可再生能源安全、稳定、高效、经济地并网发电，实现电力系统对可再生
能源的足额消纳是实现碳中和转型路径的关键技术环节。可再生能源产生
的电力与常规能源产生的电力相比，具有以下三个基本特征（田世明等，
2014）。

（1）发电的随机性：在大自然环境中，风速及太阳光辐射强度受到包括
天气、地势、云彩等多种不可抗拒的自然因素的影响，这些因素决定了风能

---

① 生态环境部组织召开落实习近平总书记气候变化有关重大宣示座谈会，https://www.mee.gov.cn/xxgk
2018/xxgk/xxgk15/202012/t20201215_813230.html.

和太阳能发电的随机性，主要表现在输出功率的间歇性、波动性及不可准确预测性上，这样大规模的随机性电源接入将对电力系统的安全稳定和电能质量等造成不利的影响。

（2）发电的分散性：尽管风能资源分布相对集中，但太阳能的分布却相对分散，这些分散的可再生能源产生的电力可能在配电网内实现分散接入，也将影响电力系统的电能质量、安全运行及调度运行等。

（3）发电设备的特殊性：可再生能源发电设备从原动机结构、发电机结构及发电控制设备等多个方面都与常规电力系统发电设备有较大区别，其中，典型的风力发电设备包括风轮机、变速箱、异步电动机、变桨和偏航控制及大容量的交流变频控制设备等，太阳能发电也通过使用大容量的交流变频控制设备接入电网。这些系统不仅有机电系统的慢动态耦合过程，也有快速的大功率电力电子系统的快动态耦合过程。

由于可再生能源具有显著的间歇性、波动性与不确定性，而电力网络中能量光速传播、供需要实时平衡，如何实现可再生能源安全与高效地并网发电、实现全额消纳与充分利用，是其中的关键问题。风电发展的初期，由于电网无法应对大规模波动性可再生能源，风电因无法并网而被迫弃置，累计弃风损失达到 100 亿元（张海龙，2014）。随着电网公司与科研院所的高强度攻关，弃风问题在近年来已经显著缓解。然而，随着可再生能源比例的进一步上升，间歇性可再生能源的并网消纳的挑战将持续存在。

二、发展规律与发展态势

（一）发展规律

1. 大规模可再生能源电力远距离输送是我国利用可再生能源的重要途径

我国可再生能源资源和负荷中心呈逆向分布，利用超高压输电网络远距离传输大规模可再生能源电力是我国开发可再生能源发电的必然趋势，这也与世界其他国家的可再生能源的发展道路截然不同。以大规模并网型风力发电为例，欧洲风力发电的开发模式是分散式的，单个风电场规模不是很大，主要的风电功率都在中低压配电网中就地消耗，不会对电网的传输能力提出更高的要求。然而在我国，风电和光伏却都是上千万瓦级地集中开发，分布式光伏发电的发展尚处于初级阶段，根据我国 2020 年 9 月在联合国气候雄心峰会的最新承诺，风电、光伏的装机容量到 2030 年将达到 12 亿 kW 的规模。

2. 大规模可再生能源电力的功率波动性对电网的影响将成为研究重点

虽然《电网企业全额收购可再生能源电量监管办法》和《清洁能源消纳行动计划（2018—2020 年）》在目前有利于可再生能源发电事业的发展，但随着可再生能源的开发规模急剧增大，可再生能源电力生产的随机性和功率波动性将不可避免地影响电网的电能质量、安全稳定运行、实时调度，同时影响可再生能源自身的消纳。可以预见，评估并消除大规模的功率随机波动对系统所造成的负面影响将成为我国大规模可再生能源的电力输送及并网需要解决的重大课题。结合国外的相关经验，我国在治理可再生能源随机波动性方面，应从基础理论、关键技术和政策层面出发，从理论上研究控制可再生能源随机波动性的机理，从技术上寻找以最小的代价抑制功率波动的方法，从政策上研究相应的可再生能源电力的接入标准，以保证将可再生能源电力的功率波动控制在安全可控的范围以内。

3. 大规模可再生能源电力输送及接入将体现学科强交叉的格局

可再生能源并网发电领域与多门基础学科有着重大的交叉。从宏观上看，可再生能源发电厂的勘测、评估及预测等相关技术，与气象学、地质学、海洋学、流体力学、随机数学等基础学科紧密相关；从微观上看，可再生能源还与材料学、结构力学、化学等学科有紧密联系。为了满足可再生能源对学科交叉的要求，世界各国相继成立了由政府支持的国家级可再生能源研究中心，如丹麦的瑞索国家实验室（Risoe National Laboratory）、美国的国家可再生能源实验室（National Renewable Energy Laboratory，NREL）等，都以可再生能源的开发为导向，形成了跨学科、综合性的研究机构，为本国可再生能源的发展开展了基础理论和关键技术的研究。我国大规模可再生能源电力输送及接入系统领域的研究工作，也应该充分借鉴世界发达国家的经验，鼓励研究工作中的学科交叉与人才交流，促进整体研究水平的提高，进而取得具有自主知识产权的核心研究成果。

4. 大规模海上风电并网源-网-荷-储研究成为可再生能源并网新的发展热点

海上风电具有靠近负荷中心、年利用小时高、不占用土地资源等优点，随着近年海上风电投资价格的显著下降，海上风电并网研究将成为可再生能源并网新的研究热点。从宏观上看，海上风电并网涉及海洋气象预测、长距离跨海输电、大电网机组组合等诸多内容；从微观上看，其涉及风机设备制造、施工运维和系统控制等问题。欧洲各国海上风电已成规模，欧洲风能协会（Wind Europe）发布的2020年度欧洲海上风电统计数据显示，欧洲累计装机超过了25 GW大关，达到25.014 GW的规模，海上风电建设已经不依赖补助。美国NREL也对海上风电进行了深入研究，为其海上风电发展提供了详细理论支撑、数据支撑和模型支撑。我国也制定了海上风电的长线发展计划，各省发展和改革委员会已经制定了到2030年共计130 GW的发展目标（周小彦，2022）。在海上风电即将大规模并网的关口，对于海上风电能源有序开发、足额消纳的研究必不可少。我国应充分借鉴欧洲各国发展海上风电的经验，鼓励研究工作的学科交叉和人才交流，促进海上风电健康发展。

（二）发展态势

可再生能源产生的电力具有随机性和分散性的突出特征，当大规模接入电力系统后，如果不解决电能质量、安全运行、实时调度、可再生能源消纳困难等方面的问题，可再生能源产生的电力将难以达到高效利用的目标。结合国外可再生能源电力接入系统的研究现状，以及我国可再生能源大规模集中开发的特点，大规模可再生能源电力输送及接入系统领域的主要发展趋势如下。

1. 大规模风电、太阳能电预测技术

风电、太阳能电预测技术主要包括短期预测、中期预测及长期预测三个方面，其中短期预测具有更为重要的研究价值。在短期预测的基础上，预测整个风电场或者太阳能电场的功率输出，对保证电力系统的安全稳定运行和经济调度都具有极其重要的意义。中期预测和长期预测则对于电力系统中长期发电计划安排与电力系统规划具有重要意义。

2. 大规模可再生能源电力输送方式的研究

针对风能和太阳能的随机性及产生电能的波动性特征，需要研究大规模风力和太阳能发电接入电网的规划评估指标体系与电网规划策略，研究大规模风电和太阳能发电接入的可靠性与经济性，大规模风能和太阳能发电接入电网电压等级与最大穿越比例（节点穿越比例和系统穿越比例），研究大规模可再生能源发电经由基于电压源换流器的高压直流输电（VSC-HVDC）接入电力系统的新型方式。

3. 平抑大规模可再生能源波动性研究

对于大规模可再生能源接入波动性及消纳困难的问题，需要研究平抑大规模风力和太阳能发电的出力曲线的调度策略。近些年发展较快的电化学储能技术和电解水制氢技术可以平抑可再生能源的发电，需要研究如何配置电化学储能系统和电解水制氢装置与大规模可再生能源发电协同运行，研究电化学储能和电解水制氢装置的优化配置。

4. 大规模可再生能源发电与电网安全稳定性的相互影响

大规模可再生能源发电远距离输送、机网间薄弱联系是我国并网型大规模可再生能源发电所面临的基本状况，在我国原有的超大规模同步电网互联的问题上，加上大规模风电接入所引入的随机性功率波动的相关问题，大大增加了问题的复杂性与困难度。建立能够描述波动性出力的可再生能源电场的静态、动态模型，并建立相应的大规模电网安全稳定分析新理论及算法，研究风电机组和风电场的有功与无功控制特性及低电压穿越能力，研究光伏电站的有功功率控制技术，是解决我国可再生能源大开发的关键问题。

5. 大规模可再生能源电力输送条件下电网运行可靠性分析理论和方法

可再生能源具有波动性和分散性特征，因此需要研究不同可再生能源电场之间功率输出的关联性，以及每个大型可再生能源电场的多态等效可靠性模型，从而提出更为准确的可再生能源发电可靠性模型。大规模随机性的可再生能源注入电网，将改变电力系统的潮流分布；大规模可再生能源注入的不确定性可能产生电力系统安全隐患。因此，深入研究大规模可再生能源电力输送及并网的电力系统输电充裕水平和电网可靠性水平，做出更为准确的评估具有重要的现实意义。

6. 可再生能源发电电能质量的评估与控制技术

大功率电力电子技术被广泛应用于可再生能源发电及并网，虽然这些技术大幅度提升了可再生能源发电的可控性与灵活性，但也给电网造成了较严重的谐波污染。另外，由于可再生能源发电的功率波动性，大规模可再生能源电力的接入将会引起系统的频率波动，以及电网中部分节点电压的闪变，从而降低电能质量，危害电网中其他设备的安全。新型可再生能源发电设备的开发与应用，需要新的控制理论和方法，以降低可再生能源发电设备的谐波并抑制由功率波动引起的频率和电压闪变。

7. 大规模可再生能源接入系统的市场机制与运行技术

随着大规模可再生能源的接入，其功率波动性与不确定性对电力市场的交易产生了冲击。随着我国电力市场化程度的进一步加深，电价改革等电力市场的改革已经进入试运行阶段。结合我国电力系统与可再生能源的实际情况，研究适合我国国情的大规模可再生能源接入电力市场机制与运营技术，以促进我国电力改革的开展，并刺激可再生能源发输电事业的发展。另外，随着分布式光伏的蓬勃发展，亟须建立分布式点对点光伏发电的交易机制运营技术。

8. 可再生能源电力接入电网的准则和测试方式

可再生能源是环境友好型的清洁能源，风电和太阳能发电机组也应该是电网友好型的电力能源。研究风电和太阳能发电机组的功率（有功和无功）调节能力与故障穿越能力，从电力系统运行角度对风电和太阳能发电机组并网运行技术与风电场控制方面研究并网准则，以确保大电网的安全、经济和清洁运行，同时有效提升可再生能源发电机组的故障穿越能力，是大规模可再生能源电力接入系统的研究重点。

9. 海上风电优化运行与并网技术

海上风电的运行环境、送出系统和馈入电网环境与陆上风电迥然不同，海上风电的优化运行需要依托高精度气象与海文数据，在复杂环境中实现高可靠性的运行，需要根据不同水深与离岸距离，因地制宜地设计送出方案，需要依托当地电网整体情况，形成统筹兼顾的并网消纳方案。发展海上风电优化运行与并网技术，对促进海上风电有序开发，合理利用，增加其与电网协同性具有重要意义。

三、发展现状与研究前沿

（一）国内外现状分析

可再生能源是全球能源互联网清洁能源发展的重要组成部分，其并网问题是国际能源与电力技术发展的前沿和热点。目前，全球风电、太阳能发电呈现出大规模基地式开发、大范围消纳与分布式开发、就地利用并行发展的态势。新能源发电并网需要大量的电力电子设备，这些电力电子设备不仅会影响新能源自身的发电特性，也会对电网产生影响。

国内对可再生能源并网进行了大量研究，如有学者对太阳能、燃料电池、风力发电的输出特性及发电系统组成进行了理论分析；有学者论证了随着风电建设规模的加大，风电的波动将会不断增加常规电源调峰的困难；有学者对储能系统接入电网后对于提高电网接纳新能源发电入网能力的程度进行了研究，从暂态和稳态两个角度分析了现行的储能方式、控制策略等对新能源并网的影响；有学者就分布式能源与电网相互作用的机理及其协同调度技术以及分布式能源接入电网后对电网的负荷特性、调度自动化、配电网规划运行、电能质量、保护等方面的影响进行了研究。

对于国外的研究状况，有学者分析了风电的输出特性及其并网后对电网潮流节点的影响；有学者基于人工智能技术开发了一种不需要依靠天气预报提供风速和风向的预测风力发电功率的方法；有学者从技术经济学的角度分析了风光储互补发电系统的经济性，分析表明风光互补发电系统相对单一的风电、光伏发电系统有着较高的经济性；有学者从现在和未来的角度讨论了可再生能源、环境和可持续发展之间的关系，从而为能源政策的制定提供了一些理论参考。

在政策方面，德国联邦参议院先后通过了多个版本的可再生能源法，而最新版《可再生能源法 2017》（EEG-2017）于 2017 年 1 月 1 日实施，为德国能源转型中的可再生能源开发利用提供了有力的保障。日本出台了《关于促进新能源利用的特别措施法》的相关规定，从市场条件、技术支持、保障体系等方面促进了新能源的有序发展。国外的这些政策对于我国制定相应的能源政策都有一定的参考价值，在借鉴的基础上，我国可结合大规模可再生能源电力输送及接入系统的实际国情，制定适宜新能源可持续发展的战略目标规划。

（二）研究前沿

虽然国内外在可再生能源发电与组网方面的研究取得了一定成绩，但由于可再生能源发电、传输、并网与消纳本身是一个融合气象学、地质学、海洋学、流体力学、材料学、结构力学、化学、电力电子、电价等诸多技术的综合平台，所以需要多学科交叉应用。从中长期角度，需要推动多学科交叉融合，支撑以大规模可再生能源利用为核心的关键技术发展。"碳达峰、碳中和"为我国大规模开发可再生能源迎来了新的发展机遇。如何保障大规模可再生能源有效接入电网、促进低惯量电力系统安全协调运行、引导有序投资，并最终实现电力系统的清洁低碳转型，是关系到万亿级资产，涉及资源环境、电力技术、能源政策与社会经济的复杂系统问题。国外倾向于采用风电和光伏集中开发、大规模输送的方式，但相比国外，国内具有更远距离、更大容量组网特点，故国外的很多研究成果只具有一定的借鉴意义，国内很多研究领域处于空白，亟须开展深层次的系统基础研究。

从学科和应用前沿出发，借鉴可再生能源发电与并网的研究成果，结合我国大规模可再生能源电力输送及接入系统的特点，今后主要的突破点有以下五点：①大规模可再生能源发电预测理论和方法研究，不断提高我国风电、光伏功率预测水平和能力；②可再生能源并网与发电控制技术，提高低惯量电力系统可靠运行，为大规模风电、光伏发电提供建模、控制与优化运行关键技术；③大规模海上风电并网与送出技术，为我国大规模海上风电发展提供理论、技术与装备支撑，确保满足海上风电消纳与东南沿海电力转型需求；④大规模可再生能源并网准则与检测技术，建立大规模风电、光伏国际化并网准则与检测标准；⑤可再生能源与直流输电系统组网研究，为我国大规模可再生能源的跨区、跨省全额有序消纳提供理论与技术支撑。

四、关键科学问题、关键技术问题与发展方向

（一）关键科学问题

（1）大规模可再生能源发电系统的电力电量平衡新机理与全额消纳新方法分析。

（2）大规模可再生能源发电系统的市场机制与运行技术分析。

（3）大规模可再生能源发电组网系统的模型适应性、安全稳定性、运行特性、控制鲁棒性、振荡宽频性与故障传播机理分析。

（4）含大规模海上风电系统的电压、电流、频率控制策略可行性与适应性分析。

（5）大规模可再生能源发电系统的低惯量暂态、稳态特性分析。

（二）关键技术问题

（1）可再生能源发电预测技术。①基于微气象学的风电场和太阳能发电场预测技术；②考虑地理相关性的大区风电和太阳能发电预测技术；③大型风电场和太阳能发电预测及可信度评估。

（2）可再生能源并网与发电控制技术。①大型风电场和光伏电站动态等值模型及参数优化设计；②大规模风电场和光伏电站随机功率波动特性研究；③可再生能源高效并网方式研究；④低惯量电力系统稳定性分析。

（3）大规模海上风电并网与送出技术。①海上风电接入点、接入方式（穿透比）、汇集组网、传输方式、并网控制关键技术；②大规模海上风电接入系统安全性、稳定性与可靠性研究；③海上风电与陆地电网的协同运行与控制技术研究。

（4）大规模可再生能源并网准则与检测技术。①大规模风电和光伏发电的功率调节能力与故障穿越能力；②大规模风电和光伏并网的技术条件；③风电与光伏的电能检测技术。

（5）可再生能源与直流输电系统组网研究。①大规模可再生能源与常规

直流、柔性直流、混合直流的组网、控制、运行方式；②可再生能源与直流输电系统的故障分析、稳定性分析、宽频带振荡分析。

（三）发展方向

主要发展方向包括含大规模可再生能源发电系统的组网、控制、运行研究；解决电力电量不平衡问题，实现可再生能源的安全高效变换与全额消纳，建立大规模可再生能源发电系统的市场机制与运行模式，对接国家"碳达峰"和"碳中和"目标；解决大规模可再生能源发电系统（尤其是海上风电系统）与高压直流输电系统并网情况下因低惯量特性导致的电压、电流、频率控制难题，实现对大规模海上风电的规划、运行与控制的全链条综合分析，形成大规模可再生能源发电组网系统的暂态、稳态控制新理论。

第二节　新型输变电技术

一、基本范畴、内涵和战略地位

为保障未来国民经济发展的能源供应，满足清洁低碳、安全高效的能源发展要求，我国需要大力发展电力系统输变电技术，确保利用大电网的优势实现新能源时空互济，解决火电/新能源基地外送和大规模分布式新能源接入的问题。然而，持续增加的新能源占比、电力电子设备渗透率、可控负荷数量占比，给我国输变电技术带来多方面的挑战。

（1）常规大容量特高压交直流输电技术瓶颈凸显。为了实现全国范围内电力资源的优化配置，需要通过特高压直流输电通道实现大规模电力跨区域输送。目前已投运的特高压直流输电工程，在点对点功率传输、分时段经济功率交换等方面具有较大优势。随着特高压直流输电额定容量的不断提高，它的固有缺陷则逐渐凸显：一方面，特高压直流输电存在落点选择困难、无功消耗大、抵御换相失败能力不足等问题；另一方面，特高压直流输电与交流电网的相互影响不断增加，交流系统故障容易导致多条特高压直流输电发生相继或同时换相失败，造成故障快速蔓延和连锁传播，大面积停电风险增加。

（2）大规模新能源和电力电子设备给输变电系统带来的冲击大。随着全国电源结构呈现火电占比下降、新能源并网规模日益增大的格局，大规模风、光等清洁能源的间歇性、波动性问题对输电网安全稳定运行造成重大威胁；大量充电桩、数据中心、分布式新能源等波动性负荷（电源）采用电力电子装备接入配电网，逐渐形成交直流混合的配电网，但相关设备和运行技术尚不成熟，电网安全可靠运行方面仍面临巨大挑战。为此，需进一步研究基于电压源换流器（voltage source converter，VSC）的先进输变电技术及装备，包括混合直流技术、柔性直流电网技术、特殊场景下直流技术；直流变压器、直流断路器、直流潮流控制器等关键设备。

二、发展规律与发展态势

面对电力系统发展的新形势和新要求，近年来我国在交直流特高压输电、基于电压源换流器的直流输变电技术等方面都取得了一定的进展。

（1）特高压输电技术极大地提高了我国能源的远距离输送能力。"十三五"期间我国已投运 8 条特高压直流线路，其中 2019 年投产了世界上电压等级最高（±1100 kV）和额定功率最大（1200 万 kW）的准东—皖南特高压直流输电工程。目前特高压直流逐渐向多端直流和混合直流方向发展，如昆柳龙 ±800 kV 直流输电工程和白鹤滩—江苏 ±800 kV 特高压直流工程。经过多年发展，我国的特高压直流输电技术已经成为领先世界的重大原始创新技术。

（2）基于电压源换流器的柔性直流输变电技术。电压源换流器不存在换相失败问题，输出波形质量高，是直流输配电技术的发展方向。"十三五"期间，柔性直流输配电技术的电压等级和功率水平有较大提升，直流故障处理能力进一步加强。2022 年已投运的张北柔性直流电网试验示范工程已经达到 ±500 kV/3000 MW 水平，并采用高压直流断路器处理直流故障。已投运的南澳 ±160 kV 多端柔性直流输电示范工程中使用了高压直流断路器，并计划安装超导直流限流器。

（3）分频/低频交流输电。采用分频/低频交流输电可在不提高电压等级的情况下，通过使用 50/3 Hz 频率，使其有效输送容量提升至工频交流方式下输送容量的 2.5 倍以上；同时，由于线路沿线的充电电流减小，线路末端电压波动率低于工频高压交流输电方式，因此可极大节省输电走廊及无功补偿装置的一次投资。特别是在长距离海缆应用方面，可显著减少无功充电功率，提高电缆传输容量；与常规直流送出方案相比，分频输电方式采用交流断路器实现电流开断，利用变压器进行电压等级变换和匹配，可方便地进行交流组网，容易构建适用于多个风电场集中外送的多端分频输电系统，维护简单，运行方式灵活，是一种极具潜力和开发前景的远距离输电与大规模风电并网方案。

三、发展现状与研究前沿

应当加强的优势方向为特高压直流输电、混合直流输电技术和具备故障隔离能力的新型直流输电技术，解决我国远距离大容量输电问题。加大薄弱方向研究，包括远海风电柔性直流送出技术、多端直流/直流电网的技术先进控制和保护技术，提高大规模新能源消纳能力。

（1）突破特高压直流输电的技术瓶颈。未来我国将继续通过"西电东送""北电南送"实现电力资源的优化配置，需要大力发展柔性直流输电、混合直流输电、新型直流输电等技术，进一步优化特高压直流输电的动态特性。

（2）应对新能源和电力电子设备对输配电系统的冲击。重点布局柔性直流电网控制策略、故障机理、保护自愈技术，交直流混合配电网控制保护技术，直流变压器、直流断路器、直流限流器、直流潮流控制器等关键设备的理论、设计与实现技术。

（3）挖掘发、输、用电领域的频率选择，完善多频率混联电网基础理论体系。通过技术、经济指标对比论证构建多频率电力系统的可行性和潜在效益，找到多频率电网的演化路径，研究多频率电网的稳定机理。进而提出系统运行优化模型与方法，发掘频率参数的潜在效益，研究多频系统的协调控制方法。

四、关键科学问题、关键技术问题与发展方向

（一）关键科学问题

（1）柔性多端直流电网组网稳定性、鲁棒控制与故障传播机理。

（2）多频率电网的基础理论体系，包括多频率电源接入的建模、强非线性耦合的运行特征与多频率电网稳定机理。

（二）关键技术问题

（1）面向高比例新能源并网的多端柔性直流输配电系统设计、控制与保护一体化技术。

（2）多频率混联电网拓扑结构、形态特征构建，以及传统电网向多频率电网的演化路径推演。

（3）超导输配电技术的工程实用化。

（三）发展方向

应促进的前沿方向包括探索高温超导交/直流输电技术，解决特高压系统架空线输电走廊拥挤和线路损耗高的问题。同时，应积极探索基于感应耦合、磁共振耦合、飞秒激光和微波等形式的无线输电技术。

第三节　智能配用电技术

一、基本范畴、内涵和战略地位

配电网直接面向用户，是保证供电质量与客户服务质量、提高电力系统经济效率的关键环节。智能配电网的发展主要源于技术上的推动和商业需求的拉动，技术推动以分布式发电技术、通信与信息技术的发展为主要动力，商业需求拉动则以发达国家原有的配电网设备更新换代，以及发展中国家新

建智能配电网系统需求为主。在智能配电网建设过程中，各国都将配电系统深入到用户侧，通过高级量测体系和智能配电信息系统的建设，将智能用电和智能配电两者更紧密地联系在一起。

智能配电是以配电网高级自动化技术为基础，通过应用与融合先进的测量和传感技术、控制技术、计算机和网络技术、信息与通信技术等，集成各种具有高级应用功能的信息系统，利用智能化的开关设备、配电终端设备等，实现配电网在正常运行状态下监测、保护、控制和优化，并在非正常运行状态下具备自愈控制功能，最终为电力用户提供安全、可靠、优质、经济、环保的电力供应和其他附加服务。智能用电则强调将供电侧到用户侧的重要设备，通过灵活的电力网络和信息网络相连，形成高效完整的用电信息服务体系和服务平台，构建电网与用户电力流、信息流、业务流实时互动的新型供用电关系。

紧密结合当前我国智能电网的发展目标，本小节从未来配电网的形态与规划、高比例分布式能源集成与利用、高级配电运行、需求侧响应等多个方面，阐述智能配用电领域内重点以及核心技术的研究和应用情况，并指出未来智能配用电技术领域的技术瓶颈，通过与国外研究进展的深入对比，展望我国智能配用电技术的创新发展前景。

二、发展规律与发展态势

当今经济社会的快速发展和科学技术的不断创新，给配用电技术带来了许多新的问题。①高科技设备的大量应用、自动化生产线的增加，对供电可靠性和电能质量提出了更高的要求。一些对供电质量十分敏感的负荷，如半导体集成电路（integrated circuit，IC）生产线、体育场馆的照明系统，哪怕持续几秒的短暂停电也会造成严重的经济损失和混乱。②大功率冲击负荷、非线性负荷的增加，未来大量电动汽车充电站数量的增加，使电能质量控制难度更大。③可再生能源发电、储能装置等分布式电源（distributed generator，DG）在电网中的渗透率日益提高，其固有的波动性和随机性将对供电质量带来影响，给配电网设计、保护控制、运行管理带来困难。④城市中日益紧张的空间资源，促使配电网主设备的资产利用率需要得到较大的提升。⑤随着配电网智能化水平的提高以及与用户交互程度的逐步深入，配电网自动化与设计分析系统面临海量数据的处理、共享问题，而分布式电源、柔性配电设备等的加入，更增加了问题的复杂性。

为解决上述智能配用电发展过程中的问题，需要诸多新技术的支撑。作为解决从变电至用电之间电能传输和管理环节，智能配用电系统简化的技术架构如图 4-2 所示（王成山等，2015）。目前，解决各种分布式清洁能源的消纳和充分利用的微电网技术、促进电动汽车发展的充放电设施规划与运行技术、满足并引导用户多元化负荷需求的智能用电技术，以及实现含可再生能源、储能与电动汽车的新型多源配电网自愈运行与控制、保障配电网安全可靠运行的配电系统智能控制技术，受到国家及企事业、科研单位的重视。

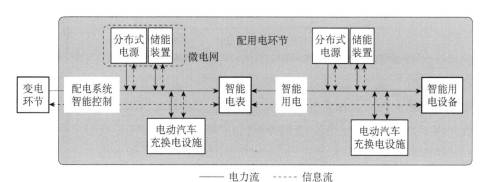

图 4-2　简化的智能配用电系统技术架构

"十三五"期间，结构灵活、潮流可控、支持分布式新能源灵活接入，能够提高用户电能质量和设备利用率的主动配电网、智能配电网成为热点。示范工程方面，欧盟第六框架计划（The Sixth Framework Programme for Research，FP6）主导的 ADINE 工程提出"主动负荷"（active demand，AD）概念，此外欧洲智能生态电网（EcoGrid EU）、美国加利福尼亚州 OpenADR 等项目也从不同角度关注户用负荷参与中低压电网运行。我国启动了一批示范工程，其中华北电网率先实现电动汽车 V2G 群控参与新能源消纳；江苏建成首套大电网源－网－荷互动系统，实现以非工空调为主的精准负荷控制；中国南方电网有限责任公司（简称南方电网）开展闲置充电桩聚合参与配电网无功电压调控等示范工程建设。

三、发展现状与研究前沿

智能配用电系统的发展离不开诸多高新技术的支撑。目前，智能配用电技术受到了各个国家以及相应企事业、科研单位的高度重视，已经在以下几个方面取得了较大进展。

（一）配电网形态与规划方面

主动配电系统技术是当前智能配电网研究的主要方向之一。目前，国内外已在主动配电系统技术方面开展了大量实践和研究工作。丹麦、英国等地纷纷开展了试点工程建设，以 ADINE 项目为例，其主旨是主动管理大量并网的分布式电源，解决电压稳定、电能质量、故障保护等一系列问题（Varela et al.，2014）。国内也相继开展了国家高技术研究发展计划（简称 863 计划）项目"主动配电网关键技术研究及示范""主动配电网的间歇式能源消纳及优化技术研究与应用"以及其他国家自然科学基金和电网企业科技项目，中国电力科学研究院、天津大学、上海交通大学、清华大学和北京交通大学等在优化规划、综合评估分析、全局能量优化等方面取得了一定成果，并且部分研究成果在北京未来科技城、福建厦门岛供电区域、广东佛山三水地区等示范工程中试点应用。

（二）高比例分布式能源集成与利用方面

在高比例分布式能源集成与利用方面，微电网技术的发展尤为重要。微电网技术可用于解决分布式能源的接入和管理问题，受到了许多国家的高度关注（王成山和李鹏，2010）。美国能源部将微电网列入了美国 Grid2030 计划，作为其未来智能配电网的发展方向和未来电力系统发展的三大基础技术之一，并制定了微电网发展路线。同时，在美国政府的大力资助下，橡树岭国家实验室、NREL、通用电气公司（General Electric Company，GE）研究中心等开展了微电网研究工作，致力于在满足多种电能质量要求的前提下，提高供电可靠性、降低成本及实现配电智能化，并相继建立了示范工程。欧盟 7 个国家、14 个组织在欧盟第五框架计划和第六框架计划的资助下，先后合作开展了 2 个微电网项目：MicroGrids 计划和 More MicroGrids 计划，在德国、希腊、西班牙等国家建立微网实验室，并完成包括分布式电源建模、运行模式间无缝切换、微网中央控制器、接地和保护方案等一批具有启发意义的研究成果。我国则先后资助了多个微电网领域的国家重点基础研究发展计划（简称973计划）、863计划以及科技支撑计划课题，基本覆盖了微电网规划设计、能量管理、运行控制及保护、仿真及平台建设等方向，从理论研究和关键技术方面取得了一系列重要进展。

（三）高级配电运行方面

高级配电运行方面覆盖了从量测、通信等基础功能到运行优化、故障自愈等高级应用的一系列核心环节，相关研究正在全世界范围内广泛开展。

在智能配电网的运行优化中，以提升电能质量和可再生能源利用率、实现配电系统绿色低碳运行为目标的优化调度技术成为研究热点。各种分布式电源与储能、用户侧电动汽车与可控负荷、微电网等小型区域电力系统、配网调压和补偿装置等都被作为调控手段，通过出力调度、需求响应等直接或间接的方式实现配网的多运行目标协调优化。

自愈控制技术的发展应用对智能配电网一次、二次装备与技术水平均提出了更高要求（董旭柱等，2012）。此外，配电系统复杂程度的不断增加使传统集中控制难以满足自愈时效性要求，基于分布式智能系统的分散控制已成为未来必然的发展趋势。

（四）大规模用户与电网供需友好互动技术

大规模用户与电网供需友好互动技术方面通过电力系统中供需双方对资源进行调控，有效应对供需双侧的强不确定性（田世明等，2014）。目前国内外对于供需互动的研究主要侧重两个方面，一方面是市场机制的设计，如需求侧资源如何参与电力现货市场交易、辅助服务交易等；另一方面是需求侧响应潜力测算以及调控策略的研究。目前国内的研究还刚刚起步，主要研究在电力市场建设不完善条件下的需求响应机制，而国外依托于完善的需求侧响应基础设施以及完善的电力市场，对于大规模用户与电网供需友好互动技术的研究已经向精细化方向发展，如精细化的用电行为分析、调控机制研究。

四、关键科学问题、关键技术问题与发展方向

（一）关键科学问题

1. 具有高度不确定性的智能配电系统随机运行行为仿真分析理论

大量新型设备的接入、分布式量测单元的广泛存在、市场运行机制的变化、源－网－荷间的互动等使反映配电系统运行行为的数据量急剧增加，用户需求侧响应、电动汽车充放电、分布式电源投切等大大增加了配电系统运行行为的不确定性，该科学问题的解决将有助于充分准确地认识配电系统的复杂运行行为，为智能配电系统的科学化发展奠定理论基础。

2. 运行与规划问题高度耦合条件下的智能配电系统优化规划理论

先进的控制技术、高度发达的配电通信网络、灵活高效的市场运行调控机制等使得智能配电系统的一次与二次系统交互影响度大为加强，运行控制策略与系统规划问题将紧密耦合，在规划中考虑运行控制策略的影响将成为一种必然，该科学问题的解决将为智能配电系统的科学化发展提供方法上的保障。

（二）关键技术问题

1. 新型配电网形态与规划

配电网形态与规划对配电系统整体性能效率和用户供电质量起着至关重要的作用。系统优化规划方法是主动配电系统的研究重点，主要考虑含分布式能源的主动配电系统的规划和运行问题：可再生能源、电动汽车等新元素的引入使配电系统呈现新的特征，有必要考虑未来配电网可能呈现的状态和格局，在分析各类不确定性因素和约束条件的基础上进行规划设计；着重开展柔性直流装置多状态多维度下的拟合仿真工作，在此基础上分析交直流混合配电网的多种运行模式并进行可靠性评估，为配电网的安全规划提供借鉴；同时，分析交直流混合配电网中离散与连续的负荷转移供电能力，进而研究计及可靠性、供电效率和经济性的综合评价方法与柔性直流装置的最优选址定容技术。

2. 高比例分布式能源集成与利用

高比例分布式能源集成与利用是为了更好地解决分布式能源在配电网中的运行问题。分布式能源的大量接入严重影响智能配电网的管理，可能导致调度指令难以被快速、准确、有效地执行，而微电网技术则可能是解决这一难题的有效途径。微电网技术的最终目标是实现各种分布式能源的无缝接入并发挥其最大潜力，主要包括能量优化管理、智能化接入与需求互动响应等。

微电网集成了多种能源输入、多种产品输出、多种能源转换单元，同时微电网内能量具有较强的不确定性和时变性，因此需要全面利用各种控制和调节手段，实现对微电网内能量的综合管理与经济调度，从而提高微电网的整体运行效率。

3. 高级配电运行

分布式能源的大量接入和用户负荷的日趋多样使智能配电网的运行控制面临巨大变革，传统的安全性、经济性、可靠性等特征并不能完全概括高级配电运行的技术目标，更为优秀的互联性、灵活性和韧性将成为其未来的核心发展方向。

配电网互联性的关键技术包括广域量测技术、信息通信技术和态势感知技术等。电力电子化的灵活配电技术主要指以智能软开关、固态变压器为代表的新型电力电子装备，是未来配网一次装备的重要组成部分，为电力系统提供交直流转换、电压变换、频率调节等多样化功能支持。配电网的韧性是指配网应对高风险、小概率扰动事件的能力，强调在面临无法避免的扰动时能有效地利用各种资源灵活应对，维持尽可能高的运行水平，并迅速恢复系统性能。

4. 大规模用户与电网供需友好互动技术

大规模用户与电网供需友好互动技术研究主要集中在市场机制设计、需求侧资源量化及调控策略、关键设备和系统平台开发等方面。在市场机制设计方面，基于国家能源战略和新电改方向，研究双向互动的电力营销业务流程和运行模式，建立健全需求响应工作机制和交易规则，鼓励探索灵活多样的市场化调剂交易模式。在需求侧资源量化及调控策略方面，研究市场竞争机制下多元用户友好互动模型、互动业务流程与运作模式等互动营销运行与支撑技术，基于价格/激励的需求侧管理数据分析和决策技术。在关键设备和系统平台开发方面，开展基于互联网的家庭智慧能源管理系统技术研究及设备研发、适合需求侧主动响应的市场机制和响应供需互动服务平台等。

（三）发展方向

未来的智能配用电系统将是一个高度融合的信息物理系统，也是一个具有高度非线性和随机性的复杂系统工程。为建设现代化的智能配用电系统，需要把握时机，制定科学、合理的发展战略。

第一阶段（2021～2025 年），紧密结合当前我国配电网的具体形态，加强新型配电网理论与方法研究：①围绕配电网智能化建设，持续推进新能源发电技术研究，使新能源发电站在提供优质电能的同时具备支撑电网运行的能力，实现与电网的友好互动，实现真正意义的"即插即用"，同时也有利于满足快速增长的负荷需求。②大力开发和研究应用储能技术，实现存储富余电能与释放电能供电的有机调控，将随机、不可控的新能源转化为稳定、可靠、可控能源，最大限度消纳新能源，有助于实现可再生能源的高渗透率及利用率以及节能环保。③明确交流配电网、微电网、直流配电网的定位和边界条件，开展中低压直流配电和微电网技术的基础理论研究，并开发新一代智能配电设备，如直流断路器、有源电力滤波器、动态电压调节器、短路电流限制器以及交直流控制保护设备等；同时，研发新型电力电子设备，如软常开开关设备，通过控制连接馈线上的有功潮流和无功潮流，以实现平衡功率、改善电压、负荷转供、限制故障电流等功能，从而加强新型配电网的控制与自愈能力。

第二阶段（2026～2030 年），开展大数据背景下配电网的综合能源资源规划及能源互联网研究与实践：①针对能源资源分布及地区差异，大力开展综合能源资源规划及运行技术的研究，致力于实现横向电源互补，纵向源－网－荷协调，在维护系统安全稳定运行和保证能源供需实时平衡的基础上，促进系统总体经济效益的增长；②积极开展研究与实践工作，明确能源互联网的核心属性，开展能源互联网基本架构与战略规划工作。通过研究电、气、太阳能、风能、生物质能、热电联供等的能源综合规划与利用技术，开展含多种能源网络的分析与评价，配电系统、能源系统与通信网络的融合及优化规划，综合能源互联可靠性、风险和经济性分析的模型与仿真工具的研发等工作，将发电设备、电网设备和用户更好地联系在一起，实现信息交互，保证配电系统和能源网络的安全、可靠运行。

第三阶段（2031～2035 年），综合利用多种科技创新成果和灵活的管理控制方式：①加大改造电网的自动化和信息化程度，综合利用发电调度、需求管理和优化控制等手段。研发用户需求响应和业务目标相关联的技术平台，同时开展智能化及互动化量测技术、高级量测体系、数据聚合模型及分析方法和大数据处理等研究工作，确保配电网的安全、优化运行。②优化调整配电网的运行控制方式，同时重视具备自适应功能的电力设备、保护设备和其他新技术。在控制方面，应着重研究新型配电网的控制管理系统，以实现分布式能源和用户负荷的主动管理和优化控制；在保护方面，应开展自适应保护技术、集成保护技术、广域保护技术的研究，适应分布式能源间歇性出力的特点，适应分布式电源和微电网的并网运行与孤岛运行两种运行方式，全面提高配电网的可靠性。③积极开展新材料的研发，注重电气设备的性能改进和功能创新。通过对高性能的电极、储能、电介质、储氢材料、高强度质子交换膜、高性能的超导材料、新型绝缘材料、纳米复合材料、新型铁磁材料和电力传感器材料等研究，在降低成本的基础上提升和完善设备性能，进而提升配用电系统的综合性能。④加强信息通信技术在配网的应用，注重发展电力系统的协调仿真分析技术。研究可实现计算工具和资源共享，全局智能与分布式智能相统一的技术方案；研究建立具有高速、双向、实时的电力无线宽带通信网络，开展"云计算"的研究，实现大量分布式电源、储能、微电网的灵活接入和控制，从而提升未来配网的准确、快速、灵活管理决策能力。

第四节　高比例可再生能源电力系统运行与控制

一、基本范畴、内涵和战略地位

2021 年 3 月 15 日，中共中央总书记、国家主席、中央军委主席、中央财经委员会主任习近平主持召开中央财经委员会第九次会议，研究促进平台经济健康发展问题和实现碳达峰、碳中和的基本思路和主要举措。会议指出"要构建清洁低碳安全高效的能源体系，控制化石能源总量，着力提高利用效能，实施可再生能源替代行动，深化电力体制改革，构建以新能源为主体的新型电力系统"。这是中央首次提出构建以新能源为主体的新型电力系统，意味着风力发电和光伏发电将成为未来电力系统的主体，煤电则降成辅助性能源。

近年来，我国新能源发电快速发展。2020 年，风力发电新增并网装机容量 7167 万 kW、太阳能发电新增装机容量 4820 万 kW。风力发电新增装机规模创历史新高、太阳能发电新增装机规模创近 3 年来新高。未来，我国将进一步提升新能源发电装机占比。2020 年 12 月，我国在气候雄心峰会上表示，到 2030 年，中国风力发电、太阳能发电总装机容量将达到 12 亿 kW 以上。但是如此之高的新能源装机容量，对电力系统运行控制与保护均造成了史无前例的巨大挑战。

为此，围绕高比例可再生能源电力系统基本特征，本小节将从高比例可再生能源电力系统规划、运行与调度，有利于可再生能源平滑接入的柔性直流电网控制保护，电力市场等方面入手，阐述并展望高比例可再生能源电力系统运行控制领域的关键技术瓶颈和创新发展趋势。

二、发展规律与发展态势

随着电力系统中风电、光伏等可再生能源发电比例的不断增加，大规模可再生能源并网消纳需要重点攻克以下几个方面的技术挑战与关键难题。

（一）大型可再生能源基地电力接入与送出

大型可再生能源发电基地能够聚集优势的自然资源和电网资源，发挥规模效应、极大地降低发电成本（张海龙，2014）。我国已建成酒泉、哈密等千万千瓦级风电基地，还将继续建立数千万千瓦级的海上风电，并在青海等地区建立千万千瓦级光伏发电基地。然而，大型可再生能源基地必须考虑更高的并网稳定性和功率调控要求，亟须解决次同步振荡、故障穿越等关键问题；采用中、高压直流进行汇集接入是一个新的技术方向，但高压直流变换器等关键装备研制刚刚起步，系统集成、控制保护等关键技术尚不成熟。

（二）分布式可再生能源系统大规模、高比例灵活并网

分布式可再生能源发电是在用户侧就近安装的可再生能源发电系统，可实现电力就地消纳，已在发达国家得到大规模推广和应用（孙宏斌等，2015）。我国分布式光伏开发利用起步较晚，但是发展速度极快，2020年已达7000万kW。目前，我国分布式光伏发电主要集中在工业园区和农村牧区，具有"大规模、高比例、区域性、集中化"特点，在一些区域出现了电压分布失衡、功率因数超标、谐波含量增加等电能质量问题以及继电保护误动、孤岛检测失效等故障保护问题，区域性大规模、高比例分布式可再生能源发电系统并网集成和控制保护等研究亟待加强。

（三）面向高比例消纳可再生能源的智能电网调控和保护

为了应对风电、光伏等可再生能源发电的波动性、间歇性和季节性，需要在更大时空尺度上进行电网资源的优化调控，欧美国家正在探索基于电力市场的不同电源和可调负荷的灵活调控。我国已开展了大量尝试，其中包括张北风／光／储／输示范工程、青海龙羊峡大型水电／光伏互补发电、云南规模化小水电／风电／光伏互补发电等示范系统。随着可再生能源发电规模和比例的不断扩大，如何充分地利用电网中可调控的资源，实现可再生能源发电的全额消纳，将是智能电网面临的一个重大挑战。

三、发展现状与研究前沿

（一）电力系统规划

面对电力系统高比例可再生能源并网的发展形势和新要求，近年来我国在未来电力系统结构形态演化、电力规划与模拟评估、交直流输电网规划、主动配电网规划等方面都取得了一定的进展。"十三五"以来，面向高比例可再生能源并网，学者在电力规划与模拟评估领域提出了众多新思路和方法，主要包括：①考虑储能、电动汽车、电转气（power to gas，P2G）、热电联产、光热发电等新技术，研究未来的电源结构与发展路径；②考虑多能互补与跨能源系统集成，研究电网与气网、热网等能源系统的协同规划技术（余晓丹等，2016）；③提出电力系统运行灵活性评价指标体系，将已有的仅考虑电力

电量平衡的电力规划方法拓展为计及系统灵活性需求的电力系统灵活性规划方法。

（二）电力系统运行与调度

电力系统运行与调度的本质任务是通过可调可控的灵活性资源来应对不确定性扰动。近年来，随着风/光发电比例的快速增长，源侧出力的间歇性逐渐成为整个电力系统不确定性的一个主要来源，而且此消彼长，可控性强的常规机组比例逐年下降，应对不确定性的灵活性调节手段严重不足。我国已经提出了2030年非化石能源发电量占比达到50%的宏伟目标，可以预见，如何在高比例可再生能源占比场景下实现电力系统安全、优质、经济和绿色运行，势必成为我国未来迫切需要解决的核心问题。

（三）电力系统控制与保护

面对电力系统高比例电力电子装备接入的发展形势和新要求，"十三五"期间我国在系统稳定运行控制方法、系统保护新原理、系统控制保护协同原理等方面都取得了一定的进展。

在系统稳定运行控制方法方面，"十三五"期间重点分析了新能源电源对大系统稳定运行控制的影响。目前的系统稳定运行控制研究重点考虑了电源电力电子装备运行控制特性，缺乏对于源－网－荷电力电子化后系统整体换流设备控制交互影响的全面分析。

在高比例电力电子装备接入的系统保护新原理方面，大量电力电子装备接入系统导致系统故障特性畸变且持续时间相对较短，"十三五"期间保护新原理研究重点在于提升保护的速动性和灵敏性（李斌等，2016a，2016b）。但是，现有保护的研究缺乏对于系统全面电力电子化的考虑，如大规模混合直流电网保护原理。

（四）电力市场

自2015年《关于进一步深化电力体制改革的若干意见》出台以来，尤其是"十三五"期间，我国电力市场进入新的发展阶段，初步建立了电力市场的规则体系和交易平台，电力市场化交易规模不断扩大，输配电价改革实现全覆盖，经营性发用电计划全面放开，增量配电改革稳步推进，电力现货市场、辅助服务市场试点建设亦有所突破，电力市场体制改革与相应理论研究工作都进入了新的阶段。

同时，相比成熟电力市场国家，我国在电力市场的运行和实践中还存在多方面的问题，如交易机制不完善、价格关系未完全理顺、市场主体覆盖范围不足、区域间联系不足等。

四、关键科学问题、关键技术问题与发展方向

（一）关键科学和技术问题

1. 电力系统规划

（1）未来电力系统的形态科学问题是需要探索以清洁低碳化为目标，以低碳电力技术创新为驱动，考虑资源、能源、环境、气候、经济交叉综合影响下的电力系统输电网和配电网结构形态及其演化机理。

（2）可再生能源占比不断提高将引起电力系统形态从量变到质变，迫切需要突破"强随机性复杂稳定机理的电力系统规划问题建模、求解与评估"这一科学问题，研究模型与数据联合驱动的高比例可再生能源电力系统评估与规划新理论与方法。

（3）电力系统规划的主要矛盾逐渐转变为有限的系统运行灵活性供给与可再生能源出力强不确定随机之间的矛盾。研究涵盖源-网-荷-储等环节不同时空尺度的电力系统灵活性供给体系是未来亟待解决的问题。

（4）高比例可再生能源并网的发展态势使得电力系统电力电子化趋势凸显。电力系统的低惯量特性逐渐成为限制可再生能源消纳的重要因素。考虑电力电子化低惯量特性带来的特殊挑战，研究低惯量电力系统的结构形态规划方法是未来研究热点与重点之一。

2. 电力系统运行与调度

（1）突破高比例可再生能源接入场景下的低惯量电力系统调度运行与控制理论。

（2）通过多学科交叉，构建开放信息环境下的规模化异质多能流协同优

化与综合安全基础理论体系，突破两个关键科学问题：①开放环境下的多主体异质能流互动机理与协同优化；②信息物理深度融合下的扰动传播机理与综合安全。

（3）重点突破人工智能理论在电力系统调度领域的应用，构建模型驱动与数据驱动相结合的复杂电力系统智能调度理论框架。

3. 电力系统控制与保护

（1）我国电力系统的电力电子化发展引入的稳定性问题将由量变引起质变，区域内全电力电子化电力系统成为可能，现有按照包含同步发电机的交流系统设计的电力电子装备将无法满足未来的需求，利用新兴信息科学、计算手段、控制方法等技术实现全电力电子装备的智能化协调控制和系统稳定性优化应值得优先布局。

（2）我国风光等可再生能源发电的规模会持续扩大，大规模新能源发电和电力电子装备渗透下的故障分析方法亟待布局突破。

（3）高比例电力电子装备接入系统已是我国电网现状，即将发展成为电力电子化电力系统，然而电力电子装备本身无法承受长时间过流，研究高速本地保护原理是系统对于保护的基本需求，需要重点布局。

（4）我国即将形成节点高度柔性化的交直流互联电网，故障扰动系统中的传播规律将异常复杂，布局新的系统级控制保护系统方法，是保障大系统安全稳定运行的必要手段。

4. 电力市场

（1）能源系统的发展具有深远的社会影响，需要寻求能源安全、社会公平与环境保护之间的平衡。在气候变化、区域保护主义抬头等大背景下，许多国家电力市场改革的重点逐步由促进竞争、降低电价，转向能源安全、清洁高效和可持续发展。

（2）风电、光伏等可再生能源由于其不确定性，参与市场交易的竞争力较弱，需要设计合理的市场机制和交易产品，提升可再生能源的市场竞争力，保证市场的公平。

（3）配网中大规模接入的分布式资源使得市场主体逐渐多元化，需要创新的市场交易机制、分布式算法等，以适应其分散特性，充分发挥其潜力。

（4）在能源电气化和可再生能源占比上升的趋势下，天然气、氢气、热能、电能之间逐渐能够实现能量的相互转化与互补调节。如何建立并分析电、气、热等多种能源联合交易出清的市场机制、促进能源系统整体的高效和稳定运行，已逐渐成为研究热点。

（5）传统的电力市场主要关注提高短期运行效率、降低成本，缺乏对长期基础设施投资的激励机制。

（二）发展方向

1. 第一阶段（2021～2025 年）

在电力系统规划方面，发展目标是面向未来高比例可再生能源并网场景，以坚强交直流互联电网为支撑，以清洁发电技术、多元储能、电动汽车、需求响应、先进电力电子技术、灵活性改造、多能源网络集成、人工智能应用等为工具，形成面向高比例可再生能源并网的电力系统规划基础理论与关键技术，明确我国中长期电力系统的结构形态演变规律与技术发展路径，部分技术与应用达到世界领先水平。应采取的具体实现路径包括：①在电源结构演化方面，加强考虑资源、能源、环境、气候、经济等跨学科交叉的电力系统结构形态及其演化机理研究，构建中国能源－电源系统典型结构形态及布局场景；②在电力预测方面，形成分布式储能、电动汽车、需求响应等广义负荷的分析与预测新理论和方法；③在电力规划方面，针对灵活性不足与电力电子化两大关键问题，促进电力系统灵活性规划与低惯量电力系统规划等前沿方向研究；④在输配电网规划方面，提出面向高比例可再生能源汇集送出与分布式就地消纳的交直流混联输配协同电网的发展形态、规划技术与标准体系，并指导我国输配电网的规划建设。

在电力系统运行调度方面，重点突破支撑高比例可再生能源接入场景下的低惯量电力系统可靠运行理论。随着风／光为代表的间歇式可再生能源接入比例日益增加，低惯量电力系统的运行与调度问题将成为未来较长一段时间电力学科必须解决的重要挑战。从实现途径上，需要进一步挖掘源－网－荷－储本身所具有的灵活可调节特性，并通过先进信息控制技术和市场机制形成互动，分布式自律控制技术、先进预测方法、强不确定性下的随机优化理论、考虑复杂约束的非线性混合整数规划理论、先进储能技术、虚拟电厂等技术突破值得关注。同时，为对抗不确定性的影响，数据驱动的人工智能技术将有望在电力系统运行中发挥日益重要的作用，数据驱动与模型驱动结合的调度运行控制理论有望推进电力系统运行调度从"自动化"向"智能化"演进。

在电力系统控制保护方面，提出规模化新能源交直流并网运行控制方法，提升新能源对电网的电压、频率、惯量支持；提出电力电子化电力系统发输配多时间尺度振荡控制算法，解决不同类型振荡导致的系统稳定性问题；提出高比例电力电子装备接入的电网故障分析方法，解决系统无法线性准确解析问题；提出满足电力电子化电力系统安全高效运行的高速保护新原理，解决电力电子装备耐受故障电流能力差与保护动作速度慢的矛盾。

在电力市场方面，提出电力市场价格形成机制，通过实时有效的价格信号实现资源合理优化配置，解决电力市场中供需关系的矛盾；构建全国统一的多级电力市场结构，设计市场交易机制和出清结算机制，提出能量实时平衡机理，解决省间交易与省内交易、中长期交易与现货交易、市场交易与电网运营统筹协调问题；完善风、光等可再生能源接入并参与电力市场竞争的市场机制，合理分摊可再生能源消纳成本和社会效益，解决可再生能源在电力市场中竞争力不足的问题，保证市场的公平性。

2. 第二阶段（2026～2030 年）

在电力系统规划方面，针对极高比例可再生能源并网、低碳电力技术突破及成本显著下降等发展趋势，加强面向极高比例甚至 100% 可再生能源并网的电力系统规划新理论与关键技术研究。

在电力系统运行调度方面，需要推动多学科交叉融合，支撑以电为核心的能源互联网发展。

在电力系统控制保护方面，针对 100% 风光水可再生能源电力系统频率 / 电压多尺度稳定性及其控制问题，构建下一代可再生能源发电并网控制导则，为提高集中式可再生能源消纳水平提供关键技术；针对电力电子化电力系统多时间尺度暂态分析问题，探索系统新一代控制与保护体系设计与新的理论方法，构建新一代电力系统的安全控制导则与保护防御体系。

在电力市场方面，提出综合能源市场运行、交易的协调交互机制，加强电力市场与冷、热、气等其他能源市场之间的联系，打破不同能源市场联合交易壁垒，实现综合能源市场高效、安全运行；提出生物质、地热等可再生能源在综合能源市场竞争中的市场机制，在高比例可再生能源接入的背景下，以市场机制实现能源系统短期运行效率与长期投资效率的全局最优化；提出新型综合能源市场主体的运营管理模式，实现市场主体间的博弈与均衡。

3. 第三阶段（2031~2035 年）

在电力系统规划方面，针对不同能源系统深度耦合、电力系统智能化与信息化，探索构建新一代智慧清洁电力系统发展规划体系。探索新型输配电技术与综合能源系统集成对电力系统的深刻变革，鼓励未来智慧清洁电力系统形态与规划研究；扶持大数据、云计算与人工智能技术在电力系统规划和模拟评估中的应用，探索自主智能化的电力规划演化分析与优化决策研究。

在电力系统运行调度方面，发挥全局协同的巨大效益，推动能源互联网领域发展，突破学科壁垒，在学科交叉的基础之上，奠定能源互联网调度运行的共性科学基础。提出能源广域互联网统一建模、融合分析和协同优化基础理论，揭示开放环境下信息-能源-社会耦合系统的安全机理，提高能源广域互联网的安全性和经济性，推动我国稳步实现以可再生能源为主导的能源革命。

在电力系统控制保护方面，基于新一代数学基础理论发展，推动电工数学领域衍生与发展的同时，为电力系统安全分析与综合提供数学工具，研究基于人工智能与高速计算的系统级控制保护方法；结合 5G 技术的超低延时信息的微电网智能协调控制保护技术、直流配电系统故障穿越控制和高可靠性控制保护技术等。

在电力市场方面，基于新一代计算机、通信与控制技术，推动综合能源信息物理融合系统建设；针对综合能源市场博弈中大量有价值信息激增以及信息安全等问题，提出综合能源分布式交易相关算法，提升综合能源系统安全性和运行效率；建立健全适应能源系统高效、低碳转型与市场化建设的监管机制，保障综合能源市场主体公平竞争、合理投资，实现社会利益最大化。

第五节　智能电网新技术

一、基本范畴、内涵和战略地位

随着电网规模日益扩大、新能源比例逐年提高、多样性负荷不断接入，电网的结构愈加复杂，系统运行数据数量庞大、增长快速，贯穿发、输、变、配、用等电力生产及管理的各个环节。信息科学与技术在近30年正呈加速发展的趋势，并有望在可预见的未来继续引领人类社会的技术产业革命。信息技术与电力系统的融合使智能电网这一新形态的电力系统得到了长足发展。可见，信息化和智能化是能源变革中电力工业技术革新的必然过程，是电网发展的必然趋势。为提高能源效率，促进可再生能源消纳，降低用能成本，满足日益增长的用能需求，提高用户用电满意度，优化电力产业结构，提高供电可靠性，促进节能减排，智能电网的发展必然要集合先进通信技术、高效信息处理技术和前沿电力电子技术，深入感知用户用能特征，全面感知系统运行工况，对能源生产、传输、分配、转换、存储、消耗、交易各环节实施有机协调优化。覆盖云计算、大数据、物联网、移动互联网、人工智能、区块链、新一代通信技术（5G、6G、量子通信）、边缘计算、软件定义、信息物理系统、新型传感技术等前沿信息技术的应用将为解决电力系统当前面临的挑战提供有效的手段。智能电网新技术将为电网提供以下方面的革新。

（1）电网通信技术先进化。移动互联网、电力物联网、北斗通信系统、5G、6G等先进通信技术在电网中有效应用，实现电网海量数据传输高速化与低成本化。提升电网治愈能力，为运行管理展示全面、完整和精细的电网运营状态图，对电能电量实时、连续自动在线评估，实现故障点自动判断、故障点自动隔离和电网自我恢复功能，提高电网预警控制系统和预防事故发生的控制能力。同时，确保通信标准和协议统一化，实现发电、输电、配电和用户之间信息有效互联；需求侧管理更加完善，实现电网与用户的实时友好交互，用户可以实时了解电价状况和停电计划信息，合理安排电器使用，电力公司拥有用户的详细用电信息，可为其提供更好的用电和增值服务。

（2）电网信息处理技术高效化。云计算、大数据、区块链、非侵入式负荷监测等技术可支撑电网数据精细化管理。在保障电网网络安全与数据安全前提下，采用云计算平台，实现电网信息的高度集成和高速资源共享，有助于电网实时监测与运行控制。通过对电网信息高效处理，优化电网设备资源利用率，降低投资运行成本；在不同时段实行实时电价；优化清洁能源接入，降低电网损耗，提高电力资源利用效率，实现资源的合理配置。

（3）智能电网电力电子化。随着可再生能源、高压直流输电、电气化交通等发展，电力系统正日益电力电子化，智能电网对电力电子材料、器件、运行、控制技术的要求不断提高。未来智能电网应能够最大程度消纳风电、光伏等可再生能源，适应电气化交通的接入，注重用户用能质量，实现电、气、热等多能源互联；适应分布式发电与微电网接入，平衡多方利益；提高能源利用效率。智能电网新技术将朝着以更加方便的方式获取更多类型的数据、以更快速度处理更大体量数据的方向发展，与此同时，为电网和用户的交互提供一个更加灵活、智能、安全的平台，从而实现更加经济、节能的运行，提供更加智能便捷的能源供应。

（4）智能电网软件定义化。随着信息通信技术发展，电网运维管理的物理空间和功能空间逐渐解绑，设备功能与业务形态的软件定义化趋势明显。软件定义的本质是通过物理资源虚拟化，实现软件对物理硬件设备与系统的赋值、赋能和赋智。通过软件定义，未来智能电网将打破原有封闭、隔离、固化的运维管理模式，形成扁平灵活、功能明确、接口清晰的模块化设备与业务形态，为构建规范统一、开放、可自定义的电网模型提供关键思路。在此基础上，未来智能电网能有效实现信息、物理、社会、环境耦合下各类设备资源的互联互通，全面提升运维管理的灵活性和安全性，促进多环节业务流程的贯通性与协调性，进而支撑稳定可靠、可塑性强、用户友好的电力与能源供应服务。

二、发展规律与发展态势

随着智能电网的不断发展，信息技术在电网中不断渗透，当前的国内外现状如下。

（1）智能电网新技术国外发展现状。美国在智能电网新技术方面发展的重点领域包括电网基础设施、智能用电以及信息技术与电网深度融合等方面。在电网基础设施方面，2016年美国智能电表累计安装数量超过7000万只；建设了5000多条自动化配电线路，实现了配电网动态电压调节、故障诊断和快速处理，提升了电力系统运行效率和供电可靠性；通过信息通信和互联网技术在发、输、配电系统以及终端用户设备的应用，推动电网规划运行和设备资产管理的数字化与信息化，提高设备资产利用效率。在智能用电方面，近几年美国开展了大量小型分布式风力和光伏发电接入、需求响应、智能用电、能源管理等试点示范，注重采用先进的计量、控制等技术使用户参与电力需求响应项目和能源管理。各种互联网企业纷纷进入传统电力行业，促进了新的能源消费商业模式的形成。欧洲各国智能电网发展水平不尽相同，西欧地区的智能电网示范项目数量要远多于东欧地区，英国、德国、法国和意大利是欧洲智能电网建设的四个主要国家。欧洲着重开展了泛欧洲电网互联、智能用电计量体系、配电自动化、新能源并网和新型储能技术应用等工程。德国的E-Energy智能电网示范工程最具代表性。该示范工程利用信息通信技术实现能源电力和信息的深度融合，建立具有自我调控能力的智能化电力系统。项目显著特点包括：①以信息与能源融合为纽带，构建了由能源网、信息网和市场服务商构成的三层能源系统架构；②开发了基于能量传输系统的信息和通信控制技术，可以实现从能源生产到终端消费的全环节贯通；③促成了新的商业模式和市场机制，对智能电力交易平台、虚拟电厂、分布式能源社区等商业模式进行了试点研究。

（2）智能电网新技术国内发展现状。我国一直在积极推动新技术在智能电网中的应用。在专用芯片方面，用电侧智能电表、采集终端核心芯片已规模化应用。在信息通信及人工智能等方面，我国已在光纤通信、电力线载波通信、专网无线/微功率无线通信等方面形成系列产品，并突破电力特种光缆技术；电网企业已开展电网调度运行、设备运维检修、企业内部管理、用电客户服务等领域的人工智能技术应用布局；"云大物移智"已在电网公司企业管理、电网生产中得到初步应用。国家电网也已经针对区块链的应用发布了专门的指导意见。

（3）智能电网新技术国内外发展差距。与国外相比，我国在智能电网新技术的某些方面也还存在一定差距，具体包括用户用电选择少、参与弱，能效低，电力需求侧资源利用不足，电网与用户互动能力亟待全面加强。另外，智能电网基础支撑技术薄弱，电力专用芯片、关键部件、云大物移智链等先进技术的基础研究与国际一流水平差距较大。电力专用芯片的处理器核及指令集依赖于进口；大容量储能、人工智能应用等领域研发和产业化能力与世界先进水平还存在一定差距。此外，我国在智能电网新技术等涉及的理论基础研究方面投入不足，电力设备状态感知传感器尤其芯片级传感器技术等亟待加速研发。这些新技术涉及的基础研究投入大、难度高、见效慢、周期长，需要组织有关单位联合研究，推动我国智能电网新技术的基础硬实力提升。

三、发展现状与研究前沿

与国外相比，我国智能电网新技术在以下方面存在一定差距。首先，用户用电选择少、参与弱，能效低，电力需求侧资源利用不足，电网与用户互动能力亟待全面加强。其次，智能电网基础支撑技术薄弱，电力专用芯片、关键部件、云大物移智链等先进技术的基础研究与国际一流水平差距较大。电力专用芯片的处理器核及指令集依赖于进口；大容量储能、人工智能应用等领域研发和产业化能力与世界先进水平相比还存在一定差距。此外，我国在智能电网新技术等涉及的理论基础研究方面投入不足，电力设备状态感知传感器，尤其芯片级传感器技术等亟待加速研发。这些新技术涉及的基础研究投入大、难度高、见效慢、周期长，需要组织有关单位联合研究，推动我国智能电网新技术的基础硬实力提升。

根据国家"十四五"和"中长期"发展规划，智能电网新技术发展趋势和布局如下。

（1）含高比例可再生能源的智能电网源－网－荷互动研究。电网与用户互动体现在能量和信息两个层面。在能量层面，通过互动可实现负荷需求的调节，有效平衡风光等间歇式可再生能源的波动性，有助于高比例可再生能源的消纳；通过互动可以使用户的负荷消费模式对电网更友好，大幅削减用电负荷的峰值，有效降低或延缓电网建设的投资。在信息层面，电网可为用户提供多样化的信息增值服务，帮助用户制定更加合理的能源消费策略，推动用户节能减排措施的实施。总之，依托智能电网新技术，实现广泛感知和快速计算，满足电力需求侧资源与用户的深度互动，将会为社会、电网、用户带来多方面的社会和经济效益。

（2）智能电网芯片技术突破与新型终端产品研发应用研究。实现实时感知系统运行状态，深入感知终端设备及用户的运行需求，为系统实现实时决策、及时动作与精准控制提供稳定可靠的数据支撑，为各设备终端及时响应电力系统中的各种变化提供实时可控的物理支撑。研发智能终端集成芯片，研制智能电网智能终端设备，提升系统感知能力；统一终端数据标准，推动跨学科、跨领域数据同源采集，提升终端的互联互通能力、智能化及通用化水平。

（3）智能电网新技术基础理论研究。初步形成以先进技术应用为特点的智能电网示范工程，实现一批全球领先的智能电网科技创新、检验检测和人才体系。实现交直流协调的大电网与分布式能源微电网多层级广泛智能互联；电力系统与其他能源系统的互联互通、供需互动；满足大规模可再生能源汇集送出与分布式就地消纳的需求，高效提升用户终端能源清洁化和综合利用水平；提升电网设备的互联、互通、互操作功能以及电网运行的可观可控性，消除智能电网建设、运维、管理各环节的信息孤岛。实现途径：①促进大数据、云计算、边缘计算、数字孪生与人工智能技术在电力系统中的应用；②扶持芯片级传感器、电力设备智能终端产品的研发；③鼓励信息通信技术与电力系统的融合应用，加强构建基于5G通信技术的新型电力通信网络；④基于终端设备的深度感知、新型电力通信网的广泛互联，发展交通、电网与多种能源系统的协同规划运行技术；⑤建立统一规范、兼容性强的电网设备接口标准和控制逻辑，推广应用包括主站、通信网络、终端在内的软件定义产品，强化电网设备的即插即用和自主更新能力。

（4）创新智能电网新技术研发与应用体系。构建广泛互联、智能互动、灵活柔性、安全可控、开放共享的现代智能电网体系；打破电网业务固有壁垒，构建扁平化、模块化、精益化的运维管理业务形态，实现能量流、信息流和业务流的全域协同；支撑电力市场机制创新，构建多元化的能源电力市场模式；大幅度提升电网抗故障、抗攻击能力。实现途径：①促进智能终端的分布式优化算法，边缘计算方法研究；②促进系统全方位、全自主智能巡检和监控技术研究；③促进智慧能源综合服务平台建设；④扶持电力专用安全移动终端、电网工控安全监测等系统的研制，攻克"无条件安全"的电力星地一体化量子保密通信网络关键技术；⑤鼓励建设时空智能北斗电力应用体系，构建空天地一体化电力通信网络；⑥基于区块链的分布式能源交易结算机制、电力交易数据分布式储存认证与安全交易关键技术，发展有效的电力市场交易机制、统一监管机制与安全防护模式，促进公平公正的新一代电力市场交易运营管理平台的研制；⑦促进软件定义与大数据、人工智能等技术的融合，鼓励开发、测试和部署灵活度高、适用性强的电网微服务功能模块。

四、关键科学问题、关键技术问题与发展方向

（一）关键科学问题

（1）大规模复杂电网的可靠高效通信机制与智能化计算机制。

（2）电网大数据资产管理理论体系，包括数据资产融合机制，数据资产的定价、交易与监管机制，数据安全防护模式。

（3）人工智能计算方法的智能电网应用中的物理可解释性。

（4）电网中信息系统与物理电力系统融合理论及信息物理攻击评估和防御体系。

（二）关键技术问题

（1）大规模复杂电网的可靠通信与物联技术。

（2）智能传感微取能技术、终端接口及通信标准制定以及智能终端集成芯片研发。

（3）多源、异构、分布式的电网大数据资产管理与交易体系和技术。

（4）人工智能与人工经验相结合的人机混合智能技术。

（5）基于边缘计算和云微服务的电网服务平台。

（三）发展方向

初步形成万物互联格局，实现对电网的全面感知，形成数字孪生电网运行模式；实现数据资产化，汇聚全环节、全业务、全对象的数据，全面对接国家工业互联网和数字政府，实现与产业链上下游企业、数字政府及利益相关方信息数据共享与交易；形成支撑决策智能化的算力平台，算力水平极大提高，基于数据、模型、算法，充分利用人工智能技术，全面实现数据驱动业务。

本章参考文献

董旭柱，黄邵远，陈柔伊，等 . 2012. 智能配电网自愈控制技术 . 电力系统自动化 , 36: 17-21.

国家能源局 . 2021. 我国风电并网装机突破 3 亿千瓦 . http://www.nea.gov.cn/2021-11/30/c_1310343188.htm[2022-03-11].

国家能源局 . 2022. 我国光伏发电并网装机容量突破 3 亿千瓦，分布式发展成为新亮点 . http://www.nea.gov.cn/2022-01/20/c_1310432517.htm[2022-03-11].

李斌，何佳伟，冯亚东，等 . 2016a. 多端柔性直流电网保护关键技术 . 电力系统自动化 , 40: 2-12.

李斌，何佳伟，李晔，等 . 2016b. 基于边界特性的多端柔性直流配电系统单端量保护方案 . 中国电机工程学报 , 36: 5741-5749,6016.

刘吉臻，马利飞，王庆华，等 . 2021. 海上风电支撑我国能源转型发展的思考 . 中国工程科学 , 23(1): 149-159.

孙宏斌，郭庆来，潘昭光 . 2015. 能源互联网 : 理念、架构与前沿展望 . 电力系统自动化 , 39(19): 1-8.

田世明，王蓓蓓，张晶 . 2014. 智能电网条件下的需求响应关键技术 . 中国电机工程学报 ,

34(22): 3576-3589.

王成山, 李鹏. 2010. 分布式发电、微网与智能配电网的发展与挑战. 电力系统自动化, 34(2): 10-14, 23.

王成山, 王丹, 周越. 2015. 智能配电系统架构分析及技术挑战. 电力系统自动化, 39(9): 2-9.

余晓丹, 徐宪东, 陈硕翼, 等. 2016. 综合能源系统与能源互联网简述. 电工技术学报, 31: 1-13.

张海龙. 2014. 中国新能源发展研究. 吉林大学博士学位论文.

周小彦. 2022. 海上风电全国总规划超 100 GW！北极星风力发电网, https://news.bjx.com. cn/html/20220311/1209671.shtml[2022-03-11].

Varela J, Puglisi L, Wiedemann T, et al. 2014. Show Me!: Large-scale smart grid demonstrations for European distribution networks. IEEE Power & Energy Magazine, 13(1): 84-91.

第五章

综合能源系统

第一节 基本范畴、内涵与战略定位

综合能源系统是不同能源形式深度融合的新型一体化能源系统，实现多种异质能源子系统之间的协调规划、优化运行、协同管理、交互响应和互补互济，在满足系统内多元化用能需求的同时，有效地提升能源利用效率，促进能源可持续发展。

电/气/冷/热/交通等多种能源系统及网络间的有效融合和有机协调，可有效提高能源利用效率、促进可再生能源消纳、提高能源系统自身灵活性和运行效益，从而达到满足居民日益多样性用能需求、降低用户用能成本和减少污染物排放等目的，是实现国家能源发展战略目标的关键技术之一。未来能源系统的形态将由各自独立转变为融合互动，形成多种类能源（如电/气/冷/热、传统能源/可再生能源）有机融合的综合能源系统。

在综合能源系统中，利用微型燃气轮机、电热锅炉、电制冷机等多能转换装置，各种不同形式的能源得以相互转化和耦合，使配电系统、供热系统、燃气系统等各种社会供能网络的相互关联和相互影响更加深入，进而实现整

体社会能源供应体系的融合和统一。其中，电能是最易于利用和转化的能源形式，这使其成为链接一次能源与二次能源的重要枢纽（范明天等，2013），也是整个综合能源系统的核心。在电力系统的基础上，综合能源系统进一步将燃气、供冷、供热、供氢等供能环节，传感、量测、通信等信息支撑环节，以及医疗、交通、建筑等能源消费环节紧密融合，通过多种能源形式之间的科学调度和协调互济，有效提升各种能源形式的利用效率和资产利用水平，提高整个能源供应体系的安全性、可靠性和灵活性（Yan et al.，2017）。

综合能源系统打破了电/气/冷/热供能系统单独规划、单独设计和独立运行的既有模式，通过不同类型能源的有机协调和协同优化，为分布式可再生能源的高比例消纳与高效利用提供了新的视角和思路。图 5-1 为一个典型综合能源系统的构成环节示意图。

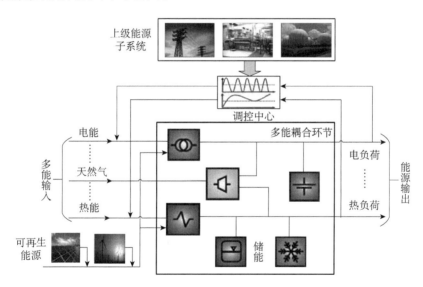

图 5-1 典型综合能源系统的主要构成环节示意图

与传统供能网络相比，综合能源系统各能源子系统紧密耦合且相互影响（余晓丹等，2016）。综合能源系统由多种不同层级的能源子系统（如配电系统、配气系统、区域热力系统等）耦合而成，各能源子系统不再彼此分立运行，而是既可以作为能量供给者，也可以成为其他能源供应的对象。这种复杂耦合性使得某一能量环节的变化不仅对该能源子系统自身产生影响，还会引起与之耦合的能源系统运行状态发生变化。同时，综合能源系统为多能互补与多源协同利用提供了重要平台，可利用不同能源在运行机理、供需行为、价格属性等方面的互补互济特性，通过能源转换、分配等过程，提高系统的供能可靠性与灵活性；同时，它可实现对"源－网－荷－储"各环节可调资源的协同利用，使得各能量环节紧密相连，提高了系统能源的综合利用能效。

这些技术特征与优势使综合能源系统成为未来社会安全、绿色、智能化综合能源供应体系建设发展的核心部分，被国际能源界誉为未来30～50年后人类社会能源供应最可能的承载方式，已列入欧美发达国家以及我国能源领域的重点研发方向（中华人民共和国中央人民政府，2016；Hua et al.，2016），显示出巨大的发展潜力。

中国已经正式作出"2030年碳达峰，2060年碳中和"的庄严承诺，未来10年内，"单位国内生产总值二氧化碳排放将比2005年下降65%以上，非化石能源占一次能源消费比重将达到25%左右，森林蓄积量将比2005年增加60亿立方米，风电、太阳能发电总装机容量将达到12亿千瓦以上"这一宏伟战略目标的实现要求我国必须尽快构建清洁低碳、安全高效的新一代能源体系，而综合能源系统将是这一变革路径中的关键环节，主要表现在如下几方面。

一、综合能源系统为可再生能源消纳提供了新的灵活性

先进能源转换技术的发展丰富了电力向其他能源转换的途径，考虑到电力是可再生能源集成的一种重要载体，非电环节可为可再生能源的消纳提供一定的"缓冲区"，形成广义的储能资源。以电转气技术为例 (Gahleitner，2013)，可将电力系统无法消纳的风电、光电等可再生能源转化为天然气或氢气，从而实现对可再生能源的存储与利用，甚至实现能量的跨季节存储和利用。电力与热力的耦合同样可实现上述目标，使系统的广义储能资源大大扩展。又如，利用城市热力管网的热惯性，通过预加热等措施，可以有效释放火电机组的下调旋转备用容量，从而缓解三北地区消纳大规模风电所面临的调峰瓶颈。

二、综合能源系统是提高社会综合能效水平的重要途径

我国传统电、热、气等多种供能形式条块分割，目前的单位 GDP 能耗水平仍远超发达国家。进行能源梯级利用是提高其综合利用率的一种有效途径。例如，基于天然气的冷热电联供系统，利用高品位能量发电，低品位能量供热 / 供冷，用能效率可达 80% 以上；采用（光电 + 光热）的太阳能梯级利用模式，太阳能利用率可达 50% 以上，远高于单纯的光伏发电及太阳能热利用技术。能源梯级利用的过程，就是多种能源协同工作的过程，因此欲实现各类能源的梯级开发，最大限度地提高其利用效率，必然需要各供能系统的协调配合。

三、综合能源系统有利于提高供能系统的整体安全性

未来社会供能系统整体安全性和灵活性的提升，离不开彼此间的协调配合，离不开综合能源系统相关技术的支持。通过将终端综合能源单元（或称微网）与传统的社会供能系统协同配合，可实现用户分区分片灵活供电和供能。通过合理规划和设计，在灾难性事件发生并导致电网瓦解时，可利用局部可获得的能源，保证对重要负荷供电以帮助大电网快速恢复，同时可减少对其他供能环节的影响和有效降低故障损失。此外，终端综合能源单元还可利用天然气、冷能、热能易于在用户侧存储的优点，间接解决电能无法大容量存储这一难题，在提高电网运行安全性和灵活性的同时，有效增强社会供能系统的整体安全性和自愈能力。

四、综合能源系统将为国民经济发展注入新动能

综合能源系统的发展有助于打破现有能源系统内部的藩篱，成为推动能源体制革命的重要驱动力。在过去数年间，我国学术界与工业界将综合能源系统与"互联网"相结合，提出的"能源互联网"发展愿景已成为国内主要电力企业的战略蓝图。通过能源互联网的发展，有助于打破行业垄断，推进

能源市场化，促进能源领域的创新创业，重塑能源行业。能源互联网可以为各种参与者和大量用户提供开放平台，降低进入成本，对接供需双方，使设备、能量、服务的交易更加便捷高效，实现多方共赢，激活大众的参与热情和创新能力，为其他目标的实现提供持续的动力。

第二节　发展规律与发展态势

基于未来能源战略需求与能源转换技术发展趋势，综合能源系统的形态演化主要有以下形式。

一、不同空间尺度形态演化

（一）小尺度：微能源网

微能源网是一种智慧型能源综合利用的区域网络，是微电网概念的进一步延伸转变。微能源网以多能源的优化利用为导向，由分布式电源、储能装置、能量变换装置、相关负荷和监控、保护装置汇集而成，是一个能够实现自我控制、保护和管理的自治系统。微能源网具备较高的新能源接入比例，相对独立运行，可通过能量存储和优化配置，实现本地能源生产与用能负荷基本平衡，实现风、光、气、热等各类分布式能源多能互补，并可根据需要与公共电网灵活互动，还可以通过将各种不同的能源形式转换为电能加以利用，以保证重要用户供电不间断，并为大电网崩溃后的快速恢复提供电源支持。

图 5-2 给出了典型的微能源网系统示意图，微能源网内的分布式电源主要是微型燃气轮机、燃料电池以及风/光可再生能源发电系统，微能源网内的负荷既包含常规电力负荷，也包含家居或者商业大楼中的冷、热负荷。微能源网通常工作在并网模式下，通过公共端口（point of common coupling，PCC）与外部电网连接，当 PCC 断开与主网联络时，能够运行在孤网模式下，持续对微能源网内的一部分重要负荷供电。同时该微能源网还包含若干较小

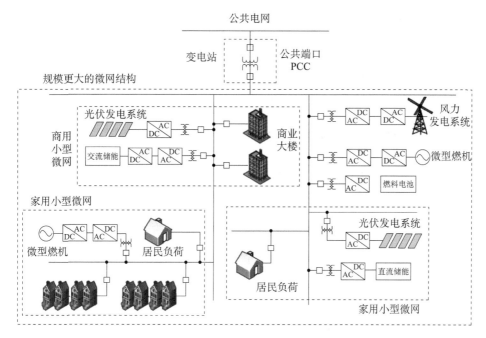

图 5-2　微能源网系统示意

AC 指交流；DC 指直流

规模的微网系统，如在商业大楼附近通过光伏和储能设备供能的商业小型微网，以及在居民负荷附近采用燃气轮机，或者光伏加储能设备供能的家用小型微网等。在必要的情况下，这些小型微能源网也可以独立运行。这些微能源网系统靠近用户侧，不仅向用户提供所需的电能，同时还向用户提供冷热能，满足用户供热和制冷的需要，具有能源利用效率高、供能可靠性高、污染物排放少、经济性好等优点。

保障微能源网自身及其与大电网的安全稳定和经济高效运行，是实现微能源网技术进一步投入大规模工业化应用的前提。因此，需要从提升系统安全、优化运行方式、改善服务质量、促进新能源消纳等方面来对微能源系统展开全面研究，建立适用于微能源网的能量管理和优化运行的模型及控制策略，并对其所包含的分布式电源、储能以及用能等设备进行精细化调控。

微能源网能够促进能源梯级利用、降低污染物排放、增强供能系统的经济性，缓解经济快速发展所引起的能源短缺和环境恶化问题。同时，通过合理的控制手段还能促进分布式光伏发电、风电等可再生能源的就地消纳，实现高密度分布式可再生能源接入区域的多能源优化管理。在节约能源方面，冷热电联产系统不仅可以节省空调、采热、供给热水用电，平抑冬夏季热冷负荷，还可以提供一部分电力，对于弥补高峰电力缺额具有重要作用。总之，微能源网具有众多优势并且符合现代电网发展的需要，其推广应用具有广阔市场前景。

（二）中尺度：园区与城市

1.园区综合能源系统

园区综合能源系统一般指在一个园区内接入不同形式的能源与不同的能量转换设备，形成以电/气/冷/热供能系统为代表的园区供能系统，在园区内对不同能源集中管理，为该园区内的用户直接提供多元化的用能服务。由于各类型产业园区呈现电/气/冷/热等多元化的用能需求，同时园区的地理位置和复杂的地形地貌可导致相应气候和生态条件复杂多样，因此，考虑综合能源系统因地制宜、统筹开发、互补利用的实施原则，园区综合能源系统将呈现若干种典型形态，包括冷热电联供分布式能源站、园区光储微网、小水电+分散式风电、园区能源互联主动配电网等。

园区综合能源系统将电/气/冷/热/氢等多类型能源环节与信息、交通等其他社会支持系统进行有机集成，通过对多类型能源的集成优化和合理调度，实现多种能源的梯级利用，提高能源利用效率，提升供能可靠性。同时，多能源系统的有机协调，对延缓输配电系统的建设，消除输配电系统的瓶颈，提高各设备的利用效率具有重要的作用。在紧急情况下，当电力或天然气系统受到天气或意外灾害的干扰而中断时，多能互补园区综合能源系统可以利用就地能源为重要用户提供不间断的能源供应，并为故障后能源供应系统的快速恢复提供动力支持。

园区综合能源系统呈现多元化的典型形态，具备多能互补、物理信息深度融合和源-网-荷-储协调互动的特征内涵，是能源工业发展的全新形态，其关键技术、业态及模式等正处于起步探索发展阶段。

未来园区综合能源系统将以互联网深度应用为基础，以电力系统为核心，将供气系统、供热系统与电力系统等有机集成，横向实现电力、燃气、供热等一体化多能互补，纵向实现源-网-荷-储全部环节高度协调与灵活互动、集中化与分布式相互结合。它不仅能实现电力与其他能源系统的互联，还能创造能源领域演变的创新商业模式，更会有基于互联网思维与技术的能源工业的改造升级。园区综合能源系统的发展是一个从能源本身的互联，到能源基础设施和信息基础设施相互促进，再到能源和信息深度融合的渐进发展历程。

2. 城市（区域）综合能源系统

如图 5-3 所示，城市（区域）综合能源系统主要指通过对区域级的电/气/冷/热等多种能源系统的集中管理，实现为用户提供多元化用能服务的区域供能系统。作为承上启下的重要环节，它涵盖了电/气/冷/热等多种能源形式，涉及能源的生产、传输、分配、转换、存储、消费等各个环节，是实现综合能源系统建设的关键。能源环节是城市最基础的公用设施，区域综合能源系统是未来生态、智慧城市的核心，因而城市综合能源系统是较为广泛且典型的区域综合能源系统，是综合能源系统的重要组成部分，建设集电/气/冷/热等能源网为一体的城市综合能源系统是一个城市健康发展的必然要求。结合不断发展的信息科技，建立坚强、集约、多元、智能化的城市综合能源系统，是当下的能源技术与城市基础设施建设的发展趋势，多元低碳智慧的城市综合能源系统是我国未来能源系统的重要组成部分。

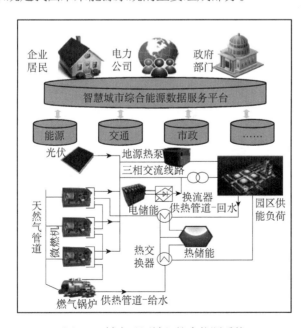

图 5-3　城市（区域）综合能源系统

189

（三）大尺度：跨区综合能源系统

如图 5-4 所示，跨区综合能源系统以大型输电、输气系统作为骨干网架，以柔性直流传输、先进电力电子、信息物理系统等技术为核心。跨区综合能源系统不再强调单一能源的主导作用，更加关注由多能耦合带来的互补互济和协同作用。在未来可再生能源消纳需求增长、节能降耗及能源利用效率需求提升的背景下，其优势在于如下 3 点。①实现可再生能源的高比例消纳。相比较于电网，天然气网响应时长大，具有规模化的储能特性，借助能源转换技术（如 P2G 等），将可再生能源转为天然气，能为可再生能源消纳提供新的手段，从而有助于突破电网自身可再生能源消纳的瓶颈，提高可再生能源消纳比例。②提升综合能源利用效率。跨区综合能源系统中电力流和天然气流的优化运行是一个能量转移、协同互补的过程，有助于促进削峰填谷，提高能源系统的控制裕度，以多能互补的方式提升综合能源利用效率。③增强能源供给的可靠性。相比单一能源网络的独立运行，在任一能源网络发生故障时，跨区综合能源系统通过能量转换装置，在不同的能量流之间实现供能互济，从而提升系统的供能可靠性。

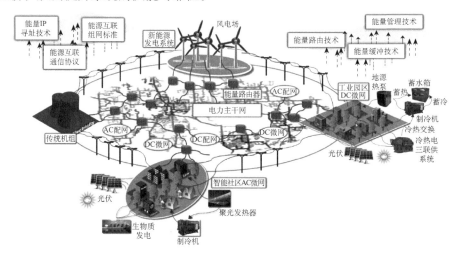

图 5-4　跨区综合能源系统示意

跨区综合能源系统分布范围广，适用于未来大到社会、中到城市、小到社区家庭的能源供用方式，涉及面广，影响深远，是综合能源系统的未来发展方向，需要国家政策支持和市场机制改革，应做好发展构架规划、理论和技术支撑，分阶段稳步推行。

二、跨领域形态演化

（一）能源 – 信息融合

飞速发展的传感器、物联网、5G 通信、人工智能、大数据、云计算等技术，正在时刻改变着人类社会的生产和生活方式。将信息技术与综合能源系统进行深度融合，提升能源系统的运行效能，已成为当今世界能源领域的重要发展共识。图 5-5 给出了能源与信息融合发展的示意：一方面，信息技术为综合能源系统提供了更多量测信息、运行优化和调节控制的工具，使得综合能源系统的状态获取更为便捷、运行成本更为低廉、优化手段更为多样、调控方式更为灵活；同时，信息技术将综合能源系统的数据进行采集、传输、交互和应用，可以为现代能源领域的完善提供重要的依据。另一方面，信息技术通过对综合能源系统大数据信息的挖掘和服务方式的改善，可为其他设施（如社区、交通等）提供更多支撑服务和挖掘更大价值，有助于推动与能源产业相关行业的技术革命。

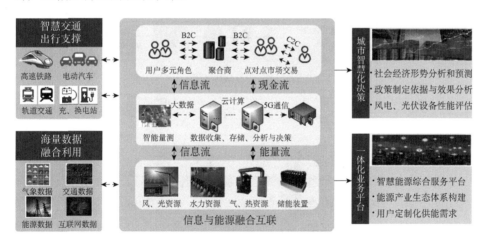

图 5-5　能源与信息融合发展

信息与综合能源系统的深度融合，共同构成一个如图 5-6 所示的典型信息物理系统（cyber-physical system, CPS）。综合能源信息物理系统未来将具备从态势觉察、态势理解到态势预测的全面态势感知能力，高可靠、高安全的通信能力，良好的大数据处理计算能力和较强的分布式协同控制能力。通过智能传感与物理状态相结合、数据驱动与仿真模型相结合、辅助决策与运行控制相结合，提升驾驭复杂能源系统的能力，提高其运营安全性和经营服务模式变革，有助于改变传统能源利用模式，推动能源领域技术革命。

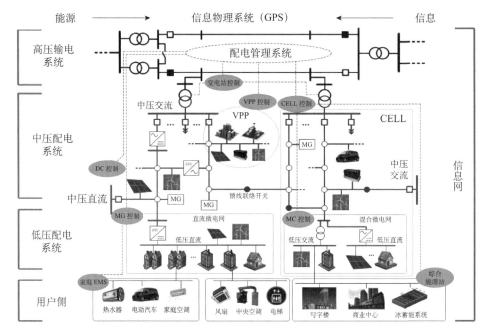

图 5-6　信息物理系统

VPP 指虚拟电厂；CELL 指单元控制区；MG 指微网

（二）能源 – 交通融合

近年来，将综合能源系统和智慧交通系统相关技术有机融合，充分发挥其协作优势，构建智慧综合能源交通网，成为一种行业发展趋势。它有助于改变当前交通系统的能源供应模式，可由单一电源供电发展为多元电源互补模式，由单向电能流动消耗发展为双向电能互动模式，由被动负荷消纳发展为主动负荷协调模式，从而实现交通系统的安全、高效、环保、可持续的能源利用。

相对于目前交通系统的供电和供能模式，综合能源交通网引入了可再生能源发电与储能设备，可构建新型的"源 – 网 – 荷 – 储"交通供电系统，如图 5-7 所示。其中，"源"包括光伏发电、风力发电、水力发电、火力发电等多元能源发电方式;"网"为灵活柔性的新型供电网络,并且考虑投入直流牵引供电系统;"荷"为主动交通负荷,不仅能够消耗电能,而且可以通过再生制动及电动汽车放电输出电能;"储"为能源资源的多种储存设施及储存方法。

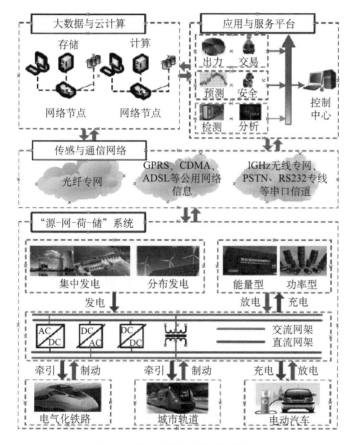

图 5-7　综合能源交通网体系架构

GPRS 指通用分组无线业务(general packet radio service);CDMA 指码分多址(code division multiple
access);ADSL 指非对称数字用户线(asymmetric digital subscriber line);PSTN 指公用电话交换网
(public switched telephone network);RS232 指串行通信接口标准 232

综合能源交通网是集能量流与信息流于一体的多能流复杂网络。能量流是指在"源-网-荷-储"之间流动的电能,信息流是指能源交通网络中的电压、电流、功率、行车运行图、交通状况等系统信息。综合能源交通网的建设和运行，需从基础条件分析、系统规划、运行调控等层面进行统一谋划和管控，通过信息流调控能量流，以实现源－网－荷－储的协调规划与优化运行。

在构建涵盖源－网－荷－储的新型综合能源交通系统后，可采用先进的传感与通信技术实现对系统的全景感知，支持其实现广域协调控制。在此过程中，通过"源－网－荷－储"协同规划技术，可对可再生能源的选址定容、储能装置的充、放电功率及容量大小进行优化配置，进而平衡发电与负荷之间的供需差异；通过构建中压直流牵引供电系统，实现可再生能源的即插即用；应用先进储能技术平抑源荷供需差异；通过构建多级协调式轨道交通能量管理系统，实现对各个环节能量的协调管理；通过大数据处理技术，充分挖掘潜隐信息，实现能量安全、高效、环保、可持续的利用。

（三）能源－社会融合

综合能源系统与社会系统的融合主要体现在综合能源市场以及新型能源基础设施两方面。市场在社会中充当着交易以及价值定义机制的角色，是发展社会经济的有力工具，而加强新型基础设施建设更是着眼于积蓄经济发展新动能的长期举措。

综合能源市场将推进能源交易和服务模式的转变，图 5-8 给出了综合能源服务体系框架：以电力为核心建设综合能源系统，可全面推进多种能源的互补融合，形成涵盖电力市场、能源交易市场、碳交易市场、绿色配额交易市场等多类型的市场机制，通过市场竞争的方式还原能源商品属性，推动我国能源体制革命。综合能源市场可支持多种不同类型能源的综合交易，传统能源市场的边界逐渐淡化，市场交易机制变得更加复杂；交易主体中的能源消费者，将向能源产消者（prosumer）转化，而交易主体与交易对象的多样化，有助于推动能源消费向灵活、智能的方向发展，改变社会中的能源生产方式和消费方式，从而推动社会生活方式的变革。同时，开展智慧能源服务，挖掘能源大数据的潜在价值，创新拓展能源托管、交易委托、能效管理、节能服务、信息服务等增值服务，可培育新型市场主体，增强市场活力，鼓励多元化竞争，形成能源产消者、综合能源运营商、负荷集成商、虚拟电厂等多元主体参与灵活性资源优化配置的智慧能源服务市场。

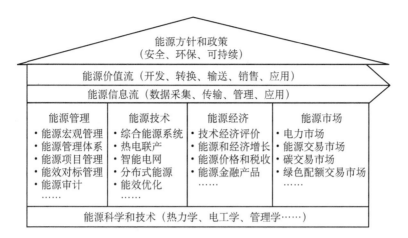

图 5-8 综合能源服务体系框架

新型能源基础设施则具有数字化、智能化、生态化的特征，它是能源革命和数字经济协同发展的催化剂，也是构建现代能源体系的重要推动力。新型能源基础设施建设不仅要通过数字化赋能有效提高系统的运行效率，使得系统操作更加透明、精准，同时，还需要将人工智能、云计算以及区块链等技术与传统能源网络相结合，提高各能源用户端的学习、思维、交流能力，构建用户间相互连接的学习型能源网络；此外，学习型能源网络还需要与市场主体充分建立合作关联，实现向生态能源系统的转型，将系统的普惠价值发挥到最大。

第三节 发展现状与研究前沿

一、综合能源系统建模与仿真

（一）发展现状

建模与仿真是研究现实世界各类对象行为特征与过程特性的一种基础方法，被誉为"继科学理论和实验研究后第三种认识与改变世界的工具"。长久以来，由于电力、煤炭、石油、燃气、热力等能源供应系统运行管理体系相对独立，建模与仿真研究多关注单一能源系统的特征描述与过程刻画。进入21世纪以来，一方面，随着多能互补、梯级利用等理念及相关技术的发展完善，综合能源系统的应用前景愈发广阔，建模与仿真研究也呈现出由单一能源系统向多能互补的综合能源系统扩展延伸态势；另一方面，随着计算机和网络信息技术的高速发展，能源系统的物理对象与信息流之间联系日趋紧密，建模与仿真研究的对象也逐步由单纯的工质流、能量流向更加复杂的信息物理深度融合系统过渡。

1. 综合能源系统建模

综合能源系统建模是对耦合能源系统物理特征的数学抽象，也是实现多能源系统分析、设计、预测和控制的重要基础。综合能源系统建模的范畴包含两个方面：一是各子能源系统微观领域建模，如电磁学原理分析、流体动力学模拟和性质刻画等；二是系统宏观领域建模，如多过程综合分析及系统全局特性刻画等。经过多年发展研究，综合能源系统在建模对象、建模方法和建模应用方面逐步形成了各自发展状况与趋势，概述如下。

1）建模对象方面

逐步由面向多能转换/耦合设备的集线器模型发展为以耦合设备为边界，包含源、网、荷、储元件特征的集成模型；逐步由单一能源系统模型发展为以电网为主体，包含气网、冷/热网、交通网等多类型能源子系统的集成的复杂系统模型；逐步由刻画电、气、冷、热和交通流能量特征的纯物理模型发展为包含数据采集、命令执行等信息流的信息物理融合模型。

2）建模方法方面

综合能源系统的建模主要用于异质能流在生产、传输、分配、储存等环节的特征刻画。对于单一能源系统，通常根据能量系统的物理特征构造机理模型；对于多能源耦合系统，通常采用以下两种思路：①独立建模，根据网络特征采用不同方法分别建立多能子系统物理模型，并直观地将多个物理模型进行集成；②统一建模，采用类比法，建立多能子系统在数学形式上的相似表达，并采用统一的方法进行求解，包括时域分析、（复）频域分析等。当模型参数不足或机理分析无法实现时，可寻求数据驱动建模方法，基于实验或统计数据总结系统内在规律。随着数据分析技术的发展，综合能源系统建模正逐步向机理分析与数据驱动相结合的建模方法拓展。

3）建模应用方面

在综合能源系统建模过程中，需平衡模型精度与复杂度之间关系以满足不同的应用需求。逐步由面向系统规划、评估等业务场景的静态模型，延伸至面向实时运行调度、故障分析等业务场景的动态模型；逐步由面向长时间尺度建模需求的近似模型，延伸至面向中短时间尺度建模需求的高精度数值模型，并向短、超短时间尺度的全解析模型发展。

2. 综合能源系统仿真

综合能源系统仿真是对耦合能源系统某一层次抽象属性的模拟，包括对该系统中某些元素（设备、网络、负荷、工质等）以及由该元素所构成的系统级对象的模拟。综合能源系统仿真建立在数学模型的基础上，实质是对刻画能源系统行为特性的数学模型进行高效求解，因此求解算法及算法的软硬件实现是仿真研究中的重要课题。以下分别从仿真对象、仿真算法和仿真平台三个方面概述综合能源系统仿真的发展现状。

1）仿真对象方面

逐步从传统的部件级、设备级精细化仿真扩展至包含源－网－荷－储多环节的系统级仿真；逐步从单一能源系统仿真延伸至包含电网、气网、冷/热网和电气化交通网等多类型复杂子网络的多能系统联合仿真，目前已有可观的研究力量投入异质能源系统之间耦合互补特性、耦合故障传播机理以及安全控制仿真领域。逐步从楼宇级冷热电三联供等小规模系统仿真扩展至区域级、城市级、省域级多能互补智慧能源系统仿真，在全球区域一体化趋势下（如欧洲一体化、"一带一路"倡议等），进一步延伸至跨国综合能源系统仿真。此外，随着能源系统信息化水平的快速提升以及能源消费与社会生活之间的深度融合，信息流与工质流、能量流之间耦合愈发紧密，仿真关注逐步由传统的物理系统转移至信息－物理－社会融合系统，包括信息－物理－社会耦合方式、故障传播机理、虚拟攻击与安全防护等领域。

2）仿真算法方面

单一能源系统的仿真算法，主要基于数值计算领域中发展较为成熟的代数方程组、微分（偏微分）方程组求解算法，包括基于积分变换的解析算法、基于有限差分/有限元的数值算法和基于微分变换/摄动法的半解析算法等，对于部分难以求解的仿真模型，也可采用启发式算法进行尝试。多能源系统联合仿真模型一般采用如下两种求解思路：①联合解算，联立多个子系统仿真模型并进行统一求解；②解耦解算，将综合能源系统在耦合点处解耦成多个子能源系统，分别求解各自的仿真模型并在彼此之间进行交互迭代，直至全体收敛。此外，由于多能源耦合系统通常具备拓扑结构复杂和系统变量规模大等特征，已有部分研究致力于通过拓扑降维和变步长仿真等策略实现算法加速求解，提升仿真效率。

3）仿真平台方面

目前仿真平台的硬件实现主要基于中央处理器（central processing unit，CPU）计算架构的微型计算机、服务器或工作站实现仿真解算，逐步向基于图形处理单元（graphics processing unit，GPU）、现场可编程门阵列（field programmable gate array，FPGA）、专用集成电路（application specific integrated circuit，ASIC）等计算架构延伸，以实现更高的求解效率，应对日益增长的实时仿真需求。在软件实现方面，目前已有部分支持电/气/冷/热/交通等多种能源联合求解的一体化仿真程序包和商用软件，随着程序设计自动化技术、图像图形技术、云计算、网格计算和 Web 服务等技术深入发展，综合能源系统仿真软件正逐步延伸至直接面向用户的智能化建模与仿真环境等方向。此外，随着仿真实时性与仿真精度要求的不断提升，传统的纯数字（软件）仿真正逐步向更加贴近实际、实时性更强的半实物仿真（硬件在环仿真）和支持信息-物理-社会融合交互的数字孪生和数字镜像系统仿真发展。

（二）研究前沿

随着综合能源系统的快速发展，其形态呈现多样化的变化趋势。综合能源系统建模与仿真作为综合能源系统规划、运行等研究的基础，由于电/气/冷/热/交通等多能耦合机理复杂、静/动态特性各异、发/输/配/用多环节耦合，其建模与仿真面临诸多挑战，亟须攻克多能统一建模、多尺度联合仿真和数字孪生仿真平台等方面的难题。

1. 电 / 气 / 冷 / 热 / 交通等异质能源系统统一建模方法

在分布式能源和负荷建模方面，基于机理分析的单体建模技术趋于成熟，但是基于数据驱动和机理分析相融合的等值建模尚缺乏深入研究，尤其是对区域级乃至城市级的分布式资源和多元负荷的集群特性建模仍须开展大量研究工作，从而形成"单体-区域-城市"多层级分布式资源和多元负荷静 / 动态模型。

在能源输配网络建模方面，针对单一形式能流输运机理的系统建模已较为完善，但面向多能源网络耦合的统一模型及联合分析框架构建仍具有难度。须通过深入研究多能流的传输机理与多能系统的调控特性，探索子网内部信息等值-外部信息交互的建模方法；针对不同物理特性全解析模型难以运算、半解析模型计算复杂、全数值模型欠缺稳定性的不足，需研究建立多能流网络统一模型，揭示多能流的物理特征共性和数学表示间的联系，以实现综合能源系统标准化运行分析。

在源-网-荷-储模型集成方面，刻画多能转换关系的静态集线器模型已较为成熟，但仍缺乏计及多能网络约束和设备动态特性的综合能源系统集成模型。通过研究系统中多能流生产、传输、配送、消费、存储环节的共性特征，提出各环节的信息交互端口等值建模方法，构建子网内部环节、多能网络间状态量的映射、互动特性的解析描述框架；研究差异化自然禀赋下，不同形式的综合能源系统标准化的多环节集成建模方法，以全面刻画系统状态对于各环节扰动的动态响应特性，保障系统的安全稳定运行。

在信息-物理-社会系统（cyber physical social system，CPSS）耦合建模方面，随着投资、交易、管理、用户选择等社会行为在能源系统研究中的重要性越来越高，需要将信息物理系统进一步加入社会因素以构成 CPSS，探索社会主体的行为建模方法，具体包括行为主体、行为环境、行为手段、行为结果及行为效应五个方面。刻画信息域、物理域和社会域耦合下参与主体行为属性对时间、经济等要素发生变化的响应特性，量化信息-能源-社会的相互作用关系，以准确描述 CPSS 的运行状态与发展趋势。

2. 综合能源系统多尺度联合仿真方法

一方面，综合能源系统由多个能源子系统构成，尤其是对于城市级及以上大规模综合能源系统，模型复杂度高，各子能源系统联合仿真难度大。为此，首先需要研究电/气/冷/热/交通各个子能源系统高效仿真算法；其次考虑到多网集成模型中各能源网络特性差异显著，联合仿真时还需要研究各个能源系统之间的横向解耦技术，不同事件下仿真接口中所交互的电/气/冷/热/交通状态信息类型、交互时序与交互方向，以及差异化子能源系统之间的仿真步长匹配技术，最终实现基于事件驱动的综合能源系统多尺度联合仿真。

另一方面，为了应对综合能源系统日益增长的仿真实时性和仿真精度需求，有必要研究仿真模型的加速求解策略。针对高维复杂仿真模型，通过拓扑降维、自适应步长调节和半解析仿真等策略实现算法加速。与此同时，针对综合能源系统稳态、准稳态、动态等差异化仿真场景，不同的仿真需求和仿真规模对综合能源系统仿真的收敛性提出了挑战，需要对多能源系统耦合仿真的稳定性、收敛性进行深入研究，对现有单一能源系统的仿真算法进行改进，以适应多能耦合下的联合仿真。

3. 数据－模型双驱动下的综合能源系统数字孪生仿真平台

云计算、大数据、物联网、区块链与人工智能等技术的发展极大地提升了信息的采集、存储、分析和共享效率，也为综合能源系统建模与仿真提供了全新的解决思路。数字孪生技术由于考虑了量测传感，具备数据建模的能力，可以从更高维度考虑含随机性、波动性、多场景、事件链等信息的建模与仿真，从而提供更广阔的应用场景。目前，数字孪生技术应用于综合能源系统建模与仿真尚处于初期阶段，需要研究基于机理和数据双驱动的综合能源系统数字孪生仿真建模技术，建立包含分布式能源、多元负荷、电/气/冷/热/交通网络核心一次二次设备等在内的综合能源系统数字孪生模型库；研究基于传感器量测数据及大数据技术的综合能源系统模型校正与参数优化方法；研究数字孪生系统仿真资源优化方法，提高多能联合仿真性能。

综合能源系统数字孪生平台宜采用最新的云服务框架，需要分析多元数据、业务之间的关联性，设计综合能源系统数字孪生数据流与业务流模型结构；在云服务框架下，开展数字孪生模型中的数据采集、高速存取及交互共享机制研究。研究计算资源优化分配方法，开发支撑并发需求高、计算场景复杂的综合能源系统联合仿真的任务分配机制。开展云服务框架下综合能源系统应用接入、虚拟化及安全隔离技术研究，设计基于虚拟化的应用调度及计算机制，最终构建综合能源系统数字孪生云服务体系。

在数字孪生仿真技术基础上，须构建面向大规模综合能源系统的高性能数字孪生仿真平台，实现差异化应用场景下综合能源多时间尺度联合仿真；研究综合能源系统数字孪生仿真平台的实时信息交互方案，实现仿真数据、量测数据、用户行为的多元交互；在此基础上进一步提出功能集成及可视化展示方案，实现统一的功能集成接口及可自定义配置的可视化方案，构建数字孪生辅助决策可视化云平台。

二、综合能源系统规划

（一）发展现状

当前，综合能源系统规划领域的研究对象包括源侧综合能源系统、综合能源网络以及荷侧综合能源园区规划。其中，源侧综合能源系统规划面向可再生能源基地，综合能源网络规划面向电、气等多种能源形式的网络或管道，荷侧综合能源园区规划面向园区级终端能源用户。

源侧综合能源系统规划面向可再生能源基地，考虑可再生能源资源禀赋和出力特征，优化配置风电、光伏、储能、光热、电力与其他能源形式转换（P2X）技术、传统机组等设备的容量和地理位置，利用多能互补实现包含大量间歇性电源的可再生能源基地整体外送功率平稳可调。

综合能源网络规划面向地理上存在一定距离的若干综合能源系统之间的互联需求，考虑多种能源的不同运营主体，协同优化若干综合能源系统之间包括电网、气网、热网在内的能源网络，实现高效的综合能源传输，合理利用系统互联提升相互连接的多个综合能源系统的安全性、韧性以及经济性。

荷侧综合能源园区规划面向园区尺度的终端用户，分析用户负荷曲线，需求响应特性等用能特性和用户对供能安全性与可靠性的要求，综合考虑园区所在地的经济社会发展战略、区域能源结构、市场条件、环境政策等因素，确定供能资源优化配置方案，实现终端用户综合能源供应的安全、经济、高效。

中国能源科学2035发展战略

通过综合能源系统运行模拟技术构建各种典型运行场景，对上述规划结果进行模拟验证。

1. 源侧综合能源系统规划

当前，源侧综合能源系统规划已有较为详细的数学模型，使用了丰富的数学优化方法，考虑了源侧综合能源系统规划问题多个侧重点。现阶段的规划研究对象主要包括大规模能源基地打捆送出系统和小规模多能互补外送系统。大规模能源基地打捆送出系统中需要考虑不同运行工况对外界系统的影响，而小规模多能互补外送系统将外部系统等效为无穷大电源。在规划目标上，可以将待规划系统的经济性、环保性、可再生能源装机规模、弃风率、弃风量、通道利用率、系统外送出力波动性等指标作为目标函数进行考虑。在可再生能源的不确定性刻画和求解方面，发展出了一系列统计学方法以及随机优化、鲁棒优化等数学分析工具。

但是，已有方法存在体系化程度不足、研究对象较为局限的问题。一方面，规划中考虑的规划对象、建模方法，对运行要求的建模不全面且各不相同，难以得到普遍化的研究结论；另一方面，当前源侧综合能源系统建模对电力系统的关注较多，而对于电/热、电/气（氢）等跨能源系统技术的关注较少，对于多能源系统长时间尺度的耦合考虑不足。此外，鲜有面向近零排放或碳中和的源侧综合能源系统规划的研究，开展模型更普适、对象更全面的源侧综合能源系统规划研究，是源侧综合能源系统规划的未来方向。

2. 综合能源网络规划

综合能源网络规划有三个核心步骤，分别是源、荷的预测和不确定性建模，多能网络耦合机理分析与建模，规划数学模型与求解算法。当前，在源、荷的预测和不确定性建模方面，采用概率方法、多场景方法以及随机或鲁棒优化进行建模。在多能网络耦合机理分析与建模方面，对热网、气网和电网的典型交互现象及其机理进行了分析与建模。在规划数学模型与求解算法方面，已提出非线性近似方法、广义电路建模方法、统一能源理论方法、综合能源快速潮流求解等方法求解系统的运行状态；在规划求解算法层面，提出了经济效益、通道利用率、充裕性等优化目标，发展出了集中式网络规划和分布式协调规划的思路。

但是，当前综合能源网络规划仍然有很多问题需要解决。一方面，综合能源网络规划中电网、气网、热网的时间常数具有显著的差异，分别是光速、声速和水的流速量级。规划时间尺度中电网可以只考虑稳态，但是气网和热网的运行可能一直处于暂态过程中，如何利用其虚拟储能效应实现跨系统的协同，需要在规划中加以考虑。另一方面，综合能源系统中存在多个运营主体，规划综合能源网络可能是分立开展的，需要设计充分的协调机制，进一步研究面向不同利益主体分布式的规划方法。

3. 荷侧综合能源园区规划

当前，荷侧综合能源园区规划已经有了较为广泛的研究，提出了多种典型的荷侧综合能源园区组成架构。在模型方面，荷侧综合能源网络可以采用能量枢纽模型建立其输入输出特性，也可以采用网络方程求解潮流的方法进行计算。在终端用能需求估计方面，已有多能负荷预测方法、用户需求响应特性和潜力分析模型。在规划问题的求解方法方面，已提出较为成熟的优化求解方法，如考虑不确定性的鲁棒优化方法、可求解强非线性问题的启发式方法等。此外，电动汽车、分布式电源在荷侧综合能源园区规划中也得到了考虑。

尽管当前荷侧综合能源园区规划已经达到了较为完善的程度，但仍存在以下几方面的问题：一是在荷侧综合能源系统规划中，对于天然气等输入能源价格的不确定性的考虑往往不够充分，对于用户负荷需求和需求响应潜力的估计不够准确；二是在规划模型中，较少考虑园区的建筑布局和用地需求，对于电动汽车充电的不确定性的刻画也不够准确。以上问题都可能造成荷侧综合能源系统未能较好地满足需求或未能达到最佳效益。

4. 综合能源系统运行模拟技术

综合能源系统运行模拟技术基于已知的综合能源系统的拓扑结构、设备构成及运行场景，建立综合能源系统中各组成部分的模型，利用优化方法进行综合能源系统的运行优化。当前，对综合能源系统运行模拟的研究已较为成熟，能够进行详细的装置建模和从分钟到小时时间尺度的仿真。国内外已经开发了较多的综合能源系统运行模拟平台，包括丹麦奥尔堡大学（Aalborg University，AAU）开发的COMPOSE平台和EnergyPLAN平台，美国劳伦斯伯克利国家实验室（Lawrence Berkeley National Laboratory，LBNL）开发的

DER-CAM平台，挪威研究委员会（Norwegian Research Council，NRC）开发的eTransport平台，美国国家可再生能源实验室（National Renewable Energy Laboratory，NREL）开发的HOMER平台，中国清华大学开发的CloudIEPS平台以及东南大学开发的IES-Plan平台。

但是，当前综合能源系统运行模拟平台领域仍存在一定不足，如装置模型库难以覆盖综合能源系统的全部装置，模型库较难手动定义并加入；对于系统运行模拟的优化目标设置，通常只有经济性或能效单一目标，难以灵活调整；较少考虑跨区和区域多层次的综合能源系统的运行模拟。此外，对于综合能源系统运行中的设备检修、备用等因素考虑也较少，尚未接近实际综合能源系统运行的水平。

（二）研究前沿

1. 源侧综合能源系统规划

源侧综合能源系统规划的研究前沿主要包括以下几个方面：可再生能源出力的建模重构及其不确定性的刻画；考虑地理信息的能源设备容量规划；考虑P2X技术的源侧综合能源系统规划；用于源侧综合能源系统规划的典型场景选取；考虑中长期储能的源侧综合能源系统规划等。

2. 综合能源网络规划

综合能源网络规划的研究前沿主要包括以下几个方面：多种能源网络的统一建模方法；多种能源网络多时间尺度的建模；考虑多利益主体的综合能源网络协调规划；考虑交通网和电网、热网、气网耦合关系的综合能源网络规划等。

3. 荷侧综合能源园区规划

荷侧综合能源园区规划的研究前沿主要包括以下几个方面：在规划模型中嵌入供能可靠性要求，考虑用户负荷响应模型的综合能源园区规划；考虑多利益主体博弈的荷侧综合能源园区规划；考虑电动汽车充电行为不确定性的荷侧综合能源园区规划；考虑包含共享储能、云储能等技术方案的规划方法；考虑区块链等新技术的综合能源园区规划设计方法。

4.综合能源系统运行模拟和评估

综合能源系统运行模拟技术的研究前沿主要包括以下几个方面:增加运行模拟中考虑的装置类型并提高建模精确度;考虑接近实际运行情况的备用检修等因素;研究考虑多个目标的运行模拟模型及求解方法;在运行模拟中考虑多个用户主体相互博弈均衡等;量化综合能源系统的风险指数;相对于传统能源系统分立运行,量化分析综合能源系统在提升供能安全方面的优势;研究考虑安全性和稳定性的综合能源系统运行评估技术;量化评估综合能源系统中能量转换装置、管道等不同装置对系统韧性的贡献,定位系统的薄弱环节等。

三、综合能源系统运行

(一)发展现状

综合能源系统的未来发展和推广应用,要充分发挥多能协同的效益,仅仅建设物理基础设施远远不够,还需要改变原有不同能源系统孤立运行和管理现状,建设更加智能的能量管理平台,通过信息流引导能量流,在时间、空间、功能等多维度上协同发挥不同能源的互补耦合作用。

与智能电网相比,综合能源系统的运行控制面临新的技术挑战,主要体现在以下三个方面。

1.异质多能流耦合的多尺度物理特性

电/气/冷/热等异质能流通过 CHP/CCHP、电解制氢、热泵、燃气机组等设备耦合在一起,不同能流动态特性差异显著,传统单能流系统的建模、分析和优化理论已经无法适用。其中,电力系统惯性最小,调节速度极快;热力系统次之;天然气等系统再次之。因此,多能流耦合的动态特性表现出复杂得多的时间尺度特性,其规律尚不明晰,但该特性同时也可能带来新的系统灵活性,即可充分利用热、气等系统的慢过程为电力系统的快过程调节提供新手段,从而提高可再生能源消纳能力和复杂电力系统的灵活调节能力。

2. 多参与主体的复杂行为特征

传统的电/气/冷/热等能源系统分属不同的公司和行业管理，即存在多个管理主体。同时，大量的分布式能源和灵活负荷等将变得更为活跃，作为参与主体，深度参与到未来综合能源系统的规划和运行中，各参与主体存在复杂的互动和博弈。尤其是随着综合能源系统规模的增大，参与主体的数量和形式也会显著增加，表现出复杂的行为特征，给系统的协同和整体安全带来重大挑战。

3. 深度融合互联网的开放信息环境

新一代综合能源系统将深度融合互联网技术，运用互联网思维和技术改造现有的能源系统，形成全新的能源系统形态。互联网的核心特征之一在于开放，一方面是异质能流之间的互联和互通，另一方面是大量新的参与主体通过信息互联网开放接入，突破了传统能源系统封闭的信息专网架构。开放带来协同效益的同时，也带来了新型的安全风险，包括更多潜在的信息泄露、社会扰动（攻击）、复杂系统更容易出现的连锁故障等。

目前国内外都已针对综合能源系统运行问题开展了前期研究。综合能源系统本质上是以电力系统为核心与纽带，构建多种类型能源的互联网络（多能流系统），实现多能互补协同、能源与信息高度融合的新型能源体系。目前，瑞士、德国、英国和美国等国家都启动了相关的研究或示范。我国清华大学、天津大学、西安交通大学、华北电力大学、东南大学、河海大学等在该领域也取得了一定成果。

1）多能流系统建模与状态估计方面

较多研究建立了多能流的能量平衡模型，但未形成多能流耦合的统一模型。苏黎世联邦理工学院等提出了 Energy Hub 概念，但对实际系统进行了较大简化。在状态估计方面，清华大学、河海大学等提出了热-电及电-气耦合状态估计方法，但尚未考虑多能流系统的多时间尺度、多主体运营等特性。

2）多能流系统安全评估方面

加拿大学者提出一种多能流系统安全分析框架；同时涌现了 MARKAL、TIMES 等分析模型。在我国，清华大学率先提出多能流系统静态安全分析的概念与方法；天津大学剖析了电网-气网暂态过程的相互影响，探究了扰动传播机理；河海大学将安全性作为边界条件引入多能流概率传输容量计算。当前研究大多忽略了能源间的多时间尺度交互影响，未建立综合安全评估体系。

3）多能流系统运行优化与控制方面

国外在电气耦合系统运行优化方面取得了一定进展，国内研究则集中于电热耦合系统。多能流系统的动态过程逐渐受到关注，随之产生的含偏微分-微分代数方程的复杂优化问题求解也被重视起来。总体上，目前尚未形成成熟的优化控制体系，对含复杂约束的多能流运行优化算法研究尚比较匮乏。

4）信息能量融合系统方面

欧洲和美国提出互联网与能源系统耦合的框架和技术，但鲜见从信息物理系统视角进行安全分析和防御研究。国内清华大学等提出电网信息物理融合建模与综合安全评估思路，但未涵盖多能流系统，在信息扰动（尤其是恶意攻击）下系统的演化机理与动态分析仍处于起步阶段。国电南瑞科技股份有限公司（简称国电南瑞）提出信息-能量-社会系统的研究架构，对含社会行为因素的信息物理系统互动机理开展了前期研究。

综上所述，综合能源系统将成为新一代能源系统的重要形态，但更多是在经验和有限实验的基础上开展系统集成与工程应用，亟须构建相关的基础理论和方法体系。面对异质多能流耦合与多时空尺度的复杂物理特性、多参与主体的复杂行为特征、深度融合互联网的开放信息环境三大挑战，创建支撑新一代能源系统的运行控制理论体系，为推动综合能源系统发展提供基础理论支撑，从而显著提升我国能源领域原始创新能力，抢占能源互联网等新兴科技领域竞争的制高点，支撑我国能源技术革命，具有重要的科学意义和巨大的应用潜力。

（二）研究前沿

1. 多能枢纽（Hub）的能量高效转换与多时空尺度协调

要协同不同系统和主体就先要实现彼此的开放互联，而这离不开多能枢纽，其可实现电/气/冷/热等多种能源形式的转换和联结，从而构建一个由多种类型子系统组成的规模化综合能源系统。Hub中的异质多能流系统在时间和空间等维度上具有多尺度特征，主要体现在各异质多能流系统从部件层面到系统层面的动态特性不同，系统的负荷变化和系统响应时间尺度不同，系统的空间分布和环境因素不同。因此，实现多种异质能流间的能量高效转换、时间尺度和空间尺度上的互补融合以及最优集成匹配，是使能源利用效率达到最大化的关键。同时，为了能够实现综合能源系统的全局协同，要求Hub 提供一定的灵活性，能够及时响应全局的调控指令，为整个系统的安全高效做出贡献。

然而，不同学科对 Hub 的研究有不同的侧重点。能源学科主要研究各部件的特性和优化配置，重点提升 Hub 自身的能源转换效率，没有充分考虑其可以对能源系统提供的灵活性。电气学科则主要把能源转换设备等同于黑箱元件，重点利用其灵活性，对不同能源系统多能枢纽 Hub 中的耦合机理、元件的动态特性和高效转换等研究较为有限，不同学科没有充分交叉形成研究合力。而且提升效率和提供灵活性之间存在一定的矛盾，需要从全局和微观两个尺度进行综合评估和取舍，发挥每个 Hub 的最大潜力。因此亟须突破的难点包括：复杂地域和环境条件下，多种能源系统能量传递的协同模式缺乏、多维度能质传递效应不明晰；异质多能流系统动态经济协同调控机理尚未完全揭示；能流并入电网时综合考虑不同响应特性、多时空尺度特性难度大。

因此，建立多尺度异质多能流系统能质传递与转换过程的动态耦合及协同理论，提出多能流系统一体化概念设计方法，评估其灵活性的潜力和特性，是综合能源系统运行的能量转换核心问题。

2. 规模化多能存储及储能系统集群优化

随着多能流网络互联规模不断升级扩大，发展规模化储能技术对于平衡综合能源系统中能源生产和消费的异步性，实现能量流在时间和空间上灵活调控意义重大。目前电储能技术虽然已取得了长足进展，但其规模化应用仍存在难以满足能量密度和功率密度需求的同时兼具低廉成本的问题。冷、热等能源系统则具备经济的大规模存储能力，但存在调节灵活性差、不适合远距离输送等问题。因此，单一储能技术难以满足未来综合能源系统大规模、低成本、高效率的储能需求，亟待研究适应综合能源系统发展的规模化多能存储技术，而储能效应的充分发挥将可能导致现有的能源系统发生颠覆性变革。

规模化多能存储技术利用电／气／冷／热等多种储能手段在物理特性上的天然互补特性，实现多能储能经济性和不同品位能源的综合利用率提升。此外，为了能够充分利用大量的分布式小容量储能构成的集群，需要利用互联网技术在信息层面将这些储能进行协同实现规模化的利用，构建类似互联网云存储的虚拟储能。发展规模化多能存储需要解决两方面难题：一是多能源网络物理惯性差异显著，能量载体转化过程复杂，定量描述规模化多能存储载体的特性、揭示其高效转换机制非常困难；二是规模化多能存储系统中多能流传输特性和耦合关系各异，构建以达到多能储能经济性及能源利用效率最优目标，并能够反映多能存储差异性的储能系统集群优化模型，实现特性各异的储能的均衡、协同与灵活调控极具挑战性。

因此，研究规模化多能存储载体特性，高效转换方法和转换机制，以及多能多时空尺度耦合特性，进而构建储能系统集群优化模型，突破规模化多能存储技术和多能储能系统集群优化方法，是综合能源系统运行中的储能核心问题。

3. 深度融合互联网的规模化综合能源系统安全评估

随着多种能源形式的互联、信息和社会因素的广泛接入，新一代能源系统将具有多能耦合和"信息-物理-社会"深度融合的特征，物理故障、信息扰动、社会因素等扰动形式将都有可能对综合能源系统的安全运行产生影响。例如，燃气阀门误操作关闭导致的中国"台湾8.15大停电"（2017年）是典型的由于物理事件通过多能耦合产生的能源系统安全性事件；"委内瑞拉大停电"（2019年）则是动荡的社会局势和网络攻击导致的能源系统安全性事件。因此，充分考虑多能耦合、信息和社会因素对综合能源系统的安全影响，开展综合能源系统的安全分析与评估研究，是保障系统安全的关键。

信息-物理-社会的深度融合使得综合能源系统成为复杂的动态系统。从单一能流视角，需要考虑不同能流系统物理特性差异对综合能源系统安全性的影响。在深度融合互联网的环境下，需要考虑信息开放引入的各种信息干扰和攻击对综合能源系统安全性的影响。进而，在多主体等社会因素介入后，需要充分考虑社会行为的不确定性和非理性对综合能源系统安全性的影响。因此，如何充分考虑物理系统的异质性、信息开放性和社会行为的不确定性，分析信息－物理－社会的复杂交互影响机理是实现综合能源系统安全亟须解决的关键技术挑战。

因此，研究开放网络空间下规模化综合能源系统的扰动传播机理与综合安全评估方法，是综合能源系统的安全核心问题。

4. 云－边协同的综合能量管理与运行控制

能量管理系统一直以来是保障电力系统这个世界上最复杂的人造系统安全高效运行的大脑，通过信息流调控能量流实现广域空间上源－网－荷－储的协同工作，为用户提供安全经济优质的电力。面对比电力系统更加复杂、具有全新特性的综合能源系统，综合能量管理与运行控制也面临着新的挑战，尤其是在开放网络空间与多主体并存的情境下，有别于传统电力系统能量管理系统，需要形成新的理论和架构。

多能流耦合、多时空尺度、多参与主体、开放环境等特征，使得多能流系统在运行控制中表现出异常复杂的时空交互过程和运行约束，具有牵一发而动全身的特征。如何量化异质能流潜在灵活性并实现全局协同优化，如何高效求解含偏微分－微分－代数方程组的高维复杂约束的非凸优化问题，是实现在线综合能量管理与运行控制的重要挑战。此外，大量参与主体之间存在活跃的信息交互和博弈过程，传统集中统一的控制架构与方法已难以适应，需要采用基于互联网的新型云－边协同架构，一方面，通过边缘侧自律控制，实现海量参与主体的即插即用；另一方面，通过云端协同，实现系统全局的资源共享与高效运行。此外，在前述综合能源系统安全评估基础上，需要协同利用不同能源之间的互补特性、信息系统的快速决策和传输能力，提出安全防御措施，有效保障多能流系统的安全运行。

由此可见，研究云－边协同的综合能量管理与运行控制，构建多能流非凸动态实时协同优化理论和方法体系，提出信息、物理和社会协同的安全防御体系，充分挖掘多能协同互补的灵活性，是规模化综合能源系统的能量管理核心问题。

四、综合能源系统市场体系与商业模式

（一）发展现状

综合能源的快速发展使能源系统规模不断扩大、市场成员关系更加复杂以及信息更新持续加速，在传统能源电力行业集中式优化决策的资源配置方式下，能源供应者和用户获取区域能源信息的成本较高，整体优化决策的效率低下。能源互联网的发展使得供应者和用户都可以从互联网中获取市场信息，降低了信息获取成本，为分散化交易提供了可能。同时，综合能源系统商业模式也将由集中式的整体平衡逐渐向分散化的局部平衡发展，综合能源系统的建设将打破固有的体制、孕育多样化的商业主体、突破能源生产到消费各环节的关键技术，为综合能源系统商业模式提供创新的源泉，激发出多种多样的商业模式，也将促进全新综合能源市场体系的产生。为了支撑能源互联网时代丰富多样的商业模式，需要构建合理而灵活的市场体系，设计相应的配套机制。

综合能源市场是在能源互联网背景下，以信息技术为支撑，以分布式主体为主要参与者，通过市场竞争，实现电力、天然气、热、冷、可再生能源等多类型能源综合交易及优化配置的机制。当前，对综合能源市场体系的设计以及市场交易行为等问题的研究尚不完善。目前综合能源市场的发展主要表现出以下七方面的特点，即交易主体多元化、交易商品多样化、交易决策分散化、交易信息透明化、交易时间即时化、交易管理市场化以及交易约束层次化。综合能源市场中，电、热、冷、气等能源耦合程度不断加强，需要在能量市场外，建立辅助服务市场、衍生市场等一套完善的市场结构，并辅以配套的市场机制贯穿全程，从交易的时间、空间、流动性等方面兼容多种能源。同时，发达的分布式交易技术与信息技术作为市场平稳运行的有力支撑，保障多能源交易的顺利开展。

1. 综合能源市场架构方面

从时间跨度上来说，贴近实物交割的能源市场可分为中长期市场和现货市场，成熟的市场还有辅助服务市场保障系统的安全运行，以及金融市场加强能源交易的流动性、降低风险。综合能源市场的重要任务是实现可再生能源，尤其是分布式可再生能源的大规模交易和共享，因此其中辅助服务市场的建设尤为关键，而目前有关综合能源辅助服务市场构建的研究较少，我国目前开展的综合能源试点项目〔如国网冀北电力有限公司的泛（FUN）电平台、天津港综合能源管控平台等〕提供备用、调峰等辅助服务的市场潜力未充分发挥（王明富等，2020）。

2. 综合能源市场交易机制方面

不同类型能源市场基础条件不同，主要体现为交易时间尺度、交易空间尺度、市场流动性方面的差别，因此，需要在以下三个方面着重关注设计相关交易机制（Wen et al.，2017）。在交易时间尺度方面，由于不同能源市场之间存在先后关系，一个市场的出清结果将会影响市场主体在另一个市场的行为，因此在日前和实时市场上实现多能源的联合出清成为一大难点（刘凡等，2018）。在交易空间尺度方面，电力市场空间范围包含全国，而供热市场的范围较小，竞争程度较低。在市场流动性方面，电力市场发展较为成熟，有较强的流动性，天然气、供热市场短期市场流动性较低。由于不同市场流动性的差异性，一些能源转换设备，如热电联产机组很难平衡电、热市场的收益。各能源市场流动性的差异影响了市场主体行为和市场出清结果，可能降低市场效率，削弱多能源系统协同运行的效益。

在出清机制方面，一些学者以能源系统整体的经济性为目标，研究了多能源市场协调运行机制，提出了多能源市场联合出清模型，以多能源购买总成本最低、风险最小、社会福利最大化为目标函数（Sardou et al.，2016；Wang et al.，2018；周琳等，2019；Wang et al.，2019）。但多能源市场联合出清的前提是多个能源市场的运营权应属同一机构，因此区域能源系统和微网更有可能实现联合出清（肖云鹏等，2020）。对于各能源系统运营者不同、无法实现多能源市场联合优化及出清的情况，研究中通常采用基于各能源市场出清结果交互或基于一致性的交替方向乘子等分布式算法（Wen et al.，2017），实现各能源市场多次出清，经多次迭代达到均衡的目标。

3. 综合能源支撑技术方面

在能源互联网中，分布式电源、储能、电动汽车、天然气分布式能源等灵活性资源的大量接入以及用户主动性的增加，导致市场成员的多样化以及交易模式的灵活化。为了使小型分散化主体参与市场成为可能，有必要面向大规模分布式主体进行策略行为分析。因此，需要以信息披露技术为支撑，在进行分布式主体行为分析的基础上，提供更有效的分布式交易技术支持。

4. 信息披露技术方面

根据微观经济学中的市场理论，市场信息透明的完全市场竞争环境，其市场均衡点是帕累托最优。在实际中，信息越充分，披露的市场均衡点越接近完全竞争市场的均衡点，其资源配置效率也越高（刘敦楠等，2015）。综合能源市场中的海量数据需要及时披露给市场主体，保障综合能源市场竞争的公平性与高效率。多能源系统协同运行下，能源种类的多样性、网络的复杂性和运行中的不确定性，放大了单一能源系统的异常运行给其他能源系统带来的安全风险，信息披露尤为重要。一方面，与澳大利亚、丹麦等同一机构运营电网、天然气网的国家不同，我国不同能源系统的产权和运营权属于不同企业，给跨部门的信息汇总与协调优化带来困难；另一方面，综合能源市场中信息量大幅增加，信息互动更加频繁，市场交易对于信息技术的依赖程度显著提高，多类型能量的双向流动对于信息的采集、分析及传递提出了新的挑战。

5. 分布式交易支撑技术方面

主要涉及三方面（刘凡等，2018）：首先，有关分布式存储，传统中心化机构存在高成本、低效率以及数据存储不安全的问题，需要着力解决针对分布式交易的效率与安全的问题。其次，有关分布式算法，用于求解全局优化模型的算法已较成熟，包括经典优化算法和人工智能算法。分层－分布优化问题可通过转化为等价确定性形式求解，或将上层优化结果当作下层优化的输入条件，反复迭代至收敛。为了应对分布式交易模式带来的指令可达性、求解可行性、拓扑时变性、运行不确定性四方面的挑战，目前引起关注的方法有一致性算法、势博弈方法等。最后，综合能源市场的分布式优化要同时满足能源市场的运行经济性、安全性和环保性等多种目标以及用户对电/气/冷/热等多种能源的需求。既要考虑每台设备的运行约束，也要考虑包括电系统、热能系统和燃气系统在内的各子系统的耦合关系。

6. 综合能源系统商业模式

综合能源系统商业模式是指将不同种类的能源服务组合在一起,通过能源输送网络、综合能源管理平台以及信息增值服务,实现能源流、信息流、价值流的交换与互动。能源互联网的发展使市场成员从互联网中获取市场信息的成本降低,为分散化交易提供了可能,随之而来的综合能源系统商业模式也将由集中式向分散化决策发展,但现阶段综合能源系统商业模式并不成熟,各方利益壁垒导致能源变革红利难以实现。

(二)研究前沿

1. 综合能源市场中多元化辅助服务市场建设

为了解决高比例可再生能源接入带来的不确定性,亟须建立合理的辅助服务市场。随着各种储能技术、能源转化技术的发展,灵活性资源成为活跃的市场主体,为辅助服务的多元化提供新的契机。抽水蓄能、大容量储热等大容量储能技术的应用有效提高了综合能源市场运行的灵活性、促进大规模可再生能源的消纳,是一种具有广阔前景的辅助服务手段。未来需要结合灵活性资源的自身特点,因地制宜地开发辅助服务商品及相应的交易机制。

2. 协调多能源市场的综合能源交易机制

未来随着电/气/冷/热等能源市场的进一步成熟与融合,如天然气短期交易逐渐增加(目前仍以双边交易为主且日内价格恒定),供热市场大量灵活供热设备的接入使得短期供热成本波动增大,短期市场发展向好等,需要在充分考虑各能源市场时间尺度、空间尺度、市场流动性等方面的基础上进一步完善交易机制。随着可再生能源的大规模接入,更需要根据当前市场基础条件,深入研究不同时间尺度交易下各能源市场的协调机制;需要研究不同空间尺度的能源交易协调,以及涉及的市场力问题;需要研究不同流动性的能源交易,从而确定多能源市场化进程(刘凡等,2018)。

3. 实现多能源综合交易的综合能源市场出清

在市场出清方面,需要着重研究针对电转气、含电锅炉、电热泵的热电联产机组等能源间转换设备的复杂建模。在出清求解方面,随着综合能源市场中电、气、热系统带来的大量的非线性约束以及大量的报价信息，模型与计算的复杂性显著增加（Ordoudis et al.，2018），应着力研究兼顾综合能源市场出清速度和模型精度的出清算法。同时，我国各个能源市场运营较为独立，因此，起步阶段要着力研究各能源市场的交互及算法。

4. 多元化综合能源系统商业模式

能源互联网背景下，综合能源系统商业模式具有更加丰富的内涵，不再局限于传统的能源供销模式，衍生出能源信息服务模式、能源增值服务模式、能源资产服务模式以及能源设备服务模式等多类型商业模式。基于能源互联网，构建与其市场职能相适应的商业模式，不断探索多元化综合能源服务新模式，打造涵盖电 / 气 / 冷 / 热等多能源一体化的综合能源市场，在降低用户用能成本的同时，为各能源公司不断开拓外部需求市场。

5. 面向大规模分布式主体的行为分析及交易支撑技术

为了保证大规模分布式交易的可行性，需要研究和开发适用于综合能源市场的分布式存储、分布式计算以及分布式优化等技术。分布式存储未来可以利用区块链技术采用去中心化和去信任的方式集体维护一个可靠的分布式数据库，具有去中心化、透明性、公平性以及防篡改的技术特点。分布式算法未来着力于提供高效、完备、隐私、防欺诈和保证收敛性的分层－分布优化。分布式优化可以利用基于能源集线器的优化分配技术，根据各能源系统的预测负荷数值，生成综合能源市场的调度信号；利用基于多时间尺度的分层优化控制技术将整个能源市场的优化问题拆分成若干子问题，进而实时分层协调优化。

6. 综合能源市场信息披露与互动体系设计

考虑到我国不同能源市场独立的产权，应着力研究支撑多能源市场耦合交易的信息交互机制，促进各能源市场信息的主动披露，以及配套的信息所有权保护机制。综合能源市场的关键之一还在于实现各市场参与主体与用户间有效、充分的互动，因而在激发市场参与主体发展活力的同时，还应重视用户侧能源消费行为的引导与培育，建立公开透明的服务数据共享机制、市场信息披露机制，规定各类市场参与主体的行为标准，制定不正当竞争的处罚机制，优化服务运营环境。

第四节 关键科学问题、关键技术问题与发展方向

一、综合能源系统建模与仿真

（一）关键科学问题

需解决"信息－物理－社会融合下综合能源系统统一建模及高效仿真"这一关键科学问题，包含以下两个层面的内涵。

1. 信息－物理－社会深度融合下的综合能源系统统一建模理论

随着信息－物理－社会深度融合，信息系统及人类社会给综合能源系统的运行带来了极为复杂的影响。因此，综合能源系统建模需研究信息域、物理域和社会域的统一刻画方法，建立以数据为中心的信息－物理－社会交互接口模型；探索信息空间和社会空间影响下的物理系统复杂动态过程和演变原理，揭示信息空间、能量空间和人类社会的跨界影响机理；构建统一系统框架与数学模型，为综合能源系统的高效仿真、规划和运行等应用需求提供关键模型支撑。

2. 多学科融合的综合能源系统联合仿真方法

在信息－物理－社会深度融合下，综合能源系统仿真计算涉及信息学、电工学、流体力学、热力学、交通学和社会学等多个学科，模型复杂度高，交互机理复杂，时空尺度差异显著，联合仿真难度极大。因此，需要研究多学科交融下的综合能源系统高效仿真架构，研究电／气／冷／热／交通／信息／社会各子系统的仿真交互接口；研究高维（偏）微分－代数复杂系统高效求解算法，实现不同场景、不同时空尺度的综合能源系统高效仿真计算。

（二）关键技术问题

1. 数据－机理双重驱动的综合能源系统建模方法

随着先进测量技术及大数据分析技术的进步，基于数据与机理双重驱动的

建模方法将成为实现综合能源系统高效精准建模的有效手段。需研究电／气／冷／热／交通／信息／社会各个子系统在不同颗粒度下的高阶（偏）微分－代数机理模型；研究跨系统多源数据融合机理与融合方法；研究基于历史数据与机理模型的综合能源系统数值模型离线构建方法；研究基于在线数据量测的综合能源系统关键参数在线辨识技术；研究基于数据－机理双重驱动的综合能源系统在线建模和误差校正方法。

2. 综合能源系统数字孪生仿真技术及平台

随着数字孪生技术和信息技术的发展，基于数字孪生的综合能源系统仿真技术是未来的重要发展方向。需研究面向多重异构的综合能源系统的数字孪生仿真框架；研究以数据为中心的综合能源系统虚拟－现实映射架构；研究信息－物理－社会深度融合下的多系统仿真交互接口；研究面向不同时间尺度与不同应用需求的综合能源系统高效仿真算法；研发综合能源系统数字孪生高效仿真平台。

（三）发展方向

随着能源信息技术的快速发展，综合能源系统呈现电／气／冷／热／交通／信息／社会多元融合的发展趋势，给系统建模和仿真提出了巨大挑战。未来需要在能源系统数字化背景下，构建适应综合能源系统规划、运行、控制等复杂应用需求的多场景仿真体系，建立基于数字孪生技术的综合能源系统仿真平台，攻克超大规模综合能源系统快速仿真技术，真正实现跨学科的联合技术攻关，形成系统化的技术理论体系和先进的仿真工具。

二、综合能源系统规划

（一）关键科学问题

需解决"安全、经济、低碳的异质能源系统最优结构形态分析与优化"这一关键科学问题，包含以下两个层面的内涵。

1. 异质综合能源系统建模与协同规划

综合能源系统规划中包括电气、热力、天然气、制冷等多种异质能源设备，不同设备物理特性差异大、系统规划难度大，因此需要平衡模型精细程度和规划中的计算效率。需要建立兼顾准确和高效的综合能源装置模型；针对综合能源网络中不同能量形式传输特性以及时间尺度上变化速度的显著差异，利用拉普拉斯变换、端口等效等技术，建立高效的面向规划的综合能源网络模型；针对综合能源系统规划中碳排放分析和碳减排要求，建立应用于综合能源系统碳排放流分析方法并嵌入规划模型，实现综合能源系统精确、高效、低碳的规划，充分发挥综合能源系统碳减排效益。

2. 综合能源广义储能协同耦合提升系统韧性

保证综合能源系统的安全性和韧性是规划的重要目标之一。未来，广义储能装置将在提升综合能源系统安全性韧性方面发挥重要作用，需要在规划中充分考虑。需要探索集中式储能元件（如储电、储热和氢储）、分布式储能元件（如电动汽车以及建筑物热容量）以及管道等效储存容量等一系列广义储能技术对综合能源系统灵活性和韧性的贡献；定义综合能源系统韧性指标，并提出面向韧性的区域综合能源系统规划模型，在保证供能安全水平的前提下最小化系统整体的投资和运行成本。

（二）关键技术问题

1. 考虑 P2X 和新型储能的综合能源系统规划

源侧综合能源系统规划通过整合风电、光伏、储能、火电、水电等发电资源的空间分布和容量，实现外送功率的平稳可调。当前，P2X 技术和新型储能蓬勃发展，一些技术的经济性已经逐步接近或达到商业运行的水平，有望在可再生能源外送基地的规划中扮演重要的作用。需要较为细致地研究当前 P2X 技术和新型储能技术的经济性，建立用于规划的装置模型。研究利用 P2X 和新型储能提升系统供能韧性的综合能源系统规划方法，利用 P2X 和新型储能装置提升综合能源系统韧性，研究以光热电站为核心的电热综合能源系统的规划问题，研究考虑 8760 h 运行的跨季节储能协同规划问题，研究跨能源形式的云储能技术。

2. 面向碳达峰、碳中和的综合能源系统结构形态优化规划方法

综合能源系统可以通过消纳高比例可再生能源，提升能效，提升系统灵

活性显著削减碳排放，对于能源行业实现碳达峰、碳中和目标具有重要的意义。需要研究综合能源系统中的碳排放分配计算方法，研究面向碳达峰、碳中和的综合能源系统的结构形态及其演化规律，研究降低碳排放的综合能源系统规划方法，研究考虑碳市场、碳交易的综合能源系统规划方法，研究考虑多主体的综合能源系统分布式低碳规划方法，研究促进综合能源系统多主体低碳规划的协调机制，充分挖掘综合能源系统降低碳排放的潜力，为实现碳达峰、碳中和目标做出实际贡献。

3. 面向安全、经济与低碳的综合能源系统精细化运行模拟技术

综合能源系统运行模拟对于分析综合能源系统运行特性具有重要的意义，需要在运行模拟中精细化地评估综合能源系统的安全、经济、低碳指标。针对多种空间尺度的综合能源系统，研究区域和跨区综合能源系统双层联合运行模拟方法；针对安全性和韧性评估的需求，建立综合能源系统可靠性运行模拟方法；针对灾害情况下综合能源系统韧性评估，研究综合能源系统灾害事件的建模方法，生成不同灾害事件的海量模拟场景用以有效检测城市能源系统的韧性水平；针对综合能源系统碳排放特性分析的需求，进行综合能源系统全生命周期碳排放分析和评估。

（三）发展方向

综合能源系统的规划不仅涉及多类型设备的建模，也涉及多时间尺度耦合以及多规划目标协调。面对碳达峰、碳中和的目标，综合能源系统结构形态受到资源禀赋、负荷特性、各类型设备相对技术经济性等影响，其发展路径并不清晰明确。亟须构建综合能源系统规划理论体系，建立精细化、可扩展的综合能源系统运行模拟工具，充分发挥综合能源系统对于能源转型的推动作用。

三、综合能源系统运行

（一）关键科学问题

需解决"多主体异质能流耦合的多尺度协同性"这一关键科学问题，包含以下两个层面的内涵。

1. 多主体异质能流互动机理与协同优化

未来能源系统将由电/气/冷/热等多种能源子系统和信息系统共同组成，而且由于异质多能流的多时空尺度、多参与主体等特点，能源系统间存在复杂的互动机理，协同优化难度大。通过深入研究特性各异的多能流系统中转换、储存和输运过程的机理，提出电/气/冷/热等多能流系统统一建模理论与分析方法，揭示开放环境下的异质多能流互动机理；提出信息物理深度融合的综合能源系统能量管理与运行控制方法，实现多能协同优化利用，提高可再生能源利用率与系统整体能效。

2. 信息物理深度融合下的扰动传播机理与综合安全

未来综合能源系统将是多能耦合和信息－物理－社会深度融合的综合能源系统，物理故障、信息扰动、社会因素将对综合能源系统的安全产生影响，系统安全问题非常突出。通过研究多尺度动态和多参与主体的异质多能流的复杂交互过程与安全机理，提出多能流、多时间尺度的安全分析理论和方法体系；考虑信息、社会的影响，揭示信息物理深度融合下的综合能源系统各类扰动传播机理，构建信息－能量－社会耦合系统的动力学模型与综合安全评估方法；研究开放环境下，多源信息泛在安全接入的方法，以及信息－能量－社会协同的综合安全防御方法，以保障综合能源系统的安全运行。

（二）关键技术问题

1. 异质能流耦合系统安全机理与协同优化

揭示电/气/冷/热异质能流耦合安全机理；提出能源互联网耦合安全评估和防御理论，抑制耦合安全风险的发生和传播，奠定能源互联网安全性的理论基础；基于泛在能源物联的异质多能流多尺度分布式自适应状态估计方法；多能流非凸动态实时协同优化理论和方法体系，提出适合在线应用的多时间尺度调度架构和模型；能源互联网去中心化分布式自律控制方法，构建计及多重不确定性的分布式自律最优控制理论；提出海量分布式资源的集群控制理论，构建云－边协同的能量管理架构。

2. 能源-交通融合系统安全机理与协同优化

揭示交通能源融合系统随机扰动的渗透发展机理与连锁传播特性；交通能源融合系统的多模动态数据融合分析理论与方法；计及车主社会化行为特征的电动汽车集群充电导引；交通能源融合系统的信息物理安全与网络化保护控制技术。

3. 信息-能量-社会融合系统安全机理与协同优化

信息-能量耦合影响机理及其定量评估方法；信息流-能量流融合的协同优化方法；面向开放式通信环境下能源系统运行的网络空间安全技术；能源电力系统、资源环境系统、社会经济系统相互作用关系的量化分析。基于能源大数据的信息-能量-社会融合系统运行态势感知与协同优化。

（三）发展方向

综合能源系统的运行调控涉及多种物理过程（包括电磁、流体、热力和信息等）交织的多尺度复杂动态，无法采用传统单一学科的理论和方法进行研究。亟须突破学科壁垒，通过电气、热动、建环和信息等多个学科领域的深度交叉，构建综合能源系统运行控制理论体系，将传统单一能流系统的研究，推进到信息-物理-社会深度融合的多能流系统的研究阶段。

四、综合能源系统市场体系与商业模式

（一）关键科学问题

1. 多能源市场的时空耦合方式与出清机制

随着电力市场改革的进一步推进与能源互联网的进一步兴起，电力、天然气、热、冷、可再生能源等多类型能源之间的耦合加剧，而不同能源之间的互补性和替代性、时空尺度的差异性使得综合能源市场的协调运行难度加大。因此，基于不同时期的市场条件研究多能源市场的时空耦合与出清方式，是综合能源系统市场发展的关键。

2. 能量及配套市场完善的综合能源市场交易体系

随着综合能源市场的发展，可再生能源大量接入，分布式可再生能源将实现大规模交易和共享。综合能源市场建设中除了考虑电/气/冷/热等能量市场外，还需着重研究制定多元辅助服务商品对应的交易机制，形成能量-辅助服务-衍生交易市场完善的综合能源市场体系，因地制宜地开发储能、储热等灵活性资源，以应对可再生能源带来的不确定性。

3. 综合能源市场的商业模式与实现

综合能源市场商业模式理论的匮乏制约着我国综合能源服务的市场化及其规模化，商业模式的发展不仅受技术进步的影响，也受电力体制改革等政策性因素的影响。利用能源互联网与综合能源服务的发展协同性实现能源流、信息流和价值流的交换与互动，在能源互联网技术框架下，对从互联共享平台获得的不同类型的数据进行分析处理，通过建立"全面、智能、专业、安全"的信息服务体系，实现多级信息子平台间的互联互通，向用户提供个性化服务。

（二）关键技术问题

1. 分布式交易支撑技术

研究去中心化的分布式能源交易机制，保障分布式能源设备有序配合、协同运行；计及多个独立运营商，综合考虑运行成本和碳排放成本，并计及多能源设备间的传输损耗的多目标分布式优化调度；在连续双边拍卖、竞争均衡价格、节点信誉值等基础上确立支撑分布式能源交易的分布式能源结算机制。

2. 信息披露与用户分析技术

研究支撑多能源市场耦合交易的信息交互机制，促进能源市场信息主动披露；基于智慧终端、采集设备等数据来源，依托大数据、云计算、物联网等技术方法，考虑用户用能行为特征、用能需求特征及服务潜力等维度，构建用户多层级画像技术。

3. 综合能源系统市场运营商业模式

引入先进的信息处理和数据挖掘技术，构建综合能源服务技术方案与市场运营之间的信息桥梁；提出多能源联合协调理论与区域协调优化技术；研究"能量银行"创新型商业模式的高效能量存储技术；对于需求响应技术，实现大数据挖掘与智能化操控以及配网和微网的协调响应；促进商业模式发展的能量转换技术，如能源联产技术、电/热/冷转换技术、低成本的电/热制氢技术。

（三）发展方向

亟须进一步研究不同市场基础下多能源系统协同运行效益合理分配的市场耦合交易机制，基于价格、供需信息交互的迭代出清方式，以及不同产权和运营权下支撑多能源市场耦合交易的信息交互机制。亟须研究虚拟电厂、电动汽车充电桩运营、负荷聚集商、需求侧响应、储能电池以及互联网售电服务等创新型商业模式，开展云中心覆盖的商业模式（数据分析、能效监控评估以及智慧用电服务等）以及电力交易中心涉及的商业模式（电能销售业务、需求响应结算等），各地区应结合区域特色组织开展商业模式示范区建设，探索新型建设推广模式。

本章参考文献

范明天，张祖平，苏傲雪，等 . 2013. 主动配电系统可行技术的研究 . 中国电机工程学报，
　　33: 12-18.

范明天，张祖平，苏傲雪，等 . 2015. 区域综合能源系统若干问题研究 . 电力系统自动化，
　　39: 198-207.

刘敦楠，曾鸣，黄仁乐，等 . 2015. 能源互联网的商业模式与市场机制（二）. 电网技术，39:
　　3057-3063.

刘凡，别朝红，刘诗雨，等 . 2018. 能源互联网市场体系设计、交易机制和关键问题 . 电力
　　系统自动化，42: 108-117.

王明富，吴华华，杨林华，等 . 2020. 电力市场环境下能源互联网发展现状与展望 . 电力需
　　求侧管理，22: 1-7.

肖云鹏, 王锡凡, 王秀丽, 等. 2020. 多能源市场耦合交易研究综述及展望. 全球能源互联网, 3: 487-496.

余晓丹, 徐宪东, 陈硕翼, 等. 2016. 综合能源系统与能源互联网简述. 电工技术学报, 31: 1-13.

中华人民共和国中央人民政府. 2016. 能源技术革命创新行动计划 (2016-2030 年). http://www.gov.cn/xinwen/2016-06/01/content_5078628.htm[2022-03-22].

周琳, 付学谦, 刘硕, 等. 2019. 促进新能源消纳的综合能源系统日前市场出清优化. 中国电力, 52: 9-18.

Gahleitner G. 2013. Hydrogen from renewable electricity: An international review of power-to-gas pilot plants for stationary applications. International Journal of Hydrogen Energy, 38(5): 2039-2061.

Hua Y, Oliphant M, Hu E J. 2016. Development of renewable energy in Australia and China: A comparison of policies and status. Renewable Energy, 85: 1044-1051.

Ordoudis C, Pinson P, Morales J M. 2018. An integrated market for electricity and natural gas systems with stochastic power producers. European Journal of Operational Research, 272: 642-654.

Sardou I G, Khodayar M E, Ameli M T, et al. 2016. Coordinated operation of natural gas and electricity networks with microgrid aggregators. IEEE Transactions on Smart Grid, 9: 199-210.

Wang H, Wang C, Khan M Q, et al. 2019. Risk-averse market clearing for coupled electricity, natural gas and district heating system. CSEE Journal of Power and Energy Systems, 5(2): 240-248.

Wang Y, Wang Y, Huang Y, et al. 2018. Optimal scheduling of the regional integrated energy system considering economy and environment. IEEE Transactions on Sustainable Energy, 10: 1939-1949.

Wen Y, Qu X, Li W, et al. 2017. Synergistic operation of electricity and natural gas networks via ADMM. IEEE Transactions on Smart Grid: 4555-4565.

Yan J, Chou S K, Chen B, et al. 2017. Clean, affordable and reliable energy systems for low carbon city transition[J]. Applied Energy, 194: 305-309.

第六章

能量转换中的动力装置与热能利用

第一节　航空发动机

一、基本范畴、内涵和战略地位

航空发动机作为飞机的心脏，被誉为"工业皇冠上的明珠"，它决定了飞行器的性能、可靠性和经济性，是国家科技、工业和国防实力的重要体现（刘大响等，2015）。航空发动机主要包括涡轮喷气 / 风扇发动机、涡轮轴 / 螺旋桨发动机、冲压发动机等类型，利用航空发动机派生发展的燃气轮机还被广泛用于地面发电、船用动力、移动电站等领域。

作为宇航动力的重要成员，冲压发动机是未来重复使用航天运输系统的最理想动力装置，具有水平起降便捷、进出空间自由、机动灵活等特征，可大幅度降低发射成本，支撑国家大规模空间开发和自由进入、利用和控制空间，承载着建设空天安全体系、实现富国强军的崇高使命，是推动我国建设航天强国、维护国家战略安全的大国重器。

二、发展规律与发展态势

20世纪40年代初,英国和德国先后发明了燃气涡轮发动机,使得航空工业发生了一场革命。在第二次世界大战以后的半个世纪中,航空发动机技术的巨大进步,对航空工业的迅猛发展起到了关键的推动作用。同时,在其促进下,热机气动热力学、材料学、结构力学等学科也随之不断发展进步。未来重复使用航天运输系统对动力系统提出水平起降、超宽速域和极宽空域工作、高比冲、大推力、结构紧凑、重量轻、可重复使用等极高要求,目前传统的涡轮、冲压和火箭发动机等单一动力无法满足,吸气式组合发动机是必然趋势。

国际上航空发动机技术呈加速发展态势,目前只有美国、俄罗斯、英国、法国、中国可以独立研制先进航空发动机。传统航空发动机向着高推重比、低耗油率、变循环方向发展。在传统航空涡轮发动机继续高速发展的同时,面向更宽空域、速域的高超声速航空发动机引起国际上的高度重视,面向低碳/零碳航空的电动、氢能等新能源航空发动机也在蓬勃发展,将使未来的航空器更快、更高、更远、更经济、更可靠、更环保,并将使高超声速航空器、跨大气层飞行器和可重复使用的天地往返运输成为现实(刘大响和金捷,2004)。另外,随着人工智能的发展,以无人机为代表的智能化装备应用越来越广,作为其推进动力的高效费比、高升限轻型航空发动机,也逐渐获得重点关注。

三、发展现状与研究前沿

基于布雷顿循环的燃气涡轮发动机经历了近80年的发展,所涉及的各学科与技术均已面临极限,从现有的技术手段出发已很难再实现发动机性能的大幅跃升。现阶段各国都将目光放在了新的热力循环设计、新气动布局、新材料和新能源的研究上,在满足现有燃气涡轮发动机在技术极限条件下的性能指标的同时,为未来可能的满足跨空域、跨速域的新型动力装置提供技术储备。例如,美国自20世纪50年代开始,在国家空天飞机项目、国家航空航天倡议等计划支持下持续开展组合动力重复使用运输系统技术攻关，在空天推进系统发展优先级评价中，NASA 将以燃气涡轮喷气发动机为基础的组合循环发动机（TBCC）、以火箭为基础的组合循环发动机（RBCC）作为高优先级加以发展（邓帆等，2018）。

在战斗机发动机方面，第四代战斗机发动机 F119（美国，装备 F-22 战斗机）、F135（美国，装备 F-35 战斗机）相继服役；美国已经实现了自适应变循环发动机 XA100 整机高空模拟试验验证，代表了第五代战斗机发动机的重要方向。在民用发动机方面，美国研发了世界最大推力的 GE9X 发动机（装备波音 777 飞机），代表了当今民用发动机的最高技术水平；国外发展的齿轮传动风扇、桨扇等新构型民用发动机也已经或即将投入使用。

美国开展的综合高性能涡轮发动机技术计划及多用途经济可承受性先进涡轮发动机计划，目标是推重比达到 15~20，耗油率降低 40%（刘大响和彭友梅，2003）。此外英国、法国、俄罗斯也都有类似的大型研究计划，开展推重比为 20 的发动机技术的先期研究工作。

随着航空发动机不断挑战各部件的技术极限，相关学科的研究前沿主要包含内流复杂现象的非定常机理、旋涡流动的模型与模拟、流动组织与优化、流固耦合预测与分析、复杂流动下的换热与噪声问题等。对于未来发展方向之一的组合动力布局，由于当前组合动力中各型动力之间融合程度不够，压缩、燃烧及膨胀等多过程存在优化空间，组合性能尚未充分挖掘，此外，组合动力种类多样，缺乏有效的综合性能评估方法，难以判别最优组合形式。需要在热力循环分析与优化设计层面就设计方法、内在机理、行为规律等方面开展研究。

四、关键科学问题、关键技术问题与发展方向

（一）关键科学问题

（1）先进航空发动机新型气动布局与多学科耦合：为实现发动机高推重比、高效率、灵活变化工作范围提供新的技术途径，发展流动稳定性、燃烧稳定性、气动弹性和气动噪声等非定常流固热声耦合机理及先进控制方法。

（2）内流流体力学智能化：基于机器学习的湍流模型和基于数据驱动的多场耦合，内部流场流动特征的智能化表征，利用局部测点信息反演全局流场，融合人工智能思想实现动力装置智能流动控制。

（3）"强瞬变""强耦合"环境特征下超高温材料结构微 - 细观失效的物理机制：结合跨尺度分析方法实现结构疲劳失效的精准预测，揭示多场载荷下疲劳损伤演化机理，揭示多物理场、多源不确定下超高温结构解耦机制。

（二）关键技术问题

（1）涡轮 / 透平叶片流 - 热 - 固耦合及其与材料制造一体化理论和方法：揭示高温、复杂流动、旋转等极端环境影响下的叶片流 - 热 - 固耦合机理，形成先进的涡轮 / 透平叶片冷却理论与方法。

（2）多物理场气动热力学与新型流动控制方法：综合考虑流、热、固、声、电、磁等多个物理场的相互作用机理，发展用于宽域范围气动性能提升的流动控制方法。

（3）叶轮机械非定常流动机理、预测及先进控制方法：新型叶轮机械热功转换原理和设计方法；近真实工况下高分辨率非定常物理场测试方法；新型气动布局下复杂非定常内流组织和优化方法。

（4）宽速域下超燃冲压发动机高效鲁棒稳定工作技术：宽速域强约束下的进气系统高效压缩方式和尾喷管膨胀方式，宽域双模态超燃冲压发动机高效燃烧组织的新方法，新型的双模态超燃冲压发动机热防护方法。

（5）组合循环发动机热力循环分析与优化设计技术：组合动力多工质多流路相互作用热力循环过程分析优化方法和复杂热力过程协同控制方法，高性能组合动力热力循环模式构建方法。

（6）超高温材料跨体系成分设计及跨尺度组织调控原理：创建包含超高温材料的成分体系、多尺度结构、性能数据和服役行为的大数据平台。

（7）超复杂高性能梯度材料构件 3D 打印生长制造：建立增材制造梯度材料与结构设计方法，构建高性能梯度材料 - 超复杂结构 - 智能生长制造一体化方法。

（三）发展方向

超宽速域组合发动机、超高马赫数发动机热力循环构建及分析设计方法、非设计工况下航空发动机气动热力设计体系的建立与发展，航空发动机多部件匹配与飞发一体化设计方法，新概念/新原理气动热力布局设计方法，非定常流固热声多学科耦合机理、预测与一体化设计，航空燃料燃烧机理和污染物生成、抑制方法，航空发动机热端部件复杂燃烧、流动与热管理。

第二节　燃　气　轮　机

一、基本范畴、内涵和战略地位

燃气轮机是发电用重型燃气轮机、舰用燃气轮机、工业驱动燃气轮机（油气输运）和各类微小型燃气轮机的总称（蒋洪德等，2014）。

燃气轮机主要由压气机、燃烧室和透平三大部件组成。压气机从外界吸入空气，对空气进行压缩后将其送入燃烧室与燃料混合燃烧，产生高温高压气体，高温高压气体进入透平中膨胀做功，带动压气机及负荷转子高速旋转，最终实现燃料化学能到热能、电能或机械能的转换。

燃气轮机产业是涉及国家能源安全的战略性产业，而燃气轮机是能源动力装备领域的高端产品，在国防装备领域和国民经济的电力、能源开采输送、分布式能源系统等领域均有着不可替代的战略地位和作用。发展高效低碳燃气轮机对我国以可再生能源为主的新型电力系统构建与先进制造技术及先进能源技术的发展至关重要，同时对我国的经济发展有很大的推动作用（闻雪友等，2016）。

二、发展规律与发展态势

燃气轮机技术研发难度大、投资高、周期长，在欧美发达国家，每一代产品的基础问题研究和核心技术开发都是在政府的资助下，组织相关企业、高等院校和科研机构共同开展，在核心技术取得突破后，企业进一步增加投资和研发力度，将其应用于新产品。国际上燃气轮机基础研究与核心技术研发的重点之一仍然是更高效率、超低污染排放的天然气燃气轮机。燃气轮机经过100多年持续投入、稳定发展，已经达到很高水平，E、F级重型燃气轮机技术已经成熟，H、J级产品也已经进入市场。燃气轮机产业已经高度垄断，形成了以GE、西门子、三菱、安萨尔多公司为主的重型燃气轮机产品体系，以Solar、GE、Z-M、R&R公司为主的驱动用中小型燃气轮机产品体系，以及以Capstone、Ingersoll Rand和川崎等公司为主的微型燃气轮机产品体系。我国哈尔滨电气集团有限公司（简称哈尔滨电气）、东方电气和上海电气分别与GE、三菱、西门子合资生产重型燃气轮机，但没有掌握核心设计技术，中小型和微型燃气轮机产品在国内也近乎空白。我国燃气轮机整体水平落后国际先进水平20年（蒋洪德等，2014）。目前，我国高度重视重型燃气轮机技术和产业的自主化发展，2016年启动了航空发动机与燃气轮机国家科技重大专项（简称“两机”专项），力主研制具有完全自主知识产权的300 MW级F级重型燃气轮机产品、攻关具有国际先进水平的G/H级技术验证机关键技术。

随着全球减碳政策的严格化和全球制氢工业逐步发展，国外主要燃气轮机厂家，如三菱公司、GE公司、西门子公司、安萨尔多公司等持续对氢燃料燃气轮机（简称氢燃机）技术进行开发和试验，均已具备一定的含氢燃气轮机运行经验，但高氢以及纯氢燃机仍处于技术攻克和项目示范阶段，如西门子、三菱等公司的先进干式低排放燃气轮机项目已实现燃用含氢量50%的混合燃料。2019年以来，上述公司开发可燃烧100%氢燃料的大功率高效燃气轮机及其发电技术的工作进入了高速发展时期。我国的氢燃机仍停留在基础研究阶段，与真正的实施开发还有相当的距离。

三、发展现状与研究前沿

燃气轮机技术发展目标是进一步提高循环热效率、降低污染物和碳排放。德国西门子宣布的新一代天然气燃气轮机——HL级燃气轮机以西门子成熟的

H 级燃气轮机技术（SGT-8000 H）为基础进行开发，通过融合一系列已经被验证的全新技术和之前设计中的优秀特性，可使燃气初温达到 1600℃以上、联合循环发电净效率水平突破 63%。在氢燃机技术方面，GE 和西门子公司均已突破 50% 以上氢混合燃料预混燃料技术，目前正在攻关纯氢燃料的稳定燃烧技术和燃烧室设计。

　　燃气轮机领域学术界正在探索的主要前沿问题包括如下几种。①先进热力系统。研究主要集中在清洁能源高效联合循环热力系统设计研究，探索优化能源梯级利用的循环方法，主要研究方向包括低能耗捕集 CO_2 燃气轮机循环（如纯氧 - 燃料燃气轮机循环）、燃气 - 超临界 CO_2 联合循环、湿燃气轮机循环、煤气化燃气轮机循环以及压缩空气储能循环系统等。②高负荷超大流量压气机设计。压气机技术参数正向高负荷、超大流量的方向发展。高负荷压气机内部存在强逆压梯度，其三维流动损失、气动弹性与稳定性问题更加显著。为了提高压气机负荷同时保证较高的效率和稳定裕度，需研究先进气动布局及叶型 / 三维叶片设计理念（Biollo and Benini，2013）、高负荷压气机与主 / 被动流动控制（如可调导 / 静叶技术、级间放气技术等）一体化设计、高负荷压气机气动与气弹耦合设计方法。③燃烧室及低排放燃烧技术（Funke et al.，2019；Haque et al.，2020）。目前燃烧室及低排放燃烧技术前沿问题主要包括如何减少氮氧化物排放，使燃烧过程产生的氮氧化物（NO_x）朝着近零排放发展（$NO_x<5$ ppm[①] 甚至更低）；如何减少二氧化碳排放，尽可能将二氧化碳排放量减少到接近零的水平，同时仍然满足氮氧化物的排放标准；如何提高燃料多样性与灵活性，即除使用传统燃料外，使发电用燃气轮机运行时能够使用高比例（高达 100%）氢气或其他各种成分的可再生气体燃料。④透平及高效冷却技术。随着燃气温度的不断提升，叶片冷气量不断加大，冷气对透平气动的影响不可忽视。研究工作主要集中在气冷透平气热耦合设计、气冷透平一体化设计、高效肋片 / 高效冷气孔开发、基于管网的叶片冷却结构方案设计方法、非定常来流对气膜冷却效果的影响、最小应力目标的叶片冷却结构设计研究、叶片寿命预测方法。⑤控制仿真与健康管理。开展基于模糊控制、神经网络、遗传算法、无模型自适应等智能控制理论的燃气轮

[①]　ppm 指 100 万体积空气中所含气体的体积分数。

机控制技术研究，开发结合燃气轮机性能模型的故障诊断预测控制系统，完善控制系统对燃气轮机机组的故障诊断、性能分析及预测、寿命管理等功能，提高燃气轮机控制响应速率和精度。

四、关键科学问题、关键技术问题与发展方向

（一）关键科学问题

（1）高负荷超大流量压气机多物理场耦合机理：主要研究高负荷压气机全工况流动损失机理、多级通流匹配机理、多排导/静调节对压气机性能的影响机理、高负荷宽工况多级压气机扩稳机理、气弹耦合机理等。

（2）逼近真实条件的基础燃烧特性：主要研究控制宏观系统排放的基本燃烧特性，如层流及湍流火焰传播速度、火焰稳定性、热声不稳定性机理等（Committee on Advanced Technologies for Gas Turbines，2020）。

（3）高温高压条件下燃料高强度化学能释放及污染物生成机制：随着燃气轮机循环参数不断提升，燃烧室出口的燃气初温将达到1600℃以上，即使燃料与空气有充分的预混合，在这种高温高压条件下高强度燃烧将会产生大量的氮氧化物等污染物，需要研究高强度化学能及污染物生成机制、创新低氮氧化物燃烧组织方法。

（4）高效、高精度的燃烧模型与燃烧不稳定预测方法：计算流体力学（computational fluid dynamics，CFD）在风扇和压气机的设计研发过程中起到关键性作用。但是在燃烧室的设计中作用有限，这主要是由于燃烧室中的燃烧过程涉及湍流、液滴破碎和蒸发、油气混合、化学反应、传热学等诸多学科的交叉，没有一种燃烧模型能够完整准确地描述上述多种过程。针对燃气轮机中的燃烧问题，发展高效、高精度的燃烧模型，提高燃烧不稳定性的预测能力，可大幅度降低燃烧室设计风险和试验成本。

（5）新型高效冷却技术及透平气热耦合设计技术：主要研究气冷透平叶片冷气出流对主流的影响机理及损失模型、有射流的叶栅流场高精度数值计算方法、叶片环境下的气膜冷却效率预测方法、上下游叶排非定常流动对气动性能和冷却效果的影响、热端旋转和静止部件的流热固耦合问题、叶片疲劳寿命及失效判据。

（6）燃气轮机智能控制与健康管理：通过利用非线性智能控制理论进一步提高燃气轮机控制响应特性及自适应调节能力，从而缩短燃气轮机循环系统的起动时间，减少控制参数整体维护次数，以及提升燃气轮机负荷大幅变动时的调控速率。通过建立基于燃气轮机性能模型的故障诊断与预测健康管理方法，减少燃机零部件及监控设备故障所造成的燃气轮机非必要停机次数，提高燃机运行维护经济性。

（二）关键技术问题

（1）非常规热力循环设计技术：采用脉冲燃烧技术、旋转爆震燃烧技术与无冲击爆炸燃烧技术等拓宽燃机布雷顿（等压燃烧）循环，结合阿特金森（定容）循环，逼近卡诺循环；结合二氧化碳捕集、先进燃氢燃氨技术，开展低碳/零碳燃气轮机循环研究，实现碳减排目标。

（2）高负荷超大流量压气机设计技术：发展高负荷压气机全工况非定常流场高精度模拟与气动优化设计技术，多级压气机气动布局与通流设计技术，宽攻角范围、低损失的先进二维叶型及以弯掠积叠为特征、关注端区流动控制的三维叶片设计技术，多排导/静调节、机匣处理、级间放气、微喷气等流动扩稳技术，气动与气弹耦合设计技术等。

（3）灵活燃料近零排放燃烧室设计技术：发展灵活燃料近零排放燃烧室设计技术，包括高温高压条件下的干式低排放燃烧组织技术、碳中性燃料（氢气、氨气、甲醇等）的高效清洁燃烧技术与减少火焰筒冷却空气量的先进冷却技术及涂层材料，燃烧室零组件结构设计与增材制造工艺。

（4）新型透平叶片冷却技术：发展新型高效复合冷却技术，包括叶片曲率及压力分布对气膜冷却效率的影响规律、多排孔的冷却效率叠加方法、高效冷气孔、内外部冷却耦合设计方法和冷却单元优化布局技术。

（5）低碳/零碳燃气轮机智能控制技术：发展针对结合可再生能源生产系统、制氢系统以及联合循环设备的富氢/纯氢燃机顺序控制模块化设计技术，发展富氢/纯氢燃机燃料量自适应优化的控制技术，实现燃料快速切换及实时燃料最优调整，发展基于燃机性能模型的富氢/纯氢燃机运行安全保护策略设计技术。

（6）结构材料与涂层技术：研发生产陶瓷基复合材料所需技术，发展配套高温合金以及对应高温合金的设计与制造技术，发展适用于燃气轮机的增材制造技术，拓展设计可能性，应用新技术 / 新结构至高温部件，提升整机运行温度。

（三）发展方向

高性能叶轮机械内部非定常复杂流动机理，富氢 / 纯氢燃料稳定燃烧技术和燃烧室设计，高温部件新型冷却与热防护技术，高负荷超大流量压气机设计技术，进 / 抽 / 排气系统与压气机 / 透平一体化设计方法，非常规热力循环技术，多物理场耦合模拟仿真方法与工具，燃气轮机系统集成与智能化运行控制，新一代高温合金与涂层制备与制造技术。

第三节　汽　轮　机

一、基本范畴、内涵和战略地位

汽轮机是一种将工质的热能转换为机械功的旋转式动力机械，其具有单机功率大、效率高、运转平稳、单位功率制造成本低、使用寿命长、燃料适应范围广等优点。汽轮机制造业发展水平是反映国家工业技术发展水平的标志之一。汽轮机设计制造涉及多个学科和技术领域，如工程热力学、流体力学、金属材料、强度振动、自动控制、测试技术等。汽轮机在当今工业生产中仍具有重要地位，我国应尽力探究独特的设计、生产技术，在汽轮机的效率和参数方面寻找产品研发突破口，从而使汽轮机生产技术上一个新台阶，更好地促进我国汽轮机行业的发展。

二、发展规律与发展态势

发电是煤炭清洁高效利用的最主要方向。机组的蒸汽参数是决定机组热效率、提高热经济性的重要因素,提高蒸汽参数(压力和温度)、采用再热系统、冷端系统优化都是提高机组效率的有效方法。根据目前全球技术发展状况,进一步提高机组参数到 700℃ 等级是具有可行性的。欧美有 AD700 计划,美国有 760℃-USC 计划,日本有 A-USC 计划,我国有 700℃ 超临界燃煤发电技术创新联盟持续推进技术开发。下一阶段主要研究重点(韩旭和韩中合,2017;杨晓辉等,2019;聂义宏等,2019;胡平等,2019):① 650℃、700℃ 蒸汽参数下新材料的开发;② 650℃、700℃ 蒸汽参数下双机回热系统研究;③高参数、小容积流量条件下汽轮机内的工质流动规律;④机组运行的灵活性技术。核电汽轮机是核电站常规岛中最关键的设备之一,具有广阔的前景。从 2006 年开始,我国新建压水堆核电项目均为千兆瓦级以上,堆型由二代堆型逐渐过渡到以 AP1000、华龙一号为代表的三代堆型。此外,国家正在组织对 AP1700、华龙二号及高温气冷堆核电技术进行技术攻关,未来也将成为我国具有自主知识产权的主力堆型之一,其配套的核电汽轮机的功率等级也向更大容量、更高参数发展。针对光热发电,国内外研究热点集中在提高集热效率,对汽轮发电机组的研究还不多见(张皓宇等,2019)。光热汽轮机是在小型工业汽轮机的基础上演变而来,是工业汽轮机在太阳能热发电领域的重要应用。此外,由于光照资源具有不稳定性,对于无储热的光热电站,太阳能辐照强度的瞬时变化将直接影响到蒸汽参数,光热汽轮机需要适应工质参数频繁变化。因此,光热发电汽轮机具有频繁启停、快速变负荷和低负荷连续运行的能力。研发适应电网调峰需求的高效、灵活、安全的光热汽轮机通流技术及其热力系统势在必行(罗海华等,2020)。

三、发展现状与研究前沿

第一台二次再热汽轮机诞生于 1957 年美国 Philo 电厂,尽管机组功率仅 125 MW,但参数达到 31 MPa/621℃/566℃/566℃。由于高温材料暴露出的若干严重问题,美国因此暂缓了其超超临界燃煤机组的进一步发展。1990 年,日本投运了 2 台功率 700 MW 的二次再热机组,参数为 31 MPa/566℃/566℃/566℃,热效率达到 41%。1998 年,丹麦 Nordjylland 电厂投运了 2 台功率 410 MW 的二次再热机组，参数为 29 MPa/582℃/580℃/580℃，热效率达到 44%。我国自 1993 年开始研究超超临界发电技术，经历了 28 年发展历程，受材料技术的限制，超超临界燃煤发电技术仍保持在 31 MPa/610℃ 的水平，与其他先进发电技术相比，超超临界汽轮机热效率还须进一步提高。2015 年 6 月 27 日，我国首台二次再热机组在江西萍乡华能安源电厂投运，参数为 31 MPa/600℃/620℃/620℃，功率 600 MW，热效率达到 46%。2020 年 12 月，全球单机容量最大的高低位布置双轴二次中间再热机组在安徽淮北平山电厂并网，参数为 31.1 MPa/610℃/630℃/623℃，功率 1350 MW。但受高温镍基材料进口等限制，700℃ 等级二次再热机组相对一次再热机组绝对成本上升幅度较大，仅汽轮机增加一次再热导致的中压阀门、中压汽缸、中压转子、高温静、动叶片等制造成本将超过 1.8 亿元，且未计入锅炉成本、再热管道成本等。采用 650℃ 等级参数，汽轮机铸锻钢可采用铁镍合金，机组造价必然有所下降，但其也将面临材料研制、成本控制问题，还面临高参数对汽轮机通流效率、高温部件寿命影响等问题。

上海汽轮机厂设计并制造了我国首台核电汽轮机，从 2006 年开始，致力于千兆瓦级以上核电汽轮机的设计、制造技术攻关。CPR1000 型核电汽轮机由 1 个双流高压缸和 2 个双流低压缸组成，汽轮机采用半转速设计，低压缸进口前设置汽水分离再热器。为了有效地降低低压级湿蒸汽对动叶片的侵蚀，低压末级静叶片采用空心静叶片抽吸技术、末级动叶片采用火焰淬硬或激光硬化技术等措施来避免水滴对低压动叶片的损坏。汽轮机高压转子采用整锻转子设计，低压转子采用独特的红套技术，并在中间轴、轮盘等关键部位通过喷丸、辊压等技术有效避免应力腐蚀的出现。AP1000 型核电汽轮机由 1 个高压缸和 2 个低压缸组成，通流叶片采用整体通流叶片设计技术（AIBT）设计，具有较高的通流效率。高温气冷堆汽轮机进汽参数较高，进汽容积流量相对较小，汽轮机采用全转速设计，汽轮机由 1 个单流高压缸和 1 个双流低压缸组成，低压缸排汽湿度达到 11.26%，为了降低其对末级叶片的影响，采取了特殊的末级静叶片加热除湿系统（李新年等，2020）。湿蒸汽级的通流与结构设计难度较大，相对于过热蒸汽级仍有较大的潜力可挖。核电汽轮机最关键的技术是低压缸末级通流设计，目前国内主要厂家已经完成了 2200 mm 长叶片设计工作，相应的焊接低压转子也已经完成了设计。

与常规火电汽轮机不同，50 MW 光热汽轮机高压转子设计转速为 6070 r/min，中低压转子设计转速为 3000 r/min。在国外，三菱、GE、西门子和 MAN 等公司较早开展了光热汽轮机相关研究。在国内，中国科学院工程热物理研究所、华中科技大学、东方汽轮机厂、上海汽轮机厂、哈尔滨汽轮机厂等就光热汽轮机通流设计和系统优化开展了研究。目前，光热汽轮机基本处于超高压、亚临界水平，槽式集热电站主蒸汽温度为 370～400℃，塔式集热电站主蒸汽温度为 530～560℃。尽管低压缸的叶片型线和叶片通道优化设计已经相对完善，但目前低压缸的第一级效率只有 65% 左右，远低于其他级的效率（张皓宇等，2019）。以 50 MW 汽轮机为例，光热汽轮机蒸汽比容为常规火电汽轮机的 63.3%，而当蒸汽比容减小时，叶高损失增加，通流部分效率降低。

四、关键科学问题、关键技术问题与发展方向

（一）关键科学问题

（1）低压级组内气动激波与凝结激波的耦合作用机制、激波 / 边界层 / 高紊流度尾迹的相互干扰作用导致湿汽损失评估不准确，现有湿汽损失评估方法很难指导汽轮机通流优化设计。

（2）超高参数、小容积流量和变负荷工况下，高压端叶片型损、二次流等气动损失显著增加的问题。

（3）700℃先进超超临界燃煤发电技术汽轮机关键部件金属材料开发和焊接材料耐高温、高压及热处理问题。

（二）关键技术问题

（1）研究汽轮机低压机组蒸汽湿度测量方法，开发湿蒸汽凝结参数在线测量装置是提高机组效率和安全性的关键技术。

（2）从机理层面提出湿汽损失定量评估方法并替代设计工具中的 Baumann 准则，是提高低压机组设计水平的关键技术。

（3）开发适应电网调频调峰需求的汽轮机负荷快速响应技术，包括大容

量熔融盐储罐设计技术、熔融盐超临界水热交换器设计技术、压缩空气储能技术、热泵技术、热网及建筑物储能技术等，提出耦合多元储能实现调频调峰的机组热力系统优化方案。

（4）通过将信息技术与汽轮机制造企业的设计、制造和电厂运维各个环节进行深度融合，实现产品全生命周期的数据自动流转以达到企业资源优化配置。

（三）发展方向

（1）汽轮机级内超音速流动、具有间断面激波和汽液两相共存的跨音速非平衡凝结流动、非定常流耦合黏性流体力学等复杂流场计算与测量是今后的主要研究方向。

（2）研究耦合多元储能的二次再热机组高效灵活发电创新理论与方法，获得主蒸汽压力等运行参数对系统储能和蓄热特性的影响，提出二次再热机组高效、灵活复合调节控制技术，实现自身储能和蓄热的安全、经济利用，突破机组自身负荷响应能力受限的技术瓶颈。

（3）建立产品的数字孪生，通过虚拟数字世界的仿真不断优化实际产品的设计过程、制造过程和运维过程，延伸产品的价值链并由设备制造商向能源方案解决商转型，使中国汽轮机制造商成为世界一流的透平制造企业。

第四节　内　燃　机

一、基本范畴、内涵和战略地位

内燃机是指燃料在机器内部燃烧后将产生的热能直接转换为动力的热力发动机。通常所说的内燃机是指活塞式内燃机，常见的有柴油机和汽油机。内燃机是热效率最高、全生命周期碳排放低、耐久性好、使用方便、应用最为广泛的动力机械，是汽车、船舶、工程机械、农业机械、摩托车、园林机械、国防装备的主要动力源，也是应急发电、铁路机车、分布式能源的重要动力源。

内燃机在我国交通运输、基础设施建设、农业现代化、国防现代化以及促进经济发展、提高城乡居民生活水平等方面发挥着重要作用。因此，内燃机产业是我国国民经济和国防建设重要基础产业之一。内燃机产业技术密集、配套产业链长、就业面广、拉动消费大，是当今世界公认的装备制造业投资发展的重点。我国是全球规模最大、产业链最完整的内燃机制造大国，已连续多年产销量突破 7500 万台，保有量近 5.5 亿台，带动上下游行业年产值超20 万亿元（中国内燃机工业协会，2021）。

二、发展规律与发展态势

自 21 世纪以来，我国内燃机工业快速发展，取得了有目共睹的进步，多年来产销量和配套内燃机的各细分市场均位居全球第一，若干家国际知名企业和品牌正在快速崛起。同时我国内燃机关键零部件制造业也初具规模，具备完整关键零部件产业链，为我国内燃机高质量发展奠定了基础。我国内燃机自主研发和原始创新能力不断增强，在先进燃烧技术、智能控制技术、有害排放控制、整机轻量化等方面取得了丰硕成果，产品绿色发展水平取得巨大进步。21世纪以来，柴油机油耗降低了 25% 以上，汽油机油耗降低了 30% 以上；有害排放物控制已达到国际先进水平，主要污染物排放降低了 95% 以上（中国内燃机工业协会，2021）。随着机动车"国六"和非道路"国四"排放法规的推进与实施，我国内燃机产业已具备与国际先进发达国家同台竞技的能力和条件。

当前，新一轮科技革命和产业变革深入发展，全球内燃机技术面临重大变革，有效热效率不断取得新的突破，有害污染物排放进一步降低并朝着零排放目标发展，低碳或碳中性燃料逐步推广应用且碳中和发动机技术已开始研发，内燃机电气化、数字化、网联化和智能化技术深度融合，新的产业生态正形成，国际竞争日趋激烈，全球化的产业格局将发生重大变化，为我国内燃机产业高质量发展提供了历史机遇。

三、发展现状与研究前沿

降低 CO_2 排放是人类面临的共同挑战，提高热效率降低油耗是内燃机产业践行我国节能减排政策的主要路径之一，降低内燃机碳排放成为推动内燃机技术发展的主要动力（苏万华等，2018）。为了满足越来越严格的汽车油耗法规和碳排放法规，大幅度提高内燃机热效率是内燃机技术创新和产品发展的主要方向。不同的国家、地区、企业均投入很大力度开展高热效率发动机研发。

针对轻型汽油机动力，日本启动国家级战略性创新创造项目（SIP），将高滚流稀燃技术和高能点火技术相结合实现超稀薄燃烧技术，2019 年汽油机实现超过 50% 的指示热效率；Ricardo 和丰田等公司正在开发有效热效率达到 45%～47% 的样机。我国吉利、长安、广汽、比亚迪等车企的汽油机有效热效率也达到 40%～43%，与国际上丰田、马自达等公司处于同一水平。

针对重型柴油机动力，美国启动了历时 10 年的"超级卡车"计划，旨在使发动机的有效热效率达到 55%，2025 年以后发动机燃油消耗和 CO_2 排放量比 2015 年基准减少 51%。我国在 2017 年也启动了国家重点研发－政府间国际科技创新合作重点专项项目"提高中载及重载卡车能效关键技术中美联合研究"工作，涉及的关键技术包括低散热燃烧系统及优化、空气管理系统优化、低摩擦和降低附件消耗功、后处理构型改进、余热回收等。我国潍柴动力股份有限公司（简称潍柴动力）2020 年发布的重型柴油机的热效率达到 50%，而且是不包括余热回收的效率值（当前余热回收可以增加 2%～3% 的热效率绝对值）。

针对低速船用柴油机，欧洲启动了大力神计划（HERCULES），该计划的主要目标除了要提升低速机热效率之外，为了应对国际海事组织（International Maritime Organization，IMO）的排放法规和未来碳中和的发展需求，开发具备燃料灵活性的大型船机，实现可持续性发展的燃料（天然气、液化石油气、甲醇、沼气、二甲醚、氨气等）在船机上的应用，在提高其燃油经济性的同时具备满足所有航行区域排放法规的能力。我国 2016 年启动了船用低速机工程一期，旨在补短板，打基础，实现船用低速机的自主研发。2021年，低速机工程二期启动论证，主体研究内容聚焦于低速机低碳和零碳化。

混合动力是提高动力系统效率、降低碳排放的重要途径。研究表明，通过先进的内燃机技术和各种电气化水平的结合，可以满足未来的燃油经济性标准或 CO_2 标准。因此，要同时降低有害排放和 CO_2 排放，就要大幅提升动力系统的各种功能，动力系统也将从"全柔性内燃发动机"向"全柔性动力总成"方向发展，而实现这一转变的关键是内燃动力系统的智能控制，它可以使动力系统使用所有可用的数据，以优化系统的性能。内燃动力系统实现高水平的电气化，将能够对内燃机进行简化。例如，在低载荷范围纯靠电力来驱动，或者通过给电池充电来完成负荷转变，内燃机将重点放到最佳燃油消耗区域，减少可变机构的应用来简化内燃机。

我国目前已开始实施严格的机动车"国六"排放法规和非道路"国四"排放法规，这也是国际上最为严格的有害排放法规之一，未来我国还将会与国际同步推出"国七"法规，实现"零环境影响"，即污染物排放量可以降低到显著低于环境浓度的水平，不会对大气环境质量产生不良影响，甚至排放的尾气比城市空气本身还要清洁。因此未来需要进一步加强"零环境影响"燃烧与后处理系统协同优化研究以及后处理系统的控制策略研究。

未来燃料低碳化是内燃机满足高热效率、低碳排放的前沿。因此，需要进一步加强不同燃料与内燃机协同发展的研究工作，探讨内燃机多元燃料适应性问题和全生命周期低碳排放问题。针对内燃机自身燃烧技术而言，超稀薄条件下（过量空气系数大于 2）的稳定着火机理及技术，均质压燃和低温燃烧理论与技术，混合动力专用发动机开发以及混合动力机电能量管理和分配技术均是未来研究的前沿。

四、关键科学问题、关键技术问题与发展方向

（一）关键科学问题

高强化超高热效率内燃机燃烧理论和燃烧控制方法，燃料与内燃机协同提升热效率降低污染物排放的机理，缸内污染物演化机制及其与后处理系统调控控制理论，全生命周期降低内燃机碳排放的新理论、新方法，内燃机/动力系统数字化和智能化，高强化内燃机先进材料等基础理

论创新研究，提出新的技术原理，提升原始创新能力，鼓励并支持开展颠覆性创新技术研究，引领性地创新超高热效率和低碳内燃机技术革新原理。

（二）关键技术问题

（1）以颠覆性创新燃烧技术为目标，开发新一代内燃机高效清洁燃烧技术。

（2）发展包括瞬态过程的燃烧实时智能控制技术。

（3）开发基于内燃机、电机、电池混合动力装置系统智能控制、能量分配和管理技术。

（4）突破关键零部件技术，开发智能燃油喷射系统、高效增压和电动增压及关键传感器。

（5）开发高效、长寿命、低成本后处理系统及其与发动机一体化智能控制与系统集成技术。

（6）开发低摩擦损失、先进润滑技术、电动化附件、高效能量回收等节能技术。

（7）开发新结构、新材料和新工艺，实现内燃机高强度、高效率、低噪声和轻量化。

（8）推动先进机构研究和开发，满足多参数可变的需求。

（9）开发基于可再生能源的碳中性燃料和氢能利用技术，实现碳中性燃料和内燃机的协同发展。

（三）发展方向

开展以突破关键技术为目标的创新研究，突破新一代内燃机高强化燃烧和变革性燃烧技术、燃料与发动机协同技术、多机构可变技术、新型可变热力循环技术、轻量化技术、高强度结构和整机振动噪声、新型材料与新工艺、低摩擦与电气化新技术、余热余能利用技术、高可靠性技术、测试诊断和传感技术、智能控制技术以及污染物排放控制技术和车载诊断（on-board diagnostics，OBD）技术、智能制造技术等关键核心技术，加强创新成果转化，显著提升我国内燃机自主创新能力和产品的国际竞争力。

第五节　流体机械

一、基本范畴、内涵和战略地位

流体机械是以流体为介质来实现机械能与流体内能及动能间相互转换的机械装置，典型的流体机械主要包括压缩机、鼓风机、通风机、泵及各类水力和风力机械等。相关研究主要关注内流现象与机理、功能转化规律、工程应用基础等前沿与交叉方向，涉及高精度数值模拟方法与技术、现代流动测试技术、振动强度与噪声控制、设计方法技术与智能运维等多方面。作为过程工业和动力机械的"心脏"装备，广泛应用于国防军事、航空航天、冶金电力、石油化工、能源动力等重要行业，其产值约占我国通用机械行业的 50%，耗电量约占我国工业用电量的 50%。我国工业能耗占国家总能耗的 70% 以上，比例是日本和美国的 2～4 倍。流体机械在国民经济中处于重要且特殊地位，国务院提出的 16 项重点发展领域中的大型清洁高效发电技术设备、大型乙烯成套设备、大型煤化工成套设备、大型薄板冷热连轧设备、大型井下综合采掘设备、大型露天矿设备、城市轨道交通设备及大型环保设备等均与流体机械息息相关。科学技术部在"十三五"期间针对大型流体机械并行计算软件系统、流体机械新型节能与系统智能调控技术等设计和节能减排技术连续立项，反映了该领域的发展方向，其发展是实现我国清洁低碳、安全高效能源体系和可持续发展的重要支撑。

二、发展规律与发展态势

流体机械内部复杂流动包含湍流脉动、尾迹涡脱落、尾迹 – 叶片相互干扰、失速、喘振等宽广时空下的非定常流动结构耦合和激励，传统雷诺平均方程（RANS）方法可用于设计工况下的透平流场模拟，但对非设计工况，尚不能满足精细化分析要求。工业界目前采用的模拟方法普遍对远离设计工况条件下的非定常流动（如转捩、分离）预测可靠性不够；基于进出口平均参数的流动设计对局部流动结构的精细化组织较为欠缺；依赖性能曲线与经验模型的系统建模及分析手段相对粗放。制约发展的三大核心问题是：①现有流动理论和研究方法存在不足，无法捕捉流体机械内部流动精细化结构；②当前的流体动力学设计技术平台不够完善，未能充分实现其在流体机械全参数优化设计中的应用；③实际运行条件下机器与负荷管网的匹配不佳、调控手段相对落后，导致流体机械的低效运行。

流体机械研究面向高效节能、安全可靠、环境友好等方向深度发展，应用向氢能、储能等更宽广领域扩展。人工智能和大数据等新兴技术的兴起使得流体机械智能化、信息化逐步提上日程。设计方法从不考虑叶片扭曲变化、采用简单叶型＋展向积叠，向通流理论、全三维叶片生成与各种优化方法相结合的转变。但相关框架内的流体动力学设计尚未真实考虑全三维影响。流动控制技术作为辅助手段，在流体机械流动改善方面展现了巨大潜力，融合流动控制技术的动力学设计是未来的重要发展方向。

目前流体机械的发展趋势主要有如下几种。①面向高端装备节能，以利用尺寸效应的流体机械大型化、高压比、大流量、高转速等为主要特征的高参数发展趋势。②面向流动优化，针对湍流、尾迹涡脱落／动静相干、颤振、时序效应旋转失速／喘振、瞬态运行等基础流动科学问题的现象机理和流动规律精细化研究。③应用人工智能和大数据分析，适应于多工况、变工况、长周期运行条件下的复杂流体机械负荷管网系统匹配优化、生命周期管理与智能化调控。④面向安全运行，建立基于实时在线远程监测、大数据分析和人工智能的故障诊断及应对方法等。

三、发展现状与研究前沿

历经 60 余年发展，我国流体机械行业已初步形成了设计制造、成套服务等全链条研发生产与运维的工业体系，大型工业核心装备的研发能力稳步提升，培养了一批相对稳定的科研院所与企业科研力量。自 20 世纪 70 年代末，我国引进意大利新比隆、日本日立、瑞士苏尔寿等世界著名公司的设计及制造技术，积极采用国际标准，通过消化吸收较快提升了我国的行业技术水平。80 年代后期，国外将大型流体机械等关键技术作为战略高技术对中国实施禁运，在大型石化等行业对我国形成"卡脖子"态势。此外，依据 2004 年国家发展和改革委员会组织编写并经国务院同意发布的《节能中长期专项规划》等重要文件，国内流体机械 80% 以上的产品设计效率比国际先进水平低 2%～4%，而由于设备与系统的匹配性差、调控技术落后，实际运行效率比最高效率点低 20%～30% 的情况更是不胜枚举，成为制约我国过程工业高质量发展（中国政府网，2018）的瓶颈。

流体机械领域的前沿问题主要包括：①大型透平压缩机等通用及特种动力系统中流体机械的系统设计方法与流动控制技术、内流中的多相流动等复杂现象机理精细化预测与调控技术；②以压力、流量、驱动力矩等参数作为调节对象的主动性失稳抑制技术；③加氢站用高压氢气压缩机及燃料电池空压机、高效可靠宽工况新型 CO_2 热泵压缩机及系统、高效大功率有机兰金循环轴流透平膨胀机成套技术、两级涡轮增压系统压缩机 - 涡轮 - 电机一体化设计多场耦合机制与多学科优化设计方法；④多尺度耦合风资源评估方法及风特性研究、单机容量 10～20 MW 超大型漂浮式海上风电机组、适合山区等复杂地形及低温低风速和高海拔等风环境机组技术。

四、关键科学问题、关键技术问题与发展方向

（一）关键科学问题

（1）流体机械内流中的湍流与边界层、流动分离与尾迹涡脱落、动静相干与时序效应、流固耦合与颤振、旋转失速与喘振、二次流产生与控制、空化空蚀与抑制、增压过程的多相流动与相变、噪声产生机理与控制等现象机理和规律。

（2）多级流体机械内部非定常流动机理及匹配关系、精细化流场诊断与流动控制、全参数气动设计及系统优化理论。

（3）内流热－流－电－磁－力等多学科耦合交叉协同关系与机理。

（4）装备及系统故障识别、寿命预测和健康管理理论。

（二）关键技术问题

（1）流体机械全参数可控的高效流体动力学设计、性能预测、优化与测试技术，流体机械装备与负荷管网的优化匹配及智能调控技术。

（2）叶片颤振等气弹流固耦合数值预测与优化控制技术。

（3）超临界二氧化碳压缩机相关技术。

（4）超高雷诺数翼型与气动耦合设计、先进结构设计、自适应耦合降载、高精度气弹稳定性分析等超大型海上风电叶片核心设计技术。

（5）超高压压缩机气流脉动特性及抑制、压缩过程热管理、加氢站用超高压氢气压缩机整机体系、燃料电池车载高效空压机/氢泵设计体系及噪声抑制等关键技术。

（6）低速气动噪声高精度模拟技术，风机内部复杂多相流动的高精度仿真和诊断技术。

（7）核主泵的运行稳定性、铅铋等液态金属介质泵内流特性、气液混输泵的空化与稳定性。

（三）发展方向

　　面向流体机械前沿基础理论突破和关键核心技术创新、瞄准国家对重大过程装备"节能减排、安全高效"的重大需求，提炼企业实际问题的科学难点与技术瓶颈，在下述方向还需加强研究：高参数、极端工况下流体机械复杂内流理论与流动控制；多级流体机械非定常流动理论及控制；流体机械的多学科优化设计方法与流固耦合；流体机械噪声预测理论与控制；极端条件下的流体机械关键部件设计与匹配；流体机械高可靠性、环境友好运行理论。充分利用大数据和人工智能等工具，发展先进的理论与数值预测方法、分析与测试手段，升级设计及优化、运行及诊断方法，显著提升我国流体机械整体水平和攻坚能力。

第六节　新型能源动力

一、基本范畴、内涵和战略地位

新型能源动力是指传统航空发动机、燃气轮机、汽轮机、内燃机之外的能源动力方式，包括基于传统能源的新型动力方式、基于新型能源的动力方式、多种能源动力方式的组合三大类。高超声速航空发动机、对转冲压动力、爆震动力、预冷循环动力、电推进、油电混合动力、氢能动力等都属于新型能源动力的范畴。新型能源动力的主要技术特征是突破性单项技术与能源动力的融合、多种能源动力的优势互补。

与传统能源动力相比，新型能源动力可显著拓宽工作范围、降低能源消耗，支撑地面、航空、航天、航海平台向更快、更远、更久、更环保发展。利用新能源代替传统能源，发展基于可再生和环境友好能源的新型动力，有助于解决动力装置使用过程中的能源短缺和环境污染问题，促进我国经济社会的可持续发展。新型能源动力在国际上都是刚刚起步，蕴含着重大的机遇和挑战。

二、发展规律与发展态势

新型能源动力尚处于发展的初期，发展规律还不是十分清晰。新型能源动力的发展，有赖于政府的长远规划、高校的基础研究储备、企业的技术研发和金融的孵化扶持（中国科学院创新发展研究中心和中国先进能源技术预见研究组，2020；林伯强，2020）。地面新型能源动力的发展更早、更快，电动汽车、油电混动汽车等为其他领域新型能源动力的发展提供了很多借鉴。新型能源动力的发展，有赖于能源或动力技术的突破，储能电池、燃料电池的突破是支撑电动汽车、氢能汽车快速发展的关键，也是在其他领域应用的关键。

国际上传统能源动力继续高速发展，与此同时，新型能源动力呈现出蓬勃发展态势，有可能形成颠覆性的技术优势，如高超声速航空发动机的发展将是航空动力领域的一场革命。2020 年 6 月，电动汽车公司特斯拉公司的市值跃居全球汽车公司第一，充分体现了这一发展态势。国际上高度重视新型能源动力发展，美国、欧洲、日本等国或地区围绕太阳能、风能、核能、生物能、氢能，以及电动汽车、电推进、氢能动力等方面制定了雄心勃勃的发展计划，我国也将新型能源动力列入重点发展的优先方向。新型能源动力由于发展时间较短，各国的差距也较小，这是我国能源动力跨越发展的重大机遇，也是更严峻的挑战。

三、发展现状与研究前沿

国际上发展了以爆震组合发动机、预冷循环发动机、空气涡轮火箭发动机、涡轮－电组合动力、氢能动力为代表的新型能源动力，国内也自主提出了对转冲压发动机、涡轮连续爆震发动机新方案。

对转冲压发动机采用低熵增激波增压技术，大大提高了级压比和效率，减少了压气机和涡轮级数，在结构上，高低压转子旋转方向相反，取消了涡轮导向器部件，大幅度降低了转子系统重量，显著提高了发动机推重比。国内已完成对转冲压发动机样机研制，处于国际前列。

爆震动力是单独使用爆震发动机，或将爆震发动机与传统涡轮发动机、冲压发动机组合在一起的新型组合发动机，与传统发动机相比具有更高的推重比、工作效率及更宽广的高度速度范围。美国国防部高级研究计划局（Defense Advanced Research Projects Agency，DARPA）、美国空军等立项了多个重大项目。国内提出了高速涡轮基连续爆震发动机等创新方案，爆震组合发动机的研究处于原理样机研制阶段。

预冷循环发动机是一种通过对高马赫数来流进行预先冷却，然后采用常规压气机对来流进行增压的吸气式循环发动机，可实现吸气模式下马赫数 0~5.5 宽速域工作。世界各航空强国都提出了自己的预冷技术方案，如美国的射流预冷方案 MIPCC、日本的吸气式涡轮冲压膨胀循环发动机 ATREX、俄罗斯的深冷空气涡轮发动机 ATRDC、英国的强预冷器与闭式循环组合方案。国内正在攻关强预冷器技术，也提出了基于超临界 CO_2 冷却/发电宽速域发动机方案，还需进行发动机系统集成研究及试验研究等工作。

空气涡轮火箭发动机是一种基于涡轮发动机和火箭发动机的吸气式组合发动机，通过采用火箭推力室产生的富燃燃气驱动涡轮，带动压气机增压，增压后的空气在燃烧室与富燃燃气燃烧产生推力，其优势为推重比高于涡轮发动机，比冲性能高于火箭发动机，速度、高度适应范围更广。国外针对高超声速飞行器或两级入轨可往返式空天飞机的动力需求，提出了膨胀式循环空气涡轮火箭发动机技术方案。国内目前尚处于空气涡轮火箭发动机关键技术攻关阶段。

涡轮－电组合动力是通过燃气涡轮发动机带动发电机发电，为电动机驱动分布在机翼或机体上的多个风扇的一种新概念推进系统，技术优势是可以改善飞机的气动结构，大幅提高等效涵道比，减小迎风面积，提升气动效率，降低油耗，减少噪声和排放。美国、欧洲、俄罗斯等均已将涡轮－电组合动力视为未来有广泛前景的民用航空动力解决方案。空客、罗罗和西门子三家公司正在合作研发混合电推进飞机。目前国内在混合电推进系统方面尚未有成熟技术，还没有研制出满足实用需求的原理样机。

氢能发动机是以氢气作为原料，在燃料电池内部通过与空气中的氧气发生电化学反应，从而产生电能驱动风扇或螺旋桨。整个过程不发生可见的燃烧，也不排放温室气体，唯一的副产品是水，是一种无污染、低排放的绿色能源。美国、德国等完成了氢燃料电池飞机或无人机试飞，飞机起飞和爬升的过程中由锂电池组供电，巡航阶段由氢燃料电池提供动力。我国也完成了以氢燃料电池为主、锂电池为辅的混合动力无人机的试飞。

核能航空发动机是一种利用核反应堆提供的能量代替化学燃料燃烧的动力装置。由于核能具有超高能量密度，核能航空发动机的续航时间可长达数周甚至数月，其活动范围大大增加。2018 年俄罗斯成功试射了"海燕"核动力巡航导弹，该导弹理论上具备近乎无限的射程。我国在该研究领域起步较晚，目前处于概念设计和方案论证阶段。

四、关键科学问题、关键技术问题与发展方向

（一）关键科学问题

（1）高超声速航空发动机的宽域高效气动热力循环理论、气动与燃烧组织方法、材料结构与强度一体化设计方法。

（2）对转冲压发动机的低熵产激波增压理论与方法、激波/附面层干扰及调控机理。

（3）爆震高效稳定燃烧组织与模态控制机理，爆震发动机各部件间的相互作用规律与匹配特性。

（4）高效强预冷的理论与方法。

（5）油电混合动力系统构型设计与优化、智能综合控制方法。

（6）氢能动力的系统架构设计与优化方法。

（二）关键技术问题

（1）对转冲压发动机的宽域对转压气机、无导叶对转涡轮、多变量控制系统技术。

（2）爆震组合发动机的爆震燃烧室设计与状态控制技术、组合部件匹配设计技术。

（3）预冷循环发动机的紧凑快速强换热技术、可调几何进排气技术、循环参数匹配设计技术及氢气涡轮技术。

（4）空气涡轮火箭发动机的高温燃气与空气的流量匹配，富燃燃烧掺混及高速轴承冷却、润滑和密封等技术。

（5）涡轮－电组合动力的高效发电机、长寿命高能量密度电池、高效高功重比电动机和能量管理技术。

（6）氢能研发、制备、储运与动力应用完整产业链技术，如大规模低成本氢制取技术，燃料电池催化剂、质子交换膜等关键材料，膜电极、双极板、空压机、氢循环泵等关键组件制备工艺，安全高效储氢技术，安全快速加氢技术。

（7）核能航空发动机的高安全性小型核反应堆技术。

（三）发展方向

通过技术革新，提升能源动力装置的工作性能，重点关注的新技术包括对转压气机技术、爆震燃烧室技术、强预冷技术等。进一步拓展新型能源在能源动力装置中的利用方式，积极发展基于电推进、氢能、核能等的新型航空动力。优化不同热力循环的组合方案，拓宽能源动力装置的工作域，包括爆震发动机与涡轮以及冲压发动机的组合、涡轮与冲压发动机的组合、涡轮与电推进的组合等。

第七节 空调制冷

一、基本范畴、内涵和战略地位

空调制冷是控制环境温湿度的技术，可以广泛应用于不同领域，并成为人们的健康、运输、食品保鲜等领域不可缺少的设施，为人类社会生产、生活发挥着重要作用，它也被评为 20 项 20 世纪最伟大工程技术成就之一。

空调制冷应用广泛，导致其技术体系较为复杂，相关的技术分类也很多，有空调、热泵、普冷、深冷、低温和超低温等分类，这些分类大多是根据被处理环境的温湿度变化参数进行分类的，并考虑了工作原理、工质和应用上的区别。随着国民经济和科学技术的发展以及节能环保需求的日益增长，空调制冷技术在各行各业中的应用日趋广泛和深入。

二、发展规律与发展态势

近几十年，由于人们对生活水平要求的不断提升和整体生产水平的提高，空调制冷已经发展成为一个非常重要也非常庞大的行业。表 6-1 为国际制冷学会（International Institute of Refrigeration，IIR）统计的 2019 年全球制冷空调行业运行设备数量，总量达到 50 亿套，其中包括 26 亿套空调设备和 20 亿套冰箱冷柜，这些设备每年所消耗的电力约占全球电力消耗的 20%（Dupont et al.，2019）。此外空调制冷行业每年全球新增的制冷、空调和热泵设备年销售额约为 5000 亿美元，这个巨大的产业也为近 1500 万人提供了就业岗位。

表 6-1　空调制冷运行设备数量统计

用途	种类	设备	机组数量
空调	固定式空调	家用空调设备	11 亿台
		商用空调设备	5 亿台
		冷水机组	4000 万台
	移动式空调	车载空调	10 亿台
食品冷冻冷藏	家用	冰箱和冰柜	20 亿台
	商用	商用制冷设备	1.2 亿台
	冷藏运输	冷藏车	500 万台
		冷藏集装箱	120 万台
	冷库	冷库	5 万台
热泵		热泵	2.2 亿台
工业制冷	LNG	LNG再气化站	126 个
		LNG 油轮队（船舶）	525 个
健康	医学	核磁共振成像仪	5 万台
运动		溜冰场	1.7 万家

资料来源：Dupont 等（2019）

从表 6-1 中也可以看出，空调制冷技术的应用已经渗透到了各个行业。这一方面是依靠空调制冷技术经过多年发展所形成的丰富技术体系；另一方面是空调制冷技术不断与国民战略需求和新兴产业结合所取得的成效。

当前全球科技发展升级加速，空调制冷研究受到各国的重视，除了政策和市场驱动的技术更新换代外，还涌现了一批着眼于未来发展并利用新型材料和新原理的空调制冷技术。基础科学和前沿技术的发展将促进空调制冷的发展，制冷空调的新型技术也将应用于并促进新兴技术的发展。总的来说，空调制冷的发展主要集中在两方面：一方面是由节能减排政策等外力驱动型刚性技术换代；另一方面是学科交叉和应用拓展等内在驱动型技术升级。

三、发展现状与研究前沿

空调制冷技术体系已经发展得较为完备，可分为制冷技术、热湿控制技术和低温技术。制冷技术主要包括压缩式制冷、吸收式制冷、吸附式制冷、喷射式制冷、新兴的固态制冷和半导体制冷等；热湿控制技术主要包括冷凝除湿、溶液吸收除湿、固体吸附除湿和蒸发冷却等；低温技术主要包括气体液化和低温制冷等（中国制冷学会，2020）。

随着我国经济发展从体量增加转变为质量提升，对可持续发展和高新技术的需求越来越多，节能环保需求也越来越旺盛，在这种情况下空调制冷技术也面临着进一步技术革新的压力和挑战。根据 IIR 估算，2019 年与制冷行业相关的碳排放约为 4.14 Gt 二氧化碳当量，占全球温室气体排放的 7.8%。这些对于全球变暖的影响 37% 来自含氟制冷剂［氯氟碳化物（chlorofluorocarbons，CFCs）、氢氯氟烃（hydrochlorofluorocarbons，HCFCs）和氢氟碳化物（hybridoma fusion and cloning，HFCs）］的排放或泄漏，其余 63% 来自制冷系统所需电力在发电过程产生的间接排放（Dupont et al.，2019）。践行"双碳"目标，空调制冷行业也必须走出一条绿色装备之路，通过降低制冷空调能耗和使用环保制冷剂推进相关工作的落地。

考虑空调制冷在应用方面的拓展及节能环保政策影响下所遇到的问题，未来的发展将主要集中在以下三方面。

（1）应用拓展。空调制冷技术的传统领域包括室内空气调节、冷冻冷藏、液化气体和低温制冷机等方面，然而其在数据中心冷却、太阳能制冷、电动车热管理、高效清洁供热、工业余热回收、低温生物学和大科学装置等方面的应用都与新兴产业息息相关，其中的原因在于空调制冷技术已经慢慢变为一种基础应用类技术，它为不同行业的发展提供支撑，同时也可以配合国家发展需求改进自身。

（2）能效提升。能效提升可以有效降低空调制冷的能耗，有效支撑其节能减排。目前能效提升主要有部件性能提升和系统改进两个方面，部件提升主要包括换热器和压缩机的性能提升,而系统改进则包括流程改进和热力循环创新等。在热力循环形式确定的情况下,提升换热器性能、压缩机性能和内外热回收是提升空调制冷系统效率的有效方式,但也存在着显著的边际效应。在这种情况下,通过另起炉灶的方式打破原有热力学循环方式是实现系统效率显著提升的有效途径。

(3)环保制冷。制冷剂的泄漏会带来温室效应和臭氧层破坏效应,为了降低这种环境破坏效应,环保制冷可以从以下两方面着手:首先是使用全球增温潜能值(global warming potential,GWP)和消耗臭氧潜能值(ozone depleting potential,ODP)低的制冷剂,其次是减少制冷剂的泄漏。目前常用的制冷剂 R134a、R410a、R32 将在不久的将来被淘汰,新型氢氟稀烃(hydrofluoroolefins,HFO)类替代制冷剂 R1234yf、R1234ze(E)、R1234ze(Z)和 R1233zd(E) 等目前受到广泛关注,而包括水、氨和二氧化碳等的天然工质被认为是未来的一种重要选择。此外,减少制冷剂泄漏量也是可行的技术路线,因此采用微通道换热器降低空调制冷系统的充注量是很有潜力的方向。

四、关键科学问题、关键技术问题与发展方向

(一)关键科学问题

包括高效制冷空调热力学理论和新兴空调制冷技术相关的科学问题,以实现制冷空调效率或适应性的突破性提升为目标,主要涵盖两点。①高效制冷空调热力学理论。高效除湿空调热力循环机理,温湿度独立控制的空调热力循环,高效热驱动制冷循环。②新兴空调制冷中的关键科学问题。固体卡效应制冷(电卡、磁卡、弹卡、压卡等),天空辐射制冷,基于大数据和人工智能的空调节能降耗,基于可穿戴设备的个性化空调制冷技术与基础理论。

(二)关键技术问题

包括环保工质及相关技术、可再生能源及余热利用的制冷空调技术和空调制冷技术的应用拓展等方面,以技术研发和产业升级为导向,主要涵盖:①环保工质及相关技术:环保工质的高效压缩技术、高效微通道换热和高效

空调系统,基于环保工质的低充注技术;②可再生能源及余热利用的制冷空调:可再生能源驱动的制冷及除湿系统,余热驱动的制冷系统,可再生能源驱动的被动温湿度调节;③空调制冷技术的应用拓展:氢能+空调制冷技术,大科学装置+空调制冷技术,新能源汽车+空调制冷技术,生鲜物流+空调制冷技术,数据中心+空调制冷技术。

(三)发展方向

未来几年是我国实现技术升级和深化节能减排的重要阶段,也是攻坚2030年前碳达峰目标的关键时期,因此建议在"十四五"及中长期把以下空调制冷相关方向列为发展重点,并予以政策及资金方面的优先资助:除湿空调机理、新材料和高效部件设计;新兴空调制冷机理、材料与系统;基于天然工质和HFO制冷剂的制冷空调技术;可再生能源及余热利用的制冷空调;空调制冷交叉技术。

第八节　热　　泵

一、基本范畴、内涵和战略地位

热泵是一种提升热能品位的技术,通过利用煤、燃气、电能或高温热能等高品位驱动能源,把不能直接利用的空气热、太阳热能和余热等低品位热能转换为可利用的高品位热能。在该过程中,高品位热能输出的体量等于驱动能源和低品位热能输入的体量之和,因此可以达到节约部分高品位能源的目的。

热泵与很多空调制冷技术同样属于逆循环技术,其本质也是通过消耗驱动能源维持高低温热源间温差,属于广义的空调制冷技术范畴;热泵与空调制冷技术的不同在于,热泵技术所需要的是高温热输出,而空调制冷技术所需要的是低温热输入。图6-1为压缩式制冷与热泵循环的对比,两种循环都是由压缩、冷凝、节流和蒸发过程组成,但制冷循环需要的是蒸发过程的冷输出, 而热泵循环需要的是冷凝过程的热输出。

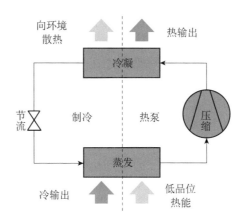

图 6-1 压缩式制冷与热泵循环的对比

热能是生产生活中必不可少的能量供给形式, 由于基于热泵的供热比传统的化石能源燃烧或电加热方式具有清洁高效的优势, 可以有效减少能量消耗、碳排放和污染物排放等, 与我国节能减排政策有很高契合度, 并在近年来得到了快速的发展, 其应用覆盖民用、商用、农业和工业应用等不同领域。在"绿水青山就是金山银山"先进理念以及"2060 年前实现碳中和"宏伟目标指导下, 基于热泵的清洁高效供热技术在未来必将越来越重要。

二、发展规律与发展态势

热泵作为清洁供热技术已经有很多年的发展, 除了空气源热泵供热的大规模应用以外, 太阳能直膨式热泵、地源热泵和水源热泵也已经有较多的研究与应用。受到节能减排和清洁供热政策的影响, 空气源热泵与余热回收热泵技术在近年受到了更多的关注。

针对我国北方冬季清洁供热的需求, 空气源热泵供热已经获得了大规模应用, "十三五"期间京津冀地区基本上实现了农村和城镇的"煤改电"。在该政策推动下, 2018 年 11 月已实现北京郊区 312 个村 12.2 万户的改造, 一个采暖季可以减少燃煤 452 万 t, 减少 CO_2 排放 1176 万 t, 节能减排效应显著。近年来, 长江流域夏热冬冷地区的冬季供暖问题也得到广泛关注, 空气源热泵是首选技术，包括空气源热泵热水机组和热风机等正在得到广泛的推广与应用（中国制冷学会，2020）。除此之外，吸收式空气源热泵系统可以由太阳能、地热能、生物质能、工业余热等驱动，同样能够实现从空气源吸热，产生热水满足工业和居民的用热需求。吸收式空气源热泵系统在实际的应用中主要以水和氨这两种纯天然制冷剂作为运行工质，这也符合国际上替代制冷剂的发展趋势。

余热回收的热泵技术发展迅速则是由于工业余热中大部分都是属于低品位余热，而热泵则是利用这部分余热的最成熟高效技术。据统计，在我国水泥、钢铁和玻璃三个行业40%～60%的余热温度低于150℃，美国的玻璃、水泥、钢铁、铝、铸造和乙烯等行业的约60%余热温度低于230℃，欧盟的钢铁、有色金属、化学品、食物/饮料/香烟和造纸等行业的余热排放中约1/3的余热低于200℃，低品位余热的大量存在是困扰世界各国余热回收的共同难题（中国制冷学会，2020）。如果能够对这部分低品位余热进行深度和高效利用，则可对节能减排做出巨大贡献；然而由于低品位余热具有分布散、能量密度低和品位低等特点，有机兰金循环和吸收式制冷等技术在效率、稳定性与低温热源适应性方面都不如热泵技术，因此余热回收的热泵技术得到了快速的发展。

三、发展现状与研究前沿

热泵的分类多样化，除了按照应用场景分类外，还可以根据循环原理、低品位热源种类和输出温度进行分类。按照循环原理可以分为压缩式热泵和吸收式热泵等，其中吸收式热泵可以进一步分为增量型的第一类吸收式热泵和升温型的第二类吸收式热变温器；按照低品位热源种类可以分为空气源热泵、地源热泵、水源热泵、太阳能热泵和余热回收热泵等；按照输出温度可以分为常规热泵、高温热泵和超高温热泵。在不同热泵技术中，地源热泵、水源热泵和太阳能热泵的发展较为平稳，空气源热泵与余热回收的热泵技术是目前发展较快的技术，主流技术均为压缩式热泵和吸收式热泵，但由于应用场合不同其发展现状与技术侧重点均有所不同。

空气源热泵目前的主要应用是民用和商用供热，其主要优势在于空气热源的广泛存在使该项技术在可使用范围与低温热能汲取方面比水源热泵和地源热泵更加优异，并在国家"煤改电"政策驱动下也得到了前所未有的推广。目前，快速发展的采暖市场致使空气源热泵企业大量出现，行业的激烈竞争促进了技术研发和创新，并开始推动技术在物料干燥、农业大棚冬季控温等方面的应用。

余热回收的热泵目前主要应用在集中供热，同时也包含少部分工业用热，所回收的余热可以来自热电厂、钢厂和化工厂等不同场景，可应用的技术主要包括一类吸收式热泵、二类吸收式热泵和压缩式热泵。采用一类吸收式热泵回收低温余热并用于供热是目前最常见的应用，可与热电厂的集中供热结合实现显著的节能降耗，已在我国北方供暖扩容中起到了良好的推动作用；二类吸收式热泵可以回收中高温余热，并进一步提升供热温度，从而应用于工业流程本身，有利于余热的就地消纳利用，但需要与工业流程本身有较深入的结合；压缩式热泵应用于工业余热比吸收式热泵发展晚，其主要原因在于成熟的压缩式热泵技术输出温度有限，难以满足集中供热的需求，但该技术在小范围供热中仍然具有灵活性优势，并在近年来得到了快速发展。

传统的热泵技术多来自制冷空调技术，其工作温区偏低，缺乏高温工质、润滑和高效压缩技术，因此大多数空气源热泵和余热回收热泵均用于民用供热和农业干燥，这大大限制了热泵技术的使用范围。随着高温热泵甚至超高温热泵技术的快速发展，针对热泵应用的研发越来越多，高温热泵和大温升热泵技术日趋成熟，为推动热泵在工业上的应用起到了良好的铺垫作用，面向工农业供热的高温热泵也将在未来为我国的节能减排做出巨大贡献。可以认为热泵的大面积和大范围应用是实现碳中和的重要抓手。

四、关键科学问题、关键技术问题与发展方向

（一）关键科学问题

包括高温热泵和大温升热泵相关的关键科学问题，以机理突破为主，也

包含相关关键技术的研发，主要涵盖如下几种。①高温热泵中的关键科学问题。高温热泵工质，高温热泵循环，高温长效润滑机制，高温热泵的高效压缩机理，高温热泵系统优化机理。②大温升热泵中的关键科学问题。大温升热泵热力学循环，空气源热泵蒸汽供应的热力学路径分析，余热源热泵蒸汽供应的热力学路径分析。

（二）关键技术问题

包括热泵综合能效提升和基于热泵的余热高效回收等方面，需要以技术应用中所面临的实际问题为导向，主要涵盖如下几种。①热泵综合能效提升。空气源热泵高效除霜，多热源热泵系统，换热末端强化。②基于热泵的余热高效回收。基于热泵的超低温余热回收技术，基于热泵的余热就地消纳技术，与换热网络优化结合的热泵余热回收技术。

（三）发展方向

热泵作为一种清洁高效供热技术，是支撑我国节能减排政策推进的有效方案，但目前存在温升能力、输出温度和综合能效的问题，限制了其应用。建议在2021～2035年及中长期把下列热泵相关的关键科学问题和关键技术作为发展重点，并予以政策及资金方面的优先资助：高温热泵，大温升热泵，热泵综合能效提升技术，基于热泵的余热回收技术。

本章参考文献

邓帆，谭慧俊，董昊，等 . 2018. 预冷组合动力高超声速空天飞机关键技术研究进展 . 推进技术，39(1): 1-13.

国家发展和改革委员会 . 2004. 国家发展改革委关于印发节能中长期专项规划的通知 . https://www.ndrc.gov.cn/fggz/fzzlgh/gjjzxgh/200709/P020191104622965959182.pdf[2022-07-21].

韩旭，韩中合 . 2017. 汽轮机动叶栅顶部通道湿蒸汽超声速凝结流动特性 . 化工学报，68(9): 3388-3396.

胡平，杨锐，竺晓程，等 . 2019. 小流量工况汽轮机末级流动不稳定数值研究 . 热能动力工程，34(10): 18-26.

蒋洪德，任静，李雪英，等 . 2014. 重型燃气轮机现状与发展趋势 . 中国电机工程学报，4(29): 5096-5102.

李新年，周骛，蔡小舒 . 2020. 高频响气动探针研究综述 . 中国电机工程学报，40(19): 6246-6257.

林伯强 . 2020. 中国能源发展报告 2020. 北京：北京大学出版社 .

刘大响，陈光，等 . 2015. 航空发动机飞机的心脏（第二版）. 北京：航空工业出版社 .

刘大响，金捷 . 2004. 21 世纪世界航空动力技术发展趋势与展望 . 中国工程科学，6(9):1-8.

刘大响，彭友梅 . 2003. 新概念航空发动机展望 . 现代军事，(11): 12-15.

罗海华，张后雷，刘文涛，等 . 2020. 基于熔盐蓄热的亚临界火电机组工业供热调峰技术 . 暖通空调，50(10): 71-75.

聂义宏，白亚冠，金嘉瑜，等 . 2019. 700℃先进超超临界汽轮机转子锻件用铁镍基合金的高温组织稳定性研究 . 动力工程学报，39(8): 661-665.

苏万华，张众杰，刘瑞林，等 . 2018. 车用内燃机技术发展趋势 . 中国工程科学，20(1): 97-103.

闻雪友，翁史烈，翁一武，等 . 2016. 燃气轮机发展战略研究 . 上海：上海科学技术出版社 .

杨晓辉，彭建强，吕振家，等 . 2019. AP1000 核电汽轮机主要部件选材分析 . 热力透平，48(3): 187-191.

张皓宇，蔡小燕，杨红霞 . 2019. 50 MW 等级塔式熔盐光热电站汽轮机热力系统研究 . 热力透平，48(2): 119-123.

中国科学院创新发展研究中心，中国先进能源技术预见研究组 . 2020. 中国先进能源 2035 技术预见 . 北京：科学出版社 .

中国内燃机工业协会 . 2021. 内燃机产业高质量发展规划（2021～2035）. http://dzb.cinn.cn/shtml/zggyb/20211214/108306.shtml [2022-07-21].

中国政府网 . 2018. 2018 年国务院政府工作报告 . http://www.gov.cn/zhuanti/2018lh/2018zfgzbg/zfgzbg.htm?cid=303[2022-03-22]

中国制冷学会 . 2020. 2018-2019 制冷及低温工程学科发展报告 . 北京：中国科学技术出版社 .

Biollo R, Benini E. 2013. Recent advances in transonic axial compressor aerodynamics. Progress in Aerospace Sciences, 56: 1-18.

Committee on Advanced Technologies for Gas Turbines. 2020. Advanced Technologies for Gas

Turbines. Washington DC: The National Academies Press.

Dupont J L, Domanski P, Lebrun P, Ziegler F. 2019. The Role of Refrigeration in the Global Economy-38. Informatory Note on Refrigeration Technologies. International Institute of Refrigeration-IIR. http://dx.doi.org/10.18462/iif.NItec38.06.2019[2022-07-21].

Funke H H W, Beckmann N, Abanteriba S. 2019. An overview on dry low NO_x micromix combustor development for hydrogen-rich gas turbine applications. International Journal of Hydrogen Energy, 44(13): 6978-6990.

Haque M A, Nemitallah M A, Abdelhafez A, et al. 2020. Review of fuel/oxidizer-flexible combustion in gas turbines. Energy & Fuels, 34(9): 10459-10485.

第七章

电 力 装 备

第一节　先进电工材料（含环保材料）

电工材料是构成电力装备的主体结构并实现电力装备的电气功能的主要材料，电力装备的可靠性在很大程度上由电工材料的性能以及电工材料与装备的其他构件或材料的配合程度决定。为了提高电力装备的性能及可靠性，首先应该考虑改进电工材料的性能，除了电气性能以外，还应该考虑机械性能、耐热性能和耐长期应力老化性能等。此外随着国际社会越来越重视气候变暖对人类生存环境的威胁，包括《京都议定书》等在内的政府间关于"联合国气候变化框架公约"确定了国际社会在温室效应气体减排上的义务。"双碳"目标更是要求我国在电力装备的电工材料的生产和使用中，必须将环保作为一个主要的特性要求加以考虑。

为了提高电力装备的性能，要求电工材料的开发、生产和使用能够借助材料科学的发展，不断提高其电气性能和其他性能，从而提升电力装备的综合性能。

一、基本范畴、内涵和战略地位

电工材料是指为实现电力装备的电气功能，并确保功能能够长期可靠发挥而涉及的材料。电工材料主要是指绝缘、导电、超导和导磁材料。其中绝缘材料包括无机和有机绝缘；导电材料除了导线外，还包括开关装备中的触头材料等特种金属材料；超导材料具有常规电工材料所不具备的零电阻和完全抗磁性等奇特物理特性，在大容量、低损耗输电及高效、高功率电力装备领域有重大的应用价值和广阔的应用前景；导磁材料则主要用于电磁转换，从应用场合来看，既包括电力变压器的铁芯部件，也包括用于电流采集的传感元件，二者在性能上有着不同的要求。先进电工材料的基本范畴有如下几个方面。①通过技术手段改性，使传统电工材料性能得以大幅度提升，如交联聚乙烯（crosslinked polyethylene，XLPE）被广泛用于高压电力电缆，通过物理和化学改性或者改善工艺过程，使之应用的电压等级从 10 kV 逐步提升至 500 kV。②通过技术改性拓展传统电工材料的使用范围，如 XLPE 通过分子结构调整，或者通过掺杂改性，如通过掺杂纳米微粒，使之可以用于直流输电装备。③基于环境友好的考虑，传统电工材料由环境友好材料替代，典型的如矿物变压器油由植物绝缘油所替代，温室效应大的 SF_6 气体由以全氟异丁腈（C_4F_7N）为代表的环保型气体替代。④对传统电工材料的改性使得非电气性能的提升，如环氧绝缘材料与无机添加物通过两相或三相复合形成高导热材料，用于提高电力装备的散热、载流量以及可靠性等。⑤通过人工合成制备的全新电工材料，实现电气、机械力学、导热、导电和导磁等，协同性大幅度提升；新概念材料，如具有自愈和自修复能力的电工新材料等。

电工材料涉及电气、材料、物理、化学和电子仪表等多个领域，涵盖了从电介质物理、金属材料学、半导体物理和复合材料学等多个学科的基础理论。先进电工材料则是特指在性能上有部分或者整体提升的材料。因此从本质上与传统电工材料具有共通之处。从物质形态上包含固体、液体和气体，从功能上包含导电、半导电（半导体）、绝缘、导磁，从分子结构和组成上包含有机、无机分子、金属以及复合材料。从广义上，根据在电力装备中所承担的功能不同，要求具有足够的电气和机械强度、具有合适的介质损耗、介电常数和导电性等参数要求；根据功能的特殊性，对一些特殊材料还需要在声、光、电和磁学方面有特别的要求；为了维持功能上的长期稳定与可靠性，还需要考核先进电工材料在复杂工况以及极端运行环境和条件下的服役特性。此外先进电工材料研究还应包含以下几个层面：①随着电力、民生、国防和大型科学研究装置等的需求而提出的对先进电工材料特性要求；②先进电工材料的实现方法由基于先验知识的传统设计方法转变为基于目标性能导向的分子结构仿真设计方法；③基于特定结构和组分，对具有自修复和应力场自适应（典型如对电场的自适应性）的实现方法的研究。

先进电工材料涉及从能源到国防，从工业到民用的广泛领域，为电力装备的功能实现提供了必要保障，而在实现功能性的驱动下，又促进了它与其他学科和领域的交叉融合，因此具有非常重要的战略地位。

在能源发展方面。当前及今后一段时期，世界格局发生深刻变化，大国之间由合作走向竞争，一些关键电力装备需要的关键配套材料被发达国家控制，难以进口。随着"一带一路"建设发展，以超/特高压电网为骨干网架、输送清洁能源为主导的能源互联网显示出重要的战略作用。2021～2035年及中长期，风能、太阳能等大规模清洁能源并入特高压交直流电网是一个必然趋势。远距离、大容量输送电以及节能降耗、提质增效迫切需要发展先进电工材料，可以有效支撑新型大容量、节能型、高可靠的高端电工装备的国产化研发与低成本应用。

在能源安全方面，发展先进电工材料，查明电力装备尤其是特高压关键电力装备的绝缘老化机理，是提升电力装备可靠性的必要途径，为绝缘故障智能感知和预警技术提供了必要保障，可增强电力系统应对极端灾害和电磁攻击的能力，有效支撑可再生能源的消纳利用。同时先进电工材料的发展战略还能够促进高电压与绝缘技术在能源、国防、环保和医疗领域的应用。

在可持续发展战略方面，以热塑性固体绝缘替代热固性绝缘，以环境友好气体替代 SF_6 气体，以无溶剂绝缘生产工艺替代含溶剂生产工艺，以绝缘强度的尽限设计替代传统的过裕度设计，尽早形成环境友好和可持续发展的模式，能够促使电工材料的研究、生产与应用不断向科学技术广度和深度进军。

二、发展规律与发展态势

（一）国际发展规律与发展态势

电工材料包含的范围比较宽广，从绝缘到导电和导磁材料，欧美国家总体上受材料科学方面先进技术的助力，在电工材料的绝大部分领域处于领先地位。

在电工绝缘材料方面，欧美国家在基础材料方面的研究能力和研究力度都大大超过国内，同时在基础材料的生产工艺控制方面的研究非常深入。因此不管是基础材料的分子结构控制还是分子量的调控精度等都明显强于国内，如聚乙烯、聚丙烯和环氧绝缘等，仍然处于领跑的阶段。以目前国际上柔性直流输电用高压 XLPE 直流绝缘材料为例，目前世界范围内新投运的柔直输电线路中绝大部分采用 XLPE 作为直流电缆的绝缘材料。早在 1999 年 ABB 集团首次将其研制的 ±80 kV 柔直 XLPE 直流电缆应用于工程；2002 年 ±150 kV XLPE 直流电缆研制成功；2009 年 ABB 集团成功研制 ±320 kV XLPE 直流电缆；2013 年 J-Power 公司研制出了 ±400 kV XLPE 直流电缆；2014 年 ABB 集团研制出 ±525 kV XLPE 直流电缆并通过型式试验；2016 年普睿司曼公司研制出 ±600 kV XLPE 直流电缆；2017 年初 NKT（ABB 集团电缆业务并入）宣称研制出 ±640 kV/3100 MW XLPE 直流电缆（陈新等，2020）。这些都表明欧美国家在高端电工绝缘材料方面具有非常大的领先优势。

在环境友好绝缘电工材料方面，欧美国家在 20 世纪 90 年代就已经认识到这个问题的紧迫性。以环保型绝缘气体为例，国际上，以 GE 公司、ABB 集团联合 3M 公司分别推出的全氟异丁腈（C_4F_7N）和全氟化酮（$C_6F_{12}O$）为代表，研发的 420 kV 气体绝缘线路（gas-insulated line，GIL）、145 kV 气体绝缘变电站（gas-insulated substation，GIS）、245 kV 电流互感器（current transformer，CT）和 40.5 kV 环网柜等输配电设备，在欧洲多国实现了试运行。以植物绝缘油为例，美国早在 1996 年就完成第一台采用天然酯绝缘油的 225 kVA 美式箱变样机，ABB 集团于 1999 年生产出第一个商品名为 BIOTEMP 的植物绝缘油变压器，2000 年美国库柏公司开发了以大豆油为原料的 FR3 油，并成功应用于配电变压器，日本富士电机 2002 年也开发出小型、轻便及环保菜籽油配电变压器，嘉吉公司（原库柏公司）生产的 FR3 植物绝缘油已于 2013 年成功地应用在 420 kV、300 MVA 电力变压器上，日本 AE 帕瓦株式会社开发的棕榈酸酯（palm fatty acid ester，PFAE）绝缘油，是以棕榈椰子油为原料合成的基础油，并成功应用于 77 kV 等级变压器上（项阳，2014；邓小聘等，2019）。

在导电触头材料方面，以铜钨合金为例，其主要作为超高压新型触头、超大电流触头材料，国际上主要在三个方面开展研究工作：①开发新型的触头材料；②在不改变材料成分的情况下，寻找新的制备工艺；③在主要材料不变的情况下，通过添加新的合金元素或非金属化合物提高材料性能。目前还没有找到新的材料来代替现有的触头材料，因此国际上也主要通过后两种途径来提高触头材料的综合性能。

在输电导体材料方面，为了获得高电导率、高耐热以及高机械强度材料，目前国际上也主要在四个方面开展研究工作：①材料高纯化；②材料合金化；③应用石墨烯、碳纳米管和锡烯等；④开发复合材料。受铜材料资源限制，目前国际上也主要在铝基复合材料方面开展研究和应用。

在超导材料方面，近年来国内外在以 Nb-Ti 和 Nb_3Sn 为代表的低温超导材料方面取得了长足发展，已进入大规模商业化阶段。同时 MgB_2、铜氧化物超导体、铁基超导体等具有高临界磁场或高临界温度的超导材料已成为国际上的研发热点，在未来高磁场强电流领域具有重要的应用前景。

在导磁材料方面，以电工钢为例，其目前向着"超薄、高磁感、低损耗"的方向发展，国际上在不断深入开展 0.15 mm 或更薄规格电工钢的研制、6.5% Si 含量高硅高电阻率钢的研制、高纯净低磁时效电工钢的研制、各种低成本高性能电工钢的研制，以及优质涂层技术研究等工作（程时杰，2017）。

（二）国内发展规律与发展态势

国内先进电工材料的研发与应用，尽管目前仍然是以科研院所的实验室研发为主，但是经过"十三五"期间国家重点研发计划等科技项目的支撑，已经逐渐转向国家电网和南方电网等国有大型电力能源企业牵头，科研单位、电力装备生产企业以及最终用户协同攻关，站在国家战略需求的高度，共同推动关键技术突破和相关成果快速转化。

在绝缘材料的发展方面，认识到关键基础材料受制于国外少数企业的现

状。目前着力在被国外"卡脖子"的高端基础树脂材料及先进复合材料方面
开展研究，目标是实现电力装备材料的高端绝缘材料自主化和批次性能稳定。
例如，全球能源互联网集团有限公司牵头完成的"±500 kV 高压直流电缆关
键技术"（项目编号：2016YFB0900701），实现了国产 500 kV 高压直流电缆
绝缘材料的全国产化。在 SF_6 替代气体方面，从传统以 SF_6 与其他气体混合，
减少 SF_6 的用量为指导思想，向着分子结构设计与批量合成技术、性能评估
（绝缘及灭弧、生物安全性、稳定及分解特性、材料相容性等）及应用技术方
面发展；在储能材料方面，一方面在着力解决脉冲功率电源用电容器聚合物
薄膜材料及加工工艺、动力电池隔膜聚合物材料及加工工艺，开发和研制超
级电容器电极材料，提出全固态电解质材料的概念；另一方面认识到替代现
有材料的颠覆性新材料与新工艺是今后中长期发展的主要驱动力。导电材料
虽然仍以注重服役性能与长期运行可靠性等作为主要的研究方向，但是面向
大容量、高导电率、高强度、高耐蚀、低成本等方向也已经取得进展。触头
材料的研究和应用目前仍然认为需要在银－氧化物系列、CuCr 系列和 CuW
系列等材料方面保持我国的优势，但是在超高压新型触头、超大电流触头材
料等方面，因为受国外大公司控制，所以需要在此方面开展更多的研发工作。
在超导材料方面，我国在"十三五"期间超导材料及应用领域发展较为全面，
形成了较好的产学研合作体系，取得了一系列具有国际先进水平的成果，如
已能生产千米级钇钡铜氧化物（yttrium-barium-copper oxide，YBCO）涂层导
体，并研制出世界首根百米级铁基超导带材。磁性材料的发展，则认识到微
观磁化机理对本征磁特性的重要意义，其发展的路线应当遵循材料特性建模
及热效应的物理机制的溯源研究，从材料工程应用的角度研究动态磁特性，
建立多因素动态磁滞模型和精细化损耗计算模型，为高性能电力装备设计中
的多物理场耦合计算提供准确的材料模型。

国家能源开发及电力建设深入推进，一方面将继续建设特高压、长距离
输电走廊；另一方面可再生能源在电力能源中占比将持续增大，高效智能绿
色电网及能源互联程度不断提高，对电力装备的需求从量到质都有更高的要
求。同时电力驱动的交通工具飞速发展，高性能变频电机有着巨大的需求，
变频绝缘材料的性能都将会面临巨大的挑战。高性能电力装备是支撑上述领
域发展的基石，而先进电工材料又是这个基石中的基石。考虑到电工材料涉

及范围很广，包含了从金属到绝缘的不同性质的材料，因此按照材料的属性和应用领域的要求进行简单分析。绝缘材料是电力装备的基本组成部分，针对电力装备走向绿色智能、承受高压、高功率、高频等电磁环境以及电磁热力耦合等极端环境，需要发展高耐电强度绝缘材料、高导热绝缘材料、绿色环保绝缘材料，以及自适应、自修复智能绝缘材料（Zhou et al.，2015，2019；Yang et al.，2020；Gao et al.，2020）和新型功能电介质材料。储能设备是引领新能源交通、航空航天、未来电网、国防武器等领域战略变革的关键设备，需重点发展新型电介质薄膜材料、电化学储能电极材料、电解质材料、隔膜材料等，实现储能设备的高能量密度、安全、绿色和低成本的要求。导电材料是实现输送电能、传递信息以及电-磁-光-热等能量转换的基础性材料，在我国特有的跨区域、远距离、大规模的电网格局中占据重要地位，需重点开发兼具优异力学性能和导电性能的先进节能导电材料。触头材料是开关电力装备的核心，决定了开关电力装备使用寿命和安全运行，尽管也属于导电材料，但是它有其自身的特殊性能要求。总体来说，应沿着适用于不同电压等级和工况的高效、高安全、低成本触头材料的方向发展。超导材料具有无阻载流、完全抗磁性等独特物理性质，目前在大容量超导电缆、高功率超导电机、可控核聚变装置、超导磁悬浮、超导储能等需求的推动下，加快高温超导材料的实用化研发和规模化应用。磁性材料作为电工装备在电磁能量转换过程中重要的基础材料，对电力变换、电能传输、新能源电力、轨道交通等领域的电磁结构设计与稳定运行具有重要的作用，将呈现"高频率、高磁密、低损耗"以及"轻质、微型化、多功能"两种发展模式并存的格局，需重点研究具有高磁感、高电阻率、高机械性能的软磁材料和具有高磁能密度、高居里温度的永磁材料制备和特性模拟。从上述分析可以发现，先进电工材料的发展将对高性能电工装备的技术发展与革新起到关键作用。

三、发展现状与研究前沿

（一）发展现状

近年来，绝缘材料主要围绕纳米电介质、热塑性可回收及生物质电气绝缘材料、导热绝缘材料、智能绝缘材料以及极端环境绝缘材料等开展研究。

在电工领域，纳米电介质指纳米尺度粒子和电介质基体组成的纳米复合电介质，一般是指纳米粒子增强的聚合物纳米复合电介质。现已发现，纳米复合电介质在耐电侵蚀（局部放电、电晕、电树枝发展）、抑制空间电荷等方面效果显著，实现了多种纳米复合电介质的界面物化性能调控，定性建立了纳米粒子物性、纳米复合介质陷阱参数与复合介质电荷动力学以及耐电强度的关系。纳米复合 XLPE 绝缘 250 kV 高压直流电缆在日本已有两条示范线路，我国也于 2016 年由宁波球冠电缆股份有限公司牵头研制了纳米复合 XLPE 绝缘 320 kV 高压直流电缆，并且通过了预鉴定试验（球冠电缆，2016）。传统聚合物绝缘和电介质大多为热固性材料，退役后难以回收再利用，造成环境和回收成本高等问题。近年来，国内外一方面开展了热塑性绝缘材料的研究，另一方面开展了绿色交联技术的研究。普睿斯曼公司宣称制造出 525 kV 聚丙烯绝缘电缆样机，国内清华大学和上海交通大学等开展了改性聚丙烯绝缘高压电缆的应用基础研究，中压电缆已投入试运行。在智能绝缘材料方面，清华大学实现了绝缘材料电树放电缺陷的自修复，另外采用电场自适应材料研制出电缆端头及套管的样机。在生物质绝缘材料方面，研究了以改性植物油为散热介质的配电变压器以及纤维素绝缘纸等。同时，国内开展了以高压电机、大型发电机、电力电子设备散热为导向的导热绝缘材料研究，主要采用微纳混合技术提高导热系数并保持绝缘的加工、电气、机械等性能，基础研究多采用二维纳米材料显著提高绝缘材料的导热系数，但对复合材料的电气性能和工程应用可行性研究较少。极端环境绝缘材料研究了各种辐射、极低温等对绝缘材料性能的影响机制以及应对方法。

国内针对 C_4F_7N、$C_5F_{10}O$ 等环保型气体绝缘及灭弧性能、稳定及分解特性、材料相容性等的研究取得了进展，研发的环保型气体开关柜、GIS 等已通过型式试验。然而，环保型气体存在灭弧特性不理想、部分材料不兼容、稳定性较差、生物安全性不明确等问题，同时设备结构优化、运维方法及故障监测理论等方面研究较为缺乏，尤其是高压、特高压环保型气体绝缘设备研发与国外存在较大差距。

储能材料主要围绕物理储能和电化学储能两方面展开。物理储能材料现以双向拉伸聚丙烯（biaxially oriented polypropylene，BOPP）薄膜为主，储能密度小于 3 J/cm^3，最工作温度为 105℃，最高长时工作温度为 70℃。

高温储能薄膜电介质材料有聚碳酸酯（polycarbonate，PC）、聚醚酰亚胺（polyetherimide，PEI）、聚萘二甲酸乙二醇酯(PEN)、聚苯硫醚(polyphenylene sulfide，PPS)、聚醚砜(polyethersulfone，PESF)和芴聚酯(fluorine polyester，FPE)等。纳米复合材料电介质薄膜可在提高介电常数的同时保持高击穿强度，实验室最大储能密度可达 30 J/cm³，近年来获得极大关注。化学储能以锂（钠、钾、锌、铝）离子（金属）电池、液流电池和超级电容器等为主，主要关注高电压高容量电极材料、负极材料、高导电阻燃固体电解质、结构可控聚合物隔膜材料等，重点研究了正负电极材料及其匹配技术、电极/电解质界面、电解质/隔膜界面、金属枝晶抑制等关键问题。

"十三五"期间我国实现了61%国际标准退火纯铜的导电率（International Annealed Copper Standard，IACS）高导耐热铝合金导线、59.2% IACS 高导中强铝合金导线、63% IACS 高导硬铝导线、高导高强铜合金、高性能铜铝复合导电材料及产品的国产化开发与应用。先进导电材料的制备工艺控制要求高，国内合金成分精确设计、制备工艺精准调控水平与国外差距较大，质量稳定性低，生产成本高，需加强短流程、低成本制造及标准化技术研究，促进国产化应用与推广。触头材料在"十三五"期间取得了较快发展，低压电器 Ag 稀土氧化物、真空 CuCr 系列和高电压等级 CuW 系列触头材料已由进口向出口转变。然而，我国缺少特殊服役条件下触头材料成分、结构和性能之间关系的基础数据，在新一代高性能触头材料基础和应用基础研发投入不足。

目前，超导材料在强电领域的规模化应用受限于日益紧缺的液氦资源，为了降低制冷成本，使用临界温度更高的超导材料是未来超导强电应用的必然选择。在 MgB_2 超导材料方面，国外已实现线材商业化生产，而国内也具备千米级线材的制备技术。近年来国际上在二代铜氧化物高温超导带材方面进展迅速，正处于产业化应用前夕，我国经快速追赶逐渐进入国际先进行列，已具备千米级二代涂层导体的生产能力。铁基超导材料目前仍处于实验室研发阶段，我国在这一领域处于国际引领地位，已在国际上率先实现百米量级线材制备技术的突破。

我国磁性材料产业的特点是企业数量多，但技术含量偏低，缺乏核心竞争力，自主创新技术和独立知识产权的缺失导致企业在开拓高性能电工磁性材料市场方面受阻。例如，日本高性能钕铁硼永磁材料占全球产量的60%，日立金属掌握 700 余项磁能积水平最高的烧结钕铁硼的技术专利。此外，应用于高功率密度电机的软磁复合材料、应用于大功率高频变压器的非晶纳米晶合金材料，我国目前也主要依赖进口。"十三五"期间，我国在特高压输电领域的电力变压器用高磁感硅钢材料基本替代进口，在高磁感、低损耗特性方面已达到世界领先水平，但在磁稳定性方面还需要进一步加强。

（二）研究前沿

应在高端绝缘基础树脂、绿色环保 SF_6 替代气体、储能用战略性基础聚合物电介质薄膜和隔膜树脂材料、高强高导热高耐热合金导体材料、高电压大电流触头材料、高温超导材料以及电工磁性材料等方面部署相关研发工作，作为电工材料的研究前沿。布局一批面向未来电网、能源互联网、物联网等发展需要的新型传感智能材料以及绿色环保绝缘材料等的研究。研制 55.5% IACS 高强铝合金导线、61.5% IACS 高导耐热铝合金导线、61% IACS 高性能铝基复合输电导体、66～110 kV 铝合金电缆等新型节能输电线缆材料。重点研究环保型气体综合性能（绝缘、灭弧、分解、生物安全、材料相容）机理，电弧等离子体作用下不同气氛触头材料多组分金属蒸汽交互作用，石墨烯复合触头材料中电子迁移和热扩散，短流程环保型触头材料制备新技术中能量和物质时空迁移规律等，电工磁性材料（非）晶态结构（织构）成相原理与精确控制，快速凝固对非晶态电工材料原子排序、磁学性能和物理性能的影响，绝缘包覆介质与磁性颗粒潜在的"易磁量子效应"对材料磁性能的增强作用，服役条件下材料微观结构动态演变规律及宏观特性。

在"十四五"期间我国应突破以超高压电缆绝缘聚乙烯及聚丙烯、特高压绝缘用环氧树脂、电力电容器用聚丙烯等基础树脂的分子设计与聚合技术，实现基础树脂生产的超净技术；突破环保型气体设计理论与合成技术，形成环保型气体综合性能（绝缘、灭弧、分解、生物安全、材料相容）评估技术，推进环保型气体绝缘设备自主化设计、生产及应用；突破电力电容器以及电池隔膜用聚丙烯的分子设计与聚合技术，实现高温介电储能薄膜树脂的聚合技术及薄膜制备工艺；突破高能量密度、低成本、长寿命、安全动力电池关键材料制备技术，能量密度达到 350 W·h/kg。布局研制 55.5% IACS 高强铝合金导线、61.5% IACS 高导耐热铝合金导线、61% IACS 高性能铝基复合输电导体、66～110 kV 铝合金电缆等新型节能输电线缆材料及产品，形成技术标准体系并实现工程应用。提高触头材料的分断电流能力和耐电压水平，实现电力装备小型化、高安全、免维护等。掌握高性能、高强度、高稳定千米级高温超导长线的实用化制备技术。建立电力装备电磁场 - 结构场 - 温度场 - 声场的耦合数据库，揭示纳米复合永磁材料的软磁相交换耦合机理。

在中长期，应实现战略性基础绝缘树脂材料的批量制备技术，实现气体绝缘输配电装备环保升级，加快推动电力工业绿色低碳发展。研制成功高压/ 特高压环保型气体设备并掌握环保型气体设备运维技术。实现高温储能聚合物介质薄膜批量制备技术。实现高能量密度、低成本、长寿命、安全动力电池的关键材料升级换代，能量密度实现 400～500 W·h/kg，使新能源汽车动力电池续航里程超越燃油汽车，电池广泛用于电网级储能。研制成功 56% IACS 高强铝合金导线、62% IACS 高导耐热铝合金导线、105% IACS 高导铜电缆导体、220～500 kV 铝合金电缆等新一代节能输电线缆材料及产品。实现高性能、低成本高温超导材料的批量化制备，并实现其规模化应用。总体实现战略性电力装备基础关键材料国产化，在新型电力装备材料、绿色环保材料、智能材料等的研究方面处于国际领先地位，部分领域引领国际发展方向。

四、关键科学问题、关键技术问题与发展方向

（一）关键科学问题

电工材料的范畴比较宽广，从组成材料的分子和原子来看，绝缘材料、导电材料、超导材料、导磁材料、触头材料以及储能材料等具有很大的差别，因此其关键科学问题也因不同类别的电工材料而有所不同。

在先进电工绝缘材料方面，其科学问题集中在两个方面。①阐明极端条件下电介质绝缘与功能材料的服役特性及失效机理；揭示多物理场下电介质绝缘与功能材料在微观、介观和宏观尺寸间的性能关联，完善复合场作用和极端条件下电介质材料理论体系。②基于介观物理理论下的跨尺度绝缘和功能介质介电特性的仿真分析算法与理论，探索从分子微观层面设计、实验室制备和小规模生产的新型电介质绝缘与功能材料研究体系；提高电介质绝

缘与功能材料测试表征的理论和技术水平，实现微纳米层面的分辨率，为高性能电介质材料的研发提供检测技术支撑；提高我国高性能电介质材料研发水平。

在环保型电工材料方面，关键科学问题是电力装备应用环境驱动的环境友好材料特性提取，以及在此基础上的材料结构设计模型。

在导电材料方面，针对传统导电材料，关键科学问题主要集中在导体材料微合金化理论及复合相设计与组织均匀性调控机理与导磁材料，还有导体材料的组分－加工工艺－相结构－性能－服役性能之间定量关系的建模。

在触头材料方面，则是材料设计、计算模拟与寿命预测及综合性能系统提高的方法。

在超导材料方面，则是超导材料的成相与磁通钉扎机制，超导材料的电流传输受限机理。

在磁性材料方面，则包括材料加工过程中的织构控制、非晶和纳米晶的非平衡凝固理论以及对亚稳态材料结构的认知与设计、软磁材料在电气领域的精准服役特性和应用理论等。

（二）关键技术问题

与关键科学问题类似，关键技术问题也应当根据材料类别分别阐述。

在先进电工绝缘材料方面，主要包含以下几个方面：揭示超特高压直流和交流电力装备中绝缘工作机制，研究交流和直流电压高于 500 kV 等级的高端装备用绝缘材料；研究工程绝缘材料的介电强度的实验方法和标准，实现电介质绝缘与功能材料的集约化设计与利用，降低设备和器件开发中的冗余；研制出满足极端复杂多物理场运行环境的高性能电介质绝缘与功能材料，为国家战略装置和技术的研制提供材料支撑。

针对环保型绝缘介质，支持包括环保型气体设计与合成、环保型气体综合性能（绝缘、灭弧、分解、生物安全、材料相容）评估、高压／特高压环保型气体设备研制、环保型气体设备运维技术等，以掌握环保型气体设计合成方法，厘清环保型气体绝缘、灭弧、分解、材料相容机理，推进环保型气体绝缘设备自主化设计、生产及应用，最终实现气体绝缘输配电装备环保升级，加快推动电力工业绿色低碳发展。

在导电材料方面，其共同的关键技术问题在于找寻新组分配方、精准的制备工艺以及提高长期服役时的性能稳定性的技术手段。

在超导材料方面，主要是掌握高性能、低成本高温超导线/带材制备新方法，以及超导线/带材在高场、低温、应力等复杂工况下的载流、电磁、机械特性。

（三）发展方向

针对不同性质的电工材料以及我国的发展现状，确定不同的发展方向。

针对先进电工绝缘材料，高性能绝缘材料仍然是今后长期发展的方向，尤其是随着输电电压等级以及输电容量的不断提升，耐极端条件要求的不断提高，发展现有绝缘材料的性能提升技术，以及以新型热塑性绝缘材料替代传统热固性绝缘材料的技术和在工程应用的验证，同时要大力加强基础树脂的研究，查明分子结构和形态以及工艺等对基础树脂性能的影响，以及特殊应用对基础树脂的结构与性能的精细化需求。

针对植物性绝缘油，支持在植物性绝缘油替代矿物性绝缘油的工程应用中，以示范性工程为基础，加大推进替代绝缘油的应用研究，在持续通用中高压电力变压器等应用研究的基础上，推进在高压关键电力装备中应用的长期可靠性研究。

针对环境友好绝缘气体，支持环保型气体设计与合成、环保型气体综合性能（绝缘、灭弧、分解、生物安全、材料相容）评估、高压/特高压环保型气体设备研制、环保型气体设备运维技术等。

针对储能材料，支持高能量密度、低成本、长寿命、安全动力电池关键材料的设计理论和批量制备技术发展与提高。

针对导电材料，应在220～500 kV铝合金输电线缆材料的研制与工程应用方面加大研究力度；支持碳材料改性铝基复合导电材料、铜铝复合导电材料工程化应用关键技术等薄弱方向，鼓励高压铝合金交直流陆海电缆交叉方向，促进导电材料基因组设计、石墨烯导电复合材料等前沿方向发展。

针对触头材料，应该鼓励支持电弧等离子体与触头材料交互作用的研究以及微量合金元素和石墨烯复合触头材料等研究方向，开发新一代触头材料。

针对导磁材料，支持从物理本质的角度加强材料磁化机理的研究，从特性应用的角度加强材料磁稳定性研究，促进磁性材料尽限应用理论研究。

针对超导材料，从高磁场强电流应用的实际需求出发，研究高性能、高强度、高稳定高温超导长线（MgB_2、铜氧化物、铁基等）的实用化制备技术，并大幅提高其性价比。

第二节　电力装备多物理场特性及计算方法

工业仿真、人工智能等先进技术与电力装备技术的融合逐步加深，先进的仿真技术已成为高端电力装备研发的强力支撑。电力装备的发展已经呈现出结构设计紧凑化、运行工况复杂化、能量信息一体化等显著特点，其设计和运维阶段的仿真面临诸多挑战，如包含多尺寸系统的多物理场耦合模型、面向多种应用场景的大规模数值仿真等。当前，电力装备仿真软件领域长期被国外垄断，发展自主国产仿真软件已成为强化国家战略科技力量的重要内容之一。电力装备的多物理场耦合问题难以用统一的数学方程描述，不同的物理场之间还涉及模型交互、几何网格兼容、强弱耦合、多尺度、相变等诸多问题，其多物理场问题涉及电磁学、力学、传热学、半导体物理、信息、数学等多个学科的交叉融合，准确的多物理场耦合分析仍然是未来最具挑战性的工作之一。

一、基本范畴、内涵和战略地位

电力装备的多物理场是指以电磁场为核心的相互共存且耦合作用的多个物理场，其基础理论与分析方法涉及多个学科的物理概念与相关数学分析方法，其发展不仅得益于电磁理论的发展，也依赖于热、力、流体、放电、相变等多物理场理论与计算方法的发展。其计算方法涵盖了有限元法、有限体积法、有限差分法、时域有限差分法、矩量法、无网格法等。在实际工程中通过对电力装备的多物理场进行计算分析，开展装备的设计制造、运维分析、检测评估等全生命周期的评测分析。

电力装备的多物理场之间通过媒质与场量相互影响和耦合。从物理的角度来看，多物理场是物质之间的相互作用，即各个物理场场与场、场与媒质之间的相互作用。从数学的角度来看，多物理场都是依赖于空间坐标的标量或者矢量函数，其本质是联立偏微分方程组（partial differential equations，PDEs）的求解。从工程的角度来看，多物理场指某些物理量或者化学量的某种空间和时间分布形式的具体工程体现。

电力装备的多物理场具有不同的分类方法：①根据耦合所发生的区域分为边界耦合和域耦合；②根据耦合的相互作用分为单向耦合与双向耦合（间接耦合与直接耦合）；③根据耦合方程的形式分为微分耦合与代数耦合；④根据耦合所发生的扰动机理分为源耦合、流耦合、属性耦合与几何耦合。

电力装备的多物理场特性及计算方法的研究内容包含设备不同物理现象、物理过程涉及的多物理场机理模型与计算方法，具体包括如下内容。

（1）结构设计与多物理场分析。结构设计与多物理场分析是一个把计算机数值分析方法运用于电力装备设计与优化、制造与安装、运行特性分析、状态检测与监测、预测与调控等的全生命周期过程中形成的一整套知识体系。

（2）电弧的多物理场分析。电弧的多物理场过程极其复杂，涉及温度场、气流场、电磁场、界面效应等多物理过程的强烈耦合，其支撑理论与分析方法涉及电磁学、传热学、结构力学、流体力学以及原子分子物理学等诸多学科中的基础理论与分析方法。

（3）脉冲功率的多物理场分析。脉冲功率技术是指把慢储存的具有较高密度的能量经过时间尺度上的压缩、空间上的传输和汇聚并有效释放给负载的电物理技术，其多物理场分析涉及极端条件多物理场耦合科学问题，主要是瞬态条件下的强电场、强磁场、极高温度、极高压强、等离子体及其相互耦合。

电力装备的多物理场特性与计算方法属于高压与计算科学的交叉领域内容之一。计算学科的发展改变了工业产品的设计开发流程，实现了从传统的"设计-简单仿真-样机-设计-产品"到"设计-仿真-样机仿真-产品"的现代化产品设计开发流程的转变。从计算力学、计算流体学、计算材料学等计算学科的发展历程看，电力装备的多物理场特性与计算方法属于高压以及电工领域未来计算科学的重要组成部分，目前还处于发展的初始阶段。

从工程应用的角度看，电力装备的多物理场特性与计算方法是高端电力装备以及设备可靠运行的必要技术支撑。特别是在当下电力装备仿真软件被垄断、高端电力装备发展不足的背景下，以及工业装备数字孪生技术的快速发展，加快电力装备多物理特性与计算方法的研究，是解决电力装备多物理场仿真软件被垄断的"卡脖子"工程问题、实现数字化制造、成为制造强国的必由之路，因此，开展电力装备的多物理场特性与计算方法研究对推动电力行业革新和促进电气工程学科的发展具有十分重要的意义。

二、发展规律与发展态势

（一）国际发展规律与发展态势

随着装备电压等级的不断升高，传统的在装备设计、运维分析过程中依靠试验、单一物理场计算的方法难以满足复杂结构的装备制造以及多种工况存在的工程需求。装备的多物理场分析需要考虑不同的多物理场之间的双向耦合，以电弧为例，需要考虑电磁、热、力、流体、材料相变等多个物理场的耦合，面向不同的工程需求，还需要考虑不同的物理场组合。其难点在于得出各个物理场之间的影响机理与表征模型，以及双向耦合下的多物理场计算方法。

随着工业互联网的发展，数字化电网的建设已经全面开展。复杂装备的协同设计与数字孪生技术在其他领域得到快速发展和应用，高压装备的多物理场特性与计算方法研究也将面向新的工程应用需求，如大型装备的协同在线设计、协同仿真、数字化交付以及基于数字孪生的数字化运维。新的工业应用需求对多物理场的计算方法提出了新的要求，实现面向不同工程需求的多物理场计算方法是关键。

（二）国内发展规律与发展态势

特高压交直流装备以及电力电子器件、电力电子技术的快速发展，导致高压装备的结构越来越复杂，其多物理场分析需要考虑材料的微观尺寸到装备整体的宏观尺寸，其多物理场分析需要解决复杂结构和多尺寸装备中材料与多物理场的相互作用机理及模型、数值计算方法。其难点在于复杂结构、多尺寸下的计算技术。

越来越多的新型电工材料在装备中投入使用，包括新的绝缘材料、绝缘气体、导体材料、功率器件材料等，新材料与电力装备的多物理场之间的作用机理以及材料在设备多物理场作用下的参数演化规律不明确。此外，直流输电的发展增加了装备运行工况的复杂程度，解决电工新材料在不同工况下的多物理场表征模型（非线性、各向异性、频变特性、滞后特性等）是装备多物理场分析的难点。

三、发展现状与研究前沿

（一）发展现状

随着高压电力装备电压等级的不断提高、激励形式的日益复杂，新材料新结构的不断涌现，以及计算能力的爆炸增长，高压电力装备多物理场分析的研究将面临新的需求：①新型电工材料在不同物理场作用下的特性演化规律；②电力装备从微观、介观到细观及宏观的复杂结构多尺度多物理场模型；③满足数字化装备、数字化电网转型需求的设备多物理场计算方法。目前高压电力装备多物理场分析的仿真软件，仍然被国外所垄断。

在结构设计的多物理场分析方面，随着计算能力的提升与计算方法的更新，目前多物理场求解精度已经可以达到百万自由度级别，求解方法包含有限元、时域有限差分、无网格方法、深度学习方法、有限体积法，已满足对很多大型设备仿真的需求，并广泛地应用于电机、变压器、电抗器、绝缘栅双极晶体管（insulated gate bipolar transistor，IGBT）、断路器和继电器等各种电力装备结构的设计和优化。

在基础理论方面，开展面向多尺度与复杂结构的、非线性元器件、新材料的非线性、多物理场与环境参量的相互影响机制的基础模型与方法研究是高压电力装备分析研究新的趋势。作为一个跨学科的研究领域，高压电力装备的多物理场分析具有多场耦合机理复杂、计算规模庞大、计算复杂程度高的特点。基础理论需要向多尺度计算、高精度快速计算以及设计与分析相融合的方向发展。

目前我国在基于多物理场的高压电力装备绝缘材料诊断技术和电力装备老化机理研究方面处于国际先进水平，我国在该领域的薄弱之处在于：①多物理场作用和极端条件下高压电力装备在微纳尺度的耦合与演化作用机理还需加强；②大规模耦合方程的快速求解与计算方法还需要加强；③国内具有自主知识产权的商用软件不多且研发技术水平与国外存在差距。以 ANSYS 软件为代表的国外多物理场分析软件正逐渐深化与工业互联网平台的融合。

在电弧的多物理场分析方面，已经形成以磁流体动力学模型为仿真手段、传统实验方法与等离子体诊断测试相结合、以服务于高压电力装备研发为最终目标的基本框架。在燃弧阶段电弧特性方向，国际上公认电弧的数值建模能够采用热力学与化学平衡假设，对于该阶段的理论研究通过上述两类基本方程即可实现。基于该假设的电弧数值模型相对来说已经比较成熟，在不同电压等级的断路器电弧仿真中已有广泛应用。

在零区电弧非平衡特性方面，针对电弧的非平衡效应，澳大利亚联邦科学与工业研究组织（Commonwealth Scientific and Industrial Research Organisation，CSIRO）、法国图卢兹大学，以及我国的西安交通大学、沈阳工业大学等院所均开展了大量理论研究工作，但不能预测实际高压电力装备的介质恢复行为。为实现非平衡电弧多物理场分析的工程化应用，弧后介质恢复特性评估将是未来研究的重点。

在电弧弧根转移、跳变、鞘层行为及烧蚀特性方面，通过引入材料表面能量输运方程以及粒子输运方程，已经实现了材料烧蚀对电弧行为影响的定量研究。然而电弧对金属乃至绝缘材料的烧蚀机理仍未明确。在新型气体电弧行为方向，SF_6 由于其极高的温室效应，使用受到了严格限制。环保型气体同时作为绝缘和灭弧介质，理论上电压等级不受限制，但是现有电弧理论体系尚无法统一描述多种环保型气体的电弧行为，导致诸多气体的灭弧机理尚不清晰。

（二）研究前沿

在结构设计的多物理场分析方面，未来应当开展高压电力装备多物理场基础理论、分析方法与高性能算法的基础研究，具体包括：①考虑多场作用和极端条件下物体材料属性随物理场变化的微纳尺度耦合与演化作用机理研究；②多物理场仿真建模、多场耦合算法、数据传递研究，研究多尺度、各向异性、非线性，或极高场源激励下的电磁场边值问题建立及其数值计算方法；③研究多物理场系统下的高效数值计算方法、多场并行计算、云计算和集群处理技术，研究多物理场计算与人工智能等学科的深入融合，实现在线实时计算及仿真；④开发多尺度建模、多条件设置、高性能实时计算以及高精度多物理场仿真计算平台，解决大规模实际工程问题。

在电弧的多物理场分析方面，未来应开展以下研究：①建立电弧与材料相互作用过程的可靠实验方法，提出适用于高压电力装备应用工况的电弧－材料相互作用数学模型；②研究覆盖电弧"稳定燃烧—过零熄灭—电压耐受"的一体化仿真模型，评估弧后介质恢复特性，实现非平衡电弧多物理场分析的工程化应用；③研究 SF_6 替代气体的电弧特性，探索气体绝缘和灭弧性能的预测方法与评价准则，提出提升气体电气性能的调控手段，建立高压电力装备用环保型气体介质综合性能优化方法。

四、关键科学问题、关键技术问题与发展方向

（一）关键科学问题

（1）电工材料在不同工况下的响应规律及其物性参数模型：开展不同电工材料在不同环境条件、工况条件下其介电常数、电导率等物性参数的变化规律的研究，提出不同物性参数在不同的物理场以及环境因素下的物性参数模型，以及电弧－材料相互作用数学模型。

（2）不同工况下多尺寸电力装备多物理场耦合模型：开展多尺寸装备多物理场耦合场的建模方法研究，以材料的物性参数为基本耦合量，实现各个物理场之间的双向耦合。

（3）电弧全过程的一体化仿真模型以及体绝缘和灭弧性能的预测方法：开展覆盖电弧"稳定燃烧—过零熄灭—电压耐受"过程的一体化仿真模型研究，评估弧后介质恢复特性，提出提升气体电气性能的调控手段。

（4）面向不同场景的电力装备多物理场求解方法研究：开展面向不同场景的多物理场的耦合求解方法研究，包括面向设计过程、运维分析以及数字

孪生应用的稳态、瞬态过程中的多物理场快速计算方法，推进以量子计算为代表的计算技术研究。

（5）模型驱动与数据驱动相结合的电力装备的全生命周期状态评估方法：以数字孪生为载体，开展模型与数据驱动的装备状态的评估方法研究，即实现以装备多物理场的历史数据与实时监测及计算数据为基础，评估设备的状态。

（二）关键技术问题

（1）支撑面向复杂结构的电力装备多物理场的快速求解的计算技术：包括并行计算技术、边－云结合的计算技术以及面向数字化装备的算力控制与分配技术。

（2）满足不同需求的电力装备多物理场仿真软件架构及其实现技术：能够支持并行计算以及边云部署，能够支撑特定应用场景的二次开发，能够融合多种求解器，满足电力装备多种物理场的求解的前后处理需求。

（3）不同应用场景的边缘端多物理场求解方法的实现技术：实现面向Web、边缘端不同设备的多物理场求解方法的布置、移植技术，满足不同用户对电力装备的多物理场仿真计算的需求。

（4）电力装备多物理场模型与其他应用的模型数据的转换和处理技术：实现电力装备多物理场模型数据、计算机辅助设计（computer aided design，CAD）模型数据、数字孪生模型的几何实景数据之间的转换与通信，从而支撑设备一体化的数字化设计－仿真－分析系统的建设。

（5）面向电力装备性能的数字孪生技术与运行平台：实现数字孪生的三维实景显示技术、基于物联网的数字孪生平台的架构以及技术实现、数字孪生的数据模型与数据通信规约。

（三）发展方向

进一步发展多尺度下的多物理场基础理论，建立全尺度的电磁基础理论，揭示多物理场与物质的相互作用规律，发展基于人工智能、量子计算的电磁计算新方法，实现多尺度、非线性条件下电力装备的多物理场高性能实时计算。建立面向装备性能的数字孪生平台，构建系统级数字孪生系统，实现基于双模驱动的装备数字孪生体及其驱动方法。在产业发展方面，实现电力装备仿真软件的国产化替代以及电力装备的数字孪生的国际引领。

在电力装备多物理场模型领域，推进电磁基础理论向微纳尺度研究领域拓展，深化多尺度材料、器件、装备与复杂系统的多物理场耦合模型，以及面向电弧全过程的多物理场模型，建立电力装备材料参数模型库，实现不同场景多物理场模型建模方法。

在电力装备多物理场计算方法领域，推进多物理场的耦合求解方法，实现求解方法在不同平台、不同终端的部署与移植；推进不同应用场景下的多物理场求解方法，实现满足不同应用需求的求解器部署。推进人工智能新技术等与装备多物理场的计算方法的融合，探索量子计算与电磁多物理场计算的交叉应用，研究利用量子并行性对电磁仿真进行加速的方法。

在电力装备多物理场仿真软件领域，实现电力装备多物理场仿真软件的国产替代，支撑协同设计的装备仿真平台建设，即 CAD、计算机辅助工程（computer aided engineering，CAE）、计算机辅助制造（computer aided manufacture，CAM）协同工作平台，推进定制化仿真软件的开发与部署、电力装备数字化零部件库、数字化零部件标准的研究与建设，加快电力装备多物理场仿真生态建设。

在电力装备多物理场应用领域，推进支撑装备性能数字孪生平台建设，建立电力装备的数字化交付模型的规范与标准，研究电力装备零部件与整装的数字孪生体构建方法、数字孪生体驱动方法，实现电力装备全生命周期的状态孪生与评估，支撑电力装备数字化设计、制造与运维。

第三节　输变电装备运行态势感知

提升输变电装备运行态势感知能力已成为电力系统未来发展的重要内容（张宁等，2021）。传感器技术、通信技术以及智能电力装备的快速进步为电网可观性、可控性以及智能化的提升带来巨大机遇（Ouyang et al.，2012，

2015）。现阶段研究在电力装备全景信息感知、电力装备健康状况诊断以及基于人工智能的电力系统评估与决策方面，已经开展了一些工作并取得了一定成果。但仍需要进行一系列基础理论方法与关键技术的研究、大型科研平台与数据平台的搭建以及技术的落地应用验证，其中广泛涉及电气、材料、微电子、光学、大数据与人工智能、信息通信等学科领域的前沿技术，具有极强的学科交叉性。

一、基本范畴、内涵和战略地位

输变电装备运行态势感知是研究电力装备运行状态特征提取、缺陷诊断、故障预警的综合性学科，涉及传感功能材料、传感测量技术、微电子技术、大数据信息处理技术和人工智能等多个领域。能源电力装备在电、热、力等多物理场长期作用下，会导致设备内部出现缺陷，并可能导致设备损坏。通过研究先进感知方法，提取电力装备特征状态信息，对信息进行多源数据融合分析，掌握电力装备运行状态，实现设备全生命周期管理，提前进行设备恶劣状态的预警，防止电力装备故障及电网风险。

近年来，输变电装备运行态势感知领域的战略地位愈发重要。碳中和目标和未来电力系统稳定性的高要求给本领域带来了新的机遇与挑战。电能替代是实现碳中和的重要手段之一，未来电力系统发电与负荷侧波动将显著增强，对电网可观性、可控性以及智能化的需求进一步凸显。智慧电网的核心基础是可泛在部署、适用强电磁环境的高可靠先进传感器。由于涉及微电子、人工智能等多个前沿领域，我国传感器研究水平距离国际先进水平尚有差距，目前本土企业智能传感器产值仅占全球 13%，与我国制造业大国地位不匹配，在高性能先进传感器方面更是受制于人。以输电等级变压器、断路器及其成套装置为代表的高压电力装备属于高端制造业，在国民经济中占有重要地位。智能化高压电力装备技术复杂、附加值高是国际电力领域技术和产业竞争的焦点。从国家安全角度考虑，涉及电网信息的状态感知传感器、信息分析模块、反馈控制系统及智慧电力装备不能依赖国外机构，本领域未来的发展任重道远。

二、发展规律与发展态势

1. 国际发展规律与发展态势

近年来，国际上在输变电装备运行态势感知领域的发展呈现以下几个特点。①基础研究水平不断提高。状态感知方面逐渐从系统搭建、模块研究向状态感知新材料、状态感知芯片等基础领域延伸。智能化方面逐渐从传统的黑箱模型向放电发生发展机理、缺陷发生发展过程演化机制等领域发展。②多学科交叉融合趋势持续增强。随着微电子技术、光纤通信技术及人工智能技术近年来的快速发展，输变电装备运行态势感知已从单一领域逐渐扩展为材料、微电子、光学、仪器、计算机、人工智能多学科交叉融合发展的领域。③人工智能应用愈发广泛。人工智能的快速发展给本领域带来了新的发展机遇。支持向量机、神经网络、遗传算法、深度学习、数字孪生等人工智能领域的先进模式识别与趋势预测算法被逐渐引入本领域，加速了相关技术的发展。④应用需求与应用范围显著扩大。随着智慧电网、电力电子装备的不断发展，本领域从传统输变电装备扩展到智慧电网的发、输、变、配、用各个环节，研究范围不断扩大。

输变电装备运行态势感知的核心是全景信息特征及其时空演变规律支撑下的智能化应用，其基础是电力装备的全景信息，其采集依赖于可泛在部署、适用强电磁环境的高可靠先进传感器。国际上欧、美、日的智能传感器产业起步较早，在传感机理、传感材料、微电子技术、微机电系统（microelectromechanical system，MEMS）加工、光学传感器件研发等领域具有先进的经验和扎实的基础，其智能传感器产值占全球80%以上。

电力装备智能化是电网发展的下一个重要目标。近年来，国际上各大公司纷纷在电力能源相关领域提出基于传感数据的解决方案（Vlachogiannis and Hatziargyriou，2004；Majidi et al.，2015；Ballal et al.，2017）。美国GE公司与美国电话电报公司（AT&T）已在智慧电网与物联网基础架构方面开展合作。同时，美国GE公司的Predix工业大数据软件平台还与美国微软公司的Azure平台在云端应用等方面进行了资源整合。法国阿尔斯通（Alstom）公司和瑞士ABB集团也在电力能源领域相关的物联网应用上加大了投入。当今社会，国际竞争日趋激烈，国际环境复杂多变，从国家安全角度考虑，状态获取、分析、控制的传感器、芯片、系统不能依赖国外机构。国家能源转型与能源安全凸显了本领域发展的必要性和紧迫性。

2. 国内发展规律与发展态势

我国电力装备状态监测与故障诊断从 20 世纪 60 年代开始起步，至今经历了预防性试验与在线监测两个阶段，目前正逐渐向状态感知与智慧设备方向发展。近年来随着通信、人工智能技术的发展，设备状态评价逐渐进入状态感知和智能化层面，即采用小微或更加灵敏的传感器进行状态量的采集实现"感"，通过人工智能算法进行信息的进一步处理实现"知"，做到不仅能够获得状态量，还能明确状态量的含义，并以此作为依据进行决策（胡伟等，2017；刘威等，2018）。未来，随着设备智能化研究的进一步加强，智能化电力装备能够实时地获取各种运行和状态参量并进行数字化处理、存储和传递，既包括电力系统运行和控制中需要获取的电压、电流等各种电参量，又包括反映电力装备自身状态的各种电、热、磁、光、位移、速度、振动、特征气体、局部放电等物理量（Ma et al.，2018；Gao et al.，2019；王继业等，2020）；可以随时监测各种涉及设备状况和安全运行的物理量，同时对这些物理量进行计算和分析，掌握设备的运行状况以及故障点与发生原因，据此评估设备的劣化趋势和剩余寿命，并适时地进行预警；在智能感知基础上，采用优化控制技术，能够根据实际工作环境与工况对其操作过程进行自适应调节，使得所实现的控制过程和状态是最优的，从而进一步提高自身的性能指标，并在很大程度上节约原材料和减少运行能耗；具备数字化接口，其内部信息能够高效地进行传播与交互，实现信息高度共享，进而能够主动地与其他设备进行协调互动，实现电网系统的整体优化。

在传统三范式"实验范式、理论范式、仿真范式"之外，新的信息技术已经促使新的范式出现——数据密集型科学发现。研究范式的变革对状态感知与智能化学科自身及其对电工学科的贡献都产生了深远的影响，而测量与感知是获取信息的源头。当前，作为精确获取数据信息的基本手段，智能感知领域的技术进步是驱动电力行业科技创新和技术进步、引领行业高质量发展的原动力。面向未来的智能化电力装备是以信息和数据为支撑，依赖于观测和感知技术获取大数据以实现对设备运行状态的全息感知与智能决策。感知技术的发展既与物理学、化学、生物学、电子学、计算机技术、通信技术、人工智能等基础学科的发展和重大科学问题突破密切关联，又与工程领域的前沿技术进步密切关联，众多相关学科交叉融合越来越成为现代智能感知技术发展的趋势。智能感知目前是前沿科学领域中最活跃和最具生命力的学科之一，该领域的科学研究和技术开发成果最先体现科学技术进步的影响，特别是在信息技术发展迅猛的今天，器件、材料、工艺的更新换代及人工智能技术的迅猛发展，必将推动感知技术的新理论、新观念、新思想、新方法、新体系、新形态的不断产生、发展和完善，进而为电工学科科研范式的变革奠定基础，构建机理分析与数据驱动的双轮驱动研究范式。

三、发展现状与研究前沿

（一）发展现状

输变电装备运行态势感知获得的全景信息，依赖于可泛在部署、适用强电磁环境的高可靠先进传感器。但由于学科广泛涉及电气、材料、微电子、光学、大数据与人工智能、信息通信等领域的前沿技术，具有极强的学科交叉性。目前在关键敏感元器件、关键数据采集处理分析模块、智能诊断算法方面相比国外先进水平仍存在一定的差距。我国企业智能传感器产值仅占全球 13%，与我国制造业大国地位不匹配，在高性能先进传感器方面更是受制于人。

近年来，国内外在输变电装备运行态势感知方面主要开展了 MEMS 微纳传感、光学传感及智能化三方面的研究工作（万福等，2017；仝杰等，2018；胡军等，2018），为实现输变电装备全景信息智能感知奠定了一定的基础，但也存在一定的不足。

输变电装备微纳传感领域：由于具有功耗小、体积小、价格低等优点，MEMS 微纳传感是近年来的研究热点。研究人员开展了电、磁、机械、声、热、微量气体等参量 MEMS 感知技术的基础性研究、结构设计、传感器封装测试等工作；探索了电网领域电压场传感、电流场传感、磁场传感、输电线路状态传感、电力装备振动传感、可听噪声、环境传感等特征参量的传感研究；在 MEMS 传感器取能方面，探索了温差取能、电磁取能、振动取能等取能方法，初步实现了低功耗传感器的供能。受限于绝缘性能、供能方式及信号传输，目前 MEMS 传感还主要集中在弱电磁环境下进行，对于变压器、气体绝缘开关设备等关键电力能源装备的内部传感研究较少。

输变电装备光学传感领域：由于具备抗电磁干扰能力强，绝缘性能好，可以分布式、非接触测量等诸多优点，近年来电网状态信息光学感知方法发展较快。研究人员初步开展了光纤电场感知、光纤磁场感知、光纤局部放电感知、光纤气体感知、光纤分布式温度感知、光纤分布式应变感知、多光谱感知等方面的基础理论及关键技术问题研究；探索了变压器、气体绝缘开关设备等关键电力能源装备内部光学状态检测方法，以及输电线路、电缆等运行不良工况的分布式检测手段。

输变电装备智能化领域：电力能源装备是智能电网的核心，电网 60% 左右的停电故障是由电力能源装备故障引起的，经济损失及社会影响极大，因此对电力能源装备进行状态感知、缺陷诊断及故障预警具有重要意义。研究人员通过实验室小尺寸模型试验探寻了微小缺陷发生、发展过程，利用传感系统采集了特高频信号、超声信号、光信号及脉冲电流信号等多维度缺陷表征状态信息，探寻了状态参量与故障类型、部件、严重程度和发展趋势的关联关系。但由于可测信号从内部传到外部发生显著衰减，通过设备外表电气参量，很难了解设备内部相关参量分布信息，其有效性、准确性都受到极大制约。基于多元统计分析、支持向量机、神经网络和贝叶斯网络等方法，研究人员开展了变压器、气体绝缘开关设备、电缆等设备状态特征参量与故障类型、部件、严重程度的识别方法研究。对于电力装备外部缺陷开展较多多光谱诊断的研究，取得了良好的效果，研究人员综合红外、可见光、紫外等多光谱数据，初步实现了电力能源装备外部状态智能识别与缺陷诊断。

（二）研究前沿

目前，国内外在输变电设备运行态势感知方面的前沿研究主要集中在微纳传感、光学传感及智能化三方面，对电力能源装备进行状态感知、缺陷诊断及故障预警具有重要意义，为提高电网可观性、可控性以及智能化水平奠定了基础。

在输变电装备微纳传感方面，主要包括：掌握特征参量微弱信号的高灵敏感知机理，探索电力装备多参量融合感知技术；提升复杂电磁工况下传感器抗干扰能力、可靠性及运行寿命；突破低功耗、芯片化微型传感器件的国外垄断。

在输变电装备光学传感方面，主要包括：设计高性能本征光纤传感器与非本征光纤传感器材料、结构；打破国外对高端光学检测元器件的垄断，实现核心器件的自主化；研究输变电装备内部光纤大容量、多传感器、分布式组网技术。

在输变电装备智能化方面，主要包括：探索电力装备内部缺陷发生发展过程中多物理场信息及其时空演变规律；构建多源数据融合的设备健康状态诊断与寿命预测的理论和方法；研制出具有智能感知、判断和执行能力的智能电力装备。

四、关键科学问题、关键技术问题与发展方向

（一）关键科学问题

（1）多特征参量微弱信号传感材料：开展电磁、光、机械、声、热、微量气体等特征参量微弱信号的新型敏感材料特性研究，提出适用于 MEMS 与分布式光纤的多参量融合传感的功能制备方法。

（2）微弱信号的高灵敏度检测方法：探索电磁、光、机械、声、热、微量气体等特征参量微弱信号的光纤传感方法与微纳传感方法，探索软硬件降噪方法，提高检测信噪比（signal-to-noise ratio，SNR 或 S/N）。

（3）复杂工况环境下传感器高可靠性与寿命评估：掌握复杂工况环境下传感器件长期运行老化特性及其寿命评估方法。

（4）电力能源装备内全景信息特征及其时空演变规律：揭示部件状态与电场、磁场、温度场、力场、光、微量气体、局放等全景信息的映射关系；研究电力能源装备内关键部件的失效机理及失效过程中全景信息的时空演变特性。

（5）电力能源装备健康状态诊断理论及方法：基于数据驱动与机理建模

揭示电力能源装备多源时空信息间的耦合关系，实现健康状态自诊断的智能型电力装备。

（二）关键技术问题

（1）复杂工况环境下传感器抗扰能力提升与高可靠性技术：研究强电磁场环境对传感器的干扰、损伤机理，以及有效屏蔽、封装技术；探索复杂工况环境下传感器干扰抑制，微弱信号检测等抗扰能力主动提升技术。

（2）低功耗、芯片化微型传感器件的融合集成技术：研究微型传感器件与数据处理、通信等功能模块的芯片化融合集成，及其低功耗实现技术；实现微型传感器件的低延时通信传输及高精度时间同步。

（3）电力能源装备全景信息分布式实时监测网络关键技术：研究基于内置式光纤、低功耗无线通信等电力能源装备分布式实时监测局域网络及其灵活组网方式。

（4）低功耗、芯片化微型传感器件边缘智能实现：掌握传感器自配置（即插即用）、自评估、自校准以及云边协同的边缘智能技术。

（5）电力能源装备全景信息特征库：建立所有电力能源装备各部件健康状态及典型异常工况下的全景信息指纹特征库。

（6）电力能源装备多源时空信息融合的健康状态评估系统：研究多信息融合的健康状态自诊断理论与方法，构建基于数字孪生技术的电力能源装备运行风险和安全域估计系统，实现智慧电力装备。

（三）发展方向

进一步聚焦先进传感与设备智能化基础理论和应用技术的研究，拓展高电压与绝缘技术的应用领域。打破国外半导体公司对传感领域高性能控制芯片的垄断，采用信息技术实现电力装备态势深度感知，研究多信息融合的健康状态自诊断理论与方法，实现智慧电力装备。在学科领域内的产业发展方面，实现电力装备领域先进传感器与智慧电力装备的国际引领。

在输变电装备微纳传感领域，重点研发分布式电光类、压电类、磁阻类、微加工类各种特征参数的传感理论和应用技术的研究，聚焦于研发具有低成本、高性能、微型化、贴片式等优势的新型电力传感技术，重点解决传感机理理论模型、传感方案设计与性能优化、传感器件加工制备等关键科学和技术问题。扶持 MEMS 技术、先进传感材料、器件制备技术等薄弱方向，打破国外半导体公司对传感领域高性能控制芯片的垄断，实现核心器件的自主化和定制化，同时发掘、改进及应用传感芯片到变电站及输电线路广域、宽频、实时测量中。鼓励电磁技术、传感技术、材料技术、化学技术、微电子技术的交叉融合。瞄准世界前沿，促进高端智能微型化、低功耗、低成本、高精度电力传感芯片研究等前沿方向，大力支持自主、安全、可控的高质量传感芯片研究，针对变电站及输电线路等特定应用场景，研发自主可控的传感器件、装置及传感网络系统，满足能源互联网全面感知的迫切需求。

在输变电装备光学传感领域，重点针对传感机理、材料、结构、工艺、光源及检波等方面开展基础研究，进一步提升光量子技术、光纤传感技术、微纳光纤传感技术、气体吸收传感技术、分布式传感技术、拉曼技术、多参量光纤传感网络等新技术在电力装备运行状态在线感知的应用基础研究工作，聚焦解决电力装备内部光纤分布式全景信息感知与远程分布式光纤传感研究。突破小型化、高精度光学传感器瓶颈，打破国外对高端光学检测系统的垄断，实现核心器件的自主化。鼓励光学技术、传感技术、材料技术、微电子技术、人工智能技术的交叉融合，进一步提升现有光学感知研究水平，实现电力装备内部特征气体、温度、磁场、电场、局部放电、机械形变等关键信息的精确提取，掌握电力装备全景运行状态。

在输变电装备智能化领域，重点基于机理分析与数据驱动开展电力装备失效时空演变特性研究，建立电力能源装备多源时空信息融合的健康状态诊断理论及方法，探索基于数字孪生技术的电力能源装备运行风险和安全域估计方法。推动材料物理化学、微电子、电气、控制以及数学等多学科领域的交叉，借助我国在特高压电力装备的国际领先地位，深入研究传感材料、传感器、状态感知、分析评估以及数字化集成化设计等关键技术，解决一二次设备融合、设备状态信息获取、基于状态的自适应控制以及故障分析诊断等关键共性技术问题，形成具有智能感知、判断和执行能力系列化高端智能电力装备，为构建数字化、透明化、智能化电网提供关键支撑。

第四节　先进输变电装备

　　输变电装备是电力装备行业的核心。现阶段针对输变电装备已经开展了大量研究并取得了显著成果。为了进一步满足以新能源为主体的新型电力系统的发展，仍需进行更深入的基础研究和更广泛的技术开发，其中涉及电磁学、材料学、流体力学、光学、量子力学以及等离子体物理领域的前沿技术。因此，以多学科交叉发展为支撑，革新先进输变电装备技术，既是当前的国家重大需求，也是该领域的重要发展机遇。

一、基本范畴、内涵和战略地位

　　随着我国经济社会持续快速发展，电力需求将长期保持快速增长，其中电力装备是实现能源安全稳定供给和国民经济持续健康发展的基础。电力装备主要包括发电设备、输变电设备、配电设备等。

　　输变电装备主要包括开关电器、故障限流器、电力电容器、高压套管、电力电缆、电力变压器、换流变压器、高压电抗器、高压避雷器等。开关电器是电力系统运行中一种能够实现控制与保护双重作用的关键核心装备，素有电力系统"卫士"之称，广泛用于发电厂、变电站、开关站、输配电线路中，对电力系统的安全稳定运行具有重要的意义。故障限流器是一种先进高压电工装备，起到限制电网中各类故障电流的作用，可以减轻断路器的开断负担，降低短路电流对系统的冲击。电力电容器是各种电力产品的主要组成部分之一，在电力系统中的主要应用场合为交/直流滤波、无功补偿、储能稳压等，储能和脉冲电容器还在国防装备与科研试验中有着重要用途。高压套管将载流导体穿过与其电位不同的设备金属箱体或阀厅墙体，引入或引出全电压、全电流，起绝缘和机械支撑作用，其运行可靠性直接关系到大电网的运行安全，是发展特高压输电，保证系统安全稳定运行的关键设备之一。电力电缆是指电力系统的主干线路中，用以传输和分配大功率电能的电缆。世界上许多发达国家，都把电力电缆化（即架空线入地）的普及率，作为城市现代化程度的重要指标。管道输电线路（GIL），是一种采用 SF_6 气体或 SF_6 与 N_2 等混合气体绝缘、外壳与内导体同轴布置的新型输电线路，GIL 管道输电不但特别适用于大、中城市地下管道和穿越江河、极端环境长距离输电，而且也是解决大城市的市区负荷不断增长导致线路走廊紧张问题的优选方案。

按照目前我国电网的现状，输变电装备的电压等级主要涵盖交流 6～1100 kV，直流 ±500 kV 到 ±800 kV（李鹏等，2016）。输变电装备自身技术含量高，且具有很高的可靠性，符合先进电网建设与发展的高要求，其作用也在实践中逐步得到了验证。该设备不仅有着输送、调节电力的作用，也在很大程度上保证了电力系统安全、高效、稳定地运行，预防运行事故的发生，为我国经济的快速发展提供了充足的电力能源保障。

二、发展规律与发展态势

（一）国际发展规律与发展态势

顺应全球范围内电力系统的发展趋势——新能源接入和能源互联网的深度发展，变压器、断路器、电缆、套管等输变电设备向高电压、小型化、高可靠性、绿色环保方向发展。

近年来开关电器向着环保化、智能化以及小型化方向发展，其应用场合也从交流系统向直流系统拓展（王伟宗等，2010；荣命哲和吴翊，2018）。主要研究方向包括：研发新型环境友好型断路器、研发直流开关电器、开关电器智能设计与可靠性评估。尽管目前国内外已经出现了混合式和机械式中高压直流断路器，但是其价格昂贵、体积庞大、对运营环境要求高，使得中高压直流电网的建立面临着诸多困难，严重制约了已有直流工程技术的大量推广应用，亟待探索新的开断原理和方案，研究高性能功率电力电子开关器件，从而进一步开展低成本、高性能中高压直流断路器的研究，突破中高压直流系统技术关键瓶颈。

目前故障限流器的研究主要处于试验和示范阶段，主要技术瓶颈有限流性能、阻抗变化倍数和运行损耗等（艾绍贵等，2019）。在直流输电领域中通常采用平波电抗器来限制故障电流,也存在阻抗无变化和限流效果不理想等问题。因此迫切需要研究交流系统和直流系统的新型故障限流装备。

电力电容器发展的核心是储能介质材料的技术进步(马振宇等,2021),固体介质经历了由电缆纸、电容器纸、膜纸复合到全薄膜的发展过程。电工薄膜材料及电工聚丙烯树脂全部被欧、美、日垄断,国内电工聚丙烯树脂应向超净、低灰分发展,解决高质量电工聚丙烯制备问题。此外虽然聚丙烯在绝缘电阻、击穿场强、介质损耗因数以及成本方面具有优势,其缺点是相对介电常数较小,使用温度上限较低。因此应大力发展新型高介电常数、低损耗、耐高温、低成本以及具有良好加工性能的薄膜介质材料,包括新型聚合物介质材料、复合材料、多层材料等,有利于电容器容量提升、体积减小、安全性提高。

高压套管在运行中长期承载着高电压、大电流和强机械负荷,其绝缘、热、机械和密封性能等受到严苛的考验(兰贞波等,2021)。有必要在套管绝缘材料开发、多场耦合结构设计、电热力综合应力下长期性能、直流电荷与异物吸附效应、大负荷载流结构设计、复杂绝缘状态评估等方面开展深入研究,提升特高压交、直流套管质量及运行可靠性。

直流电缆作为直流输电系统的重要组成部分,广泛应用于风电并网、海岛供电以及跨海长距离输电等直流输电领域。柔性高压直流输电电缆在未来柔性直流输电系统中具有举足轻重的地位。高温超导电缆导体选用近零电阻、高电流密度的超导材料,具有损耗低、传输容量大的特点,是降低电网损耗、提高输电容量的有效途径。从20世纪70年代开始,交流GIL逐渐在世界范围内开始投入使用,已经积累了大量的设计和工程经验,技术日趋成熟完善。直流GIL输电技术较交流GIL输电技术发展相对缓慢,国内外少有开展高压直流GIL输电技术的研究。未来15年,柔性直流、特高压直流、新能源发电等直流输电将持续快速发展,对大容量、低损耗、高可靠、少维护直流GIL输电技术的需求更加迫切。

(二)国内发展规律与发展态势

至2035年,我国输变电技术的主要发展趋势有以下几个方面:断路器高速开断(超短开断时间)、大容量开断技术;超特高压套管、换流变分接开关等短板技术；环保、真空、智能型电力装备技术；研究可靠高效的多端混合直流输电及多电压等级直流组网技术与关键装备；远海可再生能源柔直并网送出技术与装备；研制高端交、直流电缆和环保型管道输电系统；各种气候环境下输电装备可靠性提升技术；系统性研究换相失败综合防治方法，多馈入直流系统换流站间协同控制技术；电力电子化电网暂稳态电压、频率、阻尼、惯量调节及协调控制技术；电力电子装备运维关键技术，基于新型电力电子功率器件的电网柔控装备。

在电网建设加快发展的背景下，输变电作为电力传输的重要一环，在电网结构调整的过程中，随着中国新旧动能转化的深化发展和国家智能电网的建设，输变电技术迎来了更为广阔的发展机遇。电网的建设与完善、电力系统的稳定运行需要先进技术与设备的支持，输变电技术作为一项电网建设与发展中的重要技术，在其中有着特殊的意义与地位。

三、发展现状与研究前沿

（一）发展现状

近年来以高电压、小型化、高可靠性、绿色环保为发展方向，国内外针对输变电装备主要开展了如下研究。

1. 开关电器

环境问题是当今世界面临的三大问题之一，在世界范围内各个领域均受到了广泛关注。由于 SF_6 气体具有极强的温室效应，其使用逐渐受到限制，开展高电压等级真空断路器和新型灭弧介质的气体断路器研究，是当前开关电器领域发展的重要方向。真空开关设备经过多年发展，在 3.6～40.5 kV 的中压配电开关设备领域占有优势地位，而高电压等级主要有两种发展方向：一种为采用大开距单断口结构，另一种为采用双断口或多断口串联结构。2018 年，西安交通大学和平高集团有限公司联合设计并制造出电压等级 126 kV、额定电流 2500 A、短路开断电流 40 kA、单相单断口、采用陶瓷外壳真空灭弧室的真空断路器，并通过型式试验，而更高电压等级的真空断路器目前国内外正在开展研究。在 SF_6 替代气体灭弧介质方面，国内外学者已从全球变暖潜能、液化温度、毒性、绝缘和灭弧性能等方面对上千种气体进行了对比分析，目前已聚焦于少数可能的替代气体上。西安交通大学、上海交通大学和武汉大学针对 $C_5F_{10}O$、C_4F_7N 及其混合气体的灭弧和绝缘性能进行了长期研究，并取得了一系列研究成果（李兴文等，2017；Robin-Jouan et al.，2017；Yi et al.，2018；张佳等，2021）。在环网充气开关柜等中压领域，平高上海天灵开关有限公司等单位开发了基于 N_2、干燥空气等绝缘介质的环保型开关柜，而在高压领域，国内外特别关注新型环保型介质的灭弧性能，寻找可以代替 SF_6 的不仅满足绝缘性能而且能够满足灭弧性能的环保型气体介质，是电力行业未来研究的主题。在中高压直流工程的推动下，高电压等级的机械式、混合式直流断路器已经开发成功。具有代表性的是国家电网全球能源互联网研究院（简称国网联研院）主持研发的级联全桥型 200 kV 混合式直流断路器，目前已经投入工程应用，并于 2019 年完成了人工短路开断试验，同时研制了 500 kV 混合式直流断路器。机械式直流断路器，目前已在南澳 160 kV 的多端柔性直流示范工程中挂网运行，同时在南方电网唐家湾站和鸡山站的 10 kV 柔性中压直流配电系统示范工程中挂网运行。随着电力电子器件的发展，门极可关断晶闸管（gate turn-off thyristor，GTO）、绝缘栅双极晶体管（insulated gate bipolar transistor，IGBT）、注入增强型栅极晶体管（injection enhanced gate transistor，IEGT）、集成栅极换流晶闸管（intergrated gate commutated thyristor，IGCT）等大功率器件的诞生，基于电力电子技术的直流断路器成为直流电流快速开断的重要技术方案，但其导通压降、关断能力尚需完善，目前在工程实际中的使用较少，主要集中在样机研究。

2. 故障限流器

目前常见的故障限流器有磁通耦合式限流器、铁芯型限流器、固态开关式限流器、超导限流器、热敏电阻限流器和液态金属限流器等。首先，限流器的阻抗速动性和可控性是一个基本要求。交流故障限流器串联接入系统中。正常时，交流故障限流器呈现低阻抗；突发故障时，交流故障限流器自动快速增大到高阻抗，有效地限制故障电流。此外由于系统的自动重合闸规则，交流故障限流器在断路器做重合闸动作前快速恢复到正常状态阻抗值。由于直流系统故障阻尼小，发生故障时短路电流会急剧攀升，可能在几毫秒内达到换流器的整流桥臂闭锁阈值，因此直流限流器需要在故障时有效限制故障电流的上升速率，在正常时限制直流系统纹波。其次，希望限流器具有高可靠性、低损耗和低成本。由于限流器一直串入系统中，所以希望限流器电阻小，减少发热和损耗，对系统没有明显的影响。正常时，交流限流器所导致的压降一般在额定电压的 2% 以内。直流限流器的电阻和电抗值均不宜超过传统平波电抗器的值。同时希望限流器的可靠性高和成本低，便于商业应用。

3. 电容器

电力电容器按照其在电路中的作用的不同可以分为无功补偿电容器、谐波滤波电容器、串联电容器、直流输电电容器等（王增文，2019）。目前 BOPP 薄膜是电力电容器主流电介质材料。虽然其他材质的电介质薄膜，如不同的聚合物，甚至是纯无机的薄膜，经过共混、共聚、接枝、涂覆、层叠、复合等处理性能得到提高，其应用极为广泛，但也不能撼动 BOPP 薄膜的主导地位。BOPP 薄膜电容器按照电极形式可以分为箔式薄膜电容器和金属化薄膜电容器。箔式薄膜电容器出现时间比较早，主要由铝箔、电介质薄膜和浸渍剂三部分构成。金属化薄膜电容器结构则是由两层金属化聚合物薄膜重叠卷绕而成，有油浸式和干式两种结构。箔式薄膜电容器通流容量大，金属化薄膜电容器具有自愈特性。目前我国电力电容器技术已经取得了长足的进步，薄膜电介质实现了全膜化，加工工艺与浸渍工艺达到了国际先进水平，电力电容器的生产力与生产量均大幅增长，成为世界第一大电力电容器生产国。但是，我国在电力电容器一些关键技术上与国外先进企业相比仍存在一定差距。例如，聚丙烯树脂原料性能指标差距较大，灰分、等规度等不能满足电工级薄膜要求；国产电工薄膜批量化制备均一性、稳定性不足，影响电容器产品性能的稳定性；国产直流电容器存在批量工艺稳定性及长期可靠性问题等。

4. 高压套管

对于特高压交、直流套管，在材料选型、结构设计、制造工艺等环节稍有不慎，就会导致绝缘失效、热崩溃和爆炸燃烧等故障，给电网安全运行构成重大风险。目前特高压交、直流套管的研究主要集中在三个方面：绝缘材料特性研究、结构优化设计研究、运行状态检测技术研究。特高压交流变压器套管、高端换流变压器网侧套管通常采用油浸纸作为主绝缘材料，但是容易发生渗漏油、油色谱超标，降低了绝缘水平。当套管内部发生放电时，容易导致油浸纸套管发生爆炸，引发火灾。特高压换流变阀侧套管通常采用环氧树脂浸渍纸作为主绝缘材料。经过几十年的发展逐渐形成了以环氧浸纸复合材料为主绝缘的电容式套管产品。另外，清华大学正在开展采用电场自适应调控材料的新型结构的高压套管的研究，有望突破传统套管的结构均压，转变为材料参数自适应变化的自适应均压。目前对干式套管用环氧树脂/皱纹纸复合材料的长期电热老化性能和寿命评估鲜有报道，因此，亟待开展环氧树脂/皱纹纸复合材料在高温、高场下的长期老化性能研究，判断其老化性能和绝缘状态。

5. 电力电缆

按绝缘材料可将电力电缆分为橡胶绝缘、塑料绝缘、浸渍纸绝缘、充油绝缘、充气绝缘电缆。目前 XLPE 挤包绝缘高压直流电缆已逐步替代以往的油纸绝缘电缆。当前存在的主要问题是：挤包绝缘高压直流电缆绝缘料和屏蔽料普遍依赖进口、国内高压直流电缆运行经验少、高压直流电缆附件研发水平有待提高、更高电压等级高压直流电缆仍有待开发。

6. 直流 GIL

直流 GIL 集电、热、力、环境等性能于一体，与交流 GIL 输电相比，直流 GIL 不仅在支撑绝缘材料特性上存在差异，而且在绝缘子结构设计、气-固界面和固-固界面效应、放电特性、过电压特性与波过程、样机试制与试验考核等方面存在诸多的关键技术和难点。

"十三五"期间，输变电技术在特高压、智能化、系统集成等方面取得了显著进展，整体处于国际先进水平，部分技术方向达到国际领先水平。北京首都创业集团有限公司（简称首创）开展了极低重击穿概率滤波器组开关、363 kV 快速开断断路器、可控避雷器的研发，其应用技术达到了国际领先水平。突破了 ±1100 kV 特高压直流输电关键技术，研制了 ±535 kV/3000 MW 柔直换流阀、500 kV/26 kA 直流断路器，特高压 ±800 kV 直流输电工程获 2017 年国家科技进步奖特等奖。研制了世界首台 1100 kV GIL 并应用，攻克 GIL 多物理场仿真、金属微粒抑制、超低漏气率控制、高可靠性试验等技术难题，技术水平国际领先，并成功应用于国家重点工程——特高压苏通 GIL

综合管廊工程；研制了 ±800 kV 高端换流变压器并应用，掌握了现场组装式大容量 1000 kV 交流变压器研制及工程应用技术；研制了交流 500 kV XLPE 海底电缆并实现世界首次工程应用；建成了全球规模最大的广域雷电监测网；研制了世界首个 ±1100 kV 直流穿墙套管并应用；研制了 3300 V/1500 A 焊接、4500 V/3000 A 压接 IGBT 器件。

（二）研究前沿

1. 开关电器

迄今，已有多种不同拓扑结构的中压和高压直流断路器获得示范工程投运，但以上断路器的造价昂贵、体积庞大，对运行环境要求较高，后续难以进行大量的推广应用，需要研究新的开断原理实现技术突破，中高压直流开断在未来较长的时间范围内仍然是研究热点。

2. 故障限流器

故障限流器未来将向多功能化发展。电网出现短路故障的概率和故障持续时间远远低于电网正常运行时间，单一的限流器长期处于闲置，资产效益非常低；倘若使得限流器实现故障限流和电能质量治理、潮流调节、风机低电压穿越等多种功能，相当于将单一的限流器与不同功能的调节装置结合起来，与多台装置的总体造价相比，限流器的初期投资更少、占地面积更小、更具经济性。因此，限流器的多功能化延伸及应用将有利于减少电网运行成本、提高资产利用率。

3. 电力电容器

目前电力电容器的研究前沿主要有四个方面：先进电介质薄膜材料、金属化膜电容器、干式无油化结构电容器以及先进制造工艺与产品设计。除此之外，从节能减排、绿色环保的角度考虑，需要改进和提升电力电容器材料以及产品的生产工艺技术，开发高可靠性、安装运行方便、免维护和检修方便的集合式电容器产品。

4. 高压套管

目前，特高压直流穿墙套管中所用绝缘支撑均采用环氧－氧化铝复合材料体系，虽然其具有良好的电气特性，但还存在内应力、膨胀收缩、脆性开裂等技术问题。SF_6 气体绝缘结构套管具有结构相对简单、重量轻、散热性能好、通流能力强、运行维护方便等优点，在特高压交流 GIS 出线套管、特高压直流气体绝缘穿墙套管中得到了应用，多屏结构气体绝缘为特高压变压器套管结构设计提出了新的思路。

5. 电力电缆

目前高压直流电缆料的研发中，对于关键问题"空间电荷"的抑制已取得良好成效。但目前高压直流电缆附件的研发中，由于其结构复杂，空间电荷在其中的积聚以及对局部电场的影响仍有待进一步研究。

6. 直流 GIL

目前高压直流 GIL 的研究主要集中在四个方面：高压直流 GIL 关键材料特性、高压直流 GIL 电荷效应与界面效应、高压直流 GIL 多物理场仿真与多目标寻优设计、多因子联合作用下的直流 GIL 装备综合性能与试验考核方法研究。

四、关键科学问题、关键技术问题与发展方向

（一）关键科学问题

（1）基于人工智能的输变电装备性能：研究人工智能算法关联理论模型和试验数据的可行方法，建立对气流场、电磁场、动力学、树脂成型、表面化学涂敷等多学科、多物理场联合仿真方法，驱动建立设计参数、仿真数据和试验结果的复杂关联函数，形成智能寻优仿真体系。

（2）输变电装备数字孪生模型：开展输变电装备数字孪生模型构建研究、数据驱动的产品统计模型研究；研究输变电装备现场运行数字孪生技术。将数值模拟和数据挖掘所得产品统计模型融合，实现输变电装备更加准确的状态评估和故障预警。

（3）适用于新型输变电装备的关键材料：针对未来输变电装备的发展方向和应用场合，开展电磁场、流场、温度场、机械特性等作用下输变电装备材料特性研究，提出适用于新型输变电装备的关键材料选型准则和制备方法。

（二）关键技术问题

（1）高速开断技术：该技术可缩短故障电流持续时间，柔性抑制短路电流，提升电网的输送能力及可靠性。研究灭弧室极短燃弧开断技术，掌握高速开断下电弧基本特征；研究高强度、轻型材料及其制造工艺；研究驱动机构高速启动、高速运动、急速缓冲技术，实现高速分闸、快速开断。

（2）新型真空灭弧关键技术：开展长间隙新型微电阻特征真空触头结构设计及磁场仿真；长间隙下真空绝缘击穿、真空结构设计和大电流开断研究；开展基于磁流体动力学模型、阳极热模型和解析模型在真空开关电弧开断过程不同阶段数值仿真；具备输电等级大容量、高参数真空灭弧室生产、制造。

（3）环保型 SF_6 替代气体关键技术：针对单质气体 CO_2、C_4F_7N 及 $C_5F_{10}O$ 混合气体等技术路线，研究超高温、超高压环境下环保替代气体物性参数计算方法及测量验证技术；开展环保气体隔离和接地开关开断电磁感应电流的电弧伏安特性、电弧形态观测、开断后绝缘等研究；建立环保替代气体断路器开断判据。

（4）80 kA 及以上大容量开断技术：开展超大短路电流（80 kA/100 kA）开断能力研究，研究大容量下灭弧室的开断特性、关合特性、触头烧蚀等基础数据，掌握超大电流开断过程中电弧特性、电动力对结构的影响等设计技术要求。

（5）金属封闭式直流高压开关关键技术（海上风电及常规换流站）：海上风电清洁低碳的发电技术将成为未来世界电力供应的支柱，针对大规模远海海上风电联网主要采用直流输电，开展海上风电并网用直流变压器、直流断路器、金属封闭式直流开关设备、直流转换开关和直流 GIL 关键技术研究，开展相关直流绝缘、温升、异物控制和电磁环境影响等研究；对海上风电场高温、高湿、高盐雾、高振动的运行环境要求，开展耐腐蚀、耐高温、抗震研究，支撑海上柔性直流并网建设。制定海上风电用直流输电设备技术规范或标准，研究相关试验方法。

（6）智慧型开关装备技术：研究全状态感知的高压开关在线监测与评估系统；研究高压开关智能操动、最佳分合闸操作技术和智能自闭锁技术；研制具备机械、绝缘、电气状态全感知功能，与电网信息互动支持"一键顺控"、选相分合闸等精准控制能力的新一代智慧型高压开关设备产品。

（7）高可靠性与高安全性电力电容器：研究具有高安全性的干式金属化薄膜电容器；进一步提高金属化膜的"自愈特性"，改进干式电力电容器的加工工艺；提升电容器工作可靠性；推动电工树脂、薄膜材料及干式电容器全产业国产化应用示范。

（8）高性能一体化故障限流器：研究具备开断功能的限流–断路一体化关键技术及协同配合方法；考虑混合型直流断路器分段换流过程的限流器协同控制开断策略；基于全生命周期理论的限流器全局协同配置方法及经济性适用方案研究；新材料研发和加工工艺改进。

（9）高压套管：高可靠性新型交、直流套管研发；研究特高压套管用材料的电、热、力等多因子影响特性；多因子联合作用的缩比套管性能验证与等效考核方法研究；高端交、直流套管智能运维技术研究。

（10）电力电缆：绝缘材料在高压直流下的局部放电机理及抑制方法研究；高压直流电缆运行状态监测及寿命管理研究；高压直流电缆附件中空间电荷积聚及抑制方法研究；超导直流电缆研发与运行维护；±700/800 kV 直流电缆研发。

（11）直流 GIL：高压直流 GIL 材料特性、界面效应和电荷效应研究；高压直流 GIL 多物理场仿真分析与结构优化设计研究；高压直流 GIL 样机试制与多因子等效试验方法研究。

（12）分频输电技术：研究频率变化对输电开关设备的参数、结构影响，开展降频对灭弧室开断前后零区电弧电压和弧后电流、灭弧室压力、喷口喉部气体密度变化对灭弧室结构设计的影响分析；掌握分频输电对灭弧室开断过程基本暂态特性、绝缘性能等影响分析，进行低频开关研制储备。

（13）新型驱动技术：研究新型智慧驱动关键技术；研制基于嵌入式状态感知技术的伺服操动机构；开展斥力/磁力/永磁等混合驱动技术性能提升。

（14）智能高可靠、高端节能型变压器关键技术：研究特高压柔性直流换流变压器关键技术；研究海上风电接入成套化变压器技术；研究环保绝缘油、气体绝缘变压器技术；研究变压器节能技术；研究智慧型变压器关键技术；研究满足数字化电网的小型化低功耗传感器关键技术。

（15）高性能、环保型输电管道关键技术：研究先进环保型 GIL 输电装备技术（含交、直流）；研究高可靠性、高性能金具技术；开展智能金具监测系统及故障分析平台关键技术研究和装置研制，研究在特高压直流工况下传感器与直流金具的结合技术。

（16）适应电网新形态装备关键技术：研究特高压全系列、高可靠性交 / 直套管关键技术；研究高电压梯度和能量密度的大容量避雷器阀片技术，研究可控避雷器技术；研究高储能密度、高充放寿命电容器、新一代高性能高可靠性互感器关键技术；研究高耐候、大直径绝缘子关键技术。

（三）发展方向

先进输变电装备中长期发展规划，将继续坚持基础性、战略性和前瞻性原则，立足电网发展现状与未来发展需求，紧密围绕推进更大容量电能输送、柔性直流输电、分频输电等关键技术需求，开展相关技术科学和关键技术研究。

第五节　超导电力装备

一、基本范畴、内涵和战略地位

超导电力装备是利用超导体的无阻高密度载流和超导 / 正常态转变特性、完全抗磁性等特性发展起来的新型电力装备，主要包括交直流超导输电电缆、交直流超导限流器、超导储能装置、超导电机（包括超导发电机、超导电动机、超导同步调相机、超导磁悬浮飞轮等）、超导变压器以及多功能超导电力装备等，是超导技术与电力技术的交叉与融合（肖立业，2015）。

从涉及的共性科学和技术问题来看，超导电力装备的研究主要包括以下内容。

（1）高温超导材料的制备技术：主要包括高温超导体的磁通运动和磁通钉扎机制、高温超导材料的制备工艺和技术、复合高温超导导体的结构及其多物理场耦合与仿真、高载流能力的复合高温超导导体的制备和加工技术等。

（2）超导电力用交直流超导线圈的应用基础和关键技术：主要包括超导体的交流损耗及电磁场对交流损耗的影响规律和机理，交直流大容量超导线圈的电磁结构设计方法、多物理场耦合及失超传播与预警、失超保护，大电流冲击作用下超导线圈的磁－热－机械稳定性、电磁场作用对超导线圈瞬态热传导和绝缘性能的影响等。

（3）超导电力装备的基础科学与关键技术研究：主要包括探索超导电力装备的新原理及其多功能集成技术，超导电力装备的稳态、暂态和动态过程的动力学特性及其建模，超导电力装备的电磁兼容、谐波治理、动态特性，含超导电力装备的电力系统的动态稳定性、超导电力装备在电力系统中的优化配置，以及高温超导电力装备并网应用技术等。

（4）支撑超导电力装备应用发展的关键技术研究：主要包括低温高电压绝缘材料制备技术、绝缘材料的绝缘特性、放电机理、疲劳效应等，超导电力装备用结构材料及低温容器用特种材料、大容量长寿命低温制冷技术等。

超导电力装备在大幅度提高输电能力、减少输配电损耗、限制短路电流并改善电网暂态稳定性、提高发电装备的单机容量、提高工业负荷（电动机）的效率、解决高功率快速响应储能系统及应对可再生能源并网带来的重大挑战方面，具有显著的优势，被认为是 21 世纪电力工业唯一的高技术储备。随着更高临界温度超导体的发现和相应的实用化超导材料制备技术取得重大突破，以及高比例可再生能源电网的需求驱动，超导电力装备的应用必将促进电网技术的重大变革。

二、发展规律与发展态势

（一）国际发展规律与发展态势

超导电力装备的研究始于 20 世纪 60 年代，当时实用化低温超导材料（主要包括 NbTi 和 Nb$_3$Sn）成功制备以后，人们便开始关注其在电力输送和节能方面的应用。但是，基于这类超导材料制备的超导电力装备需要运行在极低的温度（液氦温度，4.2 K），因此其研发和应用均受到很大的限制。1987 年发现了可在液氮温度（77 K）运行的铜氧化合物高温超导体（简称高温超导体），至 20 世纪末期，可以用于超导电力装备的高温超导线被成功地制备出来，使超导电力装备的实际应用具备了一定的现实性，超导电力装备技术的研究得以全面开展。

近 20 年来，国际上超导电力装备技术的研究发展主要呈现以下规律：①随着高温超导材料的不断发展，研究重点从低温超导全面转向高温超导；②随着技术的不断进步，研究与示范的规模不断从配电电压等级向输电电压等级方向提升；③随着研究的不断深入，从单个装备的研究示范向系统集成研究与示范方向发展；④面向现实应用的需求，开始关注含超导电力装置的电力系统稳定性问题和暂态特性的研究。

（二）国内发展规律与发展态势

当前，我国可再生能源的比例快速增长，其间歇性和波动性给电网的安全性与稳定性提出了严峻挑战，并对直流输电和储能技术提出了重大需求。同时，从西部至东部地区有大规模的电力、能源输送需求，需要发展低损耗、大容量的高效输电技术。在这些重大需求的牵引下，超导电力装备的发展主要呈现以下发展态势：①随着直流输电技术的不断发展，超导电力装备的研究开始关注在直流输电装备（如超导直流输电、超导能源管道、超导直流限流器）等方面的应用；②原理向多样化和功能集成化方向发展，如集成限流功能与输电、储能、变压等功能于一体的新型超导电力装备；③面向高比例可再生能源发展需求，开始在基于超导电性的大规模电力储能、超导风力发电机等方面加强布局。

三、发展现状与研究前沿

（一）发展现状

进入 21 世纪以来，国内外在超导电力技术研发方面取得了长足的进步，国际代表性进展有（Noe and Steurer，2007；Tixador，2010；Gamble et al.，2011；Rey，2015；肖立业，2015；Sytnikov et al.，2015；Garcia et al.，2017）：千米级的高温超导输电电缆、容量达到 1 MW 以上的高温超导变压器、输电电压等级的高温超导限流器（110 及以上）、兆瓦级的高温超导储能系统（superconducting magnetic energy storage system，SMES）、36.5 MW 级

的超导电动机、79 MW 的超导发电机、8～10 MW 的超导同步调相机等均已经在实际电网进行示范应用。其中，美国超导公司的兆瓦级超导储能系统和8～10 MW 级超导同步调相机还出售过产品。日本山梨超导磁悬浮列车试验线建造成功，并于 2015 年创造了载人行驶时速 603 km 的世界最高速度。

目前，我国超导电力装备研发应用总体上处于国际前列，并具有自身的特色和优势。代表性的进展主要有（Xiao et al.，2012；Xiao，2012；Xin et al.，2013；张京业等，2021；Qiu et al.，2020）：中国科学院电工研究所于 2011 年就研制并建成了世界首座 10 kV 级超导变电站，集成了超导变压器、超导限流器、超导储能和超导电缆等电力装备，在甘肃省白银市投入工程示范运行；中国科学院电工研究所研制的 360 m、10 kA 高温超导输电电缆于 2013 年在河南中孚铝业有限公司投入运行，这是全球首条投入实际系统运行的高温超导直流电缆，也是国际上传输电流最大的高温超导电缆；中国科学院电工研究所于 2019 年研制出世界首个超导直流能源管道样机，可以同时输送电力和液化天然气，是一种实现规模化"西电东送、西气东输"的潜在技术手段；为解决直流系统短路电流过大问题，中国科学院电工研究所于2019 年成功研制出 40 kV/2 kA 的超导直流限流器并通过试验，该限流器的恢复时间小于 300 ms，可以配合系统重合闸，以此限流器为模块可以构建更高电压电流等级的限流器，为抑制直流短路电流提供了潜在的技术选择。北京云电英纳超导电力技术有限公司于 2013 年在国网天津市电力公司试验运行了220 kV/800 A 的饱和电抗器型交流超导限流器；国家电网与上海超导领域的高技术企业合作，于 2020 年开始在上海开工建设国内首条 35 kV 千米级高温超导电缆示范工程，拟进行商业化应用（2022 年建成）。此外，华中科技大学、清华大学、华北电力大学以及国家电网、南方电网、苏州新材料研究所有限公司、富通集团（天津）超导技术应用公司（简称天津富通）以及新成立的上海超导科技股份有限公司（简称上海超导）、东部超导科技（苏州）有限公司（简称东部超导）、上海国际超导科技有限公司（简称国际超导）等，也在积极致力于超导限流器、超导电缆等电力装备的研发。

（二）研究前沿

随着可再生能源的不断发展，能源结构和电网形态将发生重大变化。面对未来能源和电网的实际需求,超导电力装备研究和发展的前沿问题主要包括如下几种。①高温超导带材的性能提升、复合超导导体的结构和制备技术、高性能低温绝缘材料的国产化、新型宽温区混合低温液体绝缘介质的探索等。②LNG 以上温度新型超导材料的探索和制备技术。③超导电力装备在长期运行和极端故障下的安全可靠性研究,包括超导和绝缘材料的老化机制、诊断方法和防御策略;网侧短路和内部绝缘击穿故障情况下的能量传递和耗散机制、安全性分析和防御策略。④高效大冷量制冷和低温绝缘技术,包括强磁场、低温及大温度梯度、气液两相复杂环境下的高电压绝缘技术;高效、长寿命、大冷量低温制冷机的研究和开发。⑤探索超导电力应用的新原理和新技术,包括电力和燃料的集约型输送、存储和转化技术,基于超导磁悬浮的惯性储能新技术等。

四、关键科学问题、关键技术问题与发展方向

(一)关键科学问题

根据未来能源和电网发展的需求,并结合超导电力装备研究的发展趋势和发展前沿,超导电力装备的关键科学技术问题及未来发展方向主要有以下几方面。

(1)运行温度高于 LNG 温度的新型超导材料的探索以及实用化第 II 代高温超导材料的制备技术:为了降低设备运行成本,以研究并制备出运行于 LNG 温区的新型超导材料为突破口,启动并重点持续支持新型超导材料的探索性研究和发展,以期实现 LNG 温区超导电力技术的实际应用;另外,国内已成功研制出千米级长度的第 II 代高温超导带材,77 K 下临界电流达到 400 A/cm 以上,基本满足当前超导电力技术的应用要求,未来力争在技术水平、制备工艺以及材料综合性能方面达到国际一流水平,并且在柔性金属基带、阻隔层和超导层的合成工艺及制备技术、低阻接头的制作工艺等方面取得突破,形成规模化产业,参与国际竞争。

(2)超导电力装备低温绝缘材料和绝缘技术:除超导材料外,还需要发展高性能的低温高电压绝缘固体材料、低凝固点高沸点的宽温区低温液体绝缘材料等,解决低温高电压绝缘材料中的"卡脖子"问题。超导电力装备的

安全可靠运行，特别是对于限流器等失超型超导装备，其安全性很大程度取决于液体绝缘介质的热容量和液态温度范围。为此，需要开展宽温区经济型低温液体绝缘介质的探索。

（二）关键技术问题

（1）高电压大容量超导交直流限流器：电压源型多端柔性直流输电系统对直流限流器提出了具体的需求，超导直流限流器是有效解决直流断路器的开断容量不足、成本过高等问题的选择之一。另外，开断电流超过百千安量级的大容量交流断路器为国际难题，基于超导限流器或超导分裂电抗器的均限流开断技术为解决上述国际问题提供了新的技术方案。近期应以研究开发出电压等级 200～500 kV 的高压超导直流限流器和高压超导交流限流器为发展方向，重点解决高电压或大容量超导限流器的原理结构创新、高温超导限流单元设计和制造技术、低温高电压绝缘技术、低温传热传质技术、限流开断匹配技术等一系列关键技术问题。

（2）大容量直流高温超导电缆和超导能源管道：近期以 200 kV 及以下电压等级的高温超导电缆的示范为发展方向，着力推进大电流超导直流输电电缆的研究开发和应用工作。重点突破超导直流电缆的原理结构创新、大电流高温超导电缆通电导体的优化设计和均流技术、大电流终端和电流引线技术、长距离低温杜瓦管的连接、电缆本体和终端低温高压绝缘技术、大冷量制冷技术等关键技术。面向我国西电东送、西气东输的国家需求，研究电力／LNG 一体化输送的超导能源管道，重点研究超导能源管道的结构、电缆导体／LNG 的热耦合、传热介质特性和内部绝缘击穿对安全性的影响等基础性问题。

（3）多功能超导电力装备：结合实际需求，探索超导限流–变压器、超导限流–储能、超导均流–限流电抗器等装备的原理结构，研究其动态特性及变化规律，突破其制造关键技术，为促进现实应用奠定基础；探索超导电力和液态燃料（液氢、液化天然气、甲醇等）综合能源的集约型输送／存储／转化新技术、复合型超导电磁储能和超导惯性储能新技术等相关技术研究，提升超导电力装备应用的技术先进性与经济可行性。

（三）发展方向

在未来电网中，超导电力技术将会发挥更加重要的作用。超导电力应用技术的发展主要呈现以下发展规律与态势。

（1）超导输电技术向大容量、多能输送方向发展：超导输电技术将为未来电网提供一种低损耗、大容量的电力传输方案。电力资源和负荷资源地理上分布不平衡是我国的基本国情，电力资源在我国西部较多，而负荷资源在我国东部较多，远距离的西电东送是我国电网发展的基本需求。如果考虑到可再生能源的发展远景，我国电力资源和负荷资源地理上分布不平衡的格局将进一步加剧。预计到 2030~2050 年，将有约 5 亿 kW 的电力需要从西部送往东部，我国未来电网将成为一个涵盖全国绝大部分地区的广域超级电网。对于如此巨大且可再生能源高比例接入的超级电网，大量电力远距离输送对输电通道的选择是一个很大的挑战。尽管特高压输电技术在大容量、远距离输送方面与传统高压输电方式相比有较大的优势，但如果全部采用特高压，则可能需要上百条输电线路，从而占用大量的输电走廊。高温超导电缆（特别是直流电缆），利用超导体的零电阻高密度载流能力特性，可以在更低的电压等级上实现比特高压更大的传输容量，同时降低输电损耗。例如，± 500 kV 的高温超导直流电缆就可以实现 $10~20$ GW 的输送容量，且可降低 50% 以上的线损，还可以大大节省传输走廊。因此，高温超导电缆是实现大容量输电的重要发展方向。高温超导电缆在多能互补输送、冷量共享方面启动了研究，如用于氢能和电能同时输送的液氢冷却超导电缆系统，用于液化天然气和电能同时输送的 LNG 冷却超导电缆系统。

（2）为保障电力供应质量提供重要的技术手段：超导限流器和超导储能系统将有助于提高未来电网的安全性与稳定性。我国电网的规模和容量将不断扩大，导致电力系统的短路容量越来越大，从而给电力装备和电网的安全稳定带来重大挑战。目前，电网尚缺乏成熟的短路故障电流限制技术，短路电流限制问题已经日益成为电网发展的重大瓶颈问题。目前主要使用 SF$_6$ 和真空断路器开断故障线路，其缺陷是响应时间长和开断容量有限，难以适应未来电网发展需求。超导限流器，利用超导体的信噪比转变特性，具有响应速度快、自动触发和复位等显著优势，可以快速有效地抑制短路电流，从而提高电网的安全性和可靠性。同时，可再生能源具有的间歇性和不稳定性的特点，决定了电能储存系统将成为未来电网不可或缺的设备。由于现有电网缺少电能快速存取技术，使得电网在运行和管理过程中的灵活性与有效性受到极大限制，另外，电网必须达到发－输－配－用的瞬态平衡，如果出现失衡就可能会引起电网的稳定性问题。超导储能系统利用超导线圈作为储能单元和电力电子变换装置实现控制，是一种具有快速高功率响应功能的储能技术，且其输出功率可在四象限内灵活控制。结合日益发展的电力电子技术，可望衍生出一系列的基于超导储能线圈的新型灵活输配电装置，用于解决未来电网的暂态电能质量问题，从而提高供电品质。

第六节　电力电子器件及装备

一、基本范畴、内涵和战略地位

电力电子器件又称为功率半导体器件，用于实现电能的变换和控制。1957 年，美国 GE 公司研制出第一只工业用的晶闸管，标志着电力电子技术的诞生，电能的变换和控制从旋转的变流机进入以电力电子器件为核心的静止变流器时代。

电力电子技术基于功率半导体器件对电磁能量进行变换和控制，以达到各种电能形式高效、可靠的综合优化利用。电力电子学科是一门交叉学科，涉及电工、电子、控制、信息、材料、物理等多学科领域。电力电子技术是保障国家能源安全的关键技术。为了保障能源安全，推动我国能源生产和消费革命，必须依靠电力电子技术来实现各类能源的高效高质转换、传输和使用。

节能和新型能源的开发利用是全球应对环境问题的重要举措，在几乎所有的新型能源发电、传输和高效利用系统中，都涉及一系列的大功率、高效、高质量的能量转换和控制，因此，电力电子技术在能源领域起着至关重要的作用。电力电子技术实现电能的高效变换与传输，是依托电力电子装备，通过信息流对能量流的精确控制实现的，而电力电子装备的基础则在于高性能的电力电子器件。高性能电力电子器件及装备所涉及的科学问题、设计理论与方法以及系统集成技术也推动和牵引了新型电工材料、功率半导体器件、控制方法、加工制造等多个学科及相关技术的发展。应用领域的不断拓展，对电力电子系统高品质运行提出了更高的需求，具体体现为高效率、高功率密度、高可靠性和高适应性。为解决关键核心问题，并突破西方对我国实施的技术封锁，亟须开展核心器件和系统装备的自主化研发，突破材料、工艺和装备关键核心问题，为我国电力与能源领域持久发展提供坚实的基础。

电力电子器件的研究对象主要包括：①半导体材料；②高性能硅基电力电子器件和模块；③宽禁带半导体电力电子器件和模块；④新型超宽禁带半导体电力电子器件和模块；⑤电力电子器件和模块的封装与集成；⑥高性能电工软磁材料；⑦磁性元件；⑧电容器；⑨电力电子传感元件等。研究范围涉及大尺寸半导体衬底及外延材料、器件生产工艺技术及关键设备、器件封装材料、结构与工艺、器件可靠性评估方法和验证、器件测试方法与设备、器件运行参数提取和状态智能监测、器件级联合仿真、器件驱动与保护、多器件串并联组合运行技术等。

电力电子装备以电力电子器件为基础，并综合利用电力电子变换器电路拓扑、电力电子控制、建模与仿真、电力电子可靠性与电磁兼容、电力电子系统稳定与控制等技术，构建实现电能高效高质转换与特定调控功能的装备，具体包括：①发电、输电与配电装备；②电能质量治理装备；③特种电源装备；④海－陆－空交通及航天航空电源与装备；⑤电能与其他能量的转换技术与装备等方面。电力电子装备的应用领域涵盖了面向各类应用场合的能源系统，如新能源发电与微电网、直流输电、电能质量控制、电磁／电声／电热转换、工业特种电源、海洋特种电源、轨道交通电源、全电舰船电源、多电／全电飞机电源、航天器电源系统等。

二、发展规律与发展态势

（一）国际发展规律与发展态势

1. 电力电子器件

电力电子器件是实现电能变换和控制的核心元件，其性能的突破和发展会推动电能变换技术产生革命性的变化。因此，电力电子器件在能源系统领域发挥着至关重要的作用，其发展将极大地影响未来能源的转化、传输以及利用方式，是影响经济社会发展的关键技术之一。

过去50多年来，欧美发达国家在基于硅材料的功率器件方面处于主导地位。进入21世纪以来，硅基功率器件的性能已趋于其理论极限，目前美国、欧洲、日本等已开始全面发展SiC、GaN等新一代宽禁带功率半导体器件（Jones et al.，2016；Lee et al.，2020）。2001年德国Infineon公司率先实现了SiC二极管的产业化，2010年美国科锐公司和日本罗姆公司实现了SiC MOSFET的产业化，2011年美国SemiSouth公司实现了SiC结型场效应晶体管（junction field-effect transistor，JFET）的产业化，2013年美国GeneSiC公司实现了1200～1700 V SiC双极性结型晶体管（bipolar junction transistor，BJT）的产业化。目前，国外600～1700 V/50 A SiC二极管、1200～1700 V/单管电流20 A、模块电流100 A以上的SiC金属－氧化物半导体场效应晶体管（metal-oxide-semiconductor field effect transistor，MOSFET）、JFET和BJT器件已经产品化；22 kV SiC PiN二极管、15 kV SiC MOSFET、24 kV SiC IGBT、22 kV SiC GTO试验样品也已被研制和报道。

国际上平面型GaN功率器件的产业化公司主要有德国Infineon（收购美国IR公司）、日本松下、加拿大GaN Systems、美国Transphorm、中国德州仪器等，已经开发了额定电压40～900 V，额定电流5～100 A的GaN-on-Si功率器件产品（Chen et al.，2017）。美国Transphorm的GaN产品以600 V为主，其高电子迁移率晶体管（high electron mobility transistor，HEMT）器件为常开型，通过级联低压Si MOSFET实现常闭型。EPC采用P-GaN帽层实现常闭型器件，其产品主要面向40～200 V低压领域。加拿大GaN Systems通过岛状工艺技术以及独有的封装技术实现650 V GaN器件产品。美国Navitas公司将平面型GaN HEMT器件与逻辑和模拟电路实现单片集成，推出了GaN功率集成电路芯片产品，体积更小，可以实现更高能效和更低成本的功率集成技术。随着GaN单晶衬底材料的日益成熟，垂直型GaN功率器件成为目前国际功率半导体领域的研究前沿和热点之一。与平面型GaN器件相比，基于本征衬底的垂直型GaN器件具有厚度更大、缺陷更低的同质外延，有助于大幅提升器件耐压，也更适合导通大电流和提升器件功率等级，并有助于解决动态电阻退化问题（Yang et al.，2019；Han et al.，2019a）。国际上垂直 GaN 器件的研究主要以日本丰田、住友、松下公司，美国海军研究实验室（United States Naval Research Laboratory，NRL）、休斯研究实验室（Hughes Research Laboratories，HRL）、麻省理工学院（Massachusetts Institute of Technology，MIT）、加利福尼亚大学（University of California），比利时微电子研究中心（Interuniversity Microelectronics Centre，IMEC）等研究机构为代表。目前，国际上报道了1200 V 垂直型 GaN MOSFET、1500 V 电流孔径垂直电子晶体管（CAVET）、1200 V 垂直 GaN 肖特基功率二极管和 5000 V 垂直型 GaN PiN 二极管，并实现了大尺寸（16 mm^2）GaN 肖特基功率二极管样品，正向导通电流达到 400 A。

2. 电力电子装备

电力电子装备技术的进步需要依靠电力电子变换器电路拓扑、电力电子控制、建模与仿真、电力电子可靠性与电磁兼容、电力电子系统稳定分析与控制等相关技术的全面发展。电力电子装备的发展呈现更大功率、更高电压、更高频率、更小体积重量、更优电能质量的态势（张兴等，2016；徐殿国等，2018；蔡旭等，2019）。

高压直流输电系统中的大功率电力电子装备主要有换流站和高压直流断路器（Rothmund et al.，2019；王灿等，2020）。第一代直流输电换流器拓扑是 6 脉动 Graetz（格雷茨）桥。第二代直流输电技术采用的换流元件是晶闸管，换流器拓扑仍然是 6 脉动 Graetz 桥。第三代基于电压源换流器的直流输电概念最早由加拿大 Boon-Tech Ooi 等提出，其第一个发展阶段采用的换流器是两电平或三电平电压源换流器拓扑；第二个发展阶段采用的换流器是模块化多电平换流器（modular multilevel converter，MMC）拓扑，由德国 Marquardt 教授于 2001 年最早提出。除了换流器外，高压直流断路器同样是高压直流输电系统中不可或缺的关键装备，2012 年 11 月 ABB 集团成功研制出世界第一台 320 kV 混合式直流断路器，开断能力 9 kA/5 ms；2013 年 2 月，法国 Alstom 公司研制出 120 kV 直流断路器，开断能力 7 kA/2.5 ms。

（二）国内发展规律与发展态势

1. 电力电子器件

硅基功率器件现在仍然扮演着重要的角色，以 SiC 和 GaN 为代表的宽禁带功率半导体器件是未来热点（Shenai，2019）。《中国制造 2025》制造强国战略提出了十大重点发展领域，宽禁带功率半导体器件为其中的"电力装备""新能源汽车""航空航天""轨道交通"等几大领域的关键技术和核心元件，对提升能源转换效率、减小装置体积重量发挥着关键作用。因此，具有高功率密度和高可靠性的宽禁带功率半导体器件作为电力装备的核心元件，不仅是能源产业和国防安全的重大需求，也是国家核心竞争力的重要体现。

我国宽禁带功率半导体产业链覆盖材料、器件、封装和应用等各个环节，国内市场占据国际市场的 50% 以上。我国宽禁带功率半导体器件的研究起步相对较晚，但得益于良好的政策支持和巨大的内需潜力，学术及产业均发展迅速，目前已取得初步进展（Han et al.，2018，2019b）。随着下游电力电子应用市场对功率器件低功耗、高频率、耐高温等需求的不断驱动，以 SiC 和 GaN 为代表的宽禁带功率半导体器件将在智能电网、新能源汽车、轨道交通、新能源并网、航空航天、数据中心、工业电机以及开关电源等领域发挥重要作用（Nan et al.，2018；Wu and Shi，2020）。

2. 电力电子装备

近年来，我国在电力电子装备和系统领域取得了很大进步。例如，在新能源发电与微电网方面，我国新能源装机容量占总装机容量比例从 2012 年底的 5.6% 提升到 2020 年的 24.3%；在直流输电方面，我国特高压直流输电中的电力电子技术发展迅速，研制出世界最高电压等级最大容量 800 kV(6250 A)、1100 kV(5500 A) 的晶闸管换流阀等核心装备（刘泽洪等，2018），额定输送功率从 6.4 GW 增至 10 GW；在高压直流断路器方面，2015 年 11 月国网联研院研制出开断能力 15 kA/3 ms 的 200 kV 直流断路器，2016 年 12 月，南京南瑞继保电气有限公司研制的开断能力 20 kA/3 ms 且具备重合闸功能的 500 kV 直流断路器样机通过 KEMA 测试认证。除此之外，在电能质量、工业特种电源、全电舰船、交通、航空航天等领域，电力电子装备技术都取得了很大的进步（Luo et al.，2016；李子欣等，2018）。总体上看，目前我国在高压大功率电力电子变换装备领域基本达到国际先进水平，但在原创性、突破性技术方面与国际上尚存在较大的差距。

三、发展现状与研究前沿

（一）发展现状

总体而言，目前我国在高端电力电子器件领域仍然相对落后，存在的主要问题是：材料基础产业水平与国际存在差距，芯片市场占有率低，半导体高精设备技术相对落后，企业自主研发能力较弱。

新型宽禁带功率半导体材料、器件和高频磁性元件等电力电子基础元器件促进了高效高性能高可靠电力电子装备和系统的跨越式发展。以 SiC 和 GaN 为代表的宽禁带功率半导体器件具有损耗低、开关速度快、工作频率高等优点，能够实现更高能效、更大容量、更小体积重量的电力电子装备，是构建电能发、输、变、配、用环节中所需电力电子装备的理想器件。目前，国外 600～1700 V/50 A SiC 二极管、1200～1700 V/ 单管电流 20 A、模块电流 100 A 以上 SiC MOSFET、JFET 和 BJT 器件已经产品化。同时，国外 GaN 功率器件的产业化公司已经开发了额定电压 40～900 V，额定电流 5～100 A 的 GaN 器件，并已经初步实现了产业化。我国在宽禁带功率半导体器件发展较晚。宽禁带功率半导体器件发展促进了电力电子装备的高频化，高频化发展对磁性材料性能提出了更高要求。磁元件在高频大功率电力电子装备服役过程中，还受到其他物理场（温度、应力）的作用，多物理场作用下的磁性能测量与表征更是远未解决，表征方法除了要兼容固有磁特性外，还要将温度和应力纳入模型变量。此外，将标准材料模型映射到电磁计算软件方面，欧洲、美国、日本处于领先地位，我国还受制于缺乏原创的应用型电磁计算软件。但是，针对磁材料高频、非正弦、多维磁特性的研究全世界范围内均处于起步阶段，所以开展磁性元件的研究势在必行。

过去几十年来，我国在面向能源领域的电力电子装备方面取得了很大进展。在风电并网装备方面，基于两电平、三电平拓扑的风电变流器已趋于成熟，适合更高电压、更大容量的多电平解决方案是目前研究的重点。在光伏并网装备方面，国外 SMA、Power-One 以及国内公司（如阳光电源、华为等）不断研发提出新型拓扑、控制和实现技术，已经实现光伏并网装备的规模化应用和产业化推广。在智能电网关键装备方面，MMC 比传统的晶闸管换流器的运行损耗要高，且需要大量的子模块电容，因此如何从 MMC 拓扑结构上解决这些问题是目前重要的研究内容（Mao et al.，2020）。中高压直流断路器目前已有机械式、Z 源结构、组合式、级联模块、器件组合型等直流断路器拓扑，但在实际工程中存在体积大、成本高的问题，因此如何从拓扑结构上解决体积和成本问题是重要的研究内容（Mao et al.，2020）。直流变压器是未来多电压等级直流电网中不同电压等级之间联系的桥梁，目前已有较多种拓扑结构，如 MMC 型、多模块串并联型等，但在多个示范工程应用中发现基于现有技术的直流变压器功率密度低、效率低，这是以后研究中需要解决的主要问题。

　　目前电力电子装备中所采用的拓扑结构大多是在硅基器件的应用中发展起来的，提出适合于宽禁带功率半导体器件特性的拓扑结构，是值得深入研究的问题（Guan et al.，2020）。高频、超高频电路的电压变换能力受到占空比的限制，由于工作在极限占空比时电路性能变差，损耗显著上升，现有高频、超高频功率变换器升降压范围较窄且受寄生电阻参数影响较大。高输入或输出电压、电流往往导致电路中器件具有很高的电压、电流应力，将直接影响无源、有源元件的选取与设计，影响系统工作特性的同时导致系统成本增加。现有拓扑往往基于多级变换电路，较多的变流次数极大地制约了系统效率的提升，现有单级变换电路中所需器件数目仍然较多，并未实现明显的效率提升。

（二）研究前沿

　　宽禁带功率半导体器件是国内外研究和关注的重点，目前仍有诸多问题需要解决。例如，SiC 单晶及高质量的厚外延技术不成熟，这使得制造高压、大容量器件非常困难；SiC 器件工艺技术水平有限，使得 SiC 功率器件中存在沟道载流子迁移率不高、沟道电阻较高以及栅氧的长期可靠性问题。我国在高压大功率垂直型 GaN 功率器件方向的研究起步较晚，与美国、日本、欧洲等发达国家和地区存在一定差距。但近年来，苏州纳维科技有限公司（简称苏州纳维）、东莞市中镓半导体科技有限公司（简称中镓半导体）等公司推出了 2～4 in[①] 单晶 GaN 衬底产品，6 in 衬底也在研发中，为垂直型 GaN 功

---

① 　1 in=2.54 cm。

率器件的研发奠定了材料基础。但仍亟须突破大尺寸、低成本单晶 GaN 衬底生长技术，GaN 同质外延的可控掺杂和缺陷抑制技术，针对垂直型 GaN 器件的低损伤刻蚀、MOS 界面陷阱抑制、少子寿命调控方法等共性关键技术等。

由于电力电子系统包含各种不同时间尺度运行的器部件，其运行机理、工作状态以及电磁热等特性均呈现出复杂的动力学行为。因此，电力电子装备和系统是一种多尺度的复杂系统，其特征体现在连续与离散交织、稳态与瞬态交替、线性与非线性叠加、能量与信息交叠，对电力电子器件、装置和系统在不同时间尺度内精确建模、实时仿真和精准控制极具挑战。电力电子装备和系统的可靠性问题已引起国内外工业界和学术界的广泛重视，成为电力电子领域一个亟待解决的重要研究课题，需要在失效机理与可靠性建模、可靠性测试及健康状态监测、电磁干扰机理和建模仿真、电磁干扰测试及抑制等方面开展系统深入的研究。为进一步提升大容量电力电子装备和系统的稳定性，未来应继续在电力电子系统建模及模型降阶、稳定性分析方法等方面开展深入的研究工作，从系统层面入手研究多类型变换器接入、交直流混合、多母线级联的电力电子系统稳定性问题；深入探究在不同类型变换器之间、不同电压等级母线之间的交互耦合导致的小信号失稳机理；探究含多类型微电源和多类型负荷及考虑差异化故障穿越下的电力电子化电力系统的暂态稳定性问题，并提出适用于电力电子系统的暂态稳定性分析方法，形成适用于电力电子化能源系统的暂态评估指标与体系。

四、关键科学问题、关键技术问题与发展方向

（一）关键科学问题

（1）电力电子器件基础材料制备、器件结构、封装、集成和组合运行机理。

（2）高变换效率、高功率密度、高可靠性的电力电子变换器拓扑的演化方法、形成规律、集成模式和运行机制。

（3）电力电子器件、装置和系统的多时空尺度动力学表征方法与高效高

质高可靠运行机制。

（4）电力电子器件、装置和系统的电磁干扰机理、可靠性测试、建模、评估、设计的方法与理论。

（5）电能的高效高质转化、调控与传输机制。

（二）关键技术问题

（1）大尺寸半导体衬底及外延材料、器件生产工艺技术及关键设备，功率器件封装材料、结构与工艺，器件运行参数提取和状态智能监测、器件级联合仿真、器件驱动保护、多器件串并联组合运行技术。

（2）面向更宽电压范围、更高电压增益、更高电压等级、更大功率等级、更长使用寿命、更高开关频率等应用的电力电子变换拓扑构建技术、高效可靠驱动技术与封装集成技术。

（3）电力电子器件、装置和系统的多尺度、多物理场建模与仿真分析技术，电力电子器件、装置和系统的宽频率多尺度模型、阻抗在线测量方法，器件级、装置级和系统级协同仿真技术、大规模实时仿真软件、高适用性半实物仿真系统平台，针对新型电力电子器件和装备的控制与应用技术。

（4）电力电子器件、装置和系统的电磁干扰估计和测试方法、电磁干扰自动检测技术、电磁干扰建模技术、电磁干扰抑制方法，电力电子器件、装置和系统的动态失效、疲劳老化及寿命预测技术，可靠性建模、测试和健康状态监测技术，电力电子器件、装置和系统的可靠性设计技术。

（5）面向可再生能源高比例并网发电、直流输电等领域的关键技术与装备，面向智能电网、电气化交通、石油化工、采矿冶炼等国家能源产业需求的大容量、高电压与高频电能变换关键技术，电力电子化电能系统稳定运行技术等。

（三）发展方向

1. 电力电子元器件方面

电力电子器件是构建电力电子系统的基石，可以预计，在近一段时间内我国在电力电子器件方面仍然将会落后于西方发达国家。因此，大力发展电力电子基础元器件对我国具有重要的现实意义。首先需要在电力电子元器件基础材料、原理、工艺等方面实现突破，并以此为基础构建新型高性能自主知识产权变流器拓扑、控制、设计和实现方法，系统地形成各类应用需求的应用基础理论。基于宽禁带功率半导体的电力电子器件已逐渐成熟，该类器件具有开关速度快、损耗低、工作温度高等特点，其性能远超现有的硅功率电力电子器件，是构建未来各类能源系统的重要基石，将逐渐在新一代工业民用和国防电力装备中广泛使用，成为我国电能变换领域的核心元件。在可以预见的将来，宽禁带功率半导体器件将逐步取代硅器件，成为新一代电力电子技术的关键核心器件，对我国的长期发展具有重要战略意义，加快相关研究刻不容缓。电力电子基础元器件是国家的战略需求，也是我国面临的"卡脖子"环节。

2. 电力电子装备和系统方面

由电力电子基础元器件和控制单元构成的电力电子装备和系统，是工业节能、可再生能源规模化利用、大规模输配电工程等国家能源战略中的重点研究领域和基础性核心技术。高效高质高可靠电力电子器件、装置和系统是各类电力电子系统与应用的共性需求及发展趋势。大容量、高电压、大电流、高可靠、高密度、轻量化电能变换的迫切需求，极大地推动了新型宽禁带电力电子器件和高频低损功率磁性材料及其元件的发展，以实现电力电子装备和系统在限定空间、重量与热环境下的电压、电流、功率处理能力以及安全可靠运行能力。日益复杂的运行工况，太空、深海、高温、低温等极端自然和电磁环境，极大推动了高性能电力电子变换与控制、封装与集成等技术的发展，以提高电力电子装备和系统的环境适应能力、稳定性与可靠性运行能力；更高频率、更高效率、更高功率密度电能变换的需求迫切需要探索并揭示电力电子电磁能量瞬变机制和电磁兼容基础理论。多电全电化交通载运工具电力系统、无线电能传输、电能与其他能量形式的高效高质转化等新兴应用的大量涌现，亟须开展电力电子器件、装置和系统的综合优化理论与设计方法的研究，以突破空间环境、成本和性能的约束，达成高效高质高可靠电能变换的目标。

第七节　电机及系统

一、基本范畴、内涵和战略地位

电机是一种基于电与磁的相互作用原理实现能量转换和传递的电磁机械装置。电机及系统（简称电机系统）是由各种电机、变流器、控制器构成的电气系统，广泛应用于国防军事、能源动力、交通运输、装备制造等领域，是支撑国民经济发展和国防建设的重要能源动力基础。电机系统通过与材料、器件、控制、工艺、装备及各种应用领域的交叉融合，实现电机系统应用边界的不断拓展及系统性能指标的持续提升（马伟明，2015；马伟明和鲁军勇，2016；马伟明等，2016）。

从能量转换的功能来看，电机分为发电机和电动机两大类。发电机是指把机械能转换为电能的装置。在发电站中，通过原动机把各类一次能源（化石燃料、水势能、原子能、风能、生物质能、海洋能、潮汐能等）蕴藏的能量转换为机械能，然后通过发电机把机械能转换为电能。由于一次能源种类和形态的不同，发电机分为汽轮发电机（核能汽轮发电机、火力汽轮发电机等）、水轮发电机、抽水蓄能发电电动机、风力发电机，以及近些年提出的利用太阳能发电的虚拟同步机技术等（Kirtley et al.，2015；黄俊和杨凤田，2016；Kumar et al.，2016；Faiz and Nematsaberi，2017；冯江华，2018；Chatterjee and Chatterjee，2018；张雅洁等，2018；伍赛特，2019）。无论火电、水电、核电、风电，都是当前能源利用的主要形式之一，其中大型发电机系统在电力工业中是电能的直接生产者，也是构建坚强电网的核心装备之一。全球90%的工业设备都需要电机系统。因此，大型发电机系统与经济建设、生态建设和国防建设息息相关，在国民经济和国防建设的各个领域中起到了极其重要的作用。

电动机则将电能转换为机械能，是消耗能源的主要部分。据统计，世界上90%以上的电能经发电机转换而来，同时60%以上的电能又由电动机消耗掉。我国电机系统功率保有量达到约19亿kW，年总耗电量达到3.8万亿kW·h，占全社会总用电量超过60%，占工业用电超过70%。因此，如何提高电能生产（发电机）与电力机械（电动机）的设计、制造、控制和运行技术水平，对国民经济具有重要的意义。

二、发展规律与发展态势

（一）国际发展规律与发展态势

电机及系统作为基础能源与动力设备，是工业控制系统的心脏。在高技术领域，电机系统技术水平体现着国家工业技术体系的核心竞争力，电机系统性能提高对于国家战略目标实现的作用不言而喻。在可再生能源利用、新能源汽车、高端装备、大规模集成电路制造装备、智能制造、国防军事装备等新兴战略产业的带动下，电机行业逐渐向规模化、标准化、自动化和智能化方向发展，单机容量不断增大，性能特殊化，功能多样化，外形定制化。

从国际发展态势来看，高新技术领域对电机及系统的需求旺盛，电机系统应用边界不断拓展，性能指标要求不断提高。尤其是为满足某一特定应用领域和背景需求，综合考虑复杂环境和负载工况条件下，专用化的兼具多种高性能指标的电机系统是重点研究发展方向。从技术进步和发展前景来看，电机系统技术的发展动力来自三个方面：①巨大的社会发展需求牵引是电机系统技术不断发展的外部推动力；②电机系统自身不断呈现出在极端环境发挥极限性能、完成极致使用的内部潜能；③由交叉学科提供的新理论、新方法、新材料对电机技术的"催化"作用，使电机系统技术不断创新发展。在这些因素推动之下，高性能电机系统技术正呈现出同时向纵深发展和向新领域扩展的旺盛发展态势。在电能转换、传输、利用过程中，电机系统向着高效、灵活、安全、可靠、环境友好方向发展，新原理、新结构电机系统/电磁装备不断涌现，应用领域不断拓宽。

（二）国内发展规律与发展态势

1. 发电机装备 [①]

1）自主创新研发，发电机单机容量超大化、巨型化

相对国外在汽轮发电机设计、工艺与制造以及试验等方面的开发工作而言，我国对于大型发电机的研制起步较晚，通过前期引进国外的先进技术，我国各大电机制造厂开展了 150 MW 及以上空冷汽轮发电机，600 MW 及以上的全氢冷、水氢氢冷等冷却方式的汽轮发电机，2 MW 及以上空冷风力发电机，700 MW 及以上水空空水轮发电机，300 MW 及以上抽水蓄能水空空发电电动机等研制工作。

随着计算机技术的进步与各种不同种类的材料（如绝缘、导电、导磁等新材料）的发展和应用，加之我国对大容量、超大容量发电机等高端装备的科研工作的大力支持，通过各大发电机制造商和众多高校、科研院所的深入研究，我国相继自主开发了一系列更大容量的大型发电机，实现了从"引进技术"到"自主技术"的跨越，正从"追赶者"跨越到"引领者"。

在水轮发电机方面，我国自主开发研制了国际领先的世界上单机容量最大的 1000 MW 的全空冷水轮发电机，推动中国超大容量全空冷水力发电机向世界全空冷水轮发电机"空白区"迈出了坚实的一步；在核能汽轮发电机方面，我国相继自主开发研制了一系列大容量、超大容量半速核能汽轮发电机，完成了 AP1000、华龙一号、CAP1400 等系列核电产品的研发制造，填补了我国超大容量核电半转速汽轮发电机的自主设计空白，成为我国核能发电行业在国际竞争中推动"中国核电"品牌走出去的一张亮丽名片，目前核能汽轮发电机单机容量已达到 1750 MW；在风力发电机方面，我国已具备了最大单机容量达 10 MW 的全系列风电机组制造能力，并且还在加大海上风电的探索和研制力度；在空冷汽轮发电机方面，我国各大发电机制造商相继研制了具有自主知识产权的单机容量最大为 350 MW 的全空冷汽轮发电机，与国外技术水平相当；在其他超临界和超超临界火电汽轮发电机方面，我国自主研发

[①]（四川在线，2019）。

设计了单机容量最大为 1260 MW 的单轴全速（3000 r/min）水氢氢冷汽轮发电机等。

2）全新标定发电机高参数，提高发电机的高可靠性、高稳定性，支撑坚强电网

我国正处于能源发电转型的关键时期，由于新能源发电的随机性、波动性、间歇性、分散性以及新能源发电设备的特殊性，随着大规模新能源发电在电网占比的增加，电力系统"强直弱交"隐患严重，加之电力装备电力电子化趋势的加深，电网的稳定性和可靠性面临着严峻的挑战。

大力发展水电，尤其是大容量抽水蓄能，发挥调节负荷、促进电力系统节能和维护电网安全稳定运行的功能，增强整个电力系统的快速调节能力使之成为我国电力系统有效的调节工具，也是解决目前中国电力生产和使用矛盾的重要手段。"十三五"和"十四五"期间，我国已建、正在建设和规划了大量的水电站和抽水蓄能电站，核心设备发电机组正在向大容量、高转速、变转速和高水头等方向发展。

当前受地域性和水资源的影响，水力发电、抽水蓄能电站不能全面覆盖式解决电网稳定性和新能源消纳等问题。另外，常规发电机组以及新能源发电技术无法完全满足高渗透下的电网暂态稳定性和动态稳定性的要求，无法实现调峰、调频、调相等综合调节能力。为电网提供坚强稳定的网架结构、强大和安全可靠的电力输送与供应能力，对大容量汽轮发电机提出了全新的设计准则和技术标准。现代高品质发电机组（含调相机）要兼有瞬时无功快响应、深度进相、强励高过载等能力，在电力系统发生灾变情况下，能够快速响应并持续跟踪系统的振荡以维持并网运行，为关键用户及特殊重要场所提供可靠供电，为事故后续处理提供电力保障；能够极大地提高新能源电网的稳定性，通过快速响应及功率跟踪特性有效抑制新能源电网的功率波动；具有可以运行于深度进相状态，远远优于传统常规发电机进相运行能力。

3）开发新技术、设计新结构、应用新材料发展高品质发电机系统

随着发电机单机容量的不断提升和大规模新能源发电并网对发电机提出的更高要求，尤其是发电机组在高电磁负荷和热负荷、高过载、高冲击性

负荷、频繁起停、进相运行、多变负荷、暂态过渡过程等复杂环境和复杂多变工况下的安全稳定性运行面临着诸多难题。发电机系统的设计和制造需要克服电磁多参数综合性设计、高效冷却技术、局部温度过高、高压绝缘系统（包括绝缘材料、绝缘结构和绝缘工艺）、大型机组振动与噪声、多参量综合判定下的智能化在线状态监测技术等多方面关键性技术问题。然而当前的传统设计理论和方法难以实现现代发电机系统坚强可靠、安全稳定的要求，极大地限制了能源的高效利用和单机容量超大化、巨大化的进程。

因此，在传统发电机设计的基础上，结合先进智能的计算机技术和数值计算技术，完善和开发大型发电机非传统的全新设计理念，实现高精度、高可靠、高效率的智能优化设计理论与方法，如研究新一代强稳定性发电机理论和方法，满足现代电力系统坚强性要求，突破传统的常规发电机单一励磁方式的理论与方法的束缚等；开发高效、可靠、低噪声绿色冷却技术；探求和应用高导磁、高导电材料，高导热、高耐压等级绝缘材料，低碳环保新型复合材料等，成为发电机组设计与制造的最新发展方向，也是开发高品质发电机的必经之路。

2. 高效能电动机系统装备 [①]

作为高端装备上不可或缺的基础组件，电机系统在能量的产生、存储、变换以及利用过程中发挥着重要的基础作用。近年来，我国电力装机增长显著，国内发电总装机容量由 2008 年末的 7.9 亿 kW 增至 2019 年末的 20.1 亿 kW。我国全社会用电量由 2008 年的 3.44 万亿 kW·h 增加至 2019 年的 7.23 万亿 kW·h。预计到 2050 年，全球的能源消耗将会是目前消费水平的 3 倍，由于经济发展与能源供应的不匹配，电能短缺代价越来越大，成为电机系统向高效率、低损耗能量转换与利用方向不断发展的内生动力，迫切需要提升电机系统的能量转换品质，改变当前电能利用率低、"发-储-输-变-用"过程中大量能量损失的现象。目前我国电机系统能效指标普遍低于欧美的先进水平，高效能高品质电机系统的发展空间巨大。

---

① 湛永钟等，2015；方泽民和汪汝武，2015；张维煜等，2015；张凤阁等，2016；梁学修，2017；严蓓兰，2018；胡伯平等，2018；琚长江等，2018。

三、发展现状与研究前沿

（一）发展现状

1. 发电机装备 [①]

近些年，我国建立了较完备的水电、风电、核电等可再生能源、清洁能源发电装备制造产业链，发电机研制技术不断刷新世界纪录；成功研发制造了全球最大单机容量 100 万 kW 水电机组；具备最大单机容量达 10 MW 的全系列风电机组制造能力，风电整机制造占全球总产量的 41%，已成为全球风电设备制造产业链的重要地区；完成了世界首台 ±800 kV 特高压直流输电全空冷 300 Mvar（兆乏）调相机的研制、调试、并网；完成了 AP1000、华龙一号、CAP1400 等系列核电产品的研发制造，建成若干应用先进三代技术的核电站，新一代核电、小型堆等多项核能利用技术取得明显突破。

然而，大规模新能源发电并网对发电机提出了更高要求，尤其是发电机大多应用于运行条件恶劣、可靠性要求很高的场合，如燃气 - 蒸汽汽轮发电机、抽水蓄能电机常运行于频繁起停、深度调峰等变负荷工况，风电运行时负荷变动剧烈且因维修成本极高，新型调相机经常面临高强度故障冲击、深度进相以及多种异常暂态过渡过程等复杂工况。严苛的运行环境加之当前发电机相对低效的冷却方式、发电机高电磁负荷、高线负荷等现状，使发电机组绕组绝缘和端部结构件受电、热、机多因素作用，更易引起发电机电疲劳、热疲劳、机械疲劳，进而导致绝缘老化脱壳，端部磨损与局部放电，边段铁芯过热，机组振动，最终导致发电机烧毁的重大事故；发电机的应用场景对发电机品质、可靠性和稳定性提出更高要求，同时由于电力系统"强直弱交"和电力电子化趋势的加深，电网工频过电压和低电压问题突出、动态无功储备下降，要求系统发生连锁故障时发电机有快速响应能力、更强的静态和暂态稳定能力，使发电机电磁设计、热交换与结构设计等关键技术面临严峻挑战。长期以来，国内外学者对发电机的直线有效段、端部、通风冷却结构以及发电机的电磁、流体、温度等多物理场进行了一些研究，计算方法和理论研究各有千秋。但是一直未形成完整的、系统的现代高可靠、高效率、强稳

[①] 国建鸿等，2013；阮琳等，2017；Sugimoto and Kori，2018；袁丁，2019；李海，2019。

定性发电机的理论与设计体系。发电机的设计技术、通风结构、绝缘系统、机械振动和试验技术仍然是制约发电机发展的技术瓶颈。

2. 高性能电动机系统

改革开放 40 余年以来，我国电机行业取得了长足的进步。统计数据显示，截至 2019 年我国规模以上电机企业达 3000 多家且历年来呈增长的趋势，总产值接近 10 000 亿元。我国电机系统技术的研究广度、电机产品的种类、生产能力和应用领域都是世界上最大最全的。中国微特电机产品产量占全球电机产量的 75% 左右，以德昌电机（深圳）有限公司为例，其电机日产量超过 300 万台，电机系统产品生产制造能力处于国际领先地位，得益于中国电机产业高速发展和全球电机产业链积极向中国转移，中国已经成为世界电机的生产制造基地。

随着我国国民经济和国防建设的高速发展，国防军事、装备制造、交通运输、能源动力等领域对电机的性能指标、极端工况适应能力提出了更高的需求。在可持续发展、节能减排、新能源利用、军工装备优先发展等战略政策的引领下，已取得一系列标志性成果，有力地支撑了我国全电舰船、载人航天、深空深海深地探测等重大科学工程的跨越式发展（张卓然等，2017；方淳等，2019）。

（二）研究前沿

在《国家中长期科学和技术发展规划纲要（2006—2020 年）》所确定的国家 16 个科技重大专项中，有 6 个专项都将电机系统定位为瓶颈问题和关键技术，作为战略目标重点开展研究，取得了一批标志性成果，支撑了国家科技重大专项的顺利实施。电机系统逐渐向"四高""一低""一多"，即高功率密度、高可靠性、高适应性、高精度、低排放（低成本）、多功能复合方向发展，高效能电机系统必然成为今后电机领域的发展方向。高效能电机系统相关的科学问题及关键技术，主要涉及如下几个方面：电磁能装备的尽限设计、电机分析与设计、驱动与控制、测试评价与可靠运行、电机系统热分析与热管理技术、一体化设计及系统集成应用。

针对现代电力系统和能源领域的发展需要，在高负荷、强冲击、暂态、稳态、静态强稳定性条件下研究大容量 / 超大容量发电机的电磁设计、通风结构、绝缘技术、故障诊断、多参量在线监测技术、轴承、机械加工制造等多方面，打破线性、经典、解析等传统发电机设计方法的局限性，构建非线性、智能化、机网协同的理论和方法体系是当前发电机研究的前沿技术，也是国内外大型发电机研究机构、高校和跨国企业竞相研究的重大科学技术问题。

四、关键科学问题、关键技术问题与发展方向

（一）关键科学问题

（1）多因素作用下的电磁材料精确物理模型与极限服役特性。

（2）电机系统内部电-磁-力-热-流体多物理场交叉耦合与演化作用机理。

（3）高鲁棒性电机系统稳健设计理论。

（4）复杂多约束条件下高效能高品质电机系统设计、分析与驱动控制理论。

（5）电机系统全生命周期一体化建模、分析和优化设计方法。

（二）关键技术问题

（1）高性能电机材料制备工艺与精确磁特性测试技术。

（2）高性能高可靠轴承设计、制造与控制技术。

（3）复杂环境工况高效能电机多物理场耦合分析与优化设计技术。

（4）电机系统集成设计与优化技术。

（5）高效冷却技术。

（6）振动源识别与振动噪声抑制技术。

（7）大容量高效功率密度高可靠电机驱动技术。

（8）智能化在线状态监测技术。

（9）绿色低成本电机系统制造技术。

（三）发展方向

发电机系统发展要坚持基础性、战略性和前瞻性原则，结合我国2021～2035年和中长期能源发展的战略需求，立足我国电网发展现状与未来

发展需求，紧密围绕发展新能源发电、清洁能源发电，建设超大容量、高可靠、高参数、强稳定性、高效、节能、环保的发电机系统等方面开展基础科学和关键技术研究。

在高效能电机系统方面，面向分布式能源系统、电气化交通、军事装备系统及特殊需求、高端装备和精密仪器等需求，高效能电机系统今后的发展方向是完善极端条件下电磁能与动能转换理论和技术体系；完善高效能高品质电机系统的本体设计、驱动控制、冷却、故障与诊断、测试与试验等方面的基础理论和关键技术，实现电机系统轻量化、集成化，提升电机系统的功率密度、力密度、效率、可靠性、稳定性等性能指标，探索实现电机系统技术与人工智能、互联网等新兴技术的结合和创新发展，持续拓展电机系统的应用和提升电机系统的技术指标。

本章参考文献

艾绍贵，卢文华，张军，等. 2019. 故障限流器在电力系统中应用研究综述. 智慧电力，47: 14-21.

蔡旭，陈根，周党生，等. 2019. 海上风电变流器研究现状与展望. 全球能源互联网，2: 102-115.

陈新，李文鹏，李震宇，等. 2020. 高压直流 XLPE 绝缘材料及电缆关键技术展望. 高电压技术，46: 1571-1579.

程时杰. 2017. 先进电工材料进展. 中国电机工程学报，37: 4273-4285, 4567.

邓小聘，李松江，胡婷，等. 2019. 变压器用植物绝缘油的研究进展. 绝缘材料，52: 25-30.

方淳，周建兴，窦满峰，等. 2019. 能量优化型飞机的起动 / 发电一体化系统关键技术. 2019 年（第四届）中国航空科学技术大会，中国航空学会，中国辽宁沈阳: 1013-1021.

方泽民，汪汝武. 2015 第十三届中国电工钢学术年会，中国金属学会电工钢分会，中国山东济南: 213-221.

冯江华. 2018. 轨道交通永磁电机牵引系统关键技术及发展趋势. 机车电传动: 9-17.

国建鸿，顾国彪，傅德平，等. 2013. 330 MW 蒸发冷却汽轮发电机冷却技术的特点及性能.

电工技术学报, 28: 134-139.

胡伯平, 饶晓雷, 钮萼, 等. 2018. 稀土永磁材料的技术进步和产业发展. 中国材料进展, 37: 653-661, 692.

胡军, 赵根, 常文治, 等. 2018. 基于隧穿磁阻效应的多点电晕放电磁场传感及定位. 高电压技术, 44: 1003-1008.

胡伟, 郑乐, 闵勇, 等. 2017. 基于深度学习的电力系统故障后暂态稳定评估研究. 电网技术, 41: 3140-3146.

黄俊, 杨凤田. 2016. 新能源电动飞机发展与挑战. 航空学报, 37: 57-68.

琚长江, 谭爱国, 胡良辉. 2018. 电机智能制造远程运维系统设计与试验平台研究. 电机与控制应用, 45: 83-87.

兰贞波, 宋友, 邓建钢, 等. 2021. 我国特高压交直流套管研究现状. 电瓷避雷器, (2): 1-6, 14.

李海. 2019. 水冷式电机冷却系统故障分析及处理措施. 电工技术: 121-122.

李鹏, 李金忠, 崔博源, 等. 2016. 特高压交流输变电装备最新技术发展. 高电压技术, 42: 1068-1078.

李兴文, 邓云坤, 姜旭, 等. 2017. 环保气体 C_4F_7N 和 $C_5F_{10}O$ 与 CO_2 混合气体的绝缘性能及其应用. 高电压技术, 43: 708-714.

李子欣, 高范强, 赵聪, 等. 2018. 电力电子变压器技术研究综述. 中国电机工程学报, 38: 1274-1289.

梁学修. 2017. 工业机械臂交流伺服控制系统关键技术研究. 中国农业机械化科学研究院博士学位论文.

刘威, 张东霞, 王新迎, 等. 2018. 基于深度强化学习的电网紧急控制策略研究. 中国电机工程学报, 38: 109-119, 347.

刘泽洪, 郭贤珊, 乐波, 等. 2018. ±1100 kV/12000 MW 特高压直流输电工程成套设计研究. 电网技术, 42: 1023-1031.

马伟明. 2015. 舰船综合电力系统中的机电能量转换技术. 电气工程学报, 10: 3-10.

马伟明, 鲁军勇. 2016. 电磁发射技术. 国防科技大学学报, 38: 1-5.

马伟明, 王东, 程思为, 等. 2016. 高性能电机系统的共性基础科学问题与技术发展前沿. 中国电机工程学报, 36: 2025-2035.

马振宇, 陈超, 葛磊蛟, 等. 2021. 面向配电网不停电作业装置的高性能电力电容器介质材料制备. 电力电容器与无功补偿, 42: 77-82.

球冠电缆. 2016. 球冠电缆"纳米复合绝缘超高压直流电缆的研制"获得重大成果. https://

www.qrunning.com/news/view?id=385&lang=cn[2022-07-21].

荣命哲，吴翊．2018. 开关电器计算学．北京：科学出版社．

阮琳，陈金秀，顾国彪．2017. 冷却方式对抽水蓄能机组定子绝缘特性的影响．电工技术学报，32: 246-251.

四川在线．2019. 刚刚，"四川造"世界首台百万千瓦水轮发电机组转轮完工．https://sichuan.scol.com.cn/ggxw/201901/56801108.html[2022-03-11].

仝杰，雷煜卿，刘国华，等．2018. 微型电场传感器在工频电场测量中的应用研究．电子与信息学报，40: 3036-3041.

万福，陈伟根，王品一，等．2017. 基于频率锁定吸收光谱技术的变压器故障特征气体检测研究．中国电机工程学报，37: 5504-5510, 5550.

王灿，杜船，徐杰雄．2020. 中高压直流断路器拓扑综述．电力系统自动化，44: 187-199.

王继业，蒲天骄，仝杰，等．2020. 能源互联网智能感知技术框架与应用布局．电力信息与通信技术，18: 1-14.

王伟宗，吴翊，荣命哲，等．2010. 空气开关电弧仿真技术及其应用的研究．低压电器：7-11, 23.

王增文，莫华明，李小燕，等．2019. ±800 kV 直流输变电工程用 750 kV 滤波器电容器及技术．北京：中国工程科技知识中心．

伍赛特．2019. 坦克装甲车辆电传动技术研究综述．自动化应用：34-35,38.

项阳．2014. 浅谈植物绝缘油变压器．变压器，51: 23-27.

肖立业．2015. 超导技术在未来电网中的应用．科学通报，60: 2367-2375.

徐殿国，张书鑫，李彬彬．2018. 电力系统柔性一次设备及其关键技术：应用与展望．电力系统自动化，42: 2-22.

严蓓兰．2018. 新能源汽车电机发展趋势及测试评价研究．电机与控制应用，45: 109-116.

袁丁．2019. 氢冷燃气发电机漏氢预防及监测研究．西南交通大学硕士学位论文．

湛永钟，潘燕芳，黄金芳，等．2015. 软磁材料应用研究进展．广西科学，22: 467-472.

张凤阁，杜光辉，王天煜，等．2016. 高速电机发展与设计综述．电工技术学报，31: 1-18.

张佳，林莘，徐建源，等．2021. 高压断路器分合闸过程触头间隙 C_4F_7N/CO_2 混合气体动态绝缘特性实验研究．中国电机工程学报，41: 7871-7881.

张京业，唐文冰，肖立业．2021. 超导技术在未来电网中的应用．物理，50: 92-97.

张宁，马国明，关永刚，等．2021. 全景信息感知及智慧电网．中国电机工程学报，41: 1274-1283, 1535.

张维煜，朱熀秋，袁野．2015. 磁悬浮轴承应用发展及关键技术综述．电工技术学报，30: 12-

20.

张兴, 李俊, 赵为, 等. 2016. 高效光伏逆变器综述. 电源技术, 40: 931-934.

张雅洁, 赵强, 褚温家. 2018. 海洋能发电技术发展现状及发展路线图. 中国电力, 51: 94-99.

张卓然, 于立, 李进才, 等. 2017. 飞机电气化背景下的先进航空电机系统. 南京航空航天
大学学报, 49: 622-634.

Ballal M S, Jaiswal G C, Tutkane D R, et al. 2017. Online condition monitoring system for
substation and service transformers. IET Electric Power Applications, 11(7): 1187-1195.

Chatterjee S, Chatterjee S. 2018. Review on the techno-commercial aspects of wind energy
conversion system. IET Renewable Power Generation, 12(14): 1581-1608.

Chen K J, Hberlen O, Lidow A, et al. 2017. GaN-on-Si power technology: Devices and
applications. IEEE Transactions on Electron Devices, 64(3): 779-795.

Faiz J, Nematsaberi A. 2017. Linear electrical generator topologies for direct-drive marine wave
energy conversion- an overview. IET Renewable Power Generation, 11(9): 1163-1176.

Gamble B, Snitchler G, Macdonald T. 2011. Full power test of a 36.5 MW HTS propulsion motor.
IEEE Transactions on Applied Superconductivity, 21(3): 1083-1088.

Gao C, Yu L, Xu Y, et al. 2019. Partial discharge localization inside transformer windings via
fiber-optic acoustic sensor array. IEEE Transactions on Power Delivery, 34: 1251-1260.

Gao L, Yang Y, Xie J, et al. 2020. Autonomous self-healing of electrical degradation in dielectric
polymers using *in situ* electroluminescence. Matter, 2: 451-463.

Garcia W L, Tixador P, Raison B, et al. 2017. Technical and economic analysis of the R-type SFCL
for HVDC grids protection. IEEE Transactions on Applied Superconductivity, 27: 5602009.

Guan Y, Wang Y, Wang W, et al. 2020. A 20 MHz low profile DC/DC converter with magnetic-
free characteristics. IEEE Transactions on Industrial Electronics, 67: 1555-1567.

Han S, Yang S, Li R, et al. 2019a. Current-collapse-free and fast reverse recovery performance in
vertical GaN-on-GaN schottky barrier diode. IEEE Transactions on Power Electronics, 34(6):
5012-5018.

Han S, Yang S, Li Y, et al. 2019b. Photon-enhanced conductivity modulation and surge current
capability in vertical GaN power rectifiers. 31st International Symposium on Power
Semiconductor Devices and ICs (ISPSD).

Han S, Yang S, Sheng K. 2018. High-voltage and high-ION/IOFF vertical GaN-on-GaN schottky
barrier diode with nitridation-based termination. IEEE Electron Device Letters, 39: 572-575.

Huang X Y, Hand L, Yang X, et al. 2022. Smart dielectric materials for next-generation electrical insulation. iEnergy, 1: 19-49.

Jones E A, Fei F W, Costinett D. 2016. Review of commercial GaN power devices and GaN-based converter design challenges. IEEE Journal of Emerging & Selected Topics in Power Electronics, 4(3): 707-719.

Kirtley J L, Banerjee A, Englebretson S. 2015. Motors for ship propulsion. Proceedings of the IEEE, 103: 2320-2332.

Kumar Y, Ringenberg J, Depuru S S, et al. 2016. Wind energy: Trends and enabling technologies. Renewable and Sustainable Energy Reviews, 53: 209-224.

Lee H, Smet V, Rao T. 2020. A review of SiC power module packaging technologies: Challenges, advances, and emerging issues. IEEE Journal of Emerging and Selected Topics in Power Electronics, 8: 239-255.

Luo A, Xu Q, Ma F, et al. 2016. Overview of power quality analysis and control technology for the smart grid. Journal of Modern Power Systems and Clean Energy, 4: 1-9.

Ma G M, Zhou H Y, Shi C, et al. 2018. Distributed partial discharge detection in a power transformer based on phase-shifted FBG. IEEE Sensors Journal, 18: 2788- 2795.

Majidi M, Fadali M S, Etezadi-Amoli M, et al. 2015. Partial discharge pattern recognition via sparse representation and ANN. IEEE Transactions on Dielectrics and Electrical Insulation, 22(2): 1061-1070.

Mao M, Wan Y, Zhou L, et al. 2020. A review on topology-based DC short-circuit fault ride through strategies for MMC-based HVDC system. IET Power Electronics, 13(2): 203-220.

Nan C, Ayyanar R, Xi Y. 2018. A 2.2 MHz Active-clamp buck converter for automotive applications. IEEE Transactions on Power Electronics, 33(1): 460-472.

Noe M, Steurer M. 2007. High-temperature superconductor fault current limiters: Concepts, applications, and development status. Superconductor Science & Technology, 20(3): R15.

Ouyang Y, He J, Hu J, et al. 2012. A current sensor based on the giant magnetoresistance effect: Design and potential smart grid applications. Sensors, 12(11): 15520-15541.

Ouyang Y, He J, Hu J, et al. 2015. Contactless current sensors based on magnetic tunnel junction for smart grid applications. IEEE Transactions on Magnetics, 51(11): 4004904.

Qiu Q, Zhang G, Xiao L, et al. 2020. General design of ±100 kV/1 kA energy pipeline for electric power and LNG transportation. Cryogenics, 109(3): 103120.

Rey C M. 2015. Superconductors in the Power Grid: Materials and Applications. Woodhead Publishing Series in Energy: Number 65. Amsterdam: Woodhead Publishing.

Robin-Jouan P, Bousoltane K, Kieffel Y, et al. 2017. Analysis of last development results for high voltage circuit-breakers using new g3 gas. Plasma Physics and Technology, 4(2): 157-160.

Rothmund D, Guillod T, Bortis D, et al. 2019. 99% efficient 10 kV SiC-based 7 kV/400 V DC transformer for future data centers. IEEE Journal of Emerging and Selected Topics in Power Electronics, 7(2): 753-767.

Shenai K. 2019. High-density power conversion and wide-bandgap semiconductor power electronics switching devices. Proceedings of the IEEE, 107: 2308-2326.

Sugimoto S, Kori D. 2018. Cooling performance and loss evaluation for water- and oil-cooled without pump for oil. 2018 XIII International Conference on Electrical Machines (ICEM).

Sytnikov V E, Bemert S E, Kopylov S I, et al. 2015. Status of HTS cable link project for St. Petersburg Grid. IEEE Transactions on Applied Superconductivity, 25(3): 1-4.

Tixador P. 2010. Development of superconducting power devices in Europe. Physica C Superconductivity, 470(20): 971-979.

Vlachogiannis J G, Hatziargyriou N D. 2004. Reinforcement learning for reactive power control. IEEE Transactions on Power Systems, 19(3): 1317-1325.

Wu X, Shi H. 2020. High efficiency high density 1 MHz 380-12 V DCX with low FoM devices. IEEE Transactions on Industrial Electronics, 67: 1648-1656.

Xiao L, Dai S, Lin L, et al. 2012. Development of the World's first HTS power substation. IEEE Transactions on Applied Superconductivity, 22(3): 5000104.

Xiao L. 2012. Development of a 10 kA HTS DC power cable. IEEE Transactions on Applied Superconductivity, 22(3): 5800404.

Xin Y, Gong W Z, Sun Y W, et al. 2013. Factory and field tests of a 220 kV/300 MVA statured iron-core superconducting fault current limiter. IEEE Transactions on Applied Superconductivity, 23(3): 5602305.

Yang S, Han S, Sheng K, et al. 2019. Dynamic on-resistance in GaN power devices: mechanisms, characterizations and modeling. IEEE Journal of Emerging and Selected Topics in Power Electronics, 7(3): 1425-1439.

Yang Y, Dang Z, Li Q, et al. 2020. Self - healing dielectric polymers: Self - healing of electrical damage in polymers. Advanced Science, 7(21): 2070120.

Yi L, Zhang X, Chen Q, et al. 2018. Study on the dielectric properties of C4F7N/N2 mixture under highly non-uniform electric field. IEEE Access, 6: 42868-42876.

Zhang Q, Cheng S, Wang D, et al. 2018. Multiobjective design optimization of high-power circular winding brushless DC motor. IEEE Transactions on Industrial Electronics, 65: 1740-1750.

Zhou Y, He J, Hu J, et al. 2015. Evaluation of polypropylene/polyolefin elastomer blends for potential recyclable HVDC cable insulation applications. IEEE Transactions on Dielectrics and Electrical Insulation, 22: 673-681.

Zhou Y, Yuan C, Li C, et al. 2019. Temperature dependent electrical properties of thermoplastic polypropylene nanocomposites for HVDC cable insulation. IEEE Transactions on Dielectrics and Electrical Insulation, 26(5): 1596-1604.

第八章

储能装备及系统

第一节 机 械 储 能

一、基本范畴、内涵和战略地位

机械储能（mechanical energy storage）是以动能或势能的形式储存能量。与其他类型的储能形式相比，机械储能在环保性能、成本及可持续性方面具有显著的优势（Mahmoud et al.，2020）。机械储能根据具体能量形式的不同可分为三类：抽水蓄能（pumped hydro energy storage，PHES）（以重力势能的形式储存能量）、飞轮储能（flywheel energy storage system，FESS）（以动能的形式储存能量）以及压缩空气储能（compressed-air energy storage，CAES）（以热力学能的形式储存能量）。除上述 3 种主要形式之外，还有一些其他形式的机械储能技术，如重力储能（gravity battery）技术等（Hunt et al.，2020）。

机械储能系统的容量范围比较宽，从几十千瓦到几百兆瓦不等；放电时间跨度大，从毫秒级到小时级；应用范围广，贯穿整个发电、输电、配电、

334

用电系统。因此，相比于其他储能技术，机械储能技术是目前世界范围内最为广泛应用的技术。

（一）抽水蓄能技术

抽水蓄能技术通过将"过剩的"电能以水的位能（或重力势能）的形式存储起来，在用电的尖峰时间再用来发电，也可认为是一种特殊的水力发电技术，是目前技术最成熟、应用最广泛的大规模机械储能技术，但抽水蓄能电站的建设受地理条件约束，正朝着大容量、高水头、高效率、智能化方向发展。随着新能源环保利用方式的出现和新的能源政策调整，以及国家西电东输等政策的出台，部分区域电网输送的总电能增加，社会对电网的稳定性要求和电网自身消纳能力的不断提升，抽水蓄能电站进入新的建设热潮。2014 年，《国家发展改革委关于促进抽水蓄能电站健康有序发展有关问题的意见》出台，指出"抽水蓄能电站运行灵活、反应快速，是电力系统中具有调峰、填谷、调频、调相、备用和黑启动等多种功能的特殊电源，是目前最具经济性的大规模储能设施"。2017 年国家能源局发布的《关于发布海水抽水蓄能电站资源普查成果的通知》显示，本次普查出海水抽水蓄能资源站点 238 个（其中近海站点 174 个，岛屿站点 64 个），总装机容量为 4208.3 万 kW（其中近海为 3744.6 万 kW，岛屿为 463.7 万 kW），主要集中在东部沿海 5 省（辽宁、山东、江苏、浙江、福建）和南部沿海 3 省（广东、广西、海南）的近海及所属岛屿区域，显示出我国在海水抽水蓄能领域已进行大规模建设和布局。

（二）飞轮储能技术

飞轮储能技术是一种独具特色的相对成熟的储能技术，由于在储能容量、自放电率等方面还有待进一步提高，飞轮储能技术目前更适合于电网调频、新能源消纳、小型孤岛电网调峰、电网安全稳定控制、电能质量治理、车辆再生制动及高功率脉冲电源等领域。国家自然科学基金委员会自 20 世纪 90 年代后期开始，已资助 20 余项飞轮储能技术研究；"十二五"国家科技计划先进能源技术领域 2013 年设立项目"飞轮储能关键技术"；2016 年科学技术部批准项目"兆瓦级先进飞轮储能关键技术研究"。2017 年 9 月，国家发展和改革委员会、财政部、科学技术部、工业和信息化部及国家能源局五部委联合发布的《关于促进储能技术与产业发展的指导意见》提出重点推进转化技术"10 MW/1000 MJ飞轮储能阵列",推动国内飞轮储能技术的工业化示范（国家发展改革委等，2017）。

（三）压缩空气储能技术

压缩空气储能是除了抽水蓄能之外的另一种适合大规模应用（100 MW级及以上）的储电技术。传统压缩空气储能系统利用低谷低质电,将空气压缩并存储于大型储气洞穴中;在用电高峰,高压空气从储气洞穴释放,与燃料燃烧后驱动透平发电。压缩空气储能系统具有容量大、成本低、储能周期不受限制、寿命长等优点,在实现电网削峰填谷、促进新能源高效消纳、提升电力系统安全性和灵活性等方面发挥重要作用。先进绝热压缩空气储能系统被认为是目前最具发展前景的压缩空气储能技术之一。此外,液态空气储能、超临界压缩空气储能等技术也相继得到发展。在我国《能源技术创新"十三五"规划》《能源技术革命创新行动计划（2016—2030年）》《关于促进储能技术与产业发展的指导意见》和《中国制造2025—能源装备实施方案》中,均将大规模压缩空气储能作为集中攻关的重点发展方向。在"十三五"期间,我国也布置了重点研发计划"10 MW级先进压缩空气储能技术研发与示范"项目,推进10 MW/100 MW·h先进压缩空气储能关键技术研发和示范电站建设。

二、发展规律与发展态势

（一）抽水蓄能技术

自1882年瑞士建立世界第一座抽水蓄能电站以来,抽水蓄能已有130多年的历史,然而时至20世纪50～60年代,由于各国电力系统迅速发展,电力负荷的波动幅度不断增加,调节峰谷负荷的要求日益迫切,才出现具有近代工程意义的以电网调节为主要目的的抽水蓄能电站。此外,抽水蓄能技术的发展还与核电的兴起有密切关联。从20世纪70年代开始,核能进入快速发展期,通过建设一定规模的抽水蓄能电站与核电站配合,可辅助核电在核燃料使用期内尽可能耗尽，降低后处理成本，进而降低核电的发电成本。自1990年起，抽水蓄能在欧美等发达国家和地区的发展速度明显降低，其主要原因包括：①从成本上看，适合建设抽水蓄能电站的地理条件逐渐减少；②核电的发展速度放缓；③以天然气为燃料的燃气轮机发电技术成本大幅度下降，从技术和成本上均可以作为调峰的有效手段。直到近几年来，化石能源的成本上升，伴随着电网中可再生能源的大量接入，使得电网调峰需求的进一步增加，客观上加速了抽水蓄能电站的进一步发展。

我国抽水蓄能于20世纪60～70年代起步以来，经历了十余年的学习探索阶段，在21世纪初期进入飞速发展阶段，截至2019年底，我国在运抽水蓄能电站共计32座（统计不包括港澳台地区，下同），装机容量合计3029万kW；在建抽水蓄能电站共计37座，装机容量合计5063万kW；在空间分布上呈从东部、中部经济较发达地区向东北、华北及西部地区能源基地发展的趋势。

（二）飞轮储能技术

飞轮储能在工程中早已有大量应用，但与电机相结合实现电能的存储则是由苏黎世的电动巴士于20世纪50年代首次实现。70年代，美国启动了多个飞轮储能应用研发项目，后由于技术无法突破而终止执行。后来由于美国能源部启动的"超级飞轮计划"、国家航空航天局启动的"航天飞轮计划"等国家层面的投资，加之20世纪90年代风险投资的大量介入，飞轮储能技术获得了成功应用，美国也因此处于领先地位。美国和加拿大已经研发了大容量、高功率飞轮储能系统，并建立了兆瓦级示范工程，用于电网调频和新能源消纳。

电网电压跌落的故障时间在3 s以内的占总故障的95%以上，因此对储能电源的要求是短时间放电，这使得飞轮储能比传统的电化学电池技术有优越性，尤其是工作转速范围宽泛的飞轮。降低飞轮轴承的损耗是飞轮储能技术可靠运行的根本，电磁/高温超导磁体轴承是一个重要的解决途径，其为飞轮储能的大规模应用提供了可能，是当前飞轮储能领域的一个新的突破口及研究方向。

（三）压缩空气储能技术

传统压缩空气储能过程中压缩机产生的压缩热被排放至环境中，在释能膨胀过程中需要燃烧化石能源提高膨胀机进口温度，产生了效率的降低和碳排放的问题，同时传统压缩空气储能还存在依赖大型储气洞穴的问题。

作为一种适合大规模应用的储电技术，压缩空气储能技术正向着大规模化、摆脱化石燃料、提高储能密度和提高效率的方向不断发展。其中最具代表性的发展方向包括：①以美国为代表的等温压缩空气储能技术，该技术在压缩空气环节中增加控温环节，并以水作为介质进行势能传递，通过水封作用减少了损耗，同时利用水比热容大的特点为系统运行提供近似恒定的温度环境，使得压缩空气储能系统可以近似工作在等温状态下，以提高系统的效率和摆脱化石燃料依赖；②以英国为代表的液态空气储能技术，该技术利用深冷空气分离技术将空气冷却至液态，即将电能储存在液态空气中，释能时液态空气升压升温，推动膨胀机做功，该技术主要以提高能量密度为目的；③以中国为代表的先进蓄热式压缩空气储能技术，该技术在储能过程中吸收储存压缩热并在释能过程中释放出来用于加热膨胀机进口气体，从而摆脱化石燃料和提高储电效率；④以中国为代表的先进超临界压缩空气储能技术，该技术通过回收利用压缩机的压缩热解决了对化石燃料的依赖，通过空气的液态/高压储存，大幅提高储能密度，解决了对大型储气室的依赖，通过采用储热、储冷、超临界空气压缩和膨胀、超临界过程换热等新技术提高了系统的效率。

三、发展现状与研究前沿

（一）抽水蓄能技术

迄今，采用抽水蓄能技术所储存的能量占世界总储能量的99%以上，相当于全世界总发电装机容量的3%左右（陈海生和吴玉庭，2020）。据不完全统计，截至2019年12月底，我国已投运储能项目累计装机规模达32.4 GW（含机械储能、热质储能、化学储能等多种储能形式），其中抽水蓄能的装机容量为30.3 GW，占我国现有储能装机规模的93.5%（丁玉龙等，2019）。2020年抽水蓄能装机规模达到3949万 kW，开工建设抽水蓄能电站6000万 kW，

2025 年抽水蓄能电站建成规模为 1 亿 kW。我国抽水蓄能技术虽然起步较晚，但是基于大型水电建设所积累的经验，抽水蓄能技术的发展具有较高的起点，已经建成的多座大型抽水蓄能电站技术处于世界先进水平。

当前抽水蓄能技术的研究前沿或重点包含以下几方面（华丕龙，2019）。①机组设备制造水平的进一步提升。2017 年 9 月，国家发展和改革委员会等部门发布的《关于促进储能技术与产业发展的指导意见》中指出，要"集中攻关一批具有关键核心意义的储能技术和材料······重点包括变速抽水蓄能技术······"等。②海水抽水蓄能电站研究。我国拥有绵长的海岸线，具备建设海水抽水蓄能的天然优势资源，然而我国海水抽水蓄能技术的研究相对薄弱，理论研究和相关设备研发尚处于起步阶段，工程实践还未完全开展。2016 年国家能源局发布的《水电发展"十三五"规划（2016—2020 年）》指出要"研究试点海水抽水蓄能。加强关键技术研究，推动建设海水抽水蓄能电站示范项目，填补我国该项工程空白，掌握规划、设计、施工、运行、材料、环保、装备制造等整套技术，提升海岛多能互补、综合集成能源利用模式"。③调水抽蓄电站研究。调水抽蓄可以将水调和电调完美结合，在实现水资源的空间配置调度的同时也为电网建立了大规模的分布式储能系统，还可为风电、光电、核电及其他绿色能源的开发创造十分有利的条件，可极大地提高能源电网的负荷调节能力、可靠性和稳定性。

（二）飞轮储能技术

现有飞轮储能技术主要有两大分支，第一个分支是以接触式机械轴承为代表的大容量飞轮储能技术，其主要特点是储存动能、释放功率大，一般用于短时大功率放电和电力调峰场合；第二个分支是以磁悬浮轴承为代表的中小容量飞轮储能技术，其主要特点是结构紧凑、效率更高，一般用作飞轮电池、不间断电源等。

在大容量飞轮储能系统方面，法国、日本、德国、美国和俄罗斯均有大容量储能单元与阵列应用，其制造和装配技术已比较成熟，单台机组储能范围从几十至数千兆焦，释放峰值功率范围从几十兆瓦至数千兆瓦，多由分立的电动机、发电机、储能飞轮采用联轴器连接构成。目前，大功率储能本体的研究热点主要是提高储能机组的集成度、改进转子轴系的支承方式、采用电磁悬浮轴承和降低系统的损耗等方面；应用方面的研究热点主要是储能系统与负载或电网构成全系统后的运行稳定性控制研究和励磁控制研究等方面。

在中小容量的飞轮储能系统方面，这类系统以磁悬浮飞轮储能系统为典型代表，在国外已经部分实现了产业化。国内也有一些中小容量飞轮储能系统的研究单位，但多处于探索性研究阶段，仅在航天领域有少量的应用。

在大容量飞轮储能机组方面，用于秒级功率释放的机组虽在国内已有多套系统在运行，但大多为进口产品。国内海军工程大学从2004年开始，致力于中大容量集成化飞轮储能模块的研发，以满足舰船综合电力系统调峰和高能武器的需求，研制出50 MW/120 MJ储能样机；在毫秒级脉冲大功率释放方面，从事这类系统研究的单位主要有华中科技大学、中国科学院等离子体物理研究所等，目前也均处于研发阶段。

国内已经实现了飞轮储能技术在石油钻机动力调峰（2017年）、轨道交通制动能回收（2019年）、不间断发电车（2019年）的示范应用，高功率飞轮储能达到国际领先水平。但尚未完全掌握储能20 kW·h、功率300 kW以上的单机及功率1 MW以上的飞轮阵列技术。在复合材料飞轮、大功率高速电机、磁悬浮、系统损耗控制等方面与国外技术存在差距。

（三）压缩空气储能技术

自20世纪40年代末美国人Gay（1948）提出利用地下洞穴实现压缩空气储能的设想，到60年代末欧美电力峰谷价差增大，使得压缩空气储能经济性逐渐显现后才得到发展。为了提高发电能力，传统的压缩空气储能技术采用在发电时燃烧化石燃料的技术方案。1978年德国的Huntorf（洪托夫）压缩空气储能电站（290 MW）和1991年美国的亚拉巴马州McIntosh（麦金托什）的压缩空气储能电站（110 MW）建成并投入商业运营，1997年日本建成了Sunagawa（砂川）压缩空气储能电站（35 MW），以上储能电站均采用了燃烧燃料加热的技术方案。

新型压缩空气储能技术近些年发展迅猛。美国SustainX公司建成了1.5 MW等温压缩空气储能电站；美国General Compression公司建成2 MW蓄热式压缩空气储能电站；英国Highview公司建成了2.5 MW·h的液态空气储能电站，英国正在开展50 MW/250 MW·h液体空气储能电站建设；同时，美国、西欧等国家或地区也陆续建成了多座先进绝热压缩空气储能示范系统。

压缩空气储能技术在国内起步较晚，但发展很快。中国科学院工程热物理研究所、西安交通大学、华北电力大学、华中科技大学等单位对压缩空气储能电站的热力性能、经济性能、商业应用前景等进行了研究。中国科学院工程热物理研究所分别在河北廊坊和贵州毕节建成了国际首套 1.5 MW 和 10 MW 先进压缩空气储能电站，并完成了示范运行，性能指标优于同等规模的国外压缩空气储能系统，2021 年 12 月国际首套 100 MW 级先进压缩空气储能电站完成设备安装及系统集成。2015 年，由清华大学、中国科学院理化技术研究所及中国电力科学研究院有限公司共同研制的 500 kW 级非补燃压缩空气储能示范系统在安徽芜湖实现发电出功 100 kW 的阶段目标。此外，我国目前已开始开展百兆瓦级压缩空气储能技术的研发与示范工作，2019 年 11 月，山东肥城 1250 MW/7500 MW·h 先进压缩空气储能重大项目开工，这也是目前全球第一个 1000 MW 级储能项目。

先进绝热压缩空气储能系统被认为是目前最具发展前景的压缩空气储能技术之一，其克服了早期压缩空气储能电站对化石燃料的依赖，彻底实现了零排放，其响应速度更快并具有多能联储 / 联供的能力，具有广阔的发展前景。此外，液态空气储能、超临界压缩空气储能等技术也相继得到发展。总之，摆脱对化石燃料和大型储气洞穴的依赖，同时提高系统效率、降低运行成本是先进压缩空气储能系统的主要发展趋势。

四、关键科学问题、关键技术问题与发展方向

（一）抽水蓄能技术

1. 关键科学问题

（1）抽水蓄能电站运行效率及经济性的优化。

（2）抽水蓄能电站的动态特性与储能和释能过程的运行稳定性问题。

（3）海水抽水蓄能材料的腐蚀、磨损机理研究及储能器件的传热传质优化。

2. 关键技术问题

（1）高水头、高转速、大容量、可调速水泵水轮机、大流量水泵水轮机可逆式机组与大范围变速恒频机组的研发。

（2）防腐蚀、抗磨关键材料与高效海水-淡水热交换设备的研发。

（3）水资源配置、洪水调度与电网储能调度的一体化调度技术研发。

3. 发展方向

在保护环境的基础上，继续提高抽水蓄能装机占比，进一步优化我国能源结构；常规水电抽蓄改造潜力大，从核心器件研发与系统集成优化的角度对常规水电抽水蓄能进行改造，提高系统效率，降低运行成本；在沿海地区发展海水抽水蓄能技术，集中力量攻克关键材料腐蚀、磨损与核心器件效率低下等问题。

（二）飞轮储能技术

1. 关键科学问题

（1）钢制/复合材料微观结构与宏观力学性能的构效关系。

（2）超导磁悬浮结构及超导材料性能优化及超导磁悬浮系统运行特性。

（3）高速大功率双向电机高效低能耗设计。

（4）大容量功率型飞轮储能系统与电力系统在不同运行状态下的协同机制。

2. 关键技术问题

（1）基于二维、三维强化新结构设计的钢制/复合材料转子的力学结构优化及材料寿命评价方法与技术。

（2）超导磁轴承悬浮力弛豫补偿技术及复杂动力学条件下多模式轴承混合支撑下的柔性转子振动及稳定性控制技术。

（3）高速电机的外转子及其励磁材料与结构的设计及低能耗高速双向电机控制技术。

（4）电极谐波治理的绕组及变流器新设计方案，电机转子损耗精准分析模型的建立。

3. 发展方向

降低电机及其变流器系统的成本，同时加大基于复合材料的高能量密度转子的研发投入；支撑轴承向磁悬浮及复合轴承方向发展；提高飞轮储能单机储存能量至百千瓦时级别，并实现大容量飞轮储能系统模块化、阵列化。

（三）压缩空气储能技术

1. 关键科学问题

（1）显热、潜热和热化学三类蓄冷蓄热材料成分、微观结构、物性之间关联机理，近临界点附近工质的热扩散、对流换热和高频压力波动特征及其对流动与传蓄热的影响机理；不同条件下（如温度、压力、流道尺度及热流密度等）的空气从过冷态到超临界态转变过程中的流动与传蓄热特性；超临界空气在启动、滑压、停机等非稳态条件下流动和传蓄热特性及其机理；蓄热/换热器的非稳态蓄热、保温特性和热扩散机理。

（2）多级压缩机、多级膨胀机与蓄热/蓄冷过程相耦合过程中的流动与传热的耦合特征，压缩/膨胀机在非稳态变工况条件下的流动和损失机理。

（3）非稳态变工况条件下的压缩/膨胀设备、蓄冷蓄热设备和储气设备等关键部件的损失机理，多设备相互耦合特性与机理；压缩空气储能系统全工况参数优化匹配关系。

2. 关键技术问题

（1）宽温域、高储热密度、低成本和高稳定性蓄冷蓄热材料优选；高效紧凑式储热（冷）/换热器的设计方法及蓄冷蓄热器的储释热/冷能控制策略优化。

（2）适用于压缩空气储能的专用高效宽负荷多级压缩机、高膨胀高效高负荷多级膨胀机的优化设计理论与技术。

（3）压缩空气储能系统与可再生能源耦合的非稳态变工况运行控制策略。

3. 发展方向

未来100 MW级以上大规模、低成本、高效率的先进压缩空气储能技术是压缩空气储能技术的主流发展方向，需要突破的关键技术包括储能系统优化设计、多级宽负荷压缩机、多级高负荷膨胀机、阵列式高效紧凑式蓄热换热器、系统集成及其与电力系统耦合控制。

第二节 热能储存

一、基本范畴、内涵和战略地位

热能储存技术是以储热材料为媒介存储太阳能光热、地热、工业余热、低品位废热等热能,并在需要的时候释放的一种能源储存技术(李永亮等,2013)。热能储存技术主要分为显热储能、潜热储能与热化学储能三大类。其中,显热储能是利用材料物质自身比热容,通过温度的变化进行热能的存储与释放;潜热储能是利用材料相变过程吸/放热来实现热量的储存与释放,通常又称为相变储能;热化学储能是利用物质间的化学反应或者化学吸/脱附反应,将热能以化学能的形式进行储存与释放。

我国90%的能源消耗直接或间接与热能有关,热能储存技术可以解决热能供给在时间、空间或强度上与能量需求的不匹配问题,从而有效提升能源利用效率,对我国推进能源结构改革,实现"双碳"目标具有战略意义。我国国家能源局发布的《太阳能发展"十三五"规划》和《能源技术革命创新行动计划(2016—2030年)》以及教育部、国家发展和改革委员会、国家能源局联合发布的《储能技术专业学科发展行动计划(2020—2024年)》中均对各种重点储热技术的研发进行了部署。

二、发展规律与发展态势

热能储存技术作为最简单和普遍的储能技术,其应用远远早于工业革命尤其是电力革命后才出现的其他储能技术。低温储能技术起步最早,高温储热技术正在得到广泛研究且储能温度仍在不断提高。总体而言,热能储存技术正沿着储能密度越来越高、储能装置越来越紧凑的方向发展。

三种典型热能储存技术(显热储能、潜热储能和热化学储能)的发展存在一定差异。显热储能系统简单、成本较低、技术最成熟，已得到广泛应用并实现商业化发展。近年来，传统的显热储能技术由于储热密度低、设备体积大、储热效率低等不足，已无法满足未来储能领域越来越高的要求。将显热储能技术和潜热储能技术相结合的复合式储能技术将会是未来的发展方向。潜热储能技术的储热密度较大，目前绝大部分研究围绕开发高效固－液相变储能材料开展（Raud et al.，2017）。储能密度的显著提高使储能系统设备规模和储能材料用量更小，有望使得总储能成本大幅度降低。但潜热储能技术受制于材料选择、系统复杂性和成本，目前处于商业化前期阶段，中低温相变储能技术已在工业热能回收利用和清洁供暖等领域初步应用，而高温固液相变储能技术仍处于中试阶段。热化学储能密度约为显热储能的 10 倍及潜热储能的 5 倍，并可以几乎无热损失地长期储存热能。但热化学储能技术尚不成熟，存在反应过程难以控制、技术复杂、一次性投资大以及整体效率不高等缺点，目前仍处于实验室研究阶段。

现阶段，热能储存中多种技术并存，各类技术都有各自的优势和不可避免的缺陷。在未来发展中，储能技术多元化发展的格局将会继续，同时未来储能技术应当具备安全性好、循环寿命长、成本低、效率高、易回收等特点。

三、发展现状与研究前沿

（一）显热储能技术

显热储能技术根据储能材料的种类通常分为固态和液态两大类。常见的固态显热储能材料主要有鹅卵石、水泥和铸铁等，具有低成本的优势，但需要克服其储热密度低、热损大等缺点。液态显热储能材料主要有水、导热油、熔融盐等，其中熔融盐具有工作温度范围宽、储能密度大、热稳定性好、与多数金属兼容性好等优点，是目前最为理想的中高温显热储能材料。

自 2008 年世界上第一座采用大规模熔融盐显热蓄热的太阳能热电站Andasol-1 建成并投入商业化运行至今，全球已经有 20 多个商业化运行的太阳能热发电电站采用大容量的熔融盐显热储能技术。据统计，截至 2019 年，我国共有四座配备熔融盐储热系统的光热电站实现并网运行，装机规模共计

200 MW，累计装机规模达到 420 MW。2018 年 12 月建成的青海中控德令哈 50 MW 塔式熔融盐储能光热电站是国家首批光热发电示范项目之一，配置 7 h 熔融盐储能系统，可以实现 24 h 不间断发电。

目前商业广泛应用的太阳盐和希特斯（Hitec）盐存在熔点高、分解温度低、导热系数低等缺点。因此国内外的前沿研究主要聚焦于低熔点、高分解温度的熔融盐的开发，并通过添加导热增强剂提高熔融盐的比热和导热系数。

（二）潜热储能技术

1. 高温潜热储能技术

高温相变储能材料由于热稳定性差、导热效率低、容器相容性差、价格较昂贵等缺点，尚未在工业中大规模应用。但其由于相变潜热大、储热密度高和系统体积小等优点，得到了国内外研究人员的普遍重视。20 世纪 80 年代中期，美国"自由号"空间站计划的实施，极大地推动了高温相变潜热储能技术的发展。我国对高温潜热储能材料的研究虽起步晚，但近年来已经取得了可喜的成绩。2016 年，中广核新疆阿勒泰市风电清洁供暖示范项目采用了 6 MW/36 MW·h 的电热相变储能系统（共使用高温相变砖 156 t），利用当地弃风风电和低谷电为居民供暖，提升了风电消纳能力，减少了碳排放。为了进一步提高能量转换效率并降低成本，太阳能热利用技术正朝着更高工作温度发展，开发高导热、低成本、耐高温的新型相变储能材料或复合相变储能材料是国内外研究的重点。

2. 中低温潜热储能技术

中低温潜热储能温区一般在 250℃以下，在建筑热利用、工业余热利用等领域得到了大量应用。欧洲储能协会（European Association for Storage of Energy，EASE）与欧洲能源研究联盟（European Energy Research Alliance，EERA）联合公布了储能技术发展路线（Teller et al.，2013），目标是在 2020 年将储热的成本降低到 50 欧元 /（kW·h）以下。目前，国内的中低温供暖已基本达到此目标，并完成了从实验室示范到商业示范的过渡。2019 年，国家能源局公布北方采用储热手段的清洁取暖率达 55%。除了大规模供暖外，研究人员在余热制冷、余热发电、低温热泵及低温除湿方面开发了相应的前沿材料和储热器件，材料研究包括多种碳基、金属基、有机高分子微胶囊及多孔硅基载体相变材料等，器件研究包括多种储热罐结构设计、系统整体设计、系统动态特性等。

（三）热化学储能技术

由于化学反应的多样性，热化学储能技术体系繁多（马小琨等，2015；Carrillo et al.，2019）。按照化学反应原理，热化学储能技术可以分为浓度差热储存、化学吸附热储存以及化学反应热储存三类。

1. 浓度差热储存技术

浓度差热储存是在酸碱盐类水溶液的浓度变化时，利用物理化学势的差别，对余热/废热进行统一回收、储存和利用的技术，其主要应用于低温（低于100℃）余热回收和储存，如建筑物采暖、太阳能低温集热等。

2. 化学吸附热储存技术

化学吸附热储存是利用吸附剂与吸附质在解吸/吸附过程中伴随的大量的热能吸收/释放进行能量的储存与释放。该技术主要包括以水为吸附质的水合盐体系和以氨为吸附质的氨络合物体系，主要用于低品位热能的回收利用和太阳能的跨季节存储等。吸附材料具腐蚀性且稳定性差、反应动力学缓慢等问题限制了大规模应用。当前研究主要集中于解决吸附材料的循环稳定性问题，并增大反应面积，提高其吸放热动力学性能。

3. 化学反应热储存技术

化学反应热储存技术利用化学反应将热能转化为反应产物的化学能进行储存，进而实现能量的长时间存储与长距离运输，具有较强的灵活性。该技术主要包括氧化还原/合成分解循环体系与燃料制备储能体系。氧化还原/合成分解循环体系主要受限于反应的动力学与热力学性能及循环稳定性，目前研究主要聚焦于反应材料的改性与优化。燃料制备储能体系起步较晚，反应转化率低、反应温度高、热损失大，导致能量转化效率还远低于工业应用要求，有待进一步深入研究。

四、关键科学问题、关键技术问题与发展方向

（一）显热储能技术

1. 关键科学问题

（1）固体显热储能材料导热性差、储热密度低、储热温度波动大等问题。

（2）液态显热储能材料熔点高、导热系数低和腐蚀性强等问题。

（3）显热储能器件容量、结构优化以及设备内部传热传质强化等问题。

2. 关键技术问题

（1）高导热、高热容的耐高温混凝土、陶瓷等固体储热材料的开发。

（2）低熔点、高分解温度、低腐蚀性的多元熔融盐及高比热容熔融盐纳米流体等液态储热材料遴选与研发。

（3）新型强化传热技术。

（4）匹配高温度、高腐蚀显热储能材料的储能装置。

（5）基于紧凑型的单罐斜温层，罐壁热棘轮效应等技术问题。

3. 发展方向

研究制备复合储能熔融盐以提高储热材料导热性并优化换热结构；针对现有的商业显热储能系统，以高温熔融盐为储能材料的高温显热－潜热复合储能系统开发；以显热储能系统为核心的分布式综合能源系统集成设计与优化。

（二）潜热储能技术

1. 关键科学问题

（1）中温潜热储能材料导热性能、循环稳定性以及与器件的相容性等问题；高温潜热储能材料腐蚀性强、结构成型差及高通量低成本制备等问题。

（2）潜热材料中热量传递规律及强化机制、潜热材料微观结构与储热性能之间的协同作用关系。

（3）高性能储能模块传热传质恶化、响应速度慢等问题。

2. 关键技术问题

（1）满足商业应用的新型多元成分潜热储能材料遴选与制备。

（2）高能效、可靠的大容量潜热储能材料加热装置的研发。

（3）高性能储热模块优化设计与控制运行策略。

（4）储热单元装置放大技术、强化传热技术以及新型热力学过程开发。

3. 发展方向

结合先进纳米技术、流体技术研发复合潜热储能材料，改善导热性能，提高储能密度与储能效率；高能量密度、紧凑化、微型化的潜热储热单元设计与优化；开发潜热储能－可再生能源耦合集成系统，实现可再生能源的提质增效与就地消纳。

（三）热化学储能技术

1. 关键科学问题

（1）热化学储能材料组分（活性金属、载体、促进剂等）协同作用机理；热化学反应机理及产物选择性调控和定向提质规律。

（2）热化学储能关键器件中能量转化、热质传递与化学反应多场耦合机理与强化机制。

（3）热化学储能集成系统可用能转化规律及能量提质增效机制。

2. 关键技术问题

（1）高效稳定的复合热化学储能材料开发及材料体系遴选、设计和调控的理论与方法。

（2）热化学储能器件匹配集成与热化学反应器的设计、优化、调控的理论与方法。

（3）热化学储能系统高效集成原理及能量梯级利用技术。

3. 发展方向

明晰基于高效热化学储能材料和反应器的热力学模型及动力学机理；建立完善的材料体系遴选标准与热化学反应器设计的理论和方法；显热－潜热－热化学综合储能系统的设计及优化；建立详细准确的热化学储能性能评估标准。

第三节　电化学储能

一、基本范畴、内涵和战略地位

电化学储能的作用是将其他形式的能量转化成电能的形式并将能量存储起来，需要时将电化学能转化成其他形式的能量释放出去。主要包括二次电池和超级电容器两大类，其中二次电池主要有铅酸电池、锂离子电池、液流电池、高温钠电池和其他新型电池。与其他能量形式相比，电化学储能具备优异的调节性能、灵活的安装方式、高质量的调节能力、环保等多种优势，是其他一次能源的有效补充，是目前除抽水蓄能以外应用最为广泛的储能形式，属于新能源优先发展的领域，是国内外大力发展的技术和学科，是落实能源革命技术的关键环节。

关于电化学储能，主要发达国家和地区都出台了相应的政策，以便加快绿色电化学储能技术的布局和抢占能源竞争的制高点。① 2018 年 6 月，欧盟在"地平线 2020"计划基础上制定了"地平线欧洲"框架计划，明确支持"可再生能源存储技术和有竞争力的电池产业链"。② 2018 年 7 月日本新能源产业技术综合开发机构（New Energy and Industrial Technology Development Organization，NEDO）通过"创新性蓄电池－固态电池"开发项目，计划联合 23 家企业、15 家日本国立研究机构，攻克全固态电池商业化应用的瓶颈技术，为在 2030 年左右实现规模化量产奠定技术基础。③ 2018 年 9 月，美国能源部为储能联合研究中心（Joint Center for Energy Storage Research，JCESR）投入 1.2 亿美元（5 年）以推进电池科学和技术研究开发。④ 2018 年 9 月，德国公布"第七期能源研究计划"，支持多部门通过系统创新推进能源转型，明确支持电力储能材料的研究。美国、日本、欧盟、德国等国家或组织的政策中明确提出了电化学储能相关的研发计划，这些国家或组织的布局以及重金投入，无疑将推动电化学储能的规模化应用步伐。

中国对电化学储能技术也进行了规范和指导。2017 年 10 月，国家能源局会同国家发展和改革委员会等部门联合印发了《关于促进储能技术与产业发展的指导意见》，明确了完善落实促进储能技术与产业发展的政策、推进储能项目示范和应用等任务措施。2019 年 6 月，国家能源局会同国家发展和改革委员会等部门联合印发了《贯彻落实〈关于促进储能技术与产业发展的指导意见〉2019—2020 年行动计划》，在新能源汽车方面，计划明确推进新能源汽车动力电池储能化应用。"十三五"期间，国家重点研发计划"智能电网技术与装备"重点专项在先进储能技术领域，进一步解决制约我国储能产业发展的基础科学、关键技术问题，全面提升储能技术的自主研发与创新能力、装备和产业化水平。

二、发展规律与发展态势

电化学储能电池领域目前主要有铅碳电池、铅酸电池、锂离子电池、钠离子电池、液流电池、镍氢电池等。从环境保护的角度考虑，铅碳电池和铅酸电池在储能领域可能会逐年减少，被锂离子和钠离子电池取代。由于在正极、隔膜和负极方面的突破，锂离子电池首先得到了商业化的应用，能量密度高、循环寿命长和储能效率高的特点使其得到快速发展。随着电动汽车的发展，首批退役电池已经开始作为储能电池示范项目来进行梯度利用。在新一代储能技术开发的过程中，基于轻元素、多电子转化反应的转化型电池体系，由于其超高的理论能量密度，成为当前电池领域的热点研究方向。此外，液流电池和高温钠电池也具备了一定的发展规模。为了进一步提高二次电池的安全性和能量密度，采用非可燃性固体电解质的半固态和全固态电池近年来受到广泛的关注，其他新型电池体系也陆续得到发展。电化学储能未来的应用场景主要包括电力储能、家庭储能和基站储能。未来电化学储能会根据应用场景、应用规模、应用空间等往大型化、定制化、高安全、易回收、绿色环保方向发展。

三、发展现状与研究前沿

（一）锂离子电池

得益于锂离子电池产业链的完善以及动力电池的迅猛发展，当前，锂离子电池产品的能量效率已经超过94%，这一数字已经远好于几乎所有的传统二次化学电源，高能量效率是高品质储能电池的重要前提。锂离子电池的循环寿命与使用的电极材料有很大的关系，另外，电池的循环寿命和生产成本共同决定了储能电池的综合使用成本。因此，选择合适的电池体系成为储能锂离子电池的一个研究重点。目前研究较多的储能锂离子电池系统有磷酸铁锂/钛酸锂、磷酸铁锂/石墨以及三元与锰酸锂复合/石墨三种电池体系。就电池的寿命和生产成本而言，磷酸铁锂/钛酸锂电池的寿命可以超过2万次甚至达到10万次，但生产成本较高，电芯成本接近4元/W·h。磷酸铁锂/石墨电池的寿命达6000次，高温循环寿命为4000次，电芯成本可以控制在0.8～1.2元/W·h。三元与锰酸锂复合/石墨电池的循环寿命可达2000～3000次，电芯成本可以控制在1～2元/W·h。

锂离子电池大规模储能领域在国际上走在最前沿的国家有美国、日本和中国。2018年，美国在澳大利亚南部建成的世界上最大的100 MW/129 MW·h锂离子电池组——霍恩斯代尔储能系统（Hornsdale power reserve，HPR）。该系统运行6个月后就使得该地区的电力市场辅助服务价格下降了73%。日本在储能领域有着更宏大的目标，为了将储能市场容量尽快提高到占全球50%，日本为安装锂电池储能的家庭和企业用户提供66%的费用补贴。日本METI预算出资约9830万美元，为装设锂电子电池的家庭和商户提供66%的费用补贴。此外，METI还为工厂和小型企业拨款77 900万美元，以提高能源效率，这一举动旨在激励太阳能发电厂和变电站对储能系统的使用。

我国政府对锂离子电池在大规模储能领域的应用也十分重视。2018年，国家颁布了《电力储能用锂离子电池》（GB/T 36276—2018）国家标准，该标准规定了储能锂离子电池的规格、技术要求和检验规则等生产与使用时的一些重要指标，为我国储能锂离子电池的规范化发展指明了方向。在锂电池成本下行及电网侧示范工程拉动下，国内锂电储能正在迎来规模化商用的关键时间点。随着政策支持力度加大、电力制度商业化、市场机制建立、商业模式建立、锂电池装机容量加速增长，至 2021～2023 年，锂电储能有望进入商业化加速期。中关村储能产业技术联盟（China Energy Storage Alliance，CNESA）数据显示，截至 2018 年底，中国已投运的电化学储能项目累计规模为 1040 MW，同比增长 167%。与此同时，2018 年国内新增投运电化学储能项目装机规模为 650 MW，同比增长 437.2%。其中，锂电池的装机比例为 70%，占据主导地位。高工产业研究院（Gao Gong Industry Research Institute，GGII）调研数据显示，2018 年中国储能锂电池［不包含通信电源、数据中心、不间断电源（uninterruptible power supply，UPS）等用锂电池］出货量同比增长 113.3%，出货量为 3.2 GW·h。公开数据显示，我国的锂离子电池储能项目已有 20 个，装机总规模达到 39.575 MW。比亚迪于 2016 年 7 月率先建成了我国第一座兆瓦级磷酸铁锂电池储能电站，用于平抑峰值负荷以及光伏电站的稳定输出。2019 年，南方电网建成了 5 MW/20 MW·h 锂离子电池储能示范电站，以 10 kV 电缆接入深圳 110 kV 碧岭站，其主要功能定位为移峰填谷。

另外，动力电池使用之后可以进一步应用于储能电池，实现梯级利用。动力电池在储能系统中的再利用，会显著降低储能电池的成本，可低至 0.2～0.4 元 /W·h。大容量锂离子电池的广泛使用，对最终的电池回收也提供了便利条件。我国是世界上动力电池梯级利用与锂电储能的引领者，2017 年 3 月以来，中国铁塔股份有限公司（简称铁塔公司）已扩大了梯级电池的试点规模。

综上，锂离子电池是目前最为活跃的研发与商业化领域，在消费电子、电动汽车和国防装备等方面取得了很大的成功，在规模储能领域也获得了大量示范，并且商业化也在逐步推广。虽然目前锂离子电池储能技术经济性、可靠性方面还需要深入研究并加以改善，但已经展现出了巨大的发展潜力。随着今后产业链的逐步成熟和完善以及动力电池、梯级利用、高效回收、能源互联网等技术的发展，相信锂离子电池在储能领域的应用将会达到空前繁荣。

（二）钠离子电池

因锂资源在地球上储量有限，而全球范围内快速增长的新能源产业对锂资源的需求日益增加。钠与锂在元素周期表中同属于第一主族且居相邻位置，具有相似的物理化学性质，而且其离子脱/嵌机制相近。与锂资源不同的是，钠资源分布广泛，不受地理区域限制，成本低廉。因此，钠离子电池在规模化储能领域有望成为锂离子电池的补充体系。与锂离子电池工作"摇椅式"工作原理相同，钠离子电池依靠钠离子在正负极之间的可逆脱嵌实现电能和化学能之间相互转换，是后锂离子电池时代中的储能技术新星，在大规模电力储能领域极具潜力，对于实现"安全、经济、高效、低碳、共享"的新能源体系具有重要意义。

低成本、长寿命、高安全性钠离子电池的开发必然离不开高性能电极材料的研发。英国FARADION公司在国际上较早开展了钠离子电池产业化的研究，其开发的基于Ni、Mn、Ti基层状氧化物正极，硬碳负极组装的10 A·h软包电池样品，能量密度达到140 W·h/kg，平均工作电压为3.2 V，在80%放电深度（depth of discharge，DoD）下循环寿命超过1000次。美国Natron Energy公司采用普鲁士蓝类材料开发了水系钠离子电池，2C倍率下，循环寿命达到10 000次。法国NAIADES使用硬碳负极、氟磷酸钒钠正极，开发了1 Ah钠离子18650电池，能量密度为90 W·h/kg，平均工作电压为3.7 V，在1C的倍率下，循环次数可达4000次。国内浙江钠创新能源有限公司开发的$NaNi_{1/3}Fe_{1/3}Mn_{1/3}O_2$层状氧化物正极/硬碳负极钠离子软包电芯能量密度可达100～120 W·h/kg，1000次循环后，容量保持率超过92%。中科海钠科技有限责任公司采用Cu基层状氧化物正极，煤基碳材料负极，开发了钠离子软包、圆柱和铝壳电池，能量密度超过135 W·h/kg，平均工作电压达3.2 V，在3C/3C、100% DoD循环超过2000次，并在低速电动车（72 V/80 A·h）和储能电站（30 kW/100 kW·h）领域实现了示范应用。

当前钠离子电池的研究前沿集中在正负极关键材料体系的研发、电池界面的演变以及固态钠电池的开发。①基于廉价金属元素，设计、制备兼具低成本、长寿命和高容量特点的新型正极材料。②明晰无定形碳负极材料储钠机理，解决碳负极首次库伦效率低的问题。③开发与正负极材料匹配的高安全性电解液体系，采用先进原位表征技术阐明电极/电解液界面演变机制，构筑稳定的电极/电解液界面。④固态电解质和钠金属负极的研发。

（三）液流电池

现有的液流电池体系主要包括全钒体系、多硫化物/溴体系、铁铬体系、锌溴和锌碘体系等。其中，全钒液流电池技术已处于产业化进程中；锌溴、锌镍液流电池技术处于产业化推广的前沿；其他液流电池技术还处于技术攻关阶段。全钒液流电池的10兆瓦级、100兆瓦级示范已经开展。例如，日本住友于2016年在北海道建成了15 MW/60 MW·h的全钒液流电池储能电站；2016年我国国家能源局批复于大连建设规模为200 MW/800 MW·h的全钒液流储能电池调峰电站。

由于钒的价格受政策影响波动较大，成本问题无法控制。为满足液流电池的实用化要求，未来的研究前沿和发展方向为电池电极、隔膜、电解液和双极板的关键材料的研发与改进，电池系统设计和管理水平的提升。

（四）镍氢电池

在动力电池方面，镍氢电池由于其大电流充放电性能及安全性较锂电池更有优势，仍将是混合动力汽车的主要选择。在智能电网储能方面，国内的江苏春兰清洁能源研究院有限公司承担了国家"十二五"863计划"高功率镍氢电池系统开发研究"项目，并于2010年上海世界博览会展示了与上海电力股份有限公司合作开发的100 kW储能系统，其能量密度为84 W·h/kg，功率密度为300 W/kg。2012年12月，湖南科力远新能源股份有限公司下属的先进储能材料国家工程研究中心有限公司，自主研发了中国首套微网分布式新能源储能节能系统，采用收购的日本松下湘南工厂车用高能动力镍氢电池，不间断运行满2个月后电池的一致率达到99.89%，功率最高可达5 MW，使用寿命达8年。

目前镍氢电池的发展面向高能量、高功率、宽温区、低成本、低自放电等方面，集中于现有电池材料的改进、电池结构的设计及电池的回收处理。需进一步提升$Ni(OH)_2$正极的导电性能及充放电速率，寻找低成本、高性能的负极储氢合金材料，优化电池结构，降低电池内阻；发展混合动力汽车的电池管理技术，延长电池使用寿命，降低单位电耗成本；发展镍氢电池电极材料回收技术及再生技术等。

四、关键科学问题、关键技术问题与发展方向

（一）锂离子电池

1. 关键科学问题

（1）电池材料的复杂构效关系与电极材料的稳定性差、能量密度低等问题（沃纳，2019）。

（2）运行过程中电极材料的结构演化、电极/电解液界面演变机制。

（3）锂枝晶生长抑制与电解液的安全性能优化。

2. 关键技术问题

（1）针对单体、电池组和电池系统的排布及容量分配的电池系统优化设计。

（2）针对充放电管理与热管理的电池管理系统搭建和集成。

（3）集流体、隔膜等低成本、高安全性的离子电池组件研发。

3. 发展方向

开发高性能、长寿命的电极材料与高安全性的电解液配方；针对不同储能环境设计并优化锂电池系统与电池管理系统；全固态电解质锂电池的开发与探索。

（二）钠离子电池

1. 关键科学问题

（1）钠离子电池正极储钠容量低，稳定性差等问题及运行过程中材料结构塌陷与过渡金属元素溶解机理（Vaalma et al.，2018；容晓晖等，2020）。

（2）碳类负极材料的储钠机理及电极/电解液界面形成的固态电解质膜在循环过程中的增长和溶解问题（Hu and Lu，2019）。

（3）电极/电解质界面稳定性差、电极利用率低及离子电导率低等问题。

2. 关键技术问题

（1）稳定性好、一致性高的核心电极材料和电解液（质）材料制备工艺。

（2）电极制作工艺优化，解决单位能量密度下电极材料非活性物质用量

过多、成本过高问题。

（3）基于负极铝箔集流体的产品再设计，装配工艺、化成老化工艺的优化。

（4）结合钠离子电池工作电压上下限宽与过放电忍耐能力对电池管理系统进行设计与优化。

3. 发展方向

开发低成本、长寿命、高容量、高倍率和高安全性的钠离子电池正负极材料；开发满足宽温度适应性、阻燃、耐高压的功能电解液盐、溶剂和添加剂组分；研发高离子电导率的钠离子电池固态电解质，攻克固固界面稳定性差的难题；适用于钠离子电池生产的原料供应、极片制作、电芯设计和评测、电池成组技术和电极管理系统的开发。

（三）液流电池

1. 关键科学问题

（1）液流电池化学稳定性、耐腐蚀性及机械强度之间的协同作用关系（张华民，2014）。

（2）固-固型和沉积型液流电池电极枝晶生长问题。

（3）液流电池运行过程中析氢、析氧副反应的发生机制与反应路径（苏秀丽等，2019）。

（4）液流电池电堆管路流阻高、流场均匀性差等问题。

2. 关键技术问题

（1）基于表面修饰改性与纳米材料复合等方法的高催化活性和导电性电极材料制备。

（2）适用于液流电池体系的高离子传导性和选择性隔膜材料研发。

（3）高稳定性、高浓度和纯度、温度适应范围广的电解液、电解质溶液开发。

（4）电池系统的运行状态监控、智能控制、故障诊断和安全保护。

3. 发展方向

非水体系新型液流电池研发（杨洋等，2019）；高功率密度、高效率、高材料利用率、高电解液利用率和小型化液流电池成套技术开发；基于液流电池系统的新能源发电侧储能电站设计；适配分布式能源系统的一体化分布式液流电池储能模块设计。

（四）镍氢电池

1. 关键科学问题

（1）储氢合金负极材料反应动力学特性与表面催化机理。

（2）电极材料贵金属成分的作用机制与替代廉价金属成分遴选（陈云贵等，2017）。

（3）镍氢电池氢扩散速率与材料微观结构的关联规律。

2. 关键技术问题

（1）高性能 $\alpha\text{-}Ni(OH)_2$ 的制备技术与高密度球形 $Ni(OH)_2$ 的制造成本优化。

（2）负极材料多元合金成分优化、合金热处理及表面形貌优化。

（3）镍氢电池系统的热、电和结构设计一体化集成技术（Ma et al.，2012）。

3. 发展方向

适用于不同应用场景的镍氢电池负极材料开发；基于镍氢电池回收利用的电池梯次利用技术研发；适用于大规模分布式储能系统的大型镍氢电池储能系统设计。

第四节　超级电容器储能

一、基本范畴、内涵和战略地位

超级电容器是一类基于含能离子可逆吸脱附或法拉第反应的电化学储能装置/装备，根据其储能原理的不同可分为双电层超级电容器、赝电容以及混合电容，根据其工作的电解液类型可分为水系超级电容器、有机系超级电容器以及离子液体系超级电容器。相比于电池储供能方式，具有功率密度高、循环寿命长、温度适应性强、安全环保等优点，在微网调配、轨道交通、混合储能、制动能量回收、快速启停以及大功率军事武器等领域具有重要应用。多场景高性能超级电容器的研发已成为《能源技术革命创新行动计划（2016—2030年）》《"十三五"体现中国国家战略的百大工程项目》《工业强基2016专项行动实施方案》等国家政策重点支持和发展的对象。

二、发展规律与发展态势

超级电容器从诞生至今经历30余年发展历程，1957年，Becker申请了第一个由高比表面积活性炭作电极材料的电化学电容器方面的专利；1962年标准石油公司（Standard Oil）生产了一种6 V超级电容器，并在1969年率先实现了碳材料电化学电容器的商业化；1979年日本NEC公司开始生产超级电容器，开启了电化学电容器的大规模商业应用。

随着材料与工艺关键技术的不断突破，20世纪90年代末大容量高功率型超级电容器进入全面产业化发展时期，市场拓展规模也在呈几何倍数增长。目前超级电容器作为储能产品已日趋成熟，应用范围和储能尺度也在不断拓展：从最初的电子设备领域扩展到动力领域、大规模的电力储能领域；从单独储能到与蓄电池或燃料电池组成混合储能。尽管目前超级电容器领域相比于电池领域的产业体量仍然较小，但已展现了巨大的市场需求和规模。2017年全球超级电容器市场规模达到200亿元，其中中国80亿元；2020年全球市场规模400亿元，其中中国150亿元；相关预测表明，未来8年内，超级电容器市场规模的复合年均增长率将超过25%。

三、发展现状与研究前沿

目前美国、日本、俄罗斯在超级电容器产业化方面处于领先地位，我国超级电容器的研究起步于20世纪90年代末，目前主要用于电动交通工具的辅助电源、UPS系统、电磁开关、安全气囊、电站峰谷电力平衡、电动起重机的吊件位能回收等高功率用电场合。尽管超级电容器的制造成本以每年约10%的幅度降低，但其相比于电池仍然面临低能量密度、高成本的技术瓶颈；以锂离子电池和双电层超级电容器对比为例，锂离子电池的能量密度在110～150 W·h/kg，超级电容器普遍只有10 W·h/kg左右，每千瓦时超级电容器的成本是锂离子电池的8倍左右。进一步降低成本、提升性能成为超级电容器拓展应用场景、扩大市场规模的发展方向。

综合国内外超级电容器学术研究和技术应用的现状，当前的研究前沿或重点包含以下几方面（Salanne et al.，2016；Simon and Gogotsi，2020）：①超级电容器储能新机制的探究和储能潜力挖掘，国内外学者在传统双电层理论基础上聚焦电极材料多尺度结构内含能离子输运、储存的新机制，力求突破亚纳米尺度限域空间的离子储存密度和速率，进而指导高密度、大功率超级电容器的设计构筑；②高性能、低成本超级电容器组成部件的研制，通过电极材料、电解液、隔膜、集流体、外壳（密封）、黏结剂等关键组成部件及整体设计的技术创新，降低超级电容器成本、提升关键性能指标（降低超级电容器内阻、增加超级电容器比电容量、提高超级电容器能量密度、提高超级电容器功率密度、延长超级电容器循环使用寿命、提高超级电容器循环稳定性、降低超级电容自放电率）；③服务个人便携式穿戴储能的柔性/固态/微型超级电容器研制，除了在移动载具（中等尺度）、大规模电力储能（大尺度）方面继续拓展超级电容器的应用空间外，针对个人供能系统（小尺度），开发兼具安全性的柔性、固态、微型超级电容器。

四、关键科学问题、关键技术问题与发展方向

（一）关键科学问题

（1）载能离子储运活性与稳定性的协同强化机制（Chmiola et al.，2006；Simon and Gogotsi，2008；Chen et al.，2017；Futamura et al.，2017）。

（2）离子/电子在电极材料内的耦合储运过程与离子/电子在电极/电解液界面以及电极内部的混合输运机制。

（3）"缺陷–孔隙–微晶"的多尺度结构与储能活性及稳定性的关联规则。

（二）关键技术问题

（1）新型电极材料、电极液体系或超级电容器储能方式开发（Merlet et al.，2013；李雪芹等，2017）。

（2）电极材料、电解液、隔膜、集流体、外壳（密封）、黏结剂等关键组件开发及其耦合技术。

（3）有机体系双电层超级电容器电压窗口与比电容值提升。

（三）发展方向

针对不同超级电容器储能类型，揭示含能离子储运活性与稳定性机制并发展协同强化方法；发展低成本、高性能超级电容器关键组件的制造技术以及延拓超级电容器的整体构筑策略。

第五节　其他储能技术

一、基本范畴、内涵和战略地位

近几十年来，储能技术经过不断的研究和发展，受到各国能源、交通、电力、通信等部门的广泛重视，是缓解能源供需矛盾问题的关键。2015年3月国务院印发的《关于进一步深化电力体制改革的若干意见》明确提到鼓励储能技术的应用来提高能源使用效率，八大重点工程提及储能电站、能源储备设施，重点提出要加快推进储能等技术研发应用。2019年，为落实《关于促进储能技术与产业发展的指导意见》（发改能源〔2017〕1701号），国家发展和改革委员会结合工作实际，制定了《贯彻落实〈关于促进储能技术与产业发展的指导意见〉2019—2020年行动计划》，明确指出集中攻克制约储能技术应用与发展的规模、效率、成本、寿命、安全性等方面的瓶颈技术问题。在各种储能方式中，由于超导磁体环流在零电阻下可无能耗运行持久地储存电磁能，SMES具有效率高、功率密度高、响应速度快、循环次数无限等优点,是未来可再生能源发展的关键(Salama and Vokony,2020)技术之一。

二、发展规律与发展态势

超导技术于 1911 年由荷兰物理学家 H. K. Onnes 提出,而超导磁储能自 1969 年首次提出之后,因其在响应时间、功率密度、使用寿命和环境友好性等方面的优点,得到了较快发展。SMES 的优点取决于其基本原理,将能量以电磁能的形式存储在由超导带材环绕的超导磁体中,并在需要的时候通过功率调节系统释放出来。超导带材零电阻的特性决定了 SMES 具有效率高的优点;超导带材电流密度高的特点决定了 SMES 具有高功率密度的优点;其以电磁能直接存储能量的形式决定了 SMES 无须能量转换的环节,具有响应速度快的优点;而 SMES 在运行过程中,无任何电化学反应和机械磨损的特点决定了其具有循环次数无限的优点。但是,物质超导性质(零电阻)多出现在极低的温度下,如钇钡铜的超导温度为 90 K、氢化镧的超导温度为 250 K(170 万个大气压),超导储能的发展取决于高温超导材料的研发,而低能耗超导腔体的降温和保温技术也是限制超导储能的关键技术(Zuo et al.,2019)。

三、发展现状与研究前沿

SMES 不论是从功率还是从储能量来说均不存在发展的技术瓶颈。现有技术已能够支持研发 100 MW/1 GT 级的 SMES。在功率方面,10 MW 级的 SMES 已有研发先例。1983 年,美国研制了一台 10 MW/30 MJ 级的 SMES,并成功抑制了美国西部一条 500 kV 交流输电线路上的低频功率振荡。2009 年,日本研制成功 10 MVA/20 MJ 级的 SMES,并将该装置连接在一个水电站和轧钢厂之间,有效抑制了轧钢厂的功率波动,提高了电网的稳定性和电能质量。用于 ITER 超导磁体供电电源的设计容量已达 144 MW。在储能量方面,100 MJ 级的超导磁体已有研制先例。2002 年美国完成 100 MJ 级的 SMES 系统设计与样机组装测试。欧洲核子研究中心（European Organization for Nuclear Research，CERN）所研制的用于大型强子对撞机的超导磁体直径 6 m，储能量达到 2.9 GT（0.8 MW·h）。用于 ITER 的磁体系统由 18 个宽 7.2 m，高 17.4 m，重达 230 t 的 D 形超导磁体构成，总储能量达到 41 GT（11.4 MW·h）。从综合功率和储能量的技术储备来看，目前发展 100 MW/1 GT 级的 SMES 已存在技术上的可行性，如果能够得到企业和政府的支持，SMES 技术和相关产业有可能得到突破性的发展。2014 年，华中科技大学研制成功 50 kW/100 kJ 和 100 kW/150 kJ 级的 SMES，分别用于改善微电网的电能质量和提高发电机的供电质量。日本研制了 1 kW/6 kJ 级的 H-SMES 微型样机，并进行了模拟实验研究。英国研制了 1 kW/72 J 级的 B-SMES，并采用新的下垂控制方法，可以延长系统 26% 的使用寿命。中国科学院研制成功了世界首台在风电场并网运行的超导故障电流限制 - 磁储能系统（SFCL-MES），实验测试和在线运行结果均证明了该系统可以有效地提高风电并网的可靠性和电能质量（Noori et al.，2020）。

四、关键科学问题、关键技术问题与发展方向

（一）关键科学问题

（1）高温超导材料微介观特性与效率、性能的关联规律（Vyas and Dondapati，2020）。

（2）超导磁体力 - 热 - 电 - 磁多物理场耦合问题（Akram et al.，2020）。

（二）关键技术问题

（1）低能耗超导腔体降温及保温技术。

（2）电网协同的超导储能控制策略（Nicu，2018；Sun et al.，2019）。

（三）发展方向

降低超导材料成本；优化高温超导线材的工艺和性能；开拓新的变流器技术和控制策略；降低超导储能线圈交流损耗和提高储能线圈稳定性；失超保护加强。

本章参考文献

陈海生，吴玉庭．2020．储能技术发展路线图．北京：化学工业出版社．

陈云贵，周万海，朱丁．2017．先进镍氢电池及其关键电极材料．金属功能材料，24(1): 1-24.

丁玉龙，来小康，陈海生．2019．储能技术与应用．北京：化学工业出版社．

国家发展改革委．2014．国家发展改革委关于促进抽水蓄能电站健康有序发展有关问题的意见．http://zfxxgk.nea.gov.cn/auto87/201412/t20141209_1867.htm[2022-03-11].

国家发展改革委，财政部，科学技术部，等．2017．关于促进储能技术与产业发展的指导意见．http://www.gov.cn/xinwen/2017-10/11/content_5231130.htm[2022-03-11].

国家能源局．2016．水电发展"十三五"规划（2016-2020 年）．http://www.nea.gov.cn/135867663_14804701976251n.pdf [2022-03-11].

国家能源局．2017．关于发布海水抽水蓄能电站资源普查成果的通知．http://zfxxgk.nea.gov.cn/auto87/201704/t20170405_2763.htm[2022-03-11].

华不龙．2019．抽水蓄能电站建设发展历程及前景展望．内蒙古电力技术，37(6): 5-9.

李雪芹，常琳，赵慎龙，等．2017．基于碳材料的超级电容器电极材料的研究．物理化学学报，33（1）：130-148.

李永亮，金翼，黄云，等．2013．储热技术基础（I）—储热的基本原理及研究新动向．储能科学与技术，2(1): 69-72.

马小琨，徐超，于子博，等．2015．基于水合盐热化学吸附的储热技术．科学通报，60(36): 3569-3579.

容晓晖，陆雅翔，戚兴国，等．2020．钠离子电池：从基础研究到工程化探索．储能科学与技术，9(2): 515-522.

苏秀丽，杨霖霖，周禹，等．2019．全钒液流电池电极研究进展．储能科学与技术，8(1): 65-74.

沃纳 J．2019．锂离子电池组设计手册 电池体系、部件、类型和术语．王莉，何向明，赵云，译．北京：清华大学出版社．

杨洋，刘纳，韦延宏，等．2019．全钒液流电池电解液研究进展．电源技术，43(04): 706-709.

张华民．2014．液流电池技术．北京：化学工业出版社．

Akram U, Nadarajah M, Shah R, et al. 2020. A review on rapid responsive energy storage technologies for frequency regulation in modern power systems. Renewable and Sustainable Energy Reviews, 120: 109626.

Carrillo A J, González-Aguilar J, Romero M, et al. 2019. Solar energy on demand: A review on high temperature thermochemical heat storage systems and materials. Chemical Reviews, 119(7): 4777-4816.

Chen X, Paul R, Dai L. 2017. Carbon-based supercapacitors for efficient energy storage. National Science Review, 4(3): 453-489.

Chmiola J, Yushin G, Gogotsi Y, et al. 2006. Anomalous increase in carbon capacitance at pore sizes less than 1 nanometer. Science, 313(5794): 1760-1763.

Futamura R, Liyama T, Takasaki Y, et al. 2017. Partial breaking of the Coulombic ordering of ionic liquids confined in carbon nanopores. Nature Materials, 16(12): 1225.

Gay F W. 1948. Means for storing fluids for power generation. https://www.freepatentsonline.com/2433896.pdf[2022-07-21].

Hu Y S, Lu Y. 2019. Nobel prize for the Li-ion batteries and new opportunities and challenges in Na-ion batteries. ACS Energy Letters, 4(11): 2689-2690

Hunt J D, Zakeri B, Falchetta G, et al. 2020. Mountain gravity energy storage: A new solution for closing the gap between existing short-and long-term storage technologies. Energy, 190: 116419.

Ma H, Cheng F, Chen J. 2012. Nickel-metal hydride (Ni-MH) rechargeable batteries. In: Electrochemical Technologies for Energy Storage and Conversion, Edited by Liu Ru-Shi, Zhang Lei, Sun, Xueliang et al. Wiley-VCH.

Mahmoud M, Ramadan M, Olabi A G, et al. 2020. A review of mechanical energy storage systems combined with wind and solar applications. Energy Conversion and Management, 210: 112670.

Merlet C, Pe´an C, Rotenberg B, et al. 2013. Highly confined ions store charge more efficiently in supercapacitors. Nature Communications, 4: 2701.

Nicu B. 2018. Effective mitigation of the load pulses by controlling the battery/SMES hybrid energy storage system. Applied Energy, 229: 459-473.

Noori A, Shahbazadeh M J, Eslami M. 2020. Designing of wide-area damping controller for stability improvement in a large-scale power system in presence of wind farms and SMES compensator. International Journal of Electrical Power & Energy Systems, 119: 105936.

Raud R, Cholette M E, Riahi S, et al. 2017. Design optimization method for tube and fin latent heat thermal energy storage systems. Energy, 134: 585-594.

Salama H S, Vokony I. 2020. Comparison of different electric vehicle integration approaches in presence of photovoltaic and superconducting magnetic energy storage systems. Journal of Cleaner Production, 260: 121099.

Salanne M, Rotenberg B, Naoi K, et al. 2016. Efficient storage mechanisms for building better supercapacitors. Nature Energy, 1: 16070.

Simon P, Gogotsi Y. 2008. Materials for electrochemical capacitors. Nature Materials, 7(11): 845-854.

Simon P, Gogotsi Y. 2020. Perspectives for electrochemical capacitors and related devices. Nature Materials, 19(11): 1151-1163.

Sun Q, Xing D, Alafnan H, et al. 2019. Design and test of a new two-stage control scheme for SMES-battery hybrid energy storage systems for microgrid applications. Applied Energy, 253: 113529.

Teller O, Nicolai J P, Lafoz M, et al. 2013. Joint EASE/EERA recommendations for a European energy storage technology development roadmap towards 2030. Brussels: European Association for Storage of Energy and European Energy Research Alliance.

Vaalma C, Buchholz D, Weil M, et al. 2018. A cost and resource analysis of sodium-ion batteries. Nature Reviews Materials, 3(4): 1-11.

Vyas G, Dondapati R S. 2020. Investigation on the structural behavior of superconducting magnetic energy storage (SMES) devices. Journal of Energy Storage, 28: 101212.

Zuo Z Q, Jiang W B, Yu Z G, et al. 2019. Liquid nitrogen flow in helically corrugated pipes with insertion of high-temperature superconducting power transmission cables. International Journal of Heat and Mass Transfer, 140: 88-99.

第九章

氢能的生产、储运及利用

第一节 氢能的生产

一、基本范畴、内涵和战略地位

氢是自然界中含量最丰富的元素，在地球上，自然氢存在的量极其稀少，但氢元素却非常丰富，水是最丰富的含氢物质，其次是各种化石燃料（天然气、煤和石油等）及各种生物质等。氢能是一种灵活的二次能源，没有直接的资源蕴藏，可以通过煤、石油、天然气等化石燃料重整得到，还可以通过电解水、光催化分解水等途径得到。氢气制备技术的发展制约着氢能的发展，如何高效、安全地制备高纯度的氢气是目前必须要解决的瓶颈问题（邹才能等，2019）。氢气的制备处于整个氢能产业的上游，主要是通过能量输入从碳氢燃料或者水中提取氢。通过可再生能源从水中制取氢气是未来氢能可持续发展的重要途径。

全球主要国家高度重视氢能的发展，将氢能发展上升到国家能源战略高度。随着氢能研究的逐步深入，人们对氢能解决人类能源问题寄予了更高的期望，氢能被赋予摆脱对石油资源的依赖、二氧化碳减排等重要使命，对氢能研发和产业化不断加大资金投入和政策扶持（蒋利军和陈霖新，2019；罗佐县和曹勇，2020）。近年来，美、欧和日本等发达国家政府及国际组织，从本国及本地区能源供应角度出发，纷纷制定有关氢能发展的规划，投入大量资金，组织科研力量，意图抢占氢能产业发展的国际竞争制高点。2019年6月，IEA 在日本"G20 IEA 氢能报告发布会"上发布了氢能报告《氢的未来：抓住今天的机遇》，分析了全球氢能发展现状，规划了氢能未来发展路线图，为未来推动氢能发展提供了指导。报告建议在长期能源战略中确定氢的角色，关注氢能领域的关键机遇，以进一步增强未来 10 年的发展势头。

美国对能源安全始终保持高度关注，是最早将氢能及燃料电池作为能源战略的国家。2019 年 11 月 6 日，美国燃料电池和氢能协会（Fuel Cell and Hydrogen Energy Association，FCHEA）在 2019 年燃料电池国际研讨会暨能源展上发布了《美国氢能经济路线图——减排及驱动氢能在全美实现增长》，以期通过激烈竞争的氢工业加强美国在能源方面的领导地位，增强美国经济，提高能源弹性，维护美国的国家能源安全。与此同时，美国希望氢能带来重大环境和健康效益，更好地整合低碳电力资源。美国计划到 2025 年实现氢的大规模生产，在降低成本的同时，氢能的使用地域范围也不断扩大，通过明确的监管准则来协调市场参与者并吸引投资。在此阶段，美国将建设首批大规模制氢基础设施，通过使用可再生能源进行电解水、可再生天然气或者碳捕捉与储存技术来实现氢的制取。随着制氢规模的扩大，同步扩大与氢有关的设备生产规模，从而降低成本、提升性能。2026～2030 年，美国实现氢能发展路线实现多样化，在全美范围内扩大基础设施，各种制氢技术被广泛使用，与电网和可再生能源生产建立密切关联。2030 年后，氢能将在美国各地区、各行业大规模部署，低碳制氢的设施在全美广泛布局。

二、发展规律与发展态势

目前工业规模制氢使用的技术以化石燃料重整和电解水制氢为主。迄今，95% 以上的氢气是通过以煤、天然气、石油等为原料的化石燃料重整制取的，其中甲烷水蒸气重整制氢的成本较低，经济性好，但是其产生的二氧化碳等温室气体对环境造成的影响较为恶劣。电解水制氢技术利用可再生能源来进行电网规模级别制取氢气，获得的氢气纯度较高，可达 99.9% 以上，可以直接用于对氢气纯度要求高的精密制造行业。相较而言，电解水制氢技术相对环保，但是其能耗太大，成本较高。煤气化制氢是指煤在高温常压或加压条件下，与气化剂反应转化成气体产物氢气，其发展潜力大。随着煤制合成气、煤制油产业的发展，煤制氢产量逐年增多，其规模较大、成本较低，制氢成本约 20 元 /kg。光催化分解水、高温热化学裂解水和微生物催化等先进制氢技术处于实验室阶段但潜力大。

在科研力量组织上，2020 年 7 月，美国能源部宣布未来五年将再投入 1 亿美元，支持两个由能源部国家实验室主导建立的实验室联盟，以更好地整合国家实验室、高校和产业界研究力量，充分利用国家实验室世界级的科研设施与专业知识联合攻关，以推进氢能及燃料电池关键核心技术突破，进一步降低成本，加速其在电力、交通运输行业中的部署进程。每个联盟将聚焦各自的核心研究工作，其中一个重点研究工作便是开发大规模、长寿命、经济可行的电解制氢技术。美国期望通过科研攻关，利用电解槽将水高效分解成氢气与氧气，以显著降低氢能制备成本，推进大规模工业部署。

在能源战略层面，2020 年 7 月欧盟委员会发布《欧盟氢战略》，旨在充分开发氢能作为能源载体的潜力，提出加快在制氢、储运、应用等领域的技术研发，实现氢能价值链关键环节的规模化发展，确保氢技术的安全集中部署。欧洲氢能发展轨迹将是渐进式的，清洁氢能经济的发展预计分为 3 个阶段。第一阶段，2020~2025 年，欧盟将扩大电解槽的生产规模，至少安装 6 GW 的电解槽，以期可再生"绿氢"产量达到 100 万 t/a，降低现有制氢过程的碳排放并扩大氢能应用领域，将其从现有的化学工业领域扩展到其他领域。第二阶段，2025~2030 年，继续扩大"绿氢"产量，将达到 1000 万 t/a，同时建设广泛的后勤基础设施，以实现氢的跨境运输，形成一个开放和竞争的氢市场，使氢能成为综合能源系统的重要组成部分。第三阶段，2030~2050 年，可再生"绿氢"技术已经成熟并得到大规模应用，持续投入资金，建设更大规模的绿氢制备、储运与分配项目，在钢铁和物流行业等能源密集产业实现氢的规模利用，在更多领域实现脱碳目标。

三、发展现状与研究前沿

虽然在人类生存的地球上，氢是最丰富的元素，但是能够直接获取的自然氢极少，必须消耗大量的能量将含氢物质分解后才能得到氢气，因此，寻找低能耗、高效率的制氢方法迫在眉睫。最丰富的含氢物质是水，其次是各种化石燃料（煤、石油、天然气）及各种生物质等。目前的氢能制备技术大致可分为以下几类。

（一）化石燃料制氢

目前，全球工业化用氢主要来自以煤、石油和天然气为原料的化学燃料制氢，包括含氢气体的制造、气体中 CO 变换反应及氢气提纯等步骤。当前主要采用的工艺可分为：①天然气水蒸气重整（steam reforming of methanol，SMR）；②天然气裂解；③碳氢化合物或煤的部分氧化（partial oxidation of hydrocarbons，POX）或自热重整（autothermal steam reforming，ATR）天然气裂解；④煤制氢。

传统的煤制氢是通过利用碳取代水中的氢元素生成氢气和二氧化碳，或者通过煤的焦化和气化生成氢气及其他煤气成分。传统煤制氢法工艺成熟，可大规模稳定制备，是目前成本最低的制氢方式，但是，煤制氢过程仍不可避免产生大量的气相污染物，水煤气变换也存在水资源浪费的现象。西安交通大学动力工程多相流国家重点实验室提出了煤炭超临界水气化制氢技术（金辉等，2018），利用超临界水的性质，在煤气化过程中以超临界水为媒介，使煤中的碳和氢元素转化为 H_2 和 CO_2，并将水中的部分氢元素转化为 H_2。煤炭超临界水气化制氢技术具有以下几方面优点：①氢气产量高，反应生成氢气所需的氢元素不仅来自煤中，还有一部分是源于作为媒介的超临界水中；②污染小，超临界水的性质使有机煤质中的氮和硫等元素以无机盐的形式沉积，避免了污染物的排放；③煤超临界水气化技术可以提供约 25 MPa 的高压氢气。

以化石燃料为原料的制氢方法经济性较好，且氢气的提取率和纯度都高，适合工业上的大规模制氢，化石燃料制氢技术在未来几十年内仍将发挥举足轻重的作用。

（二）生物制氢

生物质资源丰富，具有易挥发组分高，碳活性高，硫、氮含量低等优点，具有成为未来可持续能源系统的重要组成部分的潜力。据统计，全世界每年的生物质只有 4% 被用作能源，资源分布分散。因此，将生物质转化成为高能量密度的氢气是利用生物质和制备氢气的一条重要途径。

目前，国际上重点关注的生物制氢的技术有如下几种。

1）生物质热裂解制氢

在高温且隔绝空气和氧气的条件下，先对生物质进行间接加热，使其发生热解转化为生物焦油、焦炭和气体，再对焦油等烃类物质进一步催化裂解，得到富氢气体，并对气体进行分离即可获得氢气。该技术流程简单，利用率高，但是反应温度、停留时间和生物质原料特性都影响着制氢效率。

2）生物质超临界水气化

利用水在临界点附近的特殊性质，可使生物质在超临界水中经历热解、水解、缩合、脱氢等一系列复杂的热化学转化，生成 H_2、CO、CO_2 等气体，气化率达到 100%，产物中 H_2 的体积百分含量超过 50%，且不易生成焦油、焦炭等污染物，不造成二次污染。该技术不需要对原料进行干燥预处理，对含水量较高的湿生物质可直接气化，含水量达 70%～90% 的有机物浆料可直接作为反应原料，有助于减少能耗，具有原料适应性强、反应迅速、气化率高、气化产物含氢量高、热值高等独特优势，显示出良好的开发前景。近年来的研究重点聚焦于不同种类生物质超临界水气化过程的转化规律及反应机理，探索反应温度、压力、物料浓度、停留时间等工艺参数，获得了大量相关基础数据，但由于生物质组成结构及反应体系复杂，总体上仍处于试验研究阶段。

3）光解水生物制氢技术

光解水生物制氢技术是指微生物，通常指光合细菌与绿藻类，利用自身光合作用所产生的能量，并通过自身所具有的特殊产氢酶体系进行分解水产氢（Iulian et al.，2016）。绿藻在光照和厌氧条件下的产氢由氢酶催化，而蓝细菌的产氢则在固氮酶和氢酶的共同催化下完成，两种生物所需的电子和质子均来自水的裂解。目前的研究热点聚焦于如何使绿藻同时具有高的生长效率和光合效率。对于光解水生物制氢技术，产氢系统的光子转化效率低是一个亟须解决的问题，理论上，绿藻产氢系统的光子转化效率最大为 12.5%，制氢成本可与化石燃料制氢的成本相当，然而实际上，该系统的光子转化效率只有不到 1%。

4）光 / 暗发酵法制氢

光发酵法制氢是指在光能驱动作用下，光发酵细菌将有机物转化产生氢气与二氧化碳的过程。多种工农业有机废弃物都可以作为光发酵制氢的底物。暗发酵法制氢是指利用厌氧发酵，厌氧微生物在氮化酶或者氢化酶作用下将碳水化合物底物分解产生氢气的过程（Hallenbeck and Ghosh，2009）。底物通常包括甲酸、丙酮酸等有机物、硫化物、淀粉纤维素等糖类，广泛存在于工农业生产的污水和废弃物中。厌氧发酵制氢过程的可持续性取决于产氢底物，而整个技术的效率取决于底物的物理化学性质。目前的理论研究集中于选育优良的耐氧菌种，进行多菌种的共同培养，选育高效产氢新菌种，从而提高氢气产量。反应器中的温度和水力停留时间等因素都将影响整体制氢效率。相比较于光发酵，暗发酵技术不依赖于光照条件，具有产氢速率高、稳定性好和成本低等优势，一直是生物制氢研究的热点和产业化应用的突破方向，是目前前景最为广阔的环境友好型制氢技术之一。

5）微生物电解池制氢

微生物电解池是指利用微生物作为其反应的主体，在阴极与阳极之间施加电流，以产生氢气的一种技术，其效能主要受底物成分和微生物群落组的影响（Yang et al.，2015）。微生物可利用多种可生物降解的有机废弃物作为底物，如多种发酵末端产物以及有机废水、活性污泥等，实现发酵末端产物的进一步降解。微生物电解池技术具有高效氢气转化和高能量效率的优点，产氢气速率每天提高至 50 m^3H_2/m^3 反应器，氢气产量接近 100%。

目前，生物制氢尚处于研究阶段，技术不成熟，制氢效率低，成本高，要想推广使用，未来的研究开发应关注以下问题。

（1）目前各种生物制氢技术，包括生物质气化制氢、热裂解制氢、超临界水制氢以及光 / 暗发酵法制氢技术，均未达到成熟阶段。

（2）生物质热裂解制氢研究的热点主要集中在热解反应器的设计、反应参数优化、开发新型催化剂等方面。

（3）利用光合细菌产氢，今后的方向是如何提高光能的利用效率。据美国能源部估算，如果光合细菌产氢能量转化效率达到 5.5%，就能够形成市场竞争力，目前光合细菌转换效率仍然较低。

（三）水解制氢

理论计算表明，在电解池中将一分子水电解为氢和氧仅需要 1.23 eV，因此水解制氢主要是通过电解完成的。现在水解制氢的方法主要有电解水制氢和光解水制氢两大类。

（1）电解水制氢技术作为一种传统技术，设备简单、无污染、所得氢气纯度高。根据电解质的不同，电解水技术可以分为碱水电解、固体氧化物电解和 PEM 纯水电解池（俞红梅和衣宝廉，2018）。其中，碱水电解技术是目前商业化程度最高、最为成熟的电解技术，国外技术商主要有法国 McPhy 公司、美国 Teledyne 公司和挪威 Nel 公司，国内代表企业主要有苏州竞立制氢设备有限公司、天津大陆制氢设备有限公司和中国船舶集团有限公司第七一八研究所。PEM 纯水电解在国外已经实现商业化，制氢过程无腐蚀性液体，运维简单，成本低，是我国今后需要重点开发的纯水电解制氢技术。目前，电解水的电能还是主要来自化石能源，发电效率较低导致整体电解水产氢效率仍然较低。

（2）光解水制氢是绿色制氢的最终方法之一，太阳能是最为清洁而又取之不尽的自然能源，光解水制氢是太阳能光化学转化与储存的最佳途径，意义十分重大。然而，利用太阳能光解水制氢却是一个十分困难的研究课题，有大量的理论与工程技术问题需要解决。太阳能光解水制氢可以通过两种途径来进行：光电化学电池法和半导体光催化法，是近年来的国际研究热点（Walter et al.，2010；Sivula et al.，2011）。受限于电极材料和催化剂，目前研究工作得到的光电催化分解水效率普遍较低（10%~13%）。澳大利亚莫纳什大学化学院研究团队采用泡沫镍电极材料，使电极表面积大大增加，可使太阳能光电催化分解水制氢效率达到 22%。因此，研制高效、稳定、廉价的光催化材料及反应体系是突破的关键。

经过多年的研究，在光解水制氢领域中，光催化剂的主催化剂和助催化剂研发、光生电子空穴对的分离和传输机理研究以及产氧和产氢反应机理的研究等方面均取得诸多进展，光催化制氢效率逐步提高，对光催化机理认识逐步深入、表征手段快速发展，光催化材料种类也在不断拓展，光催化技术正处于从实验室研究迈向规模化应用的关键阶段。目前光催化技术的研究重点是：如何实现光催化材料带隙与太阳光谱匹配，如何实现光催化材料的导价带位置与反应物电极电位匹配，如何降低电子空穴复合从而提高量子效率，如何提高光催化材料的稳定性等问题。

从长远来看，光解水制氢是化石燃料制氢的理想替代技术。利用太阳能进行光解水制氢的关键因素是光能转换效率与成本问题。今后的研究主要着眼于设计和研制高效、稳定的催化材料和半导体材料；深入探讨光催化过程中的电荷分离、传输及光电转化等机理问题。

（四）风电 / 光电电解水制氢

由于电解水制氢需要消耗大量的电力，用于规模化制氢并不具备经济性，因此，业内一致看好采用风电、光伏、水电等可再生能源产生的富余电力电解水制氢，从而消纳暂时富余的电力，弥补风电、光电波动起伏的不足，有效解决弃风、弃水、弃光现象，达到节约电力资源、调整电力系统能源结构并实现规模化制氢的目标，满足氢燃料电池汽车发展对低成本制氢技术的迫切需求（张丽和陈硕翼，2020）。在风电、光电制氢领域，德国最早引入基于可再生能源的 P2G（power to gas）概念，即将可再生能源发的电能用于电解制氢并转化为气体燃料，较早开始探索该技术的实际应用。截至 2022 年，欧洲 P2G 项目累计装机规模将达 48 万 kW。利用风能、光伏、水能等可再生能源产生的富余电力电解水制氢是一种间歇式可再生能源发电紧密结合的新型大规模工业化电解水制氢技术，节约化石资源，发电成本低，工艺路线低碳环保，被公认为是目前与电解水技术耦合、实现大规模制氢的理想途径，受到业内普遍重视。2018 年 10 月，国家发展和改革委员会、国家能源局联合印发的《清洁能源消纳行动计划（2018—2020 年）》中明确表示要"探索可再生能源富余电力转化为热能、冷能、氢能，实现可再生能源多途径就近高效利用"。但是由于国内制氢装置必须建设在化工园区以及发电过网等因素的影响，风电制氢仅停留在示范阶段，规模最大仅为 10 MW，商业化运行的经济性均面临较大挑战。

总之，在未来很长的一段时间内，成熟的化石原料制氢技术将继续占据主导地位，仍是实现大规模制氢的主体技术路线。生物制氢技术发展缓慢，仍有诸多技术问题亟须攻克。电解水制氢技术由于耗电量大，生产成本高，而始终无法进行大规模工业应用。因此，可再生能源（风能、光伏、水能、地热等）生产的富余电力与传统电解水制氢技术耦合的制氢路线发展潜力大，应持续优化其产业链，降低成本，开辟一种实现大规模、低成本制氢的创新模式。

四、关键科学问题、关键技术问题与发展方向

氢能制备总的发展趋势应是充分利用各种资源（包括化石能源、核能和可再生能源），不断开发出低成本、高效率的制氢方法，以推动氢能工业的发展。

（一）化石燃料制氢

1. 关键科学问题

探究超临界水气化制氢技术中的高效产氢机理和超临界水煤气化炉内能源物质高效洁净转化规律，完善超临界水煤气化过程的多相流热物理化学基础理论以及超临界水煤气化制氢耦合发电系统集成优化理论等。

2. 关键技术问题

加大碳捕集和封存技术研发，将化石能源重整制氢与碳捕集和封存技术结合，控制氢气制取环节的碳排放。研发以化石燃料为基础的氢能集成系统，主要研究新型纳米催化材料设计，多反应耦合与过程强化技术，集成系统能量梯级利用及能量效率提升技术，新型膜分离技术。

3. 发展方向

（1）煤的超临界水气化制氢与发电多联产制氢技术。针对煤的超临界水气化制氢发电的工业化示范项目及燃煤电厂的改造升级工程技术。

（2）发展适用于加氢站的小规模天然气制氢装置。通过该设备可实现加气站与加氢站的转换与融合。

（3）部分氧化制氢及自热重整制氢技术，需进一步通过热力学与动力学研究明确其反应机理。

（4）镍基催化剂的研究，研究如何提高其反应活性、选择性、抗积碳能力和稳定性。

（5）膜分离技术。无机陶瓷膜具有高温条件下透氧能力，需通过研究提高其透氧能力、机械强度和加工性能。

（二）水解制氢

1. 关键科学问题

深入研究光催化机理，探究光催化材料带隙、导价带等物理性问题，开发降低电子空穴复合从而提高量子效率，以及提高光催化材料的稳定性的策略。研究改性策略，包括制造缺陷、局域表面等离子体共振、元素掺杂、构建异质结、助催化剂负载等，以期有效提高光催化剂对可见光的吸收，降低光生载流子的复合，加速表面反应。通过对宽禁带氧化物半导体进行能带调控，开发稳定、高活性、廉价的具有可见光响应的光催化剂，以期更有效地利用太阳能。

2. 关键技术问题

加强电解水技术核心装备研发，通过提高可再生能源制氢的效率和生产能力，从而降低制氢成本。开发光电化学分解水技术与光伏系统耦合技术，以提高对光能的综合利用率，在减小或者无偏压、无牺牲剂条件下实现分解水制氢。积极推动可再生能源发电制氢规模化、生物制氢、煤制氢、太阳能光催化制氢等多种技术的研发与示范。

3. 发展方向

（1）高效低成本光催化与光电材料的研发，主要是基于窄禁带半导体材料的高性能光催化光电材料的制备及其复合改性。

（2）光催化光热耦合制氢技术。对光催化与光热的太阳光谱利用范围的协同优化以及光效应与热效应耦合，实现光解水制氢效率的提高。

（3）聚光太阳能光解水制氢。利用聚光太阳能提高能势与能流密度，改变光催化光电化学制氢的热力学与动力学参数，提高光解水制氢转化效率。

（4）光电电解水制氢固液界面的能量转化与物质传输。研究界面上光电化学反应过程及其与界面气液固流动状态的影响规律，寻找实现固液界面电子能与化学能的有序高效转化的调控手段，提高光电电解水制氢性能。

（5）高效电解水制氢系统。研究电解水制氢系统的气、水、电、热的综合管理及智能化控制模型。

（6）移动制氢技术集成、过程强化与耦合、系统集成。通过采用先进的微通道反应器和移动制氢技术，实现制氢系统小型化与具有高的比能量和比功率是移动氢源系统必须解决的关键问题。通过过程强化与耦合，实现能量的合理利用，以及满足移动制氢系统的需求。

（三）生物制氢

1. 关键科学问题

聚焦光生物制氢技术中光能转化效率低下的问题，运用基因工程手段改造光发酵细菌的光合系统，或者通过人工选育高光能转化效率的光发酵产氢菌株。深入研究光能吸收、转化和利用方面的机理，提高光能利用率。

2. 关键技术问题

研发连续生物制氢设备，提高产氢菌持有量，优化产氢控制参数，以期实现连续流产氢；研发规模化生物制氢设备，提高系统传质效率，优化产氢工艺系统。

3. 发展方向

暗发酵制氢具有产氢能力高、速率快、持续稳定和系统简单的优点，未来应该研发连续规模的暗发酵制氢技术以及研究混合菌发酵和其他产氢途径相耦合的运行机制。发展其他工业（如造纸业或制糖业）与暗发酵制氢相耦合的技术，降低成本同时提高原料利用效率。同时利用现代分子生物学技术和生物工程技术进行产氢途径研究以及高效菌株的培育，以及发展多菌种联合生物制氢。

第二节　氢能的储运

一、基本范畴、内涵和战略地位

氢能体系是建立在氢能制备、储存、运输、转化及终端应用的全产业链基础上的能源体系，可以作为不同能源形式之间连接的桥梁，并与电力系统协同互补，是跨能源网络协同优化的理想互联媒介，也是实现交通运输、工业和建筑等领域大规模深度脱碳的最佳选择，渗透并服务于社会经济的各个方面。氢气存在形式多样，可以以气态、液态或固态、金属氢化物和吸附氢等形式存在，因此能适应储运及各种应用环境的不同需求。对于氢能产业而言，高效、安全、便利的储/运氢技术是氢能实用化的关键环节，按照储氢原理，可分为气态、液态和固态储氢。从氢能商业化角度而言，车载储氢技术已成为氢能应用燃料电池汽车的技术瓶颈。氢的制储运加是燃料电池商业化的重要一环，世界范围内都在推动燃料电池汽车上游产业。

欧盟启动了一项名为 INGRID 的氢储能项目，总投资 2390 万欧元，旨在提升氢储能系统，提高可再生能源系统的利用系统，从而保证电网的安全性和稳定性。该项目的固态储氢系统储氢容量超过 1 t。德国实施的 Power to Gas 发展计划，旨在利用多余的风能等可再生能源电解水制氢，将制取的氢气储存后加入现有的燃气管道网络，用作混氢天然气燃料，或者作为化工原料以及作为氢燃料电池汽车的燃料。德国是欧洲氢能发展最具代表性的国家，专门成立了国家氢能与燃料电池技术组织，持续提供资金支持，推进相关领域的工作，并以此确立了德国在氢能与燃料电池领域的领先地位，可再生能源制氢规模全球第一。德国长期致力于推广可再生能源发电制氢技术，通过氢气连接电网和天然气管网，并利用现有成熟的天然气基础设施作为巨大的储能设备。

在政策支持方面，2019 年，我国的《政府工作报告》中首次明确了"推动充电、加氢等设施建设"，体现了中国对发展氢能产业的决心以及氢的战略地位。根据《政府工作报告》的指示精神，国家各部委积极发布落实政策，财政部充分认识到加氢站作为储氢环节的重要性，将新能源汽车购置补贴转为支持充电及加氢基础设施短板建设和配套运营服务。2019 年底，工业和信息化部发布的《新能源汽车产业发展规划（2021—2035 年）》（征求意见稿）明确表示，未来 15 年，将充分结合新能源汽车产业发展与氢能的储运和基础设施建设。美国 FCHEA 在 2019 年燃料电池国际研讨会暨能源展上发布了《美国氢能经济路线图——减排及驱动氢能在全美实现增长》，计划到 2030 年，在运输领域，美国将建立广泛布局的加氢基础设施，氢气输送管道网络和大型加氢设施网络成型。

二、发展规律与发展态势

目前工业界广泛关注的储氢技术主要有气态储氢、液态储氢以及金属氢化物储氢。气态储氢和液态储氢技术已规模应用，固态储氢和有机氢化物液态储氢等技术仍处研发阶段。在基础研究方面，一些新兴储氢技术，如有机溶液储氢以及纳米碳管储氢等，在实验室研究中均表现出一定的优越性能和巨大潜力。但是，难以批量生产导致其难以大规模工业应用，成本过高、脱氢效率低等经济性瓶颈问题也有待解决。

高压气态储氢是现阶段经济、实用的储氢方案，加拿大的 Dynetek 公司开发的金属内胆储氢罐，已能满足 70 MPa 的储氢要求，并已实现商业化。日本丰田的碳纤维复合材料新型轻质耐压储氢容器储存压力高达 70 MPa，氢气质量密度约为 5.7%，容积为 122.4 L，储氢总量为 5 kg。固态储氢技术具有体积密度大、成本低廉、运输方便安全、操作容易的特点，适合对体积要求较为严格的场合，如氢能燃料电池，最具发展潜力。固态储氢技术可分为物理吸附储氢和化学氢化物储氢。前者可细分为金属有机框架（metal organic frameworks，MOFs）和纳米结构碳材料；后者可细分为钛系、镁系、锆系和稀土等金属氢化物，以及硼氢化物和有机氢化物等非金属氢化物。金属氢化物储氢具有储氢密度高、纯度高、工艺简单、无需高压或低温等严苛条件，但是由于受到价格昂贵、结构复杂、自身稳定性、储氢质量低等因素制约，至今仍处于研究阶段，尚未实现商业化应用。

在储氢领域，各国政府依然对氢能研究给予高额投入。自20世纪末氢能研发热潮兴起以来，各国政府纷纷投入巨资开发氢能及氢燃料电池汽车，以期占领氢能这一战略性高效清洁能源的制高点。时至今日，面对巨大且诱人的市场潜力，世界各国对氢能及燃料电池汽车研究的热情有增无减。当前，国际上氢能及燃料电池又进入了新一轮研究，各国依然对氢能研究给予高额投入，愈加重视氢能发展和利用。美国能源部2020年启动了"H2@Scale"计划，投入6400万美元资助了18个氢能研究项目，并在2021年追加800万美元资助9个合作项目，旨在推进氢能及燃料电池技术突破和应用，项目主要明确储氢技术作为关键技术领域之一，以期实现经济、安全可靠的大规模氢气生产、运输、存储和利用。

随着氢燃料电池汽车商业化的开启，作为重要的储氢设施——配套加氢站的数量也在稳步增长。截至2022年底，全球共有814座正在运行的加氢站，欧洲拥有254座，亚洲拥有455座，北美拥有97座，其他区域国家拥有8座。日本政府早就敏锐地发现，加氢站将是发展氢燃料电池汽车及氢能产业链的重要制约因素，截至2022年，日本拥有161座正在运行的加氢站，位于全球之首，未来日本政府将继续通过财税政策扶持加氢站建设，目标是到2030年建成900座加氢站，实现氢能发电商业化。2019年初，韩国政府充分意识到加氢站的重要性，发布《韩国氢能经济发展路线图》（*Korea Hydrogen Economy Roadmap 2040*），带动氢能经济的发展。截至2022年，韩国拥有149座正在运行的加氢站。美国的加氢站建设一直处于国际领先地位。自2013年开始，美国加利福尼亚州为每座加氢站提供150万美元的建设投资资金及前3年每年10万美元的运营补贴，为每辆氢燃料电池汽车提供5000美元的购车补贴，截至2021年底，加利福尼亚州的氢燃料电池汽车及加氢站数量始终位于全美首位。2019年1月，欧洲燃料电池和氢能联合组织（FCH-JU）发布《欧洲氢能路线图：欧洲能源转型的可持续发展路径》，预计到2050年，氢能可占欧洲最终能源需求的24%，同时，提出到2040年建成15 000座加氢站的规划，以确保氢能及燃料电池汽车发展。

近年来，中国加氢站基础设施建设发展迅猛。《中国氢能产业基础设施发展蓝皮书（2016）》对我国中长期加氢站建设和燃料电池车辆的发展目标做出了规划，预计到 2030 年中国将建成加氢站达 1000 座。截至 2022 年，中国已经建成 289 座加氢站，其中被纳入国际统计数据的专用加氢站有 138 座，主要集中于上海、江苏、广东和湖北等几个省份。2019 年 11 月 21 日，国家能源集团首个氢能科研示范标杆项目——如皋加氢站顺利完成建站工作，已经具备转入商业运营模式的条件，采用 35 MPa/70 MPa 双模式加氢，符合国际标准。该站设计日加氢能力 1000 kg，固定储氢能力 600 kg，能有效满足各类氢燃料电池的快速加氢需求。

氢能的研究重点转向应用和商业化关键技术，在储氢和加氢等环节持续创新。2019 年 6 月，欧洲能源研究联盟发布《2018—2030 燃料电池与氢能技术联合研究规划》（*Joint Research Programme On Fuel Cells And Hydrogen Technologies Implementation Plan 2018-2030*），该规划更新了欧盟在电解质、催化剂与电极、电堆材料与设计、燃料电池系统、建模验证与诊断、氢气生产与处理、氢气储存 7 个技术领域的目标及路线，以确保在 2030 年以前实现氢能的大规模部署及商业化，欧洲能源研究联盟所属各单位在以上领域保持中长期竞争力。

在基础研究方面，科学技术部高度重视燃料电池汽车技术研发。"十五"期间，科学技术部启动实施电动汽车重大科技专项，重点部署燃料电池汽车技术，并持续进行科技攻关，对燃料电池汽车用电堆、双极板、膜电极、空气压缩机、储氢瓶等均进行了研发部署。2020 年国家重点研发计划"可再生能源与氢能技术"重点专项立项数达到 14 项，国拨经费总概算 6.06 亿元，涉及高效电解水制氢、先进制氢技术，高压储运氢、固态储运氢、加氢站及安全评价技术，燃料电池发电过程基础研究、长寿命电堆及关键组件、分布式热电联供系统技术等共性关键技术领域，以期推进氢能技术发展及产业化。

三、发展现状与研究前沿

在整个氢能系统中，储氢是氢气从生产到利用过程中的桥梁。氢气的质量能量密度约为 120 MJ/kg，是汽油、柴油、天然气的 2.7 倍，然而在 288.15 K、0.101 MPa 条件下，单位体积氢气的能量密度仅为 12.1 MJ。因此，储氢技术的关键点在于如何提高氢气的能量密度。要想实现氢能的广泛应用，尤其是实现燃料电池车的商业化，必须提高储氢系统的能量密度并降低其成本。总体来说，氢气的储存技术有如下几种。

1）气态储氢

高压气态储氢技术是指在高压下，将氢气压缩，以高密度气态形式储存，具有成本较低、能耗低、易脱氢、工作条件较宽等特点，是发展最成熟、最常用的储氢技术（Zheng et al., 2011）。然而，该技术的储氢密度受压力影响较大，压力又受储罐材质限制。因此，目前研究热点在于储罐材质的改进，其在研发与商业化过程中，主要聚焦于以下的技术问题：如何避免高压条件下，氢气易从塑料内胆渗透的现象；塑料内胆与金属接口的连接、密闭问题；如何进一步提高储氢罐的储氢压力、储氢质量密度；如何进一步降低储罐质量，同时需要解决由此带来的氢气压缩和运输成本上升问题。

2）液态储氢

氢气在高压、深冷到 −252℃以下变为液氢，体积密度是气态时的 845 倍，单位体积储氢容量很大，远高于其他的储氢方法（郭志钒和巨永林，2019）。由于液氢储存的质量比高、体积小，现已成为燃料电池车的最优配置。目前，世界上最大的低温液化储氢罐位于美国肯尼迪航天中心，容积高达 112 万 L。氢气液化需要消耗很多的能量，液化 1 kg 氢气需耗电 4～10 kW·h；液氢的热漏损问题使得液氢的生产、储存、运输和加注的要求很高，目前其成本和能量的消耗都是无法承受的，也是燃料电池商业化的重要障碍。液态储氢技术还须解决以下几个问题：为了提高保温效率，须增加保温层或保温设备，如何克服提高保温效率与储氢密度之间的矛盾；如何减少储氢过程中的热漏损失；如何降低保温过程所耗费的能量。

3）金属氢化物储氢

金属氢化物储氢是指某些金属或合金与氢形成氢化物，再通过加热实现放氢的技术，为氢的储存和运输开辟了一条新的途径。金属氢化物储氢的特点是氢以原子状态储存在合金中，安全性较高（Okada et al., 2002）。采用金属氢化物储氢罐的技术具有氢纯度高、安全可靠和寿命长等优点，但是氢化物过于稳定，热交换比较困难，加氢和脱氢只能在较高温度下进行，存在质量比容量低的明显缺点。从 20 世纪 50 年代开始，国外不断推出有实际利用价值的储氢合金系列。经过半个世纪的研究，储氢合金的储氢容量不断提高，吸放氢的循环稳定性不断改进。日本、德国和美国在这方面居于国际领先地位。金属氢化物中，以 MgH_2 的储氢能力最强，达到 7%，但需要在较苛刻的条件下才能释放氢气。目前，研究的重点是可以吸附氢的轻金属合金材料和金属氢化物（如 Mg_2NiH_4）的改进。金属氢化物的储氢目标是储氢量高于 5%，且在与燃料电池相关的废热温度 100℃以下氢气即可脱附。

4）有机液态储氢

有机液态储氢技术主要包括三个阶段：储氢介质在催化剂作用下进行加氢反应，储氢介质的储运，脱氢反应。有机液态储氢具有储氢密度大、设备保养容易、成本低、可循环多次使用的优点。常见的储氢介质有环己烷、甲基环己烷、反式－十氢化萘、顺式－十氢化萘、咔唑和乙基咔唑，这些有机液体的溶点在 -126.6～244.8℃，质量储氢密度为 5.8%～7.29%。例如，甲基环己烷和环己烷等在常温常压下为液态，便于进行储存与运输，还可以通过现有管道进行长距离运输，安全方便。由于催化加氢和脱氢反应可逆，储氢介质可循环使用。目前有机液态储氢技术还存在一些待解决问题，如催化加氢和脱氢的装置配置较高，技术操作条件苛刻，使用成本高；脱氢反应过程需在低压高温以及非均相条件下进行，同时受传热传质和反应平衡极限的限制，使得脱氢反应效率较低，且易发生副反应。反应启动时需要进行加热并维持，因此产生一定的能耗，需要进一步解决成本及能耗问题。

5）液氨储氢

液氨储氢是指将氢气与氮气反应生成液氨，作为氢能的载体进行利用，其储氢容量可达 17.6%（质量分数）。液氨在常压、400℃条件下即可得到氢气，使用的催化剂包括钌系、铁系、钴系与镍系，其中钌系的活性最高。液氨也可以直接被利用，根据实验数据，液氨燃烧涡轮发电系统的效率（69%）与液氢系统效率（70%）近似，并且液氨使用条件与丙烷类似，可直接利用丙烷的技术基础设施，大大降低了设备投入。

6）其他方法储氢

其他方法储氢包括吸附储氢与水合物法储氢。前者是利用吸附剂与氢气作用，实现高密度储氢；后者是利用氢气生成固体水合物，提高单位体积氢气密度。吸附储氢使用的材料有金属合金、碳质材料、金属框架物等。金属合金储氢是氢分子被吸附进入晶体，形成金属氢化物，其中氢以原子状态储存于合金中，安全性较高，但由于氢化物过于稳定，加/脱氢只能在较高温度下进行。碳质材料，如表面活性炭、石墨纳米纤维、碳纳米管等，由于具有较大的比表面积对氢的吸附能力较强，具有质量轻、易脱氢、抗毒性强、安全性高等特点。未来的研究方向主要集中在相关机理的研究；制备、检测工艺优化；高储量、低成本碳材料的探索以及生产过程的大规模工业化等方面。水合物法储氢技术是指将氢气在低温、高压的条件下，生成固体水合物进行储存（李璐伶等，2018）。由于水合物在常温、常压下即可分解，因此，该方法脱氢速度快、能耗低，同时，其储存介质仅为水，具有成本低、安全性高等特点。由于氢气分子比较小，在不同温度、不同压力条件、不同添加剂作用下，纯氢生成水合物的笼形结构也有所差异。水合物法储氢技术虽然具有理论可行性，但实验结果显示该技术储氢密度较低，达不到商业化标准。因此，未来研究方向主要聚焦于复合储氢工艺的研发、相关机理的完善、水合物生成条件的缓解以及储氢密度的提高等方面。

目前而言，还没有既低成本、安全，又能满足高储氢密度要求的通用储氢技术，各储氢技术存在各自的优势和缺点。高压气态储氢技术虽然实用，易于推广，但体积储氢密度低；低温液态储氢具有较高的储氢密度，但能耗较高；固态储氢虽然具有较高的安全性和体积储氢密度，但现有技术还未成熟，其重量储氢能力较低。

基于以上分析，储氢技术研究的发展趋势如下。

（1）提供安全、高效、高密度、轻质量、低成本的氢能储存与运输技术是将氢能推向实用化和规模化的关键。推进轻质、耐压、高储氢密度的新型储罐的研发，提高各类储氢技术的效率，降低储氢过程中的成本，提高安全性，降低能耗，提高使用周期，探究兼顾安全性、高储氢密度、低成本、低能耗等需求的储氢方法。

（2）今后的研究工作一方面要力争在现有基础上取得重要突破，另一方面通过开展储氢机理的研究和理论上的原始创新，完善化学储氢中的相关储氢机理，以期从理论角度找到提高储氢密度的方法。探究复合储氢技术的结合机理，以期发现新的储氢机制，带动储氢新材料的研发，探索新的储存与释放系统。

四、关键科学问题、关键技术问题与发展方向

氢能存储与运输的发展可按照"低压到高压""气态到多相态"的技术原则，逐步提升氢气的储存和运输能力，具体如下。

（一）关键科学问题

（1）通过开展储氢机理的研究和理论上的原始创新，完善化学储氢中的相关储氢机理，以期从理论上找到提高储氢密度的方法。

（2）探究复合储氢技术的结合机理，以期发现新的储氢机制，带动储氢新材料的研发，探索新的储存与释放系统。

（3）研究与发展高性能的储氢材料，广泛探索新的储氢材料，以物理和化学两方面的知识积累，发展新的高效储氢材料，同时为新材料的制备奠定基础。

（二）关键技术问题

（1）探究高压下，氢气易从塑料内胆渗透的解决方法，以及内胆与接口处的连接、密闭问题。

（2）探究兼顾安全性、高储氢密度、低成本、低能耗等需求的储氢新技术。

（3）采用两种或多种储氢技术共同作用、提高复合储氢技术的效率。

（4）推进轻质、耐压、高储氢密度的新型储罐的研发。

（5）提高各类储氢技术的效率，综合各类储氢技术的优点，降低储氢过程中的成本，提高安全性，降低能耗，提高使用周期。

（三）发展方向

（1）气固液氢的热物理学性质。氢的填充与释放过程中的热物理过程及其能耗，安全特性的研究。

（2）氢压缩技术。研发低成本、安全和高密度的先进氢气增压、灌装储存和加注系统及其多相流动与传热传质理论。

（3）超高压超大流量氢气增压系统及超大压比液氢压缩机及氢热交换器研究。

（4）安全高效的复合储氢材料。结合储氢容器、固态和液态储氢材料的优点，利用热力学稳定性与动力学限制构建复合储氢系统，实现储氢系统能量与物质的综合管理，提高系统储氢性能。

第三节　氢能的利用

一、基本范畴、内涵和战略地位

作为一种二次能源，氢能具有的优势和对能源可持续发展提供支持的潜力是多方面的。氢能不仅对未来长远的能源系统具有巨大意义，而且对人类仍将长期依赖的化石能源系统也具有重要的现实意义，逐渐成为推动全球能源技术创新和产业变革，重塑产业链业态和竞争格局的先进能源载体。因此，发展氢能及燃料电池是保障国家能源供应安全和实现可持续发展的战略选择，氢能及燃料电池已经成为全球能源技术革命的重要方向。氢能利用形式多样，应用场景丰富。既可广泛应用于工业领域，通过燃烧产生热能，在燃气轮机、内燃机等热力发动机中产生机械功，又可以作为燃料电池的燃料用于交通运输等领域。美国 FCHEA 在 2019 年燃料电池国际研讨会暨能源展上发布了《美国氢能经济路线图——减排及驱动氢能在全美实现增长》，旨在 2030 年实现不同型号的燃料电池电动车进入市场以满足客户多样化需求，建筑也广泛实现低碳化乃至脱碳，原本难以实现脱碳的工业部门将显著减少温室气体的排放。

二、发展规律与发展态势

全球范围来看，目前，氢能及燃料电池已经在一些细分领域初步实现了商业化。在技术方面，欧洲、美国、日本等发达国家或地区大多已经完成了氢燃料电池汽车的基本性能研发，攻克了若干关键技术问题。得益于此，氢燃料电池系统成本持续下降，从 2005 年前的每辆 100 万美元降至如今的 5 万~10 万美元的可接受范围。美国加利福尼亚州是全球燃料电池汽车推广最为成熟的地区，乘用车保有量超过 6500 辆，规划 2030 年燃料电池汽车达到 100 万辆。在亚洲，基于良好的汽车工业基础，日本和韩国在燃料电池汽车方面目前处于国际领先地位，丰田、本田、现代等汽车公司纷纷推出商品化的燃料电池汽车，在国家财政补贴的扶持下，价格达到同类传统车水平。丰田早于 2014 年 12 月便在日本国内销售氢燃料电池汽车 Mirai，其销售量占全球燃料电池乘用车总销量的 90% 以上。2020 年被看作是氢燃料电池汽车市场的启动年，大规模生产氢燃料电池汽车的时代已经开启。

随着氢燃料电池技术的成熟和发展，氢能及燃料电池的应用场景不断扩大，应用领域逐渐拓展到交通、工业和储能新领域。在交通领域，氢气是卡车、公共汽车、轮船、火车、大型汽车和商用车最有前途的脱碳选择，全球已有 20 座国际机场引入氢能与燃料电池应用示范，从穿梭巴士、叉车、行李搬运车到特种平台车辆、拖车等设备。氢燃料电池未来重要的应用场景之一便是长续航、大载重的重卡领域。燃料电池车是中国"十五"确定的新能源汽车发展技术路线之一，具有推动汽车产业变革的潜力。虽然氢燃料电池系统较为复杂，但是氢气储能密度高，适合大功率、长续航的车辆。目前氢燃料电池汽车已经具备大规模示范运行的条件，但其成本仍然较高。截至 2021 年底，我国累计推广燃料电池汽车近 9000 辆。此外，燃料电池有轨电车也是应用场景之一，美国、日本和德国先后研发出了包含燃料电池动力的有轨电车，具有清洁环保、总体造价较低的优势。世界首个氢燃料电池动力列车在德国运行，一次加氢可行驶 1000 km。

燃料电池所具有的零排放、高效、低噪声、模块化的优势使其在船舶动力领域的应用不断扩大，用于多种用途船舶，包括游艇、公务船、渔船、货轮等，逐渐成为市场新风口。欧洲、美国、日本等国家或地区船舶燃料电池技术起步较早，示范应用和推广逐步推进。2019 年美国船级社（American Bureau of Shipping，ABS）发布《船舶和近海燃料电池动力系统应用指南》，显示美国在氢能与燃料电池技术趋于成熟，以及其在海运业减排方面的潜力。2019 年中国船舶重工集团公司第七一二研究所发布了拥有自主知识产权的全国首台 500 kW 级船用燃料电池系统解决方案，2021 年 3 月搭载中国船舶集团旗下七一二所燃料电池系统的试验船在扬州长江水域完成了系泊试验。

在工业领域，可以燃烧氢气供热，并可将氢气或氢基合成燃料作为原料。氢能炼钢已经是目前工业领域最佳的减排技术之一。欧洲已经有 3 个基于氢能炼钢技术的项目正在进行中，即由瑞典钢铁公司发起的突破性氢能炼铁技术、由德国萨尔茨吉特钢铁公司发起的萨尔茨吉特低碳炼钢（SALCOS）项目和由奥钢联集团（Voestalpine）发起的 H2FUTURE 项目。同时，韩国、日本和澳大利亚也已经部署了氢能炼钢技术的示范和研究。

在储能领域，氢储能技术在储能密度和储能时间上具有绝对优势，但是，在压缩和输送过程中的设备资本投入是大规模应用与商业化的阻碍之一。燃料电池固定式发电主要有分布式电站、家用热电联供系统和备用电源三种形式。分布式电站应用场景多样化、适应性强，可以作为海岛、山区等偏远地区的独立发电系统或者主电网的补充发电。德国和日本对于家用燃料电池用于家庭楼宇的热电联供系统的推广较为积极，其市场化程度也较高。燃料电池应急备用电源具有能源效率高、环境友好、响应迅速、运行可靠等优点，可在通信、医疗及公共事业等领域内推广应用，国外已经实现了成熟商业化应用。

"十三五"期间，科学技术部牵头组织实施国家重点研发计划"新能源汽车"和"可再生能源与氢能技术"两个重点专项，氢能及燃料电池技术持续得到重点部署，从基础科学到共性关键技术、系统集成、示范应用全链条一体化，强化产学研结合和企业强强联合，超前研发下一代技术。2020 年国家重点研发计划"可再生能源与氢能技术"重点专项立项数达到 14 项，国拨经费总概算 6.06 亿元，涉及高效电解水制氢、先进制氢技术，高压储运氢、固态储运氢、加氢站及安全评价技术，燃料电池发电过程基础研究、长寿命电堆及关键组件、分布式热电联供系统技术等共性关键技术领域，以期推进氢能技术发展及产业化。

从应用研究到示范演示，中国氢燃料电池汽车也迎来新的发展高潮。中国在氢燃料电池汽车领域开展了众多示范工程，在氢燃料电池重型卡车方面，2019 年 9 月，上海清能燃料电池技术公司（Horizon）发布了江铃汽车股份有限公司生产的 42 t 燃料电池重型卡车，并通过公路认证。2019 年 11 月，中国佛山市高明区氢燃料电池有轨电车项目正式进入运营管理阶段，这是燃料电池在中国轨道应用的一个里程碑，显示了未来燃料电池在轨道交通方面将具有广阔的应用前景。

三、发展现状与研究趋势

氢能作为连接可再生能源和传统化石能源的桥梁，作为未来能源变革的重要部分，促进了新型清洁、高效的多元化能源体系形成。其中，以氢为燃料的燃料电池汽车对建立清洁、低碳、安全的交通系统，促进汽车工业转型升级具有重要意义。

作为新一代能量转换装置，燃料电池将燃料化学能直接转化为电能，反应产物为水，具有能量转换效率高、接近于零排放、噪声低和可靠性高等优点，是推动氢能发展的关键所在。目前燃料电池技术主要有固体氧化物燃料电池、碱性燃料电池、磷酸燃料电池、熔融碳酸盐燃料电池（molten carbonate fuel cell，MCFC）和质子交换膜燃料电池（proton exchange membrane fuel cell，PEMFC）（邵志刚和衣宝廉，2019）。

固体氧化物燃料电池燃料选择范围广、适应性广、运行温度高、模块化组装，与燃气轮机组成的联合循环系统发电效率可达 70%～80%（Irshad et al. 2016）。固体氧化物燃料电池可以为分布式热电联产市场提供燃料电池，作为固定电站用于大型集中供电、中型分电和小型家用热电联供领域，在氢能工业化进程中必将扮演重要角色。固体氧化物燃料电池的性能与电解质、阳极和阴极息息相关，开发性能更优异的电解质和高催化活性的电极是提高固体氧化物燃料电池功率密度和降低工作温度的关键所在。电解质材料需要具备较高的离子电导率，工作温度范围内和工作环境下，具有良好化学和热稳定性，同时自身结构致密，具有足够的机械强度。目前研究的电解质主要是掺杂氧化锆体系、掺杂氧化铈体系、掺杂氧化铋体系、掺杂镓酸镧体系以及质子导体电解质。固体氧化物燃料电池的阳极材料需要具备良好的孔隙率和催化性能，较高的电子电导率，足够的化学稳定性、结构稳定性和形貌尺寸稳定性。目前研究的主流阳极材料有镍基金属陶瓷、铜基金属陶瓷、钙钛矿结构型氧化物基阳极材料。阴极材料的性能要求与阳极材料类似，研究主流一般可分为钙钛矿、类钙钛矿及双钙钛矿三种阴极材料。

PEMFC 工作运行温度低、启动快，比功率高、发电效率高，最适宜住宅用小型电站和燃料电池汽车使用，逐步成为交通和固定式电源领域的主流应用技术。在各种燃料电池技术中，综合考虑工作温度、催化剂稳定性、比功率 / 功率密度等技术指标，PEMFC 是最适合应用于商用车的技术。然而，目前 PEMFC 中的催化剂采用的是贵重金属铂，受到国际上铂的价格、生产和储存的限制，需要寻求可降低系统成本并保证性能和寿命的非铂型催化剂。因此，需在保证燃料电池系统性能和寿命的条件下，寻求能极大降低成本的非贵金属催化剂或减少贵金属在催化剂中用量的催化剂。

目前燃料电池的研发主要聚焦于性能、成本和耐久性等关键问题，以期促进燃料电池的商业化。下面将从电催化剂、质子交换膜、膜电极、双极板、电堆等方面阐述燃料电池的研究现状与前沿问题（侯明等，2020）。

电催化剂的作用是降低反应的活化能，促进氢氧在电极上的氧化还原过程、提高反应速率，是提高燃料电池性能的关键材料之一。目前，燃料电池中常用的商用催化剂是 Pt/C，是由 Pt 的纳米颗粒分散到碳粉载体上而形成的负载型催化剂。但是，使用 Pt 催化剂受成本与资源制约，也存在稳定性问题。因此，目前的研究热点是研究新型高稳定、高活性的低 Pt 或非 Pt 催化剂，以期解决目前商用催化剂存在的成本与耐久性问题。研发的催化剂产品应加强在燃料电池堆中应用与在整车系统的检验，充分验证其产品的性能、稳定性及一致性。

质子交换膜是一种聚合物电解质膜，在燃料电池中起着传导质子、隔离阴极和阳极反应物的重要作用，要求质子交换膜具有高的质子传导率和良好的化学与机械稳定性。质子交换膜是燃料电池的核心器件，也是决定燃料电池性能、寿命及成本的关键部件。全氟磺酸离子交换树脂（PFSA）具有优良的热稳定性、化学稳定性、优异的质子导电性能、高的水传输性能等优势，为燃料电池膜在复杂工况下的长使用寿命提供了保障；超薄质子交换膜传导率高、水的反扩散率高，有利于水管理，可以有效提升电堆功率密度，其性能表现明显优于厚度较高的质子膜。

由集膜、催化层、扩散层组合而成的膜电极组件，也是燃料电池的核心部件之一。目前，国际上已经发展了三代膜电极组件技术路线，最新一代的膜电极组件是把催化剂制备到有序化的纳米结构上，使电极呈有序化结构，从而降低大电流密度下的传质阻力，进一步提高燃料电池性能，降低催化剂用量。目前，膜电极组件性能提升方面的研究主要聚焦于以下4个途径：①使用高活性催化剂，降低催化剂的活化极化损失；②采用薄型复合膜，降低质子传递电阻；③调控界面结构，改进质子、电子传导以及局部近催化剂表面的传质；④采用高气体通量的扩散层，降低传质极化。

燃料电池双极板的作用是传导电子、分配反应气并协助排出生成水。因此，从功能上要求双极板材料是电与热的良导体、具有一定的强度以及气体致密性等；从性能的稳定性方面要求双极板在燃料电池的环境里具有耐腐蚀性和对燃料电池其他部件与材料的相容无污染性，具有一定的憎水性，协助电池生成水的排出；从产品化方面要求双极板材料要易于加工、成本低廉。目前，商业化最普遍的是金属双极板技术，研究的热点集中于金属双极板在燃料电池环境下的耐腐蚀性，和对燃料电池其他部件与材料的相容无污染性。同时，对燃料电池不锈钢双极板表面耐腐蚀涂层的耐腐蚀、导电性能兼备的研究也是目前的研究重点。

燃料电池的核心部件是电堆，作为发电系统的核心，为了满足一定的功率及电压要求，电堆通常由数百节单电池串联而成。流体按照并联或特殊设计的方式流过每节单电池。燃料电池电堆的均一性是制约燃料电池电堆性能的重要因素，不仅与材料、部件制造过程、流体分配的均一性有关，还与电堆组装过程、操作过程密切相关。

近10年来，燃料电池的成本控制一直是研究机构和产业界最重要的目标之一。未来的氢燃料电池的研究目标主要集中于以下几个方面。

（1）提高燃料电池电堆性能和比功率。研发高活性催化剂、超薄增强复合膜、导电耐腐蚀双极板等创新性材料，优化电堆结构优化，改善大电流的传质极化，优化组装过程提高电堆的一致性，有利于保证电堆高功率输出。

（2）提高燃料电池的耐久性。通过增强关键材料与部件的耐久性及新型耐腐蚀材料研发，规避对燃料电池劣化的不利外部条件，提高电堆及系统的寿命。

（3）降低燃料电池的成本。研发低成本的催化剂与膜电极、双极板和系统部件，并实现量产，以降低电堆与系统成本。发展关键材料与部件的批量生产工艺和技术，降低制造过程产生的成本。

四、关键科学问题、关键技术问题与发展方向

燃料电池的技术研发旨在持续开发高功率、低成本的系统产品，实现通过系统结构优化提高产品性能和寿命，零部件优化以及规模化效应持续降低成本的目标。

（一）关键科学问题

（1）开发性能更优异的电解质和高催化活性的电极，研究新型高稳定、高活性的低 Pt 或非 Pt 催化剂，以期解决目前商用催化剂存在的成本与耐久性问题。

（2）研发薄增强复合膜、导电耐腐蚀双极板等创新性材料，以及具有高的质子传导率和良好的化学与机械稳定性的质子交换膜，通过结构优化提升质子交换膜的机械耐久性，采用化学添加剂技术来提升化学耐久性。

（3）通过增强关键材料与部件的耐久性及新型耐腐蚀材料研发，规避对燃料电池劣化的不利的外部条件，提高电堆及系统的寿命。

（二）关键技术问题

（1）发展关键材料与部件的批量生产工艺和技术，降低制造过程产生的成本，并实现量产，以降低电堆与系统成本。

（2）研究金属双极板微流道成型技术的设计和加工技术，实现高精度、自动化的批量生产。

（3）研发 3D 流场技术，改善电池排水和气体扩散性能。开发新型 CFD 模型，与中子成像相结合，优化高电流密度条件下的排水条件。

（4）探究 CFD 模型整合多相模型，结合吸附解吸模型，增强水相变处理的传热传质能力。

（5）开发电堆结构优化技术，改善大电流的传质极化，优化组装过程，提高电堆的一致性，有利于保证电堆高功率输出。

（三）发展方向

（1）高性能高稳定性低铂非铂催化剂的研究：研究 Fe-C-N 基、碳纳管等非铂催化剂性能的提高手段、稳定性以及反应活性位点的催化机理；低铂催

化剂的结构设计与新型催化剂载体的研发。

（2）燃料电池及其电堆系统的一维、三维或者两者耦合的仿真模拟：通过燃料电池局部影响因素的细化和基于机器学习的整体系统模拟，为燃料电池系统控制和故障诊断提供响应更快和精度更高的控制策略。

（3）PEMFC 的水热管理：研究 PEMFC 中的水热传输机理与耦合效应，以及对气体扩散层、流道以及冷却流场的优化。

（4）PEMFC 的检测：研究燃料电池工作状态与工作电流电压特性、尾气成分、温度分布、电学特性等参数间的关系，发展 PEMFC 快速原位检测技术。

（5）固体氧化物燃料电池：中低温固体氧化物燃料电池新材料开发、电堆封装；新型质子导体陶瓷开发；超离子输运与电催化耦合增强的燃料电池颠覆性理论与技术研究。

本章参考文献

郭志钒，巨永林 . 2019. 低温液氢储存的现状及存在问题 . 低温与超导，47(6): 24-32.

侯明，邵志刚，俞红梅，等 . 2020. 2019 年氢燃料电池研发热点回眸 . 科技导报，38 (1): 137-150.

蒋利军，陈霖新 . 2019. 氢能技术现状及挑战 . 能源，3：24-27.

金辉，吕友军，赵亮，等 . 2018. 煤炭超临界水气化制氢发电多联产技术进展 . 中国基础科学，20(4): 4-9.

李璐伶，樊栓狮，陈秋雄，等 . 2018. 储氢技术研究现状及展望 . 储能科学与技术，7(4): 586-594.

罗佐县，曹勇 . 2020. 氢能产业发展前景及其在中国的发展路径研究 . 中外能源，25(2): 9-15.

邵志刚，衣宝廉 . 2019. 氢能与燃料电池发展现状及展望 . 中国科学院院刊，34(4): 469-477.

俞红梅，衣宝廉 . 2018. 电解制氢与氢储能 . 中国工程科学，20 (3): 1-140.

张丽，陈硕翼 . 2020. 风电制氢技术国内外发展现状及对策建议 . 科技中国，1: 13-16.

邹才能，杨智，张福东，等 . 2019. 人工制氢及氢工业在我国"能源自主"中的战略地位 . 天然气工业 , 39 (1): 1-10.

Hallenbeck P C, Ghosh D. 2009. Advances in fermentative biohydrogen production: The way forward. Trends in Biotechnology, 27: 289-297.

Irshad M, Siraj K, Raza R, et al. 2016. A brief description of high temperature solid oxide fuel cell's operation, materials, design, fabrication technologies and performance. Applied Sciences, 6(3): 75.

Iulian Z B, Vasile D G, Gergely L, et al. 2016. Surpassing the current limitations of biohydrogen production systems: The case for a novel hybrid approach. Bioresource Technology, 204: 192-201.

Okada M, Kuriiwa T, Kamegawa A, et al. 2002. Role of intermetallics in hydrogen storage materials. Materials Science & Engineering A, 329: 305-312.

Sivula K, Le Formal F, Gratzel M. 2011. Solar water splitting: Progress using hematite (α -Fe$_2$O$_3$) photoelectrodes. ChemSusChem, 4(4): 432-449.

Walter M G, Warren E L, McKone J R, et al. 2010. Solar water splitting cells. Chemical Reviews, 110 (11): 6446-6473.

Yang N, Hafez H, Nakhla G. 2015. Impact of volatile fatty acids on microbial electrolysis cell performance. Bioresource Technology, 193: 449-455.

Zheng J, Liu X, Ping X, et al. 2011. Development of high pressure gaseous hydrogen storage technologies. International Journal of Hydrogen Energy, 37(1): 1048-1057.

第十章

终端用能及节能

第一节　终端用能技术发展概述

在实现能源革命和"双碳"目标的背景下，我国能源结构正从以煤为主的高碳能源结构逐步向以可再生能源为主的多元能源结构体系过渡，并逐步构建清洁低碳、安全高效的综合生产和用能体系。近年来，在能源消费方面，非化石能源的比例逐步提高，2020 年我国能源消费总量为 49.8 亿 t 标准煤，其中煤的比例已经下降到 56.8% 以下；自 2015 年以来，我国非化石能源的消费比例则从 12% 逐步上升到 15.9%，如图 10-1 所示。

从能源消费结构看，我国的能源消费主要集中在工业，居民生活，交通运输、仓储和邮政业。2019 年，我国工业用能比例达到 66%，交通运输、仓储和邮政业用能占 9%，建筑业用能占 2%（图 10-2）。在工业用能领域，各类制造业，如金属冶炼、石油化工、电力生产等部分的终端耗能较大，如图 10-3 所示（国家统计局，2021）。目前，全球已经逐步进入低碳经济时代，低碳经济以低能耗、低排放、低污染为基础，是人类继原始文明、农业文明、工业文明之后，创建绿色生态文明的又一巨大进步。发展低碳工

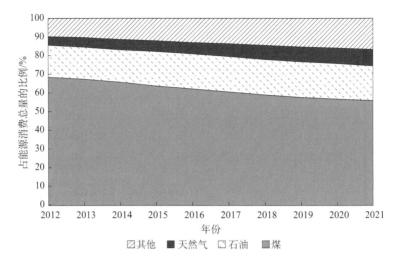

图 10-1　近年来我国能源消费结构

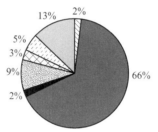

图 10-2　2019 年我国用能终端能源消费构成

资料来源：国家统计局《中国统计年鉴 2021》

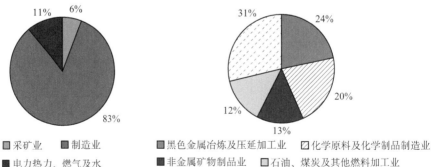

（a）工业过程终端　　　　　　　（b）制造业

图 10-3　2019 年工业过程终端用能构成

资料来源：国家统计局《中国统计年鉴 2021》

业，实现碳中和目标是未来的技术发展趋势，从世界工业节能减排的发展历程看，主要有三大手段：①调整和升级产业结构；②积极开发能源清洁高效低碳利用新技术、新工艺，开展能源和资源的综合利用；③积极开发新能源和可再生能源。

在调整产业结构方面，我国正在逐步淘汰高耗能、高污染的行业，进行产业调整和优化升级，其关键是以科学技术进步促进产业升级，发展科技含量高和劳动生产率高的产业，使之成为促进经济增长和产业结构优化的主要推动力。同时，还要利用高新技术尤其是信息技术以推动制造业等的发展，全面提高经济效益和产业竞争力。

在能源的高效、清洁、低碳利用技术方面，我国正在寻求低碳发展之路。我国的煤炭消耗和温室气体排放主要集中在电力、钢铁冶金、水泥和化工等行业。在电力方面，我国以煤电为主，从 1950 年开始，煤电的发展大概经历了三个阶段：1950～1990 年以提高能效和节能为主要目标，1990～2010 年兼顾节能和清洁，2010 年至今以清洁低碳、安全高效为目标。作为最主要的大规模 CO_2 集中排放源，能源动力系统成为 CO_2 捕集与封存技术应用的核心领域，能源动力系统的温室气体控制研究已经成为终端用能技术的重要新兴分支。同时电力行业还在努力开发各种新型的热力循环以提高热转功效率。除电力行业外，钢铁冶金和化工也是主要的耗能终端与主要的 CO_2 排放源之一，与动力领域一样，节能减排是钢铁和化工行业的首要任务。

新能源和可再生能源的开发主要集中在电力行业。电力行业正在经历能源技术革命，特别是在提出"双碳"目标以后，我国可再生能源发电，尤其是光伏和风电的装机容量正在迅速增加，整个电力生产在朝着低碳和清洁转型。世界范围内，电力生产在朝着更清洁低碳的可再生能源转变，作为温室气体减排技术之一的可再生能源发电技术，近年来发展迅速，2019 年世界可再生能源总发电量达到 7167 TW·h（图 10-4）（国际能源署，2020）。2010～2019年，可再生能源的发电量增长了 40.6%，占总发电量的份额也从 19.9% 上升到 27%，已经超过了天然气的发电份额（23%）。可再生能源发电的增长，主要来自光伏和风电的迅速增加，2019 年光伏发电相较 2010 年增加了约 20 倍，达到665 TW·h，而风电增加了约 4 倍，达到 1423 TW·h。我国光伏和风电的装机规模也已经超过 300 GW，发展十分迅速。

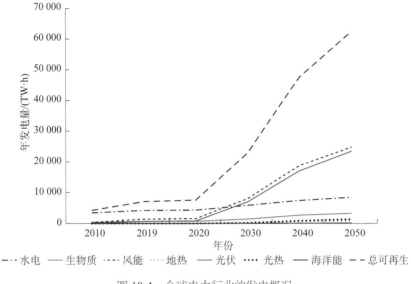

图 10-4　全球电力行业的发电概况

　　交通运输是国民经济的重要基础，包括公路运输、铁路运输、水路运输和航空运输等，也是主要的能源消耗领域之一。从全球范围看，2019 年交通运输能源消耗占世界能源消耗的 21%，经济越发达的地区，交通运输业的能耗占比就越大。近年来，随着我国的机动车保有量持续增加，交通运输能源消耗成为中国能源消耗增长最快的领域之一。自 20 世纪 70 年代以来，我国交通部门的能源消耗以 9.3% 的速度增长，预计到 2050 年占全社会总能耗的 23%。据统计，2020 年全国机动车四项污染物（CO、HC、NO_x 和 PM）排放总量初步核算为 1593 万 t，CO_2 排放量也较大，交通运输对环境的影响与日俱增。因此，交通运输节能对保障我国环境保护和实现碳中和目标具有十分重要的战略意义。在节能方面，研究重点仍是燃烧发动机的高效清洁燃烧理论与技术、替代燃料燃烧理论与技术相关科学问题。此外，随着能源、环保和碳中和问题日益凸显，传统的燃油运输正朝新型高效清洁的交通能源及其动力装置转变，电动汽车、燃料电池汽车、其他清洁型替代燃料车及动力装置正在逐步取代传统燃油汽车。

　　建筑（民用建筑和商业建筑）业是节能减排的重点领域，根据清华大学建筑节能研究中心对中国建筑领域用能及排放的核算结果，2018 年中国建筑运行能耗（10 亿 t 标准煤当量）占全国能源消费总量的 21.7%。在碳中和能源革命战略目标的推动下，我国建筑节能领域正处于革命性变化、跨越式发展的重要时期，亟须探索出一条有中国特色的建筑节能道路。目前，建筑节能领域更多从自然资源利用、高效设备系统及主被动系统协同等方面推进建筑节能工作，研究前沿包括绿色与健康建筑营造技术、建筑节能用高性能设备（制冷、供热、热水）、可再生能源与建筑一体化技术、建筑直流配电与柔性能源系统、城乡能源规划设计方法、大数据及智能化建筑技术、建筑节能的碳中和技术评估标准等。涉及的关键科学问题主要有碳中和目标下建筑、气候、资源、环境等多因素之间的复杂作用机理；全面电气化时代建筑用能需求与用能规律等。

综上，终端用能技术优先发展领域包括：①煤的高效清洁利用和碳捕集技术；②太阳能、风能等可再生能源技术和储能技术；③工业废气、废液及固体废弃物的处理技术；④建筑本体优化及围护结构性能改善及建筑用能需求及用能规律预测；⑤高效制冷及供热技术与装备；⑥可再生能源应用于建筑的产-供-用-蓄-调方法；⑦建筑光储直柔新型配电系统；⑧石油燃料的高效清洁燃烧技术；⑨动力电池技术。

终端用能技术的研究前沿包括：①多能互补的多元供能体系；②"互联网+"智慧能源，工业智能化用能监测和诊断技术，智能电网、储能设施、分布式能源、智能用电终端协同发展；③高能量密度/高功率密度储能"材料-器件-系统"的基础理论及关键技术；④高性能主动式系统设备和建筑智慧化运维技术；⑤超高能效供热与制冷方法以及新型热湿管理技术；⑥物联网与大数据方法相结合的建筑智能化调控；⑦可再生能源与建筑一体化技术；⑧传统燃烧发动机的清洁替代燃料技术；⑨混合动力、燃料电池等为代表的新能源动力装置；⑩交通运输系统节能及运输管理节能。

发展方向建议：①针对化石能源，建议发展关键设备创新升级、工序过程与系统用能优化、余能回收与利用、碳捕集与封存、污染物处理与利用等相关的基础理论和关键技术；②针对新能源和可再生能源，应推动太阳能多元化利用、全面协调推进风电开发、推进绿色水电发展、安全有序发展核电、因地制宜发展生物质能、地热能和海洋能，实现新能源和可再生能源的规模化、多元化利用，全面提升利用率，建议发展能量转换关键设备研发和系统设计、大规模高效储能、高比例新能源并网调控等相关的基础理论和关键技术;③针对整体工业领域,还应重视并坚持学科交叉、发展并完善节能减排监管和评估软科学体系、构建"互联网+"智慧能源系统、开展广泛的国际能源合作等;④针对建筑节能减排,应发展和完善碳中和目标下建筑用能政策及标准体系、开展建筑物本体的关键节能基本理论与制备技术研究、可再生能源及热泵用于建筑的产-供-用-蓄-调方法及建筑节能学科交叉基础研究;⑤针对交通领域节能减排,应重点研究高效清洁内燃机燃烧理论与燃烧控制、替代燃料、混合燃料发动机燃烧与排放基础理论和关键技术、生物燃料制备技术及对生态环境的影响、新能源交通动力系统共性关键技术、整车余热利用与能量管理技术、燃料电池基础理论与关键技术研究及航空发动机燃烧基础理论与关键技术等。

第二节　工业领域的节能减排

一、基本范畴、内涵和战略地位

工业,指从自然界获得物质资源和对原材料进行加工、再加工的社会物质生产部门,是社会分工发展的产物。它起源于手工业,经历了工场手工业、机器大工业和以高新技术为先导的现代工业等发展阶段。工业发展决定着国民经济现代化的速度、规模和水平,在国民经济中起着主导作用。一方面,工业为包括自身在内的国民经济各部门提供原材料、燃料和动力,为人民物质文化生活提供工业消费品;另一方面,工业还是国家财政收入的主要来源,是国家经济自主、政治独立和国防现代化的根本保证。除此以外,在社会主义条件下,工业的发展还是巩固社会主义制度的物质基础,是逐步消除工农差别、城乡差别、体力劳动和脑力劳动差别的前提条件。工业化国家的重要特征之一便是会消耗大量能源,图10-5和图10-6分别为2017年根据购买力平价统计的工业总产值和一次能源消费排名前20的国家,工业产值较高的国家一次能源消费总量通常也较高。

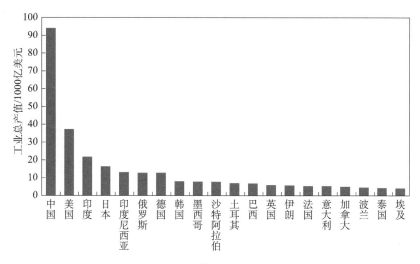

图 10-5　2017 年工业总产值排名前 20 名的国家

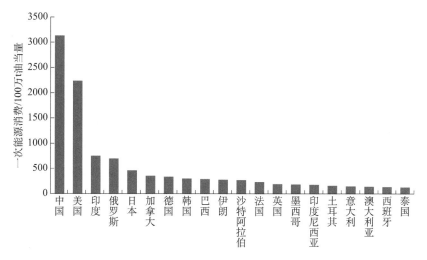

图 10-6　2017 年一次能源消费排名前 20 的国家

资料来源：《BP 世界能源统计年鉴》（2018 年版）

　　20 世纪 90 年代以来，全球一次能源消费总量总体呈逐年增加趋势（图 1-1）。其中，以煤炭、石油、天然气为代表的化石能源消费占据 80% 以上，造成了气候变暖等一系列制约人类可持续发展的全球性问题。世界各国在 2015 年 12 月通过的《巴黎协定》中指出，各方将加强应对气候变化威胁，把全球平均气温较工业化前水平升幅控制在 2℃ 之内，并为把升温控制在 1.5℃ 之内而努力。目前，我国能源消费和部分污染物排放主要来源于工业领域。国家统计局和 IEA 统计数据显示，2019 年我国工业能耗占全国总能耗的 66.2%，远高于世界的 37% 占比；同年，我国工业领域的煤炭、石油和天然气消耗总量分别占全国能源消费总量的 96.4%、99.99% 和 68.4%；2020 年生态环境部发布的《第二次全国污染源普查公报》显示，2017 年工业水污染物排放额约占全国水污染物的 4.3%，SO$_2$ 排放份额占 76%，粉尘颗粒排放份额占 75%。目前，我国工业能源利用效率仍然较低，2020 年我国单位 GDP 能耗 0.55 t 标准煤 / 万元，约为世界先进水平的 1.5 倍，存在巨大的节能减排潜力。

根据产品性质的不同，工业分为轻工业和重工业两大部分。近年，我国重工业增长迅速，从能源消费的角度来说，同样净产值所消耗的能源，重工业大于轻工业，国家发展和改革委员会 2020 年 2 月明确指出的六大高耗能行业均来自重工业，包括石油煤炭及其他燃料加工业、化学原料和化学制品制造业、非金属矿物制品业、黑色金属冶炼和压延加工业、有色金属冶炼和压延加工业，以及电力、热力生产和供应业，2018 年上述六大高耗能行业的能耗占我国占能源消费总量的 48.8%，占工业能耗的 74.1%。因此，工业节能减排需要重点关注重工业领域，尤其是重工业中的高能耗行业。

在我国 2020 年能源消费结构中，煤炭消费比例为 57%，如图 10-7 所示，其中 96% 的煤炭消费来自工业领域，未来我国将严格控制煤炭消费总量，进一步降低其在能源结构中的比例。2020 年 12 月，国家主席习近平在气候雄心峰会上发表重要讲话，宣布"到 2030 年，中国单位国内生产总值二氧化碳排放将比 2005 年下降 65% 以上，非化石能源占一次能源消费比重将达到 25% 左右"。总的来看，我国未来能源消费结构发展趋势主要体现在以下两个方面：①由于煤炭资源占我国化石能源储量的 89%，以煤为主的格局不会改变；②非化石能源占一次能源消费比例快速增加。因此，煤炭高效清洁利用以及非化石能源规模化应用是

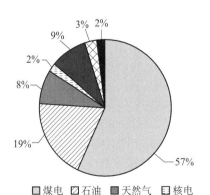

图 10-7 2020 年我国能源消费结构

资料来源：国家统计局

工业节能减排的重要任务之一，是我国节能减排目标能否实现的关键。《中国能源发展报告 2020》的统计数据显示，2020 年我国 52.1% 的煤炭消耗用于电力行业，因此，依靠基础科学研究成果的积累并与关键技术攻克相结合，对我国以火力发电为主的装置（超 / 超临界技术、燃气轮机技术）进行改造、升级，并在新型热力循环理论的支持下，形成新的能源动力技术是能源动力技术研究的主攻目标。不同动力循环的热效率对比如图 10-8 所示，可以看出，燃煤与新型动力循环相结合是燃煤高效利用的重要手段，如 S-CO$_2$ 布雷顿循环。在非化石能源利用方面，近年来光伏和风电成本的迅速下降为工业节能减排提供了新的选择，目前仍需要进一步完善政策法规，以鼓励重工业领域中的高耗能行业消纳可再生能源发电量，或使用可再生能源生产富氢化学品和燃料。

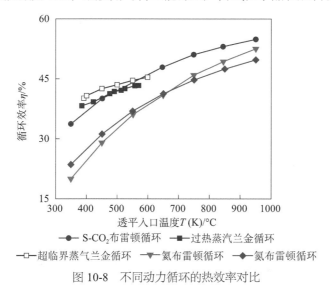

图 10-8　不同动力循环的热效率对比

党的十九大报告明确指出，我国要推进能源生产和消费革命，构建清洁低碳、安全高效的能源体系，在此方面，发达国家仍走在世界前列，如德国政府的"能源转型"计划，到 2030 年时，可再生能源发电比例需达到 65%，2050 年实现 100% 可再生能源发电。因此，在借鉴发达国家先进经验的基础上，结合本国国情，我们一方面要完善工业节能减排的体制和机制，推进化石能源清洁高效利用，降低工业领域化石能源消耗；另一方面要构建市场导向的绿色技术创新体系，壮大清洁能源产业，加快提升非化石能源在能源供应中的比例。

二、发展规律与发展态势

工业化水平是国民经济实力和国家综合国力的关键指标。发达国家已经通过前三次工业革命建立了完善的现代工业体系，但同时加剧了能源与资源危机、生态与环境等危机。为缓解工业与能源环境间矛盾，第四次工业革命席卷全球，其实质是大幅度提高资源生产率，经济增长与不可再生资源要素全面脱钩、与温室气体排放脱钩。我国已成功走出一条特色发展道路，建成独立完整的现代工业体系，但我国前期发展主要依赖粗放式经济和不合理能源利用，导致资源消耗和环境污染问题，能源与环境问题已经制约了我国绿色能源经济和可持续发展，亟须推进工业节能减排。

现阶段工业节能减排具有如下发展规律。

（1）能源供应多元化。除了高效开发利用天然气等常规化石能源外，提升非化石能源占比，着力发展多元化清洁能源供应体系，发展分布式能量供应、多能互补供应等新技术、新模式，已成为各国工业领域的重要战略发展目标。

（2）终端用能清洁低碳化。降低终端用能能耗并提高用能能效，最终实现清洁能源满足世界能源需求的全部增量。随着储能技术等新技术的发展，电网增强了消纳光电、风电等可再生能源的能力，终端的电气化率显著提升。此外，氢能等清洁能源在终端用能上占比也得到了增加，终端用能趋于清洁低碳化。

（3）供能用能智能互联化。作为第四次工业革命的基础，人工智能、5G物联网等构筑了万物智能互联情景，使得储能技术、智能电网、能源互联网、多能互补体系、分布式用能系统等新技术和新模式得到更大程度推广应用，能源资源协同效率明显提升（中国石油经济技术研究院，2019）。

工业领域节能减排的主要发展趋势可以总结为如下几点。

（1）煤的高效清洁利用。在相当长时间内，我国煤炭的主体能源地位不会变化（谢克昌，2020），做好煤炭清洁高效可持续开发利用，是符合当前基本国情的选择。推动煤炭的清洁高效开发利用，一是促进煤炭的绿色生产，加快调整煤炭产能结构；二是实现煤炭的集中使用，大力推进工业锅炉、工业窑炉等治理改造，降低煤炭在终端分散利用比例；三是推进煤炭清洁高效利用，继续加大对较成熟煤炭利用技术和先进燃烧技术的研究力度。

（2）碳捕集、利用与封存。发展低能耗、低成本、多元化的碳捕集、利用与封存全流程技术体系是未来大规模减少温室气体排放，减缓全球变暖的最经济可行方法。降低燃烧前、后捕集技术的成本，捕集设备小型化，直接采用富氧燃烧技术，都有利于开展碳捕集工作。封存部分则包括地质封存、海洋封存、矿化固碳、生物固碳和资源化利用等技术。

（3）工业废气、废液及固体废弃物的处理技术。工业生产过程中产生的废气、废液及固体废弃物会破坏环境，影响工农业生产和人民健康。在国家利好政策驱动下，我国工业废弃物处理能力逐步提升，相关处理行业发展迅速。但随着环保治理的不断深入，工业废弃物处理技术逐渐进入"深水区"，而进一步提高治理水平，是实现绿色经济与可持续发展的重要举措。

（4）氢能、太阳能等清洁能源的推广利用。氢能、太阳能等利用技术日趋成熟，推广清洁能源利用，需要加快核心技术攻关以及在优势领域的发展速度。加快布局相关基础设施建设，提高清洁能源的制备、储存、运输及发电效率，降低用户使用成本，为清洁能源的推广提供便利。开拓清洁能源的利用方式，打破多种能源之间的壁垒，发展多能互补、多能协同的分布式能源系统，让清洁能源满足能源需求的全部增量。

（5）"互联网 +"智慧能源的全面建设。"互联网 +"智慧能源（又称能源互联网）是一种互联网与能源生产、传输、存储、消费以及能源市场深度融合的能源产业发展新形态。推广工业智能化用能监测和诊断技术，推进新一代信息技术与制造技术融合发展，有利于提升工业生产效率和能耗效率。通过能源互联网，挖掘能量流供需动态特性，提升能源管控系统的智能化水平，进行能源系统的精细化管理，加强能源动态预测和优化调度，最后达到提高能源利用及排放管控效率的目的。

（6）储能技术与产业的发展。储能技术广泛应用于电网侧、电源侧、用户侧等多个场景，在能源革命中发挥着重要作用，截至 2019 年底，全球已投运储能项目累计装机规模达 184.6 GW（中国能源研究会储能专委会中关村储能产业技术联盟，2020）。由于储能系统成本的快速下降和相关支持性政策的支持，我国储能产业得到了快速发展。随着可再生能源装机容量的快速增加，调峰需求进一步增长，作为主要调节手段的储能系统也随之增加。

（7）节能减排中的共性问题的深化研究。高能耗行业节能减排的一些关键科学问题和关键技术研究尚缺乏必要的理论支持，需要进一步开展共性问题的总结研究，以传统高能耗行业中共有的能量传递过程为背景，归纳共性应用技术，集成工程热物理等不同学科之间的交叉研究，以能量传递和利用过程中尚未解决的难题为切入点，发展具有自主知识产权的原创性节能新技术和低能耗新设备。

（8）政策与法规的完善。进一步完善节能减排法规和标准，强化节能减排的政策导向，加强对节能减排工作的监督检查和行政执法；建立环境管控的长效机制，让环境管控发挥绿色发展的导向作用。同时，进一步鼓励发展绿色产业，助力经济增长。

（9）国际合作研究的广泛开展。不同国家的学者在国际交流和合作工作越来越密切，作为后发型工业化国家，在生态环保、污染防治、环保技术与产业等重点领域，将会与"丝绸之路"沿线国家开展愈发密切的合作。开展节能减排、生态环保等基础项目建设，探索在境外设立生态环保合作中心，也是接下来国际合作的重点。

总之，为了实现工业领域的节能减排，需要在节能技术与节能政策两个方面同时开展相关基础研究工作：在技术层面上，则要做好基础研究和技术开发工作，全力解决节能减排的关键技术；在政策层面上，加快建立绿色生产和消费的法律制度与政策导向，建立健全绿色低碳循环发展的经济体系。

三、发展现状与研究前沿

"十三五"以来，党中央、国务院已深刻认识到我国目前节能减排的必要性与急迫性，并将其作为我国未来工业发展的核心之一。2016 年 12 月国务院发布的《"十三五"节能减排综合工作方案》，明确要求促进产业结构转型，对电力、钢铁、建材等高能耗行业，环保、能耗不达标的企业要依法依规有序退出。国家"十四五"规划也将生态文明建设实现新进步列为我国"十四五"时期社会发展主要目标之一，体现了我国独立自主走有中国特色新型工业化道路的决心和信心。"双碳"目标的提出进一步表明了我国节能减排的决心和长期政策信号。

在世界范围工业化进程中，大多数发达国家都面临过能源短缺、环境污染等问题，积累了丰富的节能减排经验。美国是世界上最早建立环境评估制度的国家，早在 1969 年就颁布了《国家环境政策法》，对可能影响环境的活动和项目要进行环境影响评价，并对工业生产活动进行严格监督审查。2005年 8 月通过《美国国家节能政策法案》，以法律手段结合经济引导全方位激发各主体提高能源利用效率的意识和积极性。欧盟于 2019 年完成了能源政策框架《欧洲清洁能源一揽子计划》（The Clean Energy Package for all Europeans）的更新，以促进从化石燃料向更清洁能源的过渡，助其完成 2030 年温室气体排放量较 1990 年减排 50%、2050 年实现碳中和的目标。

为适应我国经济的新发展和新趋势，在研究前沿方面，工业领域的节能减排主要围绕能量高效利用及回收，碳捕集、利用与封存、能源结构优化及可再生能源开发、储能技术、系统智能化管理 5 个方面展开。

（1）在能量高效利用及回收方面，依据"温度对口，梯级利用"思想，明确科学工业用能的定量化原则，探究能量传递过程的协同强化原理，提出高效能量传递及转化方法，研制与行业相关的关键节能设备，结合生产工艺合理设计余热、余压利用途径，开发余能高效回收利用新设备及系统，实现余能高效提取、提质（品位提升）和高效利用。

（2）在碳捕集、利用与封存方面，依据燃料转化过程化学能梯级利用与 CO_2 捕集一体化方法思路，提出高效低成本碳捕集、利用与封存技术，开发研制关键设备，对特定 CO_2 源汇的全链碳捕集、利用与封存进行减排效果、经济性等多目标的分析及优化，提出与工业生产过程相适应的集成原则。

（3）在能源结构优化及可再生能源开发方面，深入开发煤炭清洁化利用技术，提出清洁能源替代下传统生产制造工艺的升级改造途径及方法，构建含可再生能源的多能互补分布式能源系统，发展多能源互补的能势耦合及其综合梯级利用新途径，开展可再生能源和燃料化学能等不同品位能量的协同转化与高效利用的关键基础问题研究。

（4）在储能技术方面，开展高能量密度/高功率密度储能"材料－器件－系统"的基础理论及关键技术，开发储能（储热、储电）新材料；研制高能量密度/高功率密度储能（储热、储电）装置，开展储能装置全生命周期储/放能特性研究；明确储能系统动态与智能调峰特性，进行可再生能源储电/储热及热电耦合调配，构建储能动态性能灵活调控方法。

（5）在系统智能化管理方面，发展工业智能化用能监测和诊断技术，建立工业企业能源管控体系，推动智能电网、储能设施、分布式能源、智能用电终端协同发展，推进新一代信息技术与制造技术融合发展，提升工业生产效率和能耗效率。

为确保完成"碳达峰、碳中和"的节能减排约束性目标，加快建设资源节约型、环境友好型社会，实现经济发展与环境改善双赢，在今后十年内，应该增强高能耗行业节能减排关键核心技术攻关和自主创新能力，大力发展可再生能源，建立健全以原始创新、集成创新和节能减排产业发展为导向的科技创新机制，着力打通基础研究、应用开发和成果转化等环节。

四、关键科学问题、关键技术问题与发展方向

未来几年是我国推进能源生产和消费革命的重要时期，需要加快推动绿色低碳发展，构建清洁低碳、安全高效的能源体系。其中，系统深入开展工业领域的节能减排工作是推进绿色发展的重点。根据国内外总体发展趋势，结合我国能源经济发展和生态文明建设的具体国情，在工业领域节能减排工作中应坚持能源高效综合利用，加大力度治理污染排放，开发新能源和可替代能源。

（一）关键科学问题

（1）能源高效清洁利用原理。

（2）高效固碳机理。

（3）污染物的处理及利用原理。

（4）规模化高效储能机制。

（5）新能源和可再生能源利用原理。

（6）能源梯级综合利用和系统集成理论。

（7）热能的品位提升与转变机制；

（8）多能互补综合能源系统智能协同调控理论；

（9）能源-经济-社会-环境复杂作用机理等。

（二）关键技术问题

能量转换和传递过程的关键技术，煤的高效清洁燃烧技术，先进动力与能源转换循环技术，碳捕集与封存技术，工业废气、废液及固体废弃物处理和噪声治理技术，规模化高效低成本储能技术，新能源和可替代能源利用技术，能量梯级综合利用和系统集成技术，热能的品位提升与转换技术，"互联网+"智慧能源技术，工业节能减排监管和评估技术等。具体如下。

（1）能量转换和传递过程的关键技术：①高效化学能-热能转换技术；②高效热交换、保温和隔热技术；③高效热-电转换技术；④高效光-电转换技术；⑤高效风-电转换技术；⑥核聚变、核裂变技术；⑦热能品位提升与转换技术。

（2）煤的高效清洁燃烧技术：①水煤浆技术；②煤气化技术；③煤炭液化技术；④先进燃烧器；⑤高效燃煤锅炉、窑炉设计和制造关键技术；⑥煤层气的开发利用。

（3）先进动力与能源转换循环技术：①先进燃气轮机循环；②超（超）临界蒸汽轮机循环；③先进超临界 CO_2 布雷顿循环；④整体煤气化联合循环；⑤先进热泵/制冷循环；⑥低温液化循环与气体制冷循环；⑦先进内燃机循环；⑧锅炉全工况运行的热工水力学特性及优化设计；⑨空冷系统的优化设计和高效运行；⑩基于非定常流动的透平压缩机械现代设计技术；压气机气动/结构的耦合机制与调控方法；高效泵、风机、压缩机设计技术；泵、风机、压缩机变频调速和永磁调速技术；先进燃气轮机和蒸汽轮机设计技术；电力、电子传动技术；外部负荷变化时机组关键设备和辅机变工况瞬态运行控制技术；广义能耗描述方法和全工况能耗评价准则。

（4）碳捕集与封存技术：①地质封存技术；②海洋封存技术；③矿化固碳技术；④生物质固碳技术；⑤电化学固碳技术。

（5）工业废气、废液及固体废弃物处理和噪声治理技术：①烟气除尘技术；②脱硫、脱硝技术；③工业废水高效微生物降解技术；④工业废水的闭式循环多级利用技术；⑤工业固体废弃物的热解和焚烧技术；⑥工业固体废弃物生物处理技术；⑦工业固体废弃物变建筑材料的加工技术；⑧高效低噪叶轮机械气动与声学一体化设计；⑨高速喷流噪声的产生与抑制；⑩先进噪声控制技术；⑪基于仿生学原理的气动声学降噪技术。

（6）规模化高效低成本储能技术：①高效低成本储热技术；②电化学能存储技术；③电能存储技术；④氢能、生物质燃料等化学能存储技术；⑤压缩空气储能等机械能存储技术。

（7）新能源和可替代能源利用技术：①叶片式风力发电技术和设备；②生物质能高效利用技术和设备；③燃料电池技术；④安全、可靠的核电技术；⑤太阳能发电、热水器、太阳能电池、太阳能照明和太阳能空调技术；⑥地热采暖和地热发电技术；⑦空气源、水源、地源以及太阳能热源热泵技术。

（8）能量梯级综合利用和系统集成技术：①煤基化工－动力多联产系统；②冷、热、电联供系统；③余热、余压和可燃伴生气梯级释放与利用的优化；④余热、环境热源工业热泵技术；⑤工业"三废"的循环综合利用技术；⑥高炉煤气余压透平发电（blast furnace top gas recovery turbine unit，TRT）技术；⑦干熄焦（coke dry quenching，CDQ）发电技术；⑧固体废渣、烧结机、干熄焦和转炉煤气显热回收技术；⑨系统运行和控制优化。

（9）"互联网＋"智慧能源技术：①多能互补分布式系统协同调控技术；②能源系统大数据挖掘与有效利用；③交叉学科背景下的系统变工况自适应调节新技术；④物联网信息融合与多能调谐；⑤能源系统风险管理与故障智慧决策；⑥多能系统人工智能技术。

（10）工业节能减排监管和评估技术：①制定符合我国工业化发展进程的工业节能和污染物排放标准，完善相应的法律、法规、管理和奖惩措施；②建立能源－经济－社会－环境关系的长效监测机制；③建立健全工业能耗、污染物排放基准数据库和统计分析体系；④优化能源和产业结构，建立全面完善的节能减排评估体系和方法。

（三）发展方向

《新时代的中国能源发展》白皮书指出，进入新的发展阶段，我国确立了生态优先、绿色发展的导向。然而，我国的资源禀赋决定了化石能源尤其是煤炭在未来很长一段时间仍然占据能源消费的主导地位。因此，清洁高效开发利用化石能源、大力发展新能源和可替代能源对实现工业领域的节能减排任务具有决定性作用。建议发展方向如下。

在化石能源利用方面：①煤炭安全智能绿色开发利用；②清洁高效火电技术；③天然气生产技术；④石油勘探开发与加工技术；⑤关键设备创新升级；⑥工序过程与系统用能优化；⑦余能回收与利用；⑧碳捕集与封存；⑨污染物处理与利用。

在新能源和可替代能源利用方面：①太阳能多元化利用；②风电技术；③绿色水电技术；④先进核电技术；⑤生物质能、地热能、海洋能等技术；⑥能量转换关键设备研发和系统设计；⑦大规模高效储能；⑧高比例新能源并网调控；⑨可再生热源提质的热泵技术。

第三节　建筑节能

一、基本范畴、内涵和战略地位

建筑能耗，狭义主要包含建筑使用过程中暖通空调等机电系统、照明、各类用能设备的耗能，广义还包含建筑材料生产、运输和建造过程的耗能等部分。根据 IEA 的统计与核算结果（图 10-9），2018 年全球建筑建造的终端用能[1]占全球能耗的 5%，建筑运行占全球能耗的 30%；同期对应的 CO_2 排放分别占全球总 CO_2 排放的 10% 和 28%。根据清华大学建筑节能研究中心对于

---

[1] 终端用能，将采暖用热、建筑用电与终端使用的各能源品种直接相加合得到。采用终端用能法表示的建筑运行用能、建筑业用能与采用一次能耗折算方法得到的数值和比例均偏小。

中国建筑领域用能及排放的核算结果，2018 年中国建筑业和建筑运行用能[①] 占全社会总能耗的 33%（建筑业和建筑运行分别占 11% 和 22%）；从 CO_2 排放角度看，约占中国全社会总 CO_2 排放量的 38%（建筑业和建筑运行分别占 16% 和 22%）。我国处于城镇化建设时期，因此建筑和基础设施建造能耗与 CO_2 排放仍然是全社会能耗与 CO_2 排放的重要组成部分，随着我国逐渐进入城镇化新阶段，建设速度放缓，建筑的运行能耗和 CO_2 排放所占比例将会增加。

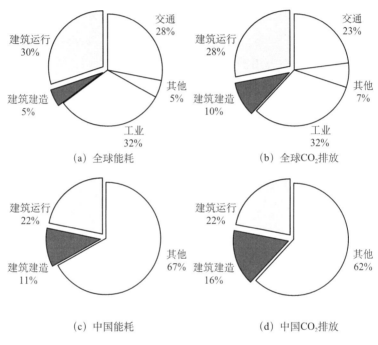

图 10-9　全球和中国建筑领域终端用能及 CO_2 排放（2018 年）

资料来源：IEA（2019）

比较各国人均能耗与单位建筑面积能耗（图 10-10），可以看出我国建筑能耗强度目前还低于各经济合作与发展组织（Organization for Economic Co-operation and Development，OECD）国家，但差距近年来迅速缩小。考虑我国未来建筑节能低碳发展目标，我国需要走一条不同于其他国家的发展路径，这对于我国建筑领域发展将是极大的挑战。同时，目前还有许多发展中国家

---

① 按照一次能耗方法折算，将采暖用热、建筑用电折算为一次能源消耗之后，再与终端使用的各能源品种加合。

正处在建筑能耗迅速变化的时期，中国的建筑用能发展路径将作为许多国家路径选择的重要参考，从而进一步影响到全球建筑用能的发展。

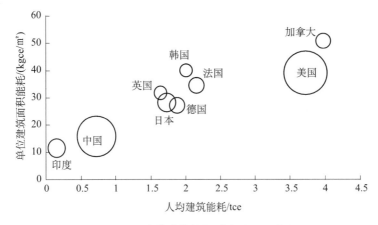

图 10-10　中外建筑能耗对比（2017 年）

资料来源：清华大学建筑节能研究中心（2020）

　　建筑节能是关系到"双碳"目标能否顺利实现的关键环节，未来 15 年将是建筑领域碳达峰、碳中和相关理论技术飞速发展的时期，需要在建筑节能的相关基础科学问题、关键技术和理论分析方法、政策制度及配套标准等方面进一步开展深入研究，引导建筑合理用能和科学节能的理论技术发展，为实现节能减排和能源革命的战略目标提供理论与技术支撑，助力我国生态文明建设和可持续发展目标的实现。

二、发展规律与发展态势

　　建筑节能是我国生态文明建设和实现能源革命战略目标的重点与热点领域，在碳中和与能源革命战略目标的推动下，我国建筑节能正处于革命性变化、跨越式发展的重要时期。在新时代、新发展格局下，亟须探索出一条有中国特色的建筑节能道路，切实推动我国现代化建设的可持续发展。建筑节能研究领域的发展规律如下。

　　（1）建筑节能的多学科特征。建筑节能是一个综合性的学科，涉及能源、电力、环境、建筑、信息、材料、管理等多个学科门类，具备强烈的学科交又特点；建筑节能又是一门实践科学与工程技术，从城市和小区的规划、供热系统的设计、建筑物的设计和施工、房屋开发建设，到物业管理与设备运行，都是不可或缺的重要环节，需要多方面的通力合作，配合协调。

（2）建筑节能的国际化和可持续特征。建筑节能的发展也具有特殊性，因气候、地区、国家、文化和技术而异，也会随着建筑类型、规模、功能、质量、材料与设备而不同。在能源和资源得到充分有效利用的同时，建筑物的使用功能应更加符合人类生活的需要，创造健康、舒适、方便的生活环境是人类的共同愿望，也是建筑节能的基础和目标。

（3）建筑节能的地域气候特征。由于各地域的气候条件、物质基础、居住习惯以及文化理念都存在一定差异，建筑节能工作应当倡导结合本地实际，根据不同地区的特点、不同功能建筑的需求，进行多种节能途径、方式的研究、比较、鉴别，因地制宜，循序渐进。一方面通过建筑合理设计、节能建材等途径降低建筑用能需求；另一方面要提高用能系统的效率，充分利用可再生能源，从而降低终端能源使用量。

结合国内外建筑节能的研究现状和发展趋势，目前，建筑节能领域的主要发展趋势如下。

（1）建筑本体优化及围护结构性能改善。当前建筑规模已由增量为主进入存量为主的时代，各类建筑对节能改造的需求不断凸显，建筑造型及围护结构形式对建筑与外环境的换热量和通风采光等状况有决定性影响。近年来的研究反映出建筑围护结构气密性、运行管理等导致的渗透风对建筑热需求有重要影响，需要在理论研究、设计、运行、管理等阶段进一步考虑，注重从被动式、需求侧出发降低建筑自身的用能需求。

（2）建筑用能需求及用能规律。建筑用能需求主要体现在对冷热电等的需求，随着经济社会发展及人民生活水平提高，建筑冷热电需求不断增长，对建筑用能需求和规律的合理阐释对于实现建筑用能合理供给、高效利用等具有重要意义。当前建筑已全面发展至电气化时代，各类用能设备种类式样繁多，探究建筑实际用能需求及用能规律为建筑冷热电供给系统的容量设计、运行保障提供了重要依据。

（3）可再生能源应用于建筑的产-供-用-蓄-调方法。在碳中和目标驱动下，以太阳能等可再生能源为核心的建筑用能方式已经成为可持续建筑的重要发展方向。光伏等技术的飞跃性发展已为其在建筑中大规模应用提供了技术经济性保障，可再生能源与建筑一体化后，也可成为可再生能源能量生产端，为此需要建立可再生能源与建筑结合的产－供－用－蓄－调一体化分析方法，结合资源禀赋条件因地制宜推动建筑中可再生能源的高效利用。

（4）建筑光储直柔新型配电系统。我国能源结构将由碳基能源转变为以可再生等为主的低碳能源体系，建筑用电方式变革已迎来重大机遇。建筑系统的任务由单一的节能转变为节能、全面电气化、柔性用电实现移峰填谷，不仅用电而且可产电，这就需要建筑成为柔性电力负载，合理消纳光伏等可再生能源电力，发展光储直柔新型配电系统。尽可能提升建筑用电负荷的柔性，减少对电网的冲击，同时使得电网能更多地接纳可再生风电光电。

（5）高性能主动式系统设备。建筑用能设备的高效是实现建筑节能的重要保障，高性能的主动式系统用能设备需要适应气候变化、用户使用习惯、运行工况、负荷变化等影响。在建筑用能全面电气化时代，需要在提高各类用能设备性能方面进一步工作：供给侧包括各类冷热源设备的性能提升，与可再生能源利用结合的热泵设备、冷热源设备等；输送侧包括各类风机、水泵的性能提高，通过变频方式有效满足输送过程的流量调节、降低输送能耗；用能侧要注重末端设备的性能提升，从多种建筑功能需求、营造目标出发构建出适应末端需求变化的高性能末端装置。

（6）建筑智慧化运维技术。信息化时代、5G 场景下建筑用能设备已具备智能化应用雏形，大数据技术的发展促进了用能设备的智能化、用能设备性能的实时分析，物联网又为实现多类用能设备的互联互通、协同调控提供了技术手段。应进一步提高智慧化运维调控水平，适应建筑自身功能需求的变化，并在此基础上基于需求变化及时反馈响应，畅通建筑用能供给侧与需求侧的应对调节机制，为真正实现建筑智慧化运行提供支持。

三、发展现状与研究前沿

应对气候变化和"双碳"目标等对建筑节能发展提出了更高要求，也为建筑节能理论方法和技术的变革提供了重要机遇。围绕推广绿色建筑的目标，国内外近年来发展了一些绿色建筑评估体系，如我国的《绿色建筑评价

standards》(GB 50378—2019)、美国绿色建筑评估体系(Leadership in Energy and Environmental Design Building Rating System, LEED)、英国绿色建筑评估体系(Building Research Establishment Environmental Assessment Method, BREEAM)、日本建筑物综合环境性能评价体系(Comprehensive Assessment System for Building Environmental Efficiency, CASBEE)、法国绿色建筑评估体系(Haute Qualité Environnementale, HQE)。这些评估体系的制定及推广应用对以上国家在城市建设中倡导"绿色"概念,引导建造者在建设过程中注重绿色和可持续发展起到了重要作用。

建筑节能与绿色健康建筑等成为建筑可持续发展的综合目标,涉及能源、环境、健康等多领域,是一项复杂艰巨的系统性工程。近十年来在国家发展和改革委员会、科学技术部和国家自然科学基金委员会等部门大力支持下,我国开展了建筑节能的基础理论、关键技术及示范工程建设等工作,取得了一系列研究成果。我国在"十三五"国家重点研发计划中专门设立了"绿色建筑及建筑工业化"重点专项,集中资源针对建筑节能领域的一系列关键问题开展了产学研用多层面系统性工作,研究成果已在多类型建筑中实现示范应用,并取得了显著成效。

大力发展可再生能源是实现碳中和目标的重要途径,我国风力、太阳能等可再生能源装机容量不断增长,在能源结构中所占比例不断增长。建筑作为重要的用能终端,对可再生能源的消纳起着重要作用,围绕建筑消纳可再生能源的方法和机理等研究方兴未艾。近年来太阳能光伏技术的飞跃性发展促进了光伏在建筑领域的应用,建筑用能侧面临当前能源结构的变化,建筑用能侧柔性用电、直流用电设备及系统的研究也逐渐提上日程。

当前国外建筑节能领域的发展趋势可以概括为两点:一是建筑需求侧,加强建筑蓄能储能,增强建筑柔性和智慧化设计运维水平;二是建筑用能供给侧,将建筑用能供给与资源环境条件紧密结合,大力研究和开发、利用可再生能源和自然能源,提高可再生能源供给。

虽然我国建筑节能事业取得了一定进展,但面对当前碳中和的战略目标任务和我国能源结构的发展变革,建筑节能仍亟须针对新形势、新问题开展深层次的系统基础研究。从学科和应用前沿出发,综合新技术成果,发展新的建筑环境系统形式,今后主要的突破点有:①研究全面电气化时代的建筑用能特征与需求，揭示建筑冷热电等需求侧变化规律；②研究和建立符合碳中和目标与绿色建筑发展要求的能源供应体系，构建柔性建筑能源系统；③根据碳中和目标和能源结构状况，发展新型的暖通空调系统及其设计、运行控制的新理念、新方法；④将暖通空调等建筑机电系统、建筑采光和照明系统、用电设备等建筑设备作为一个有机整体进行系统设计和运行控制，结合物联网与大数据方法实现建筑智能化调控。

四、关键科学问题、关键技术问题与发展方向

如何在满足人民对美好生活需求的基础上，通过建筑节能和科技进步实现建筑用能环节的节能减排、助力碳中和目标实现，是当务之急，需要围绕建筑节能领域的关键科学问题开展研究。

（一）关键科学问题

（1）碳中和目标下建筑、气候、资源、环境等多因素之间的复杂作用新机理。

（2）全面电气化时代建筑用能需求与用能规律刻画方法。

（3）建筑光储直柔配电系统构建方法。

（4）可再生能源应用于建筑的产－供－用－蓄－调一体化分析方法。

（二）关键技术问题

（1）可再生能源与建筑一体化新技术。

（2）建筑直流用电设备关键技术。

（3）建筑储能关键技术。

（4）柔性建筑与建筑用能灵活性增强关键技术。

（5）建筑用能侧与能源供给侧联合调控技术。

（6）高性能建筑能源系统与设备（空调、供热、热水、水泵、照明等）。

（7）低能耗建筑和健康建筑的研发、示范和推广应用。

围绕上述关键科学问题和关键技术问题，建议将下列建筑节能的相关基础理论和关键技术作为重点发展方向，并在政策及资金方面给予优先支持。

（三）发展方向

（1）碳中和目标下建筑用能政策及标准体系的发展和完善：①碳中和目标驱动的建筑用能技术路线图；②建筑用能与碳排放全生命周期分析方法；③城乡碳中和建筑构建目标与可实施路径；④城乡用能规划与保障方法。

（2）建筑物本体的关键节能基本理论与制备技术研究：①建筑环境控制多目标的耦合关系与保障方法；②适应气候的低能耗建筑围护结构组合优化设计方法；③与气候和资源条件相适应的建筑节能设计理论和方法。

（3）建筑用能需求与用能规律：①建筑用电负荷特征与负荷灵活性调控方法；②不同类型建筑用能规律分析方法；③单体–区域–城市多尺度建筑用能特征；④建筑冷热需求的多因素时变特征与应对方法；⑤局部空间局部时间下的建筑用能需求与调控机理；⑥建筑环境多目标协同分析方法。

（4）可再生能源应用于建筑的产–供–用–蓄–调方法：①适应可再生能源利用的建筑形体优化方法；②建筑冷热电能量蓄存–释放过程优化方法；③可再生能源的高效利用及其与建筑的产–供–用–蓄–调一体化技术；④提高建筑对可再生能源消纳与转移的方法；⑤建筑光储直柔新型配电系统构建方法；⑥直流建筑。

（5）建筑高性能主动式设备：①建筑高性能冷热末端；②温湿度独立控制系统及关键装置；③适合冬夏不同压比需求的压缩机关键技术；④直流家电及设备；⑤长江流域建筑热环境分散式一体化高效设备；⑥超高能效空调设备和系统。

（6）建筑节能学科交叉基础研究：①建筑用高性能被动式材料基础研究；②建筑用电负荷灵活性与电网一体化调控方法；③建筑多场景智慧化控制方法。

第四节　交通运输节能

一、基本范畴、内涵和战略地位

交通运输行业是国民经济的重要基础行业，包括公路运输、铁路运输、水路运输和航空运输等。根据《BP 世界能源统计年鉴》（2021 年版），交通运输能源消耗占世界能源消耗的 21%，经济越发达的地区，交通运输业的能耗占比就越大。我国经历了经济高速增长、城市化进程加快以及机动车保有量持续增加的高速发展阶段，交通运输需求也因此迅速增加，交通运输领域成为中国能源消耗增长最快的领域之一。《BP 世界能源展望》（2020 年版）显示，从 20 世纪 70 年代以来，中国交通部门的能源消耗以 9.3% 的速度增长，预计到 2050 年占全社会总能耗的 23%，交通运输节能是我国节能减排的主战场。

从能耗结构上看，交通运输业能耗来源以汽油、柴油和煤油这 3 种成品油为主。我国 91% 以上的交通能源来源于石油，交通运输领域消耗了我国 50% 以上的石油，其中 45% 的汽油、67% 的柴油和 93% 的煤油被各类交通工具所消耗（国家统计局，2021），图 10-11 展现了 1990～2019 年中国各行业的石油消耗情况，可以看出，交通运输行业的石油消耗量最大并逐年增长（国际能源署，2021a）。然而，我国是个贫油的国家，石油对外依存度逐年提高，据中国石化经济技术研究院统计，2020 年我国国内原油产量达到 1.94 亿 t，对外依存度升至 72.7%（中国石化经济技术研究院，2020），在复杂多变的国际局势下，能源供给不确定性风险加大，能源安全结构性矛盾突出。因此，交通运输节能对保障我国能源安全具有十分重要的战略意义。

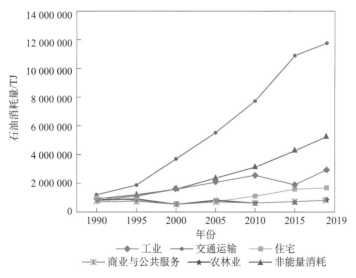

图 10-11　1990～2019 年中国各行业的石油消耗

资料来源：国际能源署（2021b）

交通运输对环境的影响也日益加剧，是造成局部环境污染和全球温室气体排放的主要来源之一，如图 10-12 所示，我国交通运输业 CO_2 排放量逐年增长。据《中国移动源环境管理年报（2020）》统计，截至 2019 年，我国已连续 11 年成为世界机动车产销第一大国，2019 年全国机动车保有量达到 3.48 亿辆，全国机动车四项污染物（CO、HC、NO_x 和 PM）排放总量初步核算为 1603.8 万 t，柴油车 NO_x 排放量超过汽车排放总量的 80%，PM 排放量超过 90%，汽油车 CO 排放量超过汽车排放总量的 80%，HC 排放量超过 70%。此外，船舶、航空等非道路移动源排放对空气质量的影响也不容忽视，其中 NO_x 排放量接近机动车。

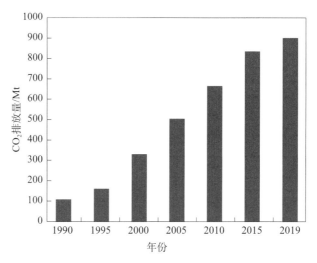

图 10-12　1990～2019 年中国交通运输业 CO_2 排放量

资料来源：国际能源署（2021a）

根据国际能源署统计，由于能效提升、电气化和低碳燃料替代，2019 年全球交通运输行业温室气体（CO_2）排放量增长不到 0.5%（自 2000 年以来每年增长 1.9%）。然而，交通运输业仍然占燃料燃烧直接 CO_2 排放量的 24%，其中，公路运输的 CO_2 排放量约占交通运输业排放总量的 3/4（国际能源署，2020）。因此，交通运输节能对我国环境保护和实现碳中和目标具有十分重要的战略意义。

我国在《国家中长期科学和技术发展规划纲要 2006—2020 年》的"交通运输业"发展规划中指出："促进交通运输向节能、环保和更加安全的方向发展……""重点研究开发混合动力汽车、替代燃料汽车和燃料电池汽车整车设计、集成和制造技术，动力系统集成与控制技术，汽车计算平台技术，高效低排放内燃机、燃料电池发动机、动力蓄电池、驱动电机等关键部件技术……"。在重大专项中，将"大型飞机"作为重大专项之一，将氢能及燃料电池技术作为"先进能源技术"的前沿技术。在中美两国元首倡导下成立的中美清洁能源联合研究中心，设立了清洁汽车联盟和卡车能效分中心。可见，我国对未来交通领域的节能减排发展规划与国际上是一致的。

交通运输节能实质上是交通能源的高效清洁利用问题，燃烧发动机是交通运输的主要动力装置。交通运输领域的研究重点仍是燃烧发动机的高效清洁燃烧理论与技术、替代燃料燃烧理论与技术相关科学问题。此外，随着能源、环保和碳中和问题日益凸显，新型高效清洁交通能源及其动力装置、运输系统综合能效提升也是交通运输领域的一项重要研究内容。

二、发展规律与发展态势

交通运输节能可以概括为交通能源生产和交通能源高效清洁利用两个方面。在交通能源生产方面，包括传统石油燃料的高效生产、非传统石化燃料、煤的液化、生物质燃料生产制备及氢制造技术等，涉及多学科交叉领域，除工程热物理学科相关领域之外，还涉及化工工艺、过程控制、煤化工、生物化工、电化学、光电化学、催化、燃料化学和农学等领域。

在交通能源高效清洁利用方面，包括高效清洁燃烧技术、有害排放后处理技术、电池技术、控制技术、燃料电池技术等，涉及燃烧学、热力学、化学反应动力学、传热传质学、多相流体力学、化学催化、工业控制、材料学、电化学、环境科学和管理科学等多学科。交通运输能源使用过程中所产生的有害排放在大气中的扩散和运动规律还涉及大气科学，对人体的危害还涉及毒理学、生命科学等。运输系统节能减排还涉及车辆空气动力学、车辆轻量化、轮胎减阻、车队运输管理等。因此，交通运输领域的节能减排是自然科学、工程科学、生命科学与管理科学等多学科领域的交叉集成。当前交通运输节能领域的主要发展趋势如下。

（一）先进燃烧技术

近年来，先进燃烧技术得到快速发展，如 HCCI 技术、PCCI 技术、RCCI 技术等。利用先进燃烧技术，结合先进控制手段，燃烧发动机效率得到极大提高，其中潍柴动力开发的重型商用柴油机热效率突破 50%，并提出了迈向 55% 的宏伟目标（潍柴动力股份有限公司，2020），玉柴机器开发的混合动力专用中型发动机热效率达到 47.5%，大缸径的船用低速柴油机热效率可达 53.5%。中美超级卡车计划研究表明，在未来 10～15 年，通过余热能回收利用，重型卡车柴油机仍有 25% 的节油潜力。通过采用新型燃烧技术和先进的耐温材料，航空发动机有 15% 的节油潜力，NO_x 排放可以降低 70%。

（二）交通能源多元化

为了缓解燃油动力机械广泛应用带来的石油危机、环境污染以及温室效应等问题，在碳中和和碳达峰压力下，越来越多的新型替代燃料得到应用，如氢气、天然气、煤基燃料（甲醇、二甲醚）、生物质燃料（醇类、生物柴油）等，在交通能源结构中所占的比例将逐年增加。除此之外，纯电动、油电混动以及燃料电池等多元化交通能源结构组成，是交通运输能源发展的另一个趋势。根据 2020 年国务院办公厅印发的《新能源汽车产业发展规划（2021—2035 年）》，预计到 2025 年，纯电动乘用车新车平均电耗每百千米降至 12.0 kW·h，新能源汽车新车销售量达到汽车新车销售总量的 20% 左右。此外，电动型、新型喷气发动机和混合动力发动机飞机也在航空运输业的节能减排中发挥重要作用。

（三）动力电池技术

在过去 10 多年中，电动车发展迅猛，到 2020 年底，全球电动乘用车的存量超过 1000 万辆（国际能源署，2021b）。此外，预计到 2030 年，插电式混合动力汽车和油电混合动力汽车的份额将达到汽车总量的 1/3。动力电池作为关键技术和主要瓶颈，开发高性能、低成本、低污染的动力电池技术是交通能源领域的重要发展趋势。目前，车载动力电池主要包括锂电池和燃料电池，前者起步较早，占据市场主要份额，未来发展方向是优化其寿命、提高续航时间及安全性。从长期来看，燃料电池仍是可能产生突破的车载动力电池之一，其发展趋势包括长寿命高温 PEMFC 技术、利用可再生能源制氢技术、少用或不用贵金属的新型燃料电池技术以及完善的氢能补给产业。

三、发展现状与研究前沿

交通运输是国民经济的命脉，是国民经济发展的基础和先导产业。在以经济建设为中心的时代，交通运输的发展必须具有一定的超前性。这对于维持国民经济的健康发展，保证人民生活质量以及合理控制资源消耗与生态环境污染具有举足轻重的作用。

目前国内外对交通运输领域的节能可以概括为以下几个方面：①燃烧发动机和石油是交通领域的主要动力装置与主要能源，因此石油燃料的高效清洁燃烧技术也仍是国内外研究重点；②随着碳排放要求的提高，传统燃烧发动机的清洁替代燃料也是一个十分活跃的研究领域；③以混合动力、燃料电池等为代表的新能源动力装置发展迅速，是国内外的一个研究热点；④除动力装置外，交通运输系统节能及运输管理节能也是新兴的重要方向，受到广泛关注。

（一）内燃动力节能

目前交通运输中内燃机是主要动力装置，消耗的石油占交通运输业消耗的石油 90% 以上，以内燃机为动力的交通运输装置（公路运输、水路运输）包括汽油机和柴油机等。

汽油机依然是当前最可靠、性价比最高、环境适应性最强、驾驶体验最好的动力来源。汽油机节能技术的发展一直受到排放法规的牵引，从"国一"到"国六"排放标准，除了污染物在不断减少外，CO_2 排放限值和油耗限值也在不断降低。愈发严格的油耗法规对点燃式汽油机的节能减排提出了更高要求（苏万华等，2018；南方碳索，2019）。在此背景下，具备高效低排放的先进燃烧模式被给予厚望。低温燃烧概念本质上也是一种稀薄燃烧，缸内最高燃烧温度一般不高于 1800 K。HCCI、PPCI、GCI 都可以实现低温燃烧。其中，GCI 模式，即在压燃式发动机上使用汽油类燃料获得可控燃烧，是一种有效提高汽油类燃料利用率的方式。

柴油机由于效率高、寿命长等优势，被广泛应用于大型车辆、铁路机车、船舶等交通领域，当前我国40%以上的原油被炼制成柴油，被柴油机所消耗。近年来，柴油机高燃油喷射压力和灵活喷射策略是发展趋势（苏万华等，2018；中国内燃机工业协会，2021），高压喷射达到180~200 MPa，甚至超过300 MPa，喷油次数可达10次，解决了燃油雾化和油气混合速率问题，可以有效控制燃烧放热速率，在提高燃油经济性的同时控制有害排放生成。高增压和可变增压也是发展方向，单级增压器压比可达4~5 bar[①]，在提升动力性能和经济性能的同时降低了排放。低温燃烧技术和延长滞燃期也是国际前沿与热点之一，通过大比例废气再循环大幅度降低燃烧温度，实现了同时降低碳烟和NO_x的目标，再结合燃料特性优化协调EGR依赖度，改进HC和CO排放。

此外，低碳替代燃料，如天然气、醇类燃料、生物柴油、氢气、氨气以及E-fuel（利用风光水等电能转化氢气与CO_2制备的液体燃料，如甲醇、PODE等）燃料在柴油机中均有应用。目前甲醇和天然气等低活性燃料在柴油机上的应用大多采用双燃料方式（中国内燃机工业协会，2020），低活性燃料要么低压喷射实现充分预混，要么缸内直喷实现扩散燃烧，但其都需要高活性的柴油等燃料引燃，如果再加上预燃室，就导致缸内包含着复杂的喷雾自燃、扩散燃烧、射流预混点火、火焰传播等复杂的缸内燃烧现象，相应的机制也有待进一步研究。

（二）航空动力节能

航空运输发展十分迅速，航空运输能源消耗和碳排放占交通运输能源消耗的比例逐年增加。目前，世界航空燃油消耗量约占石油产品需求9%，2020年航空运输的CO_2排放占全球排放量的2.6%，预计到2050年将增长2.4~3.6倍（南方碳索，2019），因此，航空运输业可持续发展日益受到重视。世界航空运输行动小组（Air Transport Action Group，ATAG）计划将航空业2050年CO_2排放量减少到2005年的一半（陈宇龙，2015）。根据《巴黎协定》和其他各类框架协议，ICAO制定了提高飞机效率并限制国际航班CO_2排放量增长的政策。为了符合全球气候目标，到2040年，航空能效每年需要提高3%

---

① 1 bar=10^5 Pa。

以上。近年来，人们在高效低污染燃烧技术、航空煤油替代燃料及关键节能技术开展了研究。

燃烧技术的改进是高效率、低排放、安全性和可靠性等性能的协同优化，主要措施有：①双环形燃烧技术，采用内外环燃烧区增加通过燃烧室的空气流量，提高燃烧效率并降低氮氧化物及烟雾；②轴向分段燃烧技术，将燃烧过程在轴向分段进行，保持上游燃气更高温度，实现稳定、高效、完全燃烧；③贫油预混与预蒸发燃烧，其向燃烧区远端添加低油气比的燃料空气混合物，降低火焰温度和 NO_x 生成，也增加了燃烧室部件耐久性；④多点入射贫油直射燃烧技术，利用多喷嘴在较低压力下多点注入燃料，增强燃料的雾化性能，降低燃料压降，提高燃烧的稳定性同时降低 NO_x 排放。

目前航空发动机主要使用的燃料为航空煤油，是一种碳链长度 C8～C16 的多组分燃料并还含有微量的硫、氮和氧碳氢化合物，燃烧后将不可避免地产生大量 CO_2 及 NO_x、硫酸盐等污染物。因此，替代燃料主要包括：①较为先进的合成油，如 Syntroleum S-8、Shell GTLs、Sasol IPK 和 R-8 等，其主要成分是正和异链烷烃；②醇类和脂肪酸酯（fatty acid esters，FAE）等生物燃料，CO_2 排放量远低于传统航空煤油，且可再生性强、碳排放低。

此外，关键节能技术主要包括：①提高系统可靠性，发动机轴承采用高性能材料和热处理工艺组合，开发专门的表面渗碳硬化合金，坚韧的轴承芯部能实现更快的速度和更高的空气压缩比，从而节省燃料；②采用开式转子发动机，去掉传统发动机短舱，增加发动机吸入和排出空气量，与 CFM56 发动机相比，燃油消耗和 CO_2 排放量可降低 30%；③开发智能发动机，采用碳/钛复合风扇叶片和复合材料机匣减轻重量，应用更耐热、需更少冷空气的陶瓷基复合材料提升运行效率，通过齿轮设计实现高涵道比发动机的高效动力，最大程度提高燃油效率、降低排放。

（三）新能源动力系统

在新能源动力系统方面，近年来国际上广泛开展了两种不同技术路线的研究。第一条技术路线是以日本为代表的油电混合动力汽车，该技术路线已经取得了较大的成功。2020 年，全球插电式混合动力汽车保有量超过 300 万辆，随着成本的降低，混合动力汽车所占比例会迅速增加。根据机电混合度的不同，混合动力汽车与传统燃油汽车相比，能够实现 10%～40% 的节油效果（倪柏明，2008），常规排放物和 CO_2 排放也显著降低，并具有性能稳定、可靠性强，不依赖于新建配套设施，因此被认为是近中期比较现实和有效的新能源汽车产品。混合动力汽车的发动机热效率可以更多保持在高效率区间运行，未来混合动力的发展将主要体现在混合动力构架多样性、混合动力总成、能量管理策略、动力性能平衡以及其他关联技术的发展等。混合动力兼具燃油动力和电动驱动系统的优点，将是应对未来中大型车降低油耗压力的有效手段。

在混合动力等新能源动力系统中，电池技术是关键技术之一。高比能量、高能效、高安全、长寿命、全气候、全固态、低成本是车用锂离子动力电池系统的发展方向。从动力电池正极、负极、隔膜和电解液等关键材料与结构设计创新实现性能持续升级，从制造工艺和高端、智能制造装备提高动力电池应用的可靠性与安全性。全固态锂电池是未来电池的主要发展方向和研究热点，研发新型锂离子电池和新体系电池（锂硫电池、锂空气电池、固态电池等），将拓展动力电池技术边界，实现动力电池多元应用与发展。目前，我国已形成包括磷酸铁锂和锰酸锂正极材料、三元材料前驱体、石墨负极材料、钛酸锂负极材料、电解液和 PP/PE 隔膜在内的完整电池材料技术体系，技术水平与国际基本同步。我国单体电池设计制造能力取得重要突破，电池能量密度显著提高，如三元材料的电池单体的能量密度达到 220～240 W·h/kg（高工锂电网，2018），产业目标为 300 W·h/kg，与国际水平基本保持同步。

第二条技术路线是以美国为代表的燃料电池动力系统，燃料电池因具有功率密度高、环境友好和可利用多种燃料等优势，被认为是 21 世纪最具前景的能量转换装置之一，其中以 PEMFC 技术成熟度最高。2017 年全球 PEMFC 出货量占全球燃料电池总出货量的 62.67%，出货功率容量占 72.69%（E4tech，2017）。其技术发展同时受到多国政府和大型国际车企重点关注，目前全球已有多款量产燃料电池汽车产品。

PEMFC 的主要关键问题：①关键材料及部件的研究，包括电催化剂、质子交换膜、电极和双极板，对质子交换膜而言主要是提高膜的热稳定性、化学稳定性和机械强度；②储氢技术，目前储氢技术有多种，包括玻璃/沸石储氢、制冷吸收储氢、液态储氢、不可逆金属储氢及可逆金属储氢等；③大规模低能耗、低污染、低成本制氢技术是燃料电池汽车商业化的瓶颈问题，其中利用太阳能光催化与光电化学分解制氢是目前研究的重点，此外还包括生物制氢技术、低成本化石油燃料制氢技术。

（四）交通系统节能

在交通运输系统中，通常包括动力装置、冷却系统、空调系统、附件设备等，甚至包括运行管理，因此也被看作是移动式的能源系统。其中，动力装置节能是核心，在此基础上，交通系统层面的节能仍然具有较大空间。

整车能量管理包括发动机冷却系统、空调系统等。其中，高效冷却系统是降低能耗的途径之一，主要是借助温度控制手段来保证各部件处于最佳工作温度。目前研究热点是冷却介质选用由纳米颗粒与传统液态工质混合形成的悬浮液，并开发高效换热装置。对于水泵、冷却风扇、机油泵等附件，改变传统与发动机轴机械耦合的驱动方式，形成附件设备电动化，并与蓄电池、电动机和发动机等组成全车能源网络，实现能量匹配优化和工况精确调控也是未来研究重点。研究表明，当汽车空调开启时，发动机的功率要降低10%~12%，耗油相应增加10%~20%（陈维新，2001），因此，加强节能型空调的研制开发也是汽车节能的重要方面。从发动机能量平衡来看，燃料燃烧的热量大约有50%随排气和冷却水以余热能量形式散失，余热余能回收利用在节能方面具有较大潜力（Kocher，2018）。然而余热余能回收利用需在整车层面进行集成设计才能实现最终应用。其中，采用涡轮增压技术，可以回收部分发动机余压能量来增加汽车的动力性，利用半导体材料温差发电可提高燃料利用效率2%~3%。近年来，超临界CO_2动力循环引起广泛关注，研究表明，针对重载卡车，其可以提高柴油机热效率>3%，节油6%~7%（Shi et al.，2018）。目前该技术研究内容主要包括换热消声器等集成化设计、高速膨胀机和高效换热器等部件开发以及高效智能控制器研制等。此外，汽车发动机尾气余热空调制冷也是余热利用的研究方向。

整车节能技术研究也是重要方向，包括整车空气动力学优化、轮胎减阻、车身轻量化等。中美清洁能源联合研究中心的卡车能效分中心已经对整车节能技术开展了系统性研究。结果表明，针对重载卡车，通过车头、货箱、车轮室等部分的空气动力学优化，可降低30%的风阻，实现节能4%；而对轮胎采用无机硅填料以及优化胎纹等，可实现节能 5%，此外，结合发动机效率提升、混合动力总成优化等，整车油耗相比 2016 年可降低 33%。

四、关键科学问题、关键技术问题与发展方向

依据交通能源国内外发展的总体趋势，兼顾近中期和长远交通能源发展的战略需求，围绕交通能源领域的关键科学问题开展研究。

（一）关键科学问题

（1）新型替代燃料制备、理化特性、燃料标准及混合燃料设计。

（2）"极限"条件下燃料燃烧物理化学过程及燃烧基础理论。

（3）内燃机燃烧边界多参数优化与协同调控机制。

（4）可再生能源制氢。

（5）多能源动力系统能流匹配和控制策略。

（6）交通能源制备、输运和利用过程中工程热物理问题。

（7）交通能源全生命周期及对环境和生态影响机制。

（8）动力蓄电池与燃料电池的基础理论。

（二）关键技术问题

（1）高效清洁内燃机燃烧与控制技术。

（2）替代燃料、混合燃料发动机燃烧与排放基础理论和关键技术。

（3）生物燃料制备技术。

（4）新能源交通动力系统共性关键技术。

（5）整车余热利用与能量管理技术。

（6）燃料电池基础理论与关键技术。

（7）航空发动机燃烧基础理论与关键技术。

（8）铁路运输节能技术。

（三）发展方向

（1）高效清洁内燃机燃烧理论与燃烧控制：①燃料燃烧反应动力学机理；

②高环境压力、高 EGR 稀释、稀燃等"极限"条件下燃烧理论；③高功率密度、高强化条件下的燃烧理论；④高环境压力、超高喷油压力燃油喷雾混合；⑤内燃机燃烧诊断与数值模拟；⑥低温燃烧缸内碳烟（Soot）生成与氧化机理，Soot 生成动力学；⑦瞬变工况、过渡工况燃烧机理及有害排放生成控制；⑧内燃机节能理论与关键技术、新型热力循环；⑨高温排气综合利用的基础研究；⑩ NO_x 生成化学反应动力学机理。

（2）替代燃料、混合燃料发动机燃烧与排放基础理论和关键技术：①煤基合成燃料油高效清洁燃烧基础理论及发动机关键技术；②醇类燃料高效清洁燃烧基础理论及发动机关键技术；③油砂、油页岩、生物柴油等高效清洁燃烧基础理论及发动机关键技术；④燃料特性控制、清洁混合燃料设计及混合燃料燃烧基础理论；⑤灵活燃料发动机燃烧与控制技术。

（3）生物燃料制备技术及对生态环境的影响：①非粮食作物、农业废弃物制备乙醇、丁醇等燃料的基础理论和技术；②适合甲醇、乙醇燃烧的动力系统及相关设备的研究；③生物柴油制备理论和技术、高效清洁生物柴油标准和规范；④适合生物柴油燃烧的动力系统及相关设备的研究；⑤新型清洁燃料合成制备理论和技术。

（4）新能源交通动力系统共性关键技术：①混合动力系统构型优化、新型混合动力系统研究；②新能源交通动力系统控制策略和技术；③高效大容量电能存储基础理论及技术；④新能源交通动力系统能量管理及集成匹配技术；⑤新能源交通的高效电动热泵制冷与供热技术；⑥动力电池有效管理的新型冷却与加热技术。

（5）整车余热利用与能量管理技术：①整车余热热功转化技术；②整车余热热电转换技术；③整车余热空调制冷技术；④整车能量优化匹配与智能控制技术。

（6）燃料电池基础理论与关键技术：①新型高效制氢技术、氢气储运与输配送技术；②燃料电池质子交换膜材料、传热传质关键问题；③燃料电池关键材料和部件、电堆、发动机的基础研究。

（7）航空发动机燃烧基础理论与关键技术：①脉冲爆震发动机波的形成、传播机理及控制方法；②脉冲爆震发动机中流动与燃烧的数值模拟技术；③超燃冲压发动机着火与燃烧稳定性。

（8）铁路运输节能技术：①高速列车的表面流动与换热与空调负荷的相关问题；②电力机车动力装置及其配套装置研制；③高速列车在长时间运行条件下的设备散热及稳定性；④清洁能源在列车动力设备上应用的基础理论及相关技术；⑤适合于轨道交通空调、制热能效倍增的高效空气源热泵。

本章参考文献

陈维新 . 2001. 汽车节能技术与节能意识 . 能源工程，(1):38-40.

陈宇龙 . 2015. 2050 年二氧化碳排放量减半飞机污染将越来越少 . https://world.huanqiu.com/article/9CaKrnJMeLJ[2015-06-19].

高工锂电网 . 2018. 电池企业决赛 2020 年量产 300 Wh/kg. http://www.juda.cn/news/217894.html[2018-07-23].

国际能源署 . 2020. Global Energy Review 2020. https://www.iea.org/reports/global-energy-review-2020.html[2020-04-01].

国际能源署 . 2021a. World Energy Balances. https://www.iea.org/reports/world-energy-balances-overview.html[2021-08-01].

国际能源署 . 2021b. Global EV Outlook 2021. https://www.iea.org/reports/global-ev-outlook-2021.html[2021-04-01].

国家统计局 . 2020. 中国统计年鉴－能源 . http://www.stats.gov.cn/tjsj/ndsj/2020/indexch.htm[2020-09-01].

国家统计局 . 2021. 中国统计年鉴 2021. http://www.stats.gov.cn/tjsj/ndsj/2021/indexch.htm[2022-07-21].

南方碳索 . 2019. 全球航空运输二氧化碳排放量有多大？ http://static.nfapp.southcn.com/content/201903/30/c2064311.html?group_id=1[2022-03-11].

倪柏明 . 2008. 混合动力商业化脚步临近 . https://jjsb.cet.com.cn/show_72453.html[2022-03-11].

清华大学建筑节能研究中心 . 2020. 中国建筑节能年度发展研究报告 2020. 北京：北京建筑工业出版社 .

苏万华，张众杰，刘瑞林，等．2018. 车用内燃机技术发展趋势．中国工程科学，20(1): 97-103.

潍柴动力股份有限公司．2020. 潍柴集团发布全球首款突破 50% 热效率的商业化柴油机．http://www.weichai.com/mtzx/jtdt/202009/t20200916_65841.htm[2022-03-11].

谢克昌．2020. 让煤炭利用清洁高效起来．https://m.gmw.cn/baijia/2020-09/22/34209747.html[2022-03-11].

中国内燃机工业协会．2020. 内燃机行业"十四五"发展规划．http://www.chinacaj.net/ueditor/php/upload/file/20211115/1636964411177650.pdf[2022-07-21].

中国内燃机工业协会．2021. 内燃机产业高质量发展规划（2021～2035）．http://dzb.cinn.cn/shtml/zggyb/20211214/108306.shtml[2022-07-21].

中国能源研究会储能专委会中关村储能产业技术联盟．2020. 储能产业研究白皮书（2020）．http://sgo.hust.edu.cn/info/1027/3331.htm[2020-05-20].

中国石油经济技术研究院．2019. 2050 年世界与中国能源展望（2019 版）．https://wenku.baidu.com/view/2b330b10aa956bec0975f46527d3240c8547a14d.html[2022-03-11].

中国石化经济技术研究院．2020. 2020 中国能源化工产业发展报告．https://www.in-en.com/article/html/energy-2285256.shtml.htm [2020-12-19].

E4tech. 2017. 燃料电池产业 2017 年回顾．https://ishare.iask.sina.com.cn/f/7XqTfAThfb.html [2017-07-06].

IEA. 2019. Data and statistics-Data tools. https://www.iea.org/data-and-statistics.

Kocher L E. 2018. Enabling technologies for heavy-duty vehicles-Cummins 55BTE. Cummins Inc. https://max.book118.com/html/2021/0316/8042065046003061.shtm.htm[2018-09-29].

Shi L, Shu G, Tian H, et al. 2018. A review of modified Organic Rankine cycles (ORCs) for internal combustion engine waste heat recovery (ICE-WHR). Renewable and Sustainable Energy Reviews, 92: 95-110.

第十一章

碳减排技术

第一节　温室气体控制

一、基本范畴、内涵和战略地位

（一）温室气体控制的基本范畴及内涵

温室气体指的是在地球大气中，对太阳光中的可见光（短波辐射）具有高度的穿透性，而对地面和空气放出的红外光（长波辐射）具有高度的吸收性，从而造成近地层增温的自然和人为的气态成分。地球大气中包含的重要温室气体有水蒸气（H_2O）、二氧化碳（CO_2）、氧化亚氮（N_2O）、甲烷（CH_4）和臭氧（O_3）、氢氟氯碳化合物（CFCs、HFCs、HCFCs）、全氟碳化物（PFCs）及六氟化硫（SF_6）（中华人民共和国生态环境部，2016）。除此之外大气中还有其他人造的温室气体，如卤代烃和其他含有氯和溴的物质。

在众多温室气体中，水蒸气及臭氧的时空分布变化较大，因此在进行减量措施规划时，一般都不将这两种气体纳入考虑。1997 年在日本京都召开的联合国气候变化框架公约第三次缔约国大会中通过了《京都议定书》，其明确规定针对 CO_2、CH_4、N_2O、HFCs、PFCs 及 SF_6 六种温室气体进行消减。从对全球升温的贡献来说，CO_2 在空气中的含量较多，对地球升温的贡献占了近一半，因此发展碳减排技术，控制温室气体的排放，是实现经济、社会可持续发展的必经之路。减少温室气体排放需要在能源、工业、交通等诸多领域采取措施，发展无碳经济、低碳经济。其中，温室气体控制和处理、节约能源和提高能源利用效率、发展清洁能源及可再生能源等是温室气体减排的三大重要策略。其内容包括碳捕集、利用与封存技术，无碳、低碳能源科学与技术，清洁能源及可再生能源技术，低碳循环经济生态工业系统等。

（二）温室气体排放现状及对气候变化的影响

自 19 世纪中期大规模工业化开始以来，人类活动造成温室气体的排放量大幅增加，其中大部分是燃烧化石燃料产生的 CO_2。根据荷兰环境评估署（Netherlands Environmental Assessment Agency，PBL）的报道（Olivier and Peters，2020），2018 年全球 76% 的能源供应仍为化石燃料，从而致使温室气体排放量为 55.6 Gt 二氧化碳当量，比 2000 年高 43%。2020 年世界气象组织（World Meteorological Organization，WMO）发布的全球气候状况报告指出（World Meteorological Organization，2020），2019 年全球温室气体浓度达到新高，其中二氧化碳浓度为（410.5±0.2）ppm，达到了工业化前水平的 148%。全球温室气体排放量的增加导致全球表面温度比工业化前的基线（1850～1900 年）高出（1.2±0.1）℃，同时也引起了气候变化、土地干旱、海洋酸化、冻土及冰川融化等问题。这些由全球变暖导致的自然生态破坏的问题是人类面临的一个重大而长期的挑战，需要全世界共同行动才能应对。

（三）各国应对温室气体控制的态度及战略对策

从 1992 年《联合国气候变化框架公约》签署算起，对于气候变化的讨论、研究与政策实践已经持续了 30 年。2015 年在法国巴黎联合国气候变化框架公约第 21 次缔约方大会通过并制定的《巴黎协定》，首次写入"把全球平均气温较工业化前水平升幅控制在 2℃之内，并为把升温控制在 1.5℃之内而努力"，形成历史性的集体共识，开启了应对气候变化国际合作新阶段。2015 年初开始，根据《巴黎协定》制定的"承诺 + 评审"的国家自主贡献（Nationally Determined Contribution，NDC）合作模式，已经有 193 个国家和组织提交了 165 份 NDC，涵盖全球总排放量的 99%。其中发达国家的 NDC 均包含全部温室气体（科学技术部社会发展科技司，2019）。2019 年 12 月，欧盟委员会公布了应对气候变化、推动可持续发展的"欧洲绿色协议"（郑彬，2020；European Commission，2019）。该协议提出，到 2050 年，欧洲将成为全球首个"碳中和"地区，并为此制定了详细的路线图和政策框架（European Commission，2020）。美国于 2020 年 12 月提出了"零碳排放行动计划"（Zero Carbon Action Plan），提出了 2050 年零碳排放的目标（The Zero Carbon Consortium，2020）。

中国高度重视温室气体控制和气候变化问题。2015 年 6 月，中国向联合国气候变化框架公约组织递交了《强化应对气候变化行动——中国国家自主贡献》，明确了到 2030 年的自主行动目标（科学技术部社会发展科技司，2019）：2030 年左右 CO_2 排放达到峰值并争取尽早达峰，单位国内生产总值 CO_2 排放比 2005 年下降 60%～65%。2020 年 9 月，国家主席习近平在第七十五届联合国大会一般性辩论上发表重要讲话，提出："中国将提高国家自主贡献力度，采取更加有力的政策和措施，二氧化碳排放力争于 2030 年前达到峰值，努力争取 2060 年前实现碳中和"。因此今后十年内，我国应在尽力争取实现现代化所必需的排放空间的同时，把温室气体控制和气候变化作为我国可持续发展战略的重要内容，积极采取各种可行的温室气体减排和控制措施。

二、发展规律与发展态势

（一）国际社会应对温室气体控制的发展情况

1. 人类对全球气候变暖的危害认知愈发清晰和深刻

早在 1975 年，Broecker 指出未来 CO_2 将主导全球温度升高，到 21 世纪初，地球将经历近千年来最温暖的时刻。据 IPCC 全球升温 1.5℃特别报告预测（IPCC，2018），气温升高 1.5℃对人类和生态系统的危害影响，要远高于以往科学报告所预期的程度。可以预见，如果气温温升超过 1.5℃，将有 1 亿人由于气温升高的恶劣影响而陷入贫困。

2. 人类面对温室气体控制的形势愈发紧迫和严峻

联合国环境规划署发布《排放差距报告 2019》（*Emissions Gap Report 2019*）（United Nations Environment Programme，2019），分析了当前温室气体控制的严峻形势。报告指出，人类拥有实现《巴黎协定》（United Nations，2015）目标的解决方案，如果 2020~2030 年每年减少 7.6%的排放量，人类还有机会实现全球温升控制在 1.5℃这一目标。

2020 年 12 月 12 日，联合国秘书长古特雷斯在气候雄心峰会上呼吁："全球已经进入气候紧急状态！世界仍未能朝着正确的方向前进。如果还不做出实际改变，气温升幅在本世纪可能达到灾难性的 3℃以上。"

3. 人类实现温室气体控制和碳中和目标任重道远

以《巴黎协定》为标志，人类在应对气候变暖行动时目标愈发清晰。碳中和发展理念及最终实现净碳零排放目标逐渐被国际社会接受。《巴黎协定》对各国的碳中和之路提出了更高的要求（United Nations，2015）。碳中和从来不是部分国家的任务，它关乎全人类的生存和发展。世界各国应通力合作，共同应对全球气候变化，人类在实现温室气体控制和碳中和目标方面任重道远。

（二）我国应对温室气体控制所采取的行动

1. 能源节约与能源消费结构低碳转变

图 11-1 和图 11-2 分别为我国能源生产和消费情况。2011~2020 年，我国非化石能源生产及消费份额均有较快增长。我国能源节约成绩显著，能源消费年均 2.8%的增长强力支持国民经济年均 7%的增长。与此同时，我国能源消费结构向清洁低碳加快转变。2020年，非化石能源占能源消费总量比例达 15.9%，比 2011 年提高 7.5 个百分点。我们必须清醒地认识到，降低煤炭及其他化石能源消费将是我国降低碳排放的关键。

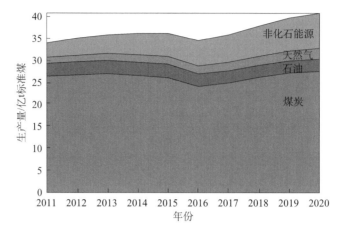

图 11-1　我国能源生产情况（2011～2020 年）

资料来源：国家统计局

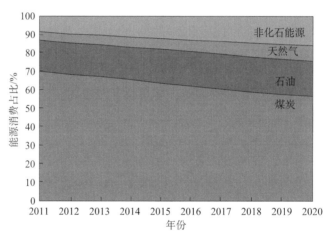

图 11-2　我国能源消费结构（2011～2020 年）

资料来源：国家统计局

2. 完善碳交易立法，规范碳交易市场

2012 年，国家发展和改革委员会发布《温室气体自愿减排交易管理暂行办法》，标志着我国自愿减排交易体系的建立和有序运行。生态环境部在 2020 年 9 月新闻发布会上称（中华人民共和国生态环境部，2019），截至 2020 年 8 月，7 个试点碳市场配额累计成交量达 4.06 亿 t，累计成交额约 92.8 亿元。我国面临紧迫的碳排放形势，需加强和完善碳交易立法，进一步规范碳交易市场，让中国的碳交易有法可依、有据可循。

3.植树造林和保护森林，增加碳中和吸收端容量

森林作为碳中和主要吸收端，通过光合作用降低大气中 CO_2 浓度。如今，我国作为全球森林资源增长最多的国家，森林的生态服务功能和碳中和功能正日益突显。截至 2018 年，全国森林面积 2.2 亿 hm^2，森林蓄积量 175.6 亿 m^3，连续 30 多年保持"双增长"（中华人民共和国国家林业和草原局，2019）。森林覆盖率达 22.96%，总碳储量 91.86 亿 t，年固碳量 4.34 亿 t，年释氧量 10.29 亿 t。森林资源已然成为我国实现碳中和目标的主力军。

迄今，我国在应对全球气候变暖和落实温室气体减排行动上，成绩斐然，也更显雄心和决心。国家主席习近平在 2020 年 12 月 12 日的气候雄心峰会上宣布："到 2030 年，中国单位国内生产总值二氧化碳排放将比 2005 年下降65% 以上，非化石能源占一次能源消费比重将达到 25% 左右，森林蓄积量将比 2005 年增加 60 亿立方米，风电、太阳能发电总装机容量将达到 12 亿千瓦以上"。上述温室气体排放控制目标再次显示中国的大国担当，必将引领全球各国在应对气候变暖方面采取实际行动。

三、发展现状与研究前沿

CCUS 指将 CO_2 从电厂等工业或其他大型排放源捕集、分离，经压缩并运输到特定地点加以利用或注入深部地质储层封存，以实现被捕集的 CO_2 与大气长期分离的技术。CCUS 技术一般包括以下四个方面：捕集、运输、封存和利用。

（1）捕集技术：从电力生产、工业生产和燃料处理过程中分离、收集CO_2，并净化和压缩。目前，常用的 CO_2 捕集方式主要有燃烧前捕集、燃烧后捕集和富氧燃烧捕集，其中以燃烧后捕集方式应用最广、技术上最为成熟。

（2）输运技术：将捕集的 CO_2 通过管道或船只等运输到封存地。通过管道输送压缩的 CO_2 是当前的主要方法，液态 CO_2 也可以通过船舶运输，而且是一种经济上更可行的输运方案。

（3）封存技术：CO_2 地质封存是指通过工程技术手段将捕集的 CO_2 储存于地质构造中，实现与大气长期隔绝的过程，按照不同的封存地质体划分，

主要包括陆上咸水层封存、海底咸水层封存、枯竭油气田封存等。将 CO_2 注入地下稳定结构中，储存深度一般在 800 m 以下，这样深度的温压条件可以保持 CO_2 为超临界状态。

（4）利用技术：CO_2 的利用是指通过有关技术将捕集的 CO_2 作为原料或产品创造环境或经济效益的过程。CO_2 的利用涉及多个工程领域，可实现大规模 CO_2 利用的技术包括将 CO_2 注入油藏以提高采收率（enhanced oil recovery，EOR）、将 CO_2 注入渗透率较低的煤层以增采煤层气（enhanced coal bed methane recovery，ECBM）、增产地热开采等。通过利用技术可部分抵消 CO_2 的捕集成本甚至创造额外的经济效益。目前，国际上绝大多数 CCUS 项目都通过注入 CO_2 以提高采收率等来减少技术的综合成本。

国际上已启动多个 CCUS 示范项目，如美国、加拿大、日本、挪威等。我国也于"十二五"和"十三五"期间开展了多个示范项目，如神华集团有限责任公司在鄂尔多斯进行了 CO_2 咸水层封存场地示范，并在全国范围内进行了系统性 CO_2 地质封存潜力评价。CCUS 示范项目中，大型企业展示了低碳发展的社会责任，如中国石化、中国华能、陕西延长石油（集团）有限责任公司（简称延长集团）等。

近年来，更多新型 CCUS 技术逐渐发展，并与可再生技术相耦合。在捕集方面，不同于从大规模固定源捕集 CO_2，从环境大气中直接捕集 CO_2，以帮助那些从经济或技术上不可能实现零排放的领域抵消排放。同时，具有更低捕集能耗的新型技术也在不断探索（Wang et al.，2019）。在地质封存方面，生物质能与碳捕集、利用与封存结合，称为 BECCUS 技术，涉及从燃烧生物质产生能量的过程中捕集碳并将其进行永久封存，由于生物在其生长过程中从大气中提取了 CO_2，因此 BECCUS 技术可实现"负碳排放"。在利用方面，CO_2 还有许多潜在用途，如用作合成燃料、化学品和建筑材料生产的原料等。

目前，已有若干研究工作从工程热物理、化学工程、油气工程、地质勘探、岩石物理等多学科对 CCUS 技术开展了研究。然而，CCUS 技术能耗高、地质封存的长期安全性不确定和地质利用途径有限仍然是制约我国 CCUS 技术发展的瓶颈问题，急需基础理论研究的重大突破。实现 CO_2 利用途径的不断创新，研究对象已不只是常规油气开采，而是拓展到资源储量更大且更具突破性的增产非常规资源开采。

四、关键科学问题、关键技术问题与发展方向

我国 CO_2 排放量将长期处于高位，CCUS 是中长期温室气体减排和实现碳中和目标的重要技术途径，也是提升我国低碳技术竞争力的重要机遇。CO_2 利用将成为未来碳捕集与利用技术发展的主要驱动力。目前集 CO_2 捕集、运输、利用及封存为一体的温室气体控制系统方面的研究和大规模应用仍相对缺乏（Zhang et al.，2020），CO_2 捕集、输运、利用及封存系统的环境影响评估与风险控制等研究有待加强。

（一）关键科学问题

（1）CO_2 捕集：吸收剂的分子设计、模拟技术及其与 CO_2 化学反应基础（Younis et al.，2020）；燃烧前捕集关键受限于燃烧前捕集的工艺过程与捕集能耗、系统稳定的构效关系；富 CO_2 气氛下燃烧稳定和污染物形成的理论。

（2）CO_2 输运：CO_2 源汇匹配的管网规划与优化设计技术、大排量压缩机等管道输送关键设备、安全控制与监测技术方法。

（3）CO_2 封存：封存场地选址、封存有效性与安全性评价方法、油藏及相关地质体 CO_2 埋存潜力评价方法及安全性评价及监控、封存地层长期封闭性和稳定性的演化规律及其主控因素、CO_2 作用下地层传输特性演化机理等。

（4）CO_2 利用：CO_2 碳氧资源协同转化的高效催化机理与原子经济反应路径设计；CO_2 光 / 电 / 生物协同转化的耦合作用机制等（Birdja et al.，2019）。

（二）关键技术问题

（1）CO_2 捕集、输运、利用及封存系统的环境影响评估与风险控制技术。

（2）集 CO_2 捕集、输运及封存为一体的温室气体控制系统。

（3）管道输送关键设备、安全控制与监测技术。

（4）油藏及相关地质体 CO_2 埋存潜力评价方法及安全性评价及监控技术。

（5）吸收剂的规模化制备和再生技术。

（6） CO_2 催化转化中催化剂的选择性和定向转化及副产物控制技术。

（三）发展方向

（1）大规模、低能耗的燃烧前/后 CO_2 捕集技术：高效低能耗的 CO_2 吸收剂和捕集材料开发、新型捕集工艺技术开发、高效低能耗的 CO_2 捕集设备和系统的集成与示范、空气 CO_2 的直接捕集技术的开发。

（2）规范化的 CO_2 输运工程技术：研发 CO_2 大排量压缩关键设备、 CO_2 输送管道安全控制与监测技术、 CO_2 管道输运工程技术标准及规范。

（3）安全可控的 CO_2 封存技术：岩层 CO_2 运移的综合反演技术及动态跟踪与调整技术，集 CO_2 捕集、输运、利用及封存于一体的大规模应用系统及风险控制技术与封存系统的安全监控技术。

（4）高效的 CO_2 资源化利用技术： CO_2 低能耗制备合成气、甲醇等能源化学品的高效选择性催化剂和 CO_2 温和制备碳酸酯高值化学品的反应器装备； CO_2 光生物转化（微藻固碳、细菌发酵制酸醇等液体燃料）；基于光催化创建"人工光合"的"太阳能"提炼厂，探索 CO_2 光生化、光电、光热转化液体燃料和多种产品的"平台"分子的交叉前沿技术研究等（Birdja et al., 2019）。

第二节　能源动力系统的减排科学与技术

一、基本范畴、内涵和战略地位

CO_2 等温室气体的控制涉及能源与环境的多学科交叉领域。能源利用系统尤其是能源产业，是 CO_2 排放的主要来源，承担着绝大部分减排任务（金红光，2005）。目前世界上煤、石油和天然气等化石燃料燃烧所产生的CO_2占温室气体总量的80%，其中CO_2大约有38%来自煤炭燃烧。2018年，全球发电量约为26.6万亿$kW\cdot h$，其中燃煤发电量达10.1万亿$kW\cdot h$，占全球发电总量的38%，燃气发电量为6.1万亿$kW\cdot h$，占全球发电总量的23%，燃油发电量为0.8万亿$kW\cdot h$，占全球发电总量的3%（中国电力企业联合会，2020）。我国是煤炭大国，以煤为基础能源的结构在短期内难以改变。在应对气候变化的国际大背景下，煤基高碳能源的碳减排已成为我国可持续发展的重大挑战。由于发电行业的CO_2排放量大（占化石燃料燃烧排放CO_2的40%以上）且集中（中等规模的燃煤发电厂年CO_2排放达数百万吨），能源动力系统控制CO_2的问题成为控制温室气体的重点，并由此引发新型可持续发展能源动力系统的开拓及对清洁能源、清洁燃料生产和可再生能源利用等问题的研究热潮。与此相关的研究问题有洁净煤技术、氢能生产、太阳能和生物质能利用系统、多联产、CO_2控制技术等，以及与其相应的控制CO_2的能源动力系统。

二、发展规律与发展态势

目前，能源动力系统碳减排面临CO_2捕集能耗与成本过高的问题，能源动力系统中碳捕集占各环节能耗和成本总和的80%以上，严重阻碍了CCUS技术的发展与推广应用。

碳捕集能耗高的原因主要包括以下两点：①与传统的化石燃料燃烧产生的污染物不同，能源动力系统产生的CO_2量大，化学性质稳定，而浓度往往又比较低，这些特点导致碳捕集的直接能耗远远高于传统污染物控制的能耗；②碳捕集过程所消耗的能量通常来源于能源动力系统，传统技术遵循"先污染、后治理"的链式思路，往往将碳捕集过程与能量利用过程简单叠加，无法实现两者的有机集成，造成能源动力系统的能量利用效率明显下降。此外，从成本分析看，碳捕集成本主要由两部分构成，即设备初投资和运行费用。目前，降低能源动力系统中碳捕集能耗代价的研究方向可以分为两类，一是依靠分离过程的技术进步降低分离能耗；二是通过系统集成降低分离能耗。

三、发展现状与研究前沿

《碳捕集与封存：全球行动呼吁》报告中提到，预计 2050 年世界 CO_2 排放当量为 62 Gt，而在各种减排措施下，人类有可能将这一数字控制在 14 Gt。其中，提高能源效率（电力消耗效率＋燃料使用效率）所占的份额为 36%，电力生产系统的碳捕集与封存占 10%，工业、交通运输领域的碳捕集与封存占 9%，可再生能源占 21%，替代能源占 11% 等。目前，一些国家或组织已经提出了 2050 年实现 CO_2 净零排放的目标，如图 11-3 所示（IEA，2020）。IEA 报告还指出，到 2030 年，CO_2 总排放量需要在 2010 年的水平上降低 45% 左右，这意味着 2030 年能源部门和工业过程的 CO_2 排放量需要控制在 20.1 亿 t 左右。

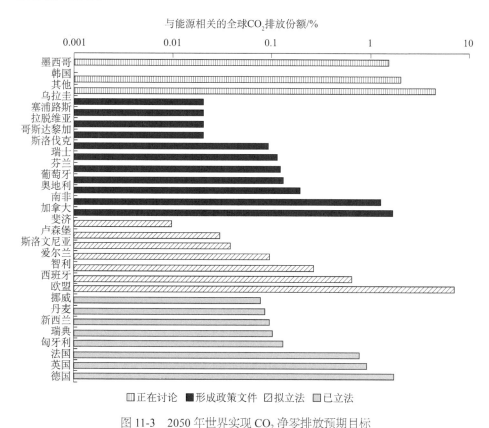

图 11-3　2050 年世界实现 CO_2 净零排放预期目标

资料来源：IEA（2020）

从能源环境战略层面看，大部分发达国家均针对温室气体控制问题制定了相应对策。为在 21 世纪实现能源利用效率的大幅度提高和 CO_2 排放量的大幅度降低，美国能源部提出并启动了"21 世纪远景计划"，不但可以将煤转化为清洁的合成气后分离产出氢能，而且可以实现 CO_2 的分离回收。预计到 2050 年，新型系统的 CO_2 将有可能实现准零排放，燃煤发电效率达到 60%，天然气发电效率达到 75%。欧盟国家推出了"未来能源规划"（REPowerEU），其重点是促进欧洲能源利用新技术的开发，减少对石油和煤炭的依赖造成的环境污染，增加生物质能源和其他可再生能源的利用。我国向联合国气候变化框架公约秘书处提交的中国国家自主贡献文件中明确提出，我国将于 2030 年左右 CO_2 排放达到峰值，到 2030 年非化石能源占一次能源消费的比例提高到 20% 左右，2030 年单位国内生产总值 CO_2 排放比 2005 年下降 60%～65%。

CCUS 技术为实现关键工业流程和电力部门化石燃料使用中的 CO_2 深度减排提供了一个重要机会。CCUS 技术还可以实现新的清洁能源途径，包括低碳制氢，同时为许多 CO_2 去除技术提供基础。目前碳捕集能耗与成本过高是 CCUS 技术发展与推广的重要技术瓶颈，从技术层面看，目前主流的能源动力系统碳捕集技术包括如下三个方向。

（一）燃烧后分离 CO_2

燃烧后分离 CO_2 是能源系统集成 CO_2 回收的最简单的方式，该技术是在动力发电系统的尾部即热力循环的排气中分离和回收 CO_2。一般采用化学吸收法分离捕集烟气尾气中的 CO_2。由于可以从已建成的电厂排气中直接回收 CO_2 而无须对动力发电系统本身进行太多改造，这种集成方式的可行性较好。但是，由于烟气尾气中 CO_2 浓度通常低于 9%（一般天然气燃烧后的尾气中 CO_2 浓度在 3%～5%，煤燃烧后烟气中的 CO_2 浓度不高于 15%），处理烟气量大；同时，化学吸收工艺在处理低浓度 CO_2 分离时，存在高耗能 CO_2 解吸过程，这部分能量通常由抽取自汽轮机的蒸汽提供，这导致蒸汽循环有效输出功损失较多（约 20%），最终造成系统的输出效率下降。一般燃烧后分离 CO_2 将使能源动力系统热转功效率下降 8%～13%。

对新型吸收溶剂的探索，是降低燃烧后 CO_2 分离能耗的一大研究方向（Liang et al.，2016）。为了更好地探索新型溶剂，需使用核磁共振仪（nuclear magnetic resonance spectrometer，NMR）和傅里叶变换红外光谱仪（Fourier transform infrared spectrometer，FTIR）等先进的表征方法来确定溶剂的特性，以及溶剂与 CO_2 或其他烟气成分之间的相互作用，与实验研究并行，计算模型技术被推荐预测吸收剂的性能。

电化学 CO_2 捕集技术因可避免传统化学吸收法中的吸收剂升降温过程，且具有能量供给广、捕集效率高的潜在优势，成为研究人员寻求替代方案的主要方向，但目前该类方法仍普遍面临电极氧化还原反应高过电位引起的电解能耗较高的难题（Xie et al.，2020）。

膜接触器也可以用于燃烧后分离 CO_2。膜接触器集液体吸收（高选择性）和膜分离（模块化和紧凑性）的优点于一体，其特点是比表面积大，分离效果好，而膜组件体积小，能耗低，操作简单，不会产生传统气液反应器（如填料塔等）出现的液泛和雾沫夹带等现象，是一种新兴的和有前途的 PCC 膜技术（Hu et al.，2016）。英国纽卡斯尔大学的研究团队发布了一项最新研究成果，他们在使用大量银制作 CO_2 分离膜的技术基础上，在分离膜上进行银纳米颗粒自组装，实现了高通量和低成本的 CO_2 捕集（McNeil et al.，2019）。

（二）燃烧前分离 CO_2

利用煤气化或天然气重整可以将化石燃料转化为合成气（主要成分为 CO 和 H_2），进一步通过水煤气变换反应可以将合成气转化为 CO_2 和 H_2，再通过分离工艺将 CO_2 分离出来，则可以得到相对洁净的富氢燃料气，这种 CO_2 回收方式称为燃烧前分离，或燃料气脱碳。由于 CO_2 分离是在燃烧过程前进行的，燃料气尚未被 N_2 稀释，所以待分离合成气中的 CO_2 浓度可以高达 30%，分离能耗相对于燃烧后分离有所下降，而且燃烧前 CO_2 分离过程可以采用物理或化学吸收方法。但燃烧前分离也存在着缺陷：合成气的产生过程与水煤气变换反应均会带来燃料化学能的损失。因此，采用燃烧前分离的动力发电系统热转功效率仍然会下降 7%～10%，其代价与燃烧后分离方式相比减少十分有限。表 11-1 给出了整体煤气化联合循环或天然气重整发电系统回收 CO_2、天然气发电系统回收 CO_2 与超临界发电系统回收 CO_2 性能比较，与传统的整体煤气化联合循环系统尾气回收 CO_2 不同，新型的整体煤气化联合循环系统采用了燃烧前脱 CO_2 途径，系统图如图 11-4～图 11-6 所示。从表 11-1 显示的数据来看，燃烧前脱碳的整体煤气化联合循环系统比天然气尾气回收 CO_2 系统的 CO_2 回收成本高，而带 CO_2 循环的天然气尾气回收 CO_2 系统的 CO_2 回收成本最低。

韩国研究人员提出了一种新型的低于环境温度情况下膜法分离电厂烟气中 CO_2 的方法，该方法利用了膜的高选择性与外部制冷循环。该技术可以使 CO_2 回收率达到 90%，同时 CO_2 的纯度高达 99.9%（Lee et al., 2019）。

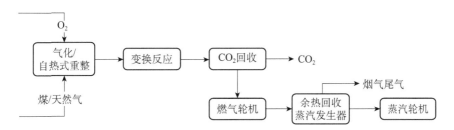

图 11-4　整体煤气化联合循环或天然气重整发电系统回收 CO_2

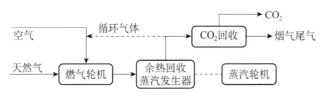

图 11-5　天然气发电系统回收 CO_2

图 11-6　超临界燃煤发电系统回收 CO_2

表 11-1 天然气与煤发电系统回收 CO$_2$ 比较

系统	效率/% (LHV)	发电成本/[美分/(kW·h)]	CO$_2$排放量/[kg/(kW·h)]	CO$_2$回收率/%	CO$_2$回收成本/(美元/t)
天然气联合循环发电技术	56	2.2	0.370	—	—
天然气联合循环发电技术+CO$_2$回收	47	3.2	0.061	83.5	32
天然气联合循环发电技术+CO$_2$循环+CO$_2$回收	48	3.1	0.063	83.0	29
天然气重整+CO$_2$回收(物理化学吸收)	48	3.4	0.065	82.4	39
超临界燃煤电厂	46	3.7	0.722	—	—
超临界燃煤电厂+CO$_2$回收	33	6.4	0.148	79.5	47
整体煤气化联合循环	46	4.8	0.710	—	—
超临界燃煤电厂+CO$_2$回收	38	6.9	0.134	81.1	37

（三）O₂/CO₂ 循环

富氧燃烧是最具工业化应用前景的在燃煤电站大规模碳捕集技术之一（刘沁雯等，2019）。其核心思想是将传统的空气燃烧（O_2/N_2）模式变革为 O_2/CO_2 燃烧，主要包括空分制氧单元、燃烧单元和 CO_2 纯化压缩单元。空分制氧提供的高浓度 O_2 与再循环烟气（主要成分是 CO_2）按一定比例混合，作为氧化剂送入炉膛，从而使烟气中 CO_2 浓度大大提高，经纯化压缩后封存和利用。从 CO_2 的生成过程入手，在燃烧化学能释放的同时实现碳组分富集的新一代源头捕集技术正成为发展趋势，有望将捕集附加能耗降低到 10% 以下。O_2/CO_2 循环系统的优点是：系统接近零排放；燃烧尾气为 CO_2 和水蒸气，通过降温即可分离出 CO_2，因此不需要尾气分离 CO_2 装置；不用脱硫和脱氮装置，降低了投资成本。但压缩处理 CO_2 需额外耗功，且 O_2/CO_2 循环比常规整体煤气化联合循环的耗氧量增加约 2.6 倍，致使系统效率比相当水平的常规要低 7%。

富氧燃烧 CFB 技术也是一种具有广泛应用前景的新型碳捕集技术，其将 CFB 与富氧燃烧的优势结合起来，可实现低成本捕集燃煤电站 CO_2（张奇月等，2020）。与常规空气燃烧技术相比，富氧燃烧炉内燃烧气氛的变化较大，煤的燃烧特性、炉内传热传质特性及 SO_2/NO_x 等污染物排放特性均与空气燃烧不同，这使得其锅炉构型与常规空气燃烧 CFB 锅炉存在一定差异。目前富氧燃烧 CFB 技术仍然处于工业示范阶段，并没有大型的富氧燃烧 CFB 锅炉，最大的项目为位于西班牙的 CIUDEN 电厂，其锅炉额定热输入功率仅为 30 MW。

此外，研究人员提出了加压富氧、旋转式化学链燃烧反应器概念，日本东京工业大学的学者首次发现化学链燃烧中的 CO_2 富集现象，提出化学链燃烧捕集 CO_2 的方法，被写入 IPCC-CCUS 特别报告并被列入美国和英国的 CCUS 技术路线。国内学者也在化学链燃烧、富氧燃烧、加压富氧流化床燃烧等领域开展研究，并建立了多个示范工程。

四、关键科学问题、关键技术问题与发展方向

（一）关键科学与关键技术问题

1. 动力系统和分离过程相对独立的温室气体控制

动力系统与分离过程的相互影响关系及能的品位关联机理；热力循环热

能的梯级利用与 CO_2 生成、分离过程不可逆性减小的耦合机制；非常规燃烧（富氧、富氢、富 CO_2 等）的燃烧稳定性、高效性与污染物协同脱除机理；低能耗 CO_2 吸附机制及流程设计；先进膜分离技术。

2. 化学能梯级利用和碳组分定向迁移一体化的温室气体控制

燃料转化源头的化学能有序释放与碳组分定向演化机理；碳组分定向迁移与化学能梯级利用一体化原理；分级转化、化学能梯级利用与 CO_2 及多种气体低能耗分离一体化的能源动力系统集成。

3. 反应分离耦合过程为核心的温室气体控制

反应分离与化学能释放过程之间的物理化学作用机制；反应分离耦合过程的不可逆性与燃料化学能梯级利用的协调原理；反应分离耦合过程与热力循环整合的系统集成。

4. 基于燃料电池电化学法的温室气体控制

MCFC 阳极气体 CO_2 的再富集与分离策略；MCFC 阴阳极出口气体余热的高效利用；复杂系统集成机制与方法构建等；需要解决的关键技术包括低能耗制氧技术［如氧离子传输膜（oxygen ion transport membrane，OTM）技术］；复合系统中高品位余热梯级利用技术；非热力学转功过程与 CO_2 富集分离一体化集成技术等。

5. 与可再生能源集成基于多能互补方式的温室气体控制

区域多能互补系统优化配置与集成机理；与可再生能源集成控制 CO_2 排放的多能互补系统耦合机制与系统设计；可再生能源驱动的 CO_2 捕集与分离方法等。

（二）发展方向

1. 动力系统和分离过程相对独立的温室气体控制

根据热力系统与分离过程之间的相互关系，能源动力系统 CO_2 控制研究通常被分为燃烧后分离、燃烧前分离与纯氧燃烧等主要技术方向。上述研究方向的共同特征在于热力循环与分离过程相对独立，通过能量和物质交换将热力循环与分离过程集成为一个系统，通过系统集成提高分离前CO_2浓度以降低CO_2理想分离功，或降低CO_2分离过程的不可逆损失以提高分离过程的能量利用水平。

2. 化学能梯级利用和碳组分定向迁移一体化的温室气体控制

能量转化利用与CO_2分离一体化研究方向将化学能利用潜力与降低CO_2分离能耗结合在一起，寻找实现能量利用与组分控制协调耦合的突破口。基于品位对口、梯级利用原则，一体化系统力图实现燃料化学能的有效利用；基于成分对口、分级转化原则，一体化系统力图实现碳组分的定向迁移以降低甚至避免CO_2分离功，这一研究方向的代表性技术包括化学链燃烧循环、控制CO_2的多联产系统、CO_2及多种气体分离一体化系统等。

3. 反应分离耦合过程为核心的温室气体控制

将化学反应与分离的耦合，化学反应能够通过改变组分分压影响组分扩散，同时分离过程能够改变反应物或生成物的构成以控制反应平衡的移动。利用这一基本特性，反应分离耦合过程正逐渐成为能源动力系统温室气体控制研究领域的新兴热点之一。通过物理和化学分离手段及以反应分离耦合过程为核心的温室气体控制，研究能够同时实现燃料的转化与CO_2分离的系统。

4. 基于燃料电池电化学法的温室气体控制

燃料电池电化学转化过程在实现电化学转化的同时，还可以在阳极实现CO_2的富集，因而为低能耗捕集CO_2提供了便利条件，尤其是MCFC，在阴极必须提供CO_2用于产生电化学反应需要的碳酸根离子，通过电解质作用CO_2在阳极聚集。这种方法不再使用传统的溶剂吸收法，不会造成系统功率的大幅度下降，反而由于采用MCFC过程富集CO_2，MCFC本身电化学过程可以产生额外的功率，其余热在被余热锅炉利用后也可以产生额外的功率，总的效果是在回收CO_2后不但不会造成原系统功率下降，而且还会增加。

5. 与可再生能源集成基于多能互补方式的温室气体控制

我国要实现"双碳"目标，必须依靠可再生能源的大力发展。据专家预测，到2035年，可再生能源可满足能源消费增量；到2050年，可再生能源将成为能源消费总量主体（全国能源信息平台，2020）。因此在可再生能源成为能源消费主体前，传统化石能源系统与可再生能源多能互补并存是进一步控制温室气体排放的重要途径，既包括在区域网侧的互补，也包括直接将可再生能源引入传统化石能源动力系统的源侧互补等方式。

第三节　无碳 – 低碳能源科学与技术

一、基本范畴、内涵和战略地位

发展无碳 – 低碳经济实质上是对现代经济运行与发展进行一场深刻的能源经济革命，是构建一种最低限度温室气体排放的新能源经济发展模式。这场能源经济革命的基本目标，是努力推进经济发展方式的两个根本转变：一是现代经济发展由以碳基能源为基础的不可持续发展经济，向以低碳与无碳能源经济为基础的可持续发展经济的根本转变；二是能源消费结构由高碳型黑色结构，向低碳与无碳型绿色结构的根本转变。实现上述两个根本转变最核心的环节是推进和发展无碳 – 低碳新能源科学与技术，从而构建新的能源经济体系和生产方式，最终使整个社会生产与再生产活动转向无碳 – 低碳化。

世界主要国家均把无碳 – 低碳能源技术视为下一代能源革命和产业革命的突破口，制定各种政策措施抢占发展制高点，增强国家竞争力和保持领先地位。无碳 – 低碳新能源技术创新已进入高度活跃期，在传统化石能源清洁高效利用、新能源大规模开发利用、智慧型能源系统和大规模储能、先进能源装备及关键材料等重点领域，新兴能源技术正以前所未有的速度加快迭代，对世界能源格局和经济发展将产生重大而深远的影响。

能效水平提升与低碳发展是密不可分的，既是低碳发展的工作基础，又是有力抓手。基于化石能源占比高的现实条件，现阶段无碳 – 低碳能源技术发展的重心是大规模地升级和应用化石能源高效转换与清洁利用技术。在发展高效、清洁化石能源利用技术同时，还需要不断提高低碳能源和可再生能源消费比例，研究包括氢燃料、基于液态阳光技术的液态有机燃料、零碳氨燃料、生物燃料等低碳燃料技术，对可有效吸纳可再生能源的具有强烈波动性的储能技术进行攻关研发。同时应对涉及能源系统自动化管理的智慧能源系统进行重点研究。智慧型能源系统是一种互联网与能源生产、传输、存储、消费以及能源市场深度融合的能源产业，有设备智能、多能协同、可并 / 离网灵活运行等特征，是对能源系统进行自动化管理的发展新形态。智慧型微能源系统重点研究各种能源的相互转换及各种能源网间的协同配合和优势互补等问题；也可通过多种能源系统有机协调优化，消除输配电系统瓶颈和提高设备利用效率。

二、发展规律与发展态势

（一）高碳能源无碳 – 低碳转换与排放技术

高碳能源无碳 – 低碳转换与排放是使用高碳碳基燃料，通过集成煤气化、化工合成、发电、供热、废弃物资源化等工艺的综合利用系统，具有产品结构灵活、成本低、能源效率高和环境友好等特点，已成为煤炭清洁高效利用的理想模式。

（二）低碳燃料合成与利用技术

全球约 95% 的氢气来自化石燃料，涉及化石燃料、生物质和水解制氢。电解水利用可再生能源发电制氢将是今后研究重点。我国在氢基燃料电池具有领先地位，还需在制氢、运氢和储氢等领域取得突破，才能成为全球氢经济领导者。氨作为无碳燃料，是优良氢载体。国际能源机构希望生物燃料到 2050 年可满足世界运输燃料需求的四分之一，以减少对化石燃料的依赖（EIA，2019）。2019 年全球生物燃料产量达 1610 亿 L，比 2018 年增长 6%，生物燃料为道路运输提供了世界燃料的 3%。

（三）高效储能技术

储能技术可实现能源系统供应和需求的合理匹配。相变储能技术正向高储热密度、高导热、高稳定性、低腐蚀性、低成本、安全环保等方向发展，通过相图、熔化、结晶等理论和掺杂、微封装等制备工艺得到涵盖各个温度范围的复合相变材料，不断寻求与相变材料相容的封装材料；相变储热也在冷热电等多能源联产联供方面展现出较大潜力。在热化学储热方面，需研制高循环稳定性、低成本的新型热化学储热材料，发展适合储热材料的高效换热结构，研发储／释热过程稳定性的调控手段。

相比传统铅酸电池和锂离子电池，液流电池在大规模储能方面有安全性高、储能规模大、效率高、寿命长、可深度充放电、响应速度快等优点，液流电池在储能市场中的比例并不大。相比主流磷酸铁锂、磷酸锰铁锂正极材料，现有比容量已接近理论极限，提升空间较小，锰酸锂、富锂锰基材料等先进正极材料比容量的提升空间相对较大。为进一步达到更高能量密度，开发锂硫电池、锂空气电池等电化学储能技术将成为研究热点。此外，锂离子电池安全性也是拓展其应用边界的基础。锂离子电池安全隐患主要源于内部短路及电解液燃烧大量放热，发展固态电解质与干电极技术有望解决该困境。

（四）低碳智慧型能源系统

低碳智慧型能源系统以数据为驱动，以智慧平台为支撑，以能源产业变革为举措，以实现安全高效、绿色低碳的可持续经济发展新模式，发展数字化低碳智慧型能源系统是现阶段提高能源效率和减少碳排放的重要举措。建设有"横向多能源体互补，纵向源－网－荷－储协调"和能量流／信息流双向流动特性的综合智慧能源系统是重要研究目标。对高精度能源数据采集系统、数据的存储及安全保护措施、高效智能的预测和优化算法模型、多环节交互及多能协调系统构架和低碳集约型能源系统调控策略等的研究是未来发展方向。不同形式电源和储能的存在及多能流耦合对能源系统安全稳定运行影响是当前主要挑战。

三、发展现状与研究前沿

（一）高碳能源利用的无碳－低碳转换与排放技术

1. 以煤气化或热解气为燃料的无碳－低碳高效转换与集成技术

结合气化煤气富碳、焦炉煤气富氢等互补特点，采用创新型重整技术，使

气化煤气中的 CO_2 和焦炉煤气中的 CH_4 转化成合成气，提高原子利用效率。燃料电池（PEMFC、SOFC 等）是一种可直接将煤气化气 / 热解气化学能转化为电能的装置，其转换效率不受卡诺循环限制，理论上可高达 60%～80%。近年来，燃料电池 / 燃气轮机混合动力系统（SOFC/GT）成为研究热点，该系统中燃料电池尾气高品位热能驱动燃气轮机做功，可解决能源动力系统效率低下与污染严重双重问题（Williams et al.，2005；Perna et al.，2018；Bao et al.，2018）。

2. 无碳–低碳燃烧技术

氧 – 燃料燃烧技术，是一种利用高纯度的氧气代替燃烧空气并通过烟气再循环来调节炉内温度和传热的新型燃烧技术。MILD（moderate and intense low-oxygen dilution）燃烧是低氧稀释条件下的一种温和燃烧模式，在燃烧时局部高温火焰存在，可实现极低 NO_x 排放和较高燃烧热利用效率。化学链燃烧技术是一种高效、清洁、经济的新型无火焰燃烧技术，在燃烧过程中实现高浓度 CO_2 富集和分离，并降低其他污染物的排放。

3. CO_2 捕集技术

降低 CO_2 捕集能耗方法有两类：①依靠分离过程技术进步降低分离能耗，如通过开发新型 CO_2 吸收剂和吸收工艺来提高分离过程能量利用水平；②通过系统集成降低分离能耗。如何将 CO_2 分离过程与能量利用过程通过系统集成实现有机整合是未来研究核心内容。

（二）低碳燃料合成与利用技术

1. 电解水制氢技术

电解水制氢技术是重要的制氢方式，可利用弃电或谷电作为电力来源，主要有碱性电解、质子交换膜电解、固体氧化物电解等技术。开发高活性、高稳定性、耐酸碱的低成本非贵金属电催化剂，以及高离子传导率、高稳定性、高强度且耐压的隔膜材料是当前研究重点。当前被广泛应用的电解槽隔膜是由美国戈尔公司生产的质子交换膜。

2. 光分解制氢技术

光分解制氢技术是利用光子分解水分子的原理获取氢气，以此达到太阳能转化为氢能源的目的。在太阳能制取氢气过程中，如何开发对光利用率高、催化活性与稳定性等均具良好性能的有效催化剂是该技术发展重点。

3. 光催化增强太阳能转化有机燃料

研究集中在吸光特性和光生电子转移对反应速率及选择性影响等方面，对复合光催化体系中的化学反应机制缺乏深入探讨。目前多孔捕获材料多采用碳基或有机聚合物，吸附化学力仍显不足，且孔隙对气体的扩散驱动力不强，不利于光化学反应产物的解吸。

4. 生物燃料与生物质发电技术

生物燃料是应用可再生动植物油或生物质原料生产的替代汽油、柴油、煤液体燃料，其技术路线主要分为动植物油加氢法、生物质气化 /F-T 合成 /加氢改质法、生物质热解 / 加氢法等。生物质能是一种碳中性能源，CO_2 排放的净平衡为零。生物质发电有纯发电和热电联产两种供能模式，具有能源供给稳定、高效环保等优点。

5. 高含水率生物质利用技术

餐厨垃圾、畜禽粪便等含水率较高，对其进行焚烧、热解气化耗能高、效率低，如何对高含水率生物质进行高效能源化利用已成为生物质能开发利用的关键问题。高含水率生物质通过厌氧发酵产生沼气和制取生物氢气的技术已成为研究热点。

（三）高效储能技术

1. 储热技术

当前储热技术分显热储热、潜热储热与热化学储热三大类。显热储热已经相当成熟，其成本低、储热密度低；潜热储热主要是相变储热，已经处于商业推广阶段，研究主要集中在材料制备与开发、装备结构设计和系统匹配优化等方面，但相变储热仍面临腐蚀性、储热密度不够高等问题；热化学储热可以将热能转化为化学势能储存，需要时通过化学反应释放出热能，热化学储热密度比显热和相变储热要大很多，但其反应器结构复杂、工况参数实际调控存在一定难度，作为一种储热器需要能保证稳定可调的供热温度和供热功率输出，目前热化学储热尚很难达到这些要求，需要做广泛深入的研究。

2. 储电技术

储电技术主要有液流电池以及锂离子电池储电技术。液流电池涉及全钒液流电池、锌溴液流电池、有机分子液流电池等，其中全钒液流电池与有机分子液流电池研究也成为近年研究热点。锂离子电池储电技术集中于发展"无钴电池"研发。开发锂硫电池、锂空气电池等创新电化学储能技术，将是未来发展方向；此外，发展固态电解质与干电极技术，也是未来发展重要趋势之一。

3. 储氢技术

化学储氢中的金属氢化物包括常规金属氢化物和复杂金属氢化物。典型常规金属氢化物有 PdH、MgH_2 等，复杂金属氢化物有 $LiBH_4$、$NaAlH_4$ 和 $LiNH_2$ 等，对金属氢化物储氢工艺与材料进行优化，是未来研究的重点。室温储氢技术的推广对未来燃料电池汽车尤其是氢能汽车的推广提供重要支持。

（四）低碳智慧型能源系统

1. 能源互联网技术

当前智能能源系统应用大多面向传输侧和消费侧的单一环节应用，针对能源企业的供给侧能源系统的构建及覆盖"源－网－荷－储"全部环节的综合能源系统的研究较少。同时，在建模过程中数据来源缺乏规范和标准，也缺乏预测和优化模型。此外，关于能源互联网的标准化体系架构以及能源市场交易机制已成为当前研究前沿（冯庆东，2015；程林等，2017；陈新风等，2018）。

2. 基于微能源网的天然气分布式供能技术

天然气分布式能源是园区能源互联网的基础能源，当前美国、日本和欧盟等国家或组织结合实际情况，已解决了微电网运行、保护，经济性分析等系列基本理论和技术问题。国内处于机理分析和模型验证的初始研究阶段，亟待关键技术研发加快以及实质性突破。研究前沿包括多能（气－电－热）最优路径协同转化，基于高效、大容量、多途径储能技术的分布式能源技术以及能源与信息高度融合的监测、调控和优化技术。

3. 多能源与多信息互联的智慧型能源系统

智慧型能源系统发展迅速，特别是针对太阳能、风能等可再生能源系统研究，当前国内外在整体规划设计以及运行关键技术等方面发展还很欠缺，尤其在综合建模与机理分析、高密度储能方式及装置研发、能量优化调度管理、可再生能源高效转化与城市废弃物有机结合、智慧型能源管理调度信息平台建立等方面面临着巨大挑战，制约了当前低碳能源系统成功示范以及大规模商业化应用（Palensky and Dietrich，2011；张丹等，2017）。

4. 新能源交通技术

新能源汽车技术，尤其是传统电池驱动和氢能驱动技术，将成为未来无碳－低碳交通方式替代化石能源驱动交通的关键。欧洲、美国、日本、韩国等发达国家或地区已在技术层面、上下游产业链、整体配套设施等方面取得突破。

四、关键科学问题、关键技术问题与发展方向

（一）高碳能源利用的无碳－低碳转换与排放技术

1. 无碳－低碳高效转换与发电技术

（1）煤气化/热解气燃料电池发电系统（PEMFC、SOFC、MCFC）关键技术与示范。

（2）碳基燃料兼顾电化学反应和重整反应等能源转换过程的高效转换与部件匹配规律。

（3）基于碳基燃料 SOFC/GT 混合动力系统故障诊断特性预测。

（4）基于人工智能的碳基燃料 SOFC/GT 混合动力系统特性预测。

（5）碳基燃料 SOFC/GT 混合动力系统先进智能控制和适应性机理。

（6）碳基燃料混合动力系统与 CO_2 捕集集成技术。

2. 高效稳定的低碳燃烧技术

（1）基于煤气化/合成气的 MILD 转换机理与排放特性、加压和 MILD 条件下燃料着火、燃烧、污染物生成与烟气纯化工艺以及炉内传热特性。

（2）化学链燃烧利用中污染物控制机理。

（3）开展更大规模工业化实验，评估化学链燃烧技术的技术经济性和载氧体的高效稳定性。

（二）低碳燃料合成与利用技术

1. 太阳能光催化合成技术

（1）针对增强太阳能光催化制取有机燃料过程，重点研究活化中心反应基质浓度变化对碳氧双键断裂和碳氢键选择性形成的影响机理。

（2）多电子参与的光催化过程中碳氢化合物强选择性生成机制。

2. 电解水制氢和氨燃烧技术

（1）开发高活性、高稳定性、耐酸碱的低成本非贵金属电催化剂。

（2）开发高离子传导率、高稳定性、高强度且耐压的隔膜材料。

3. 生物燃料燃烧技术

（1）生物燃料在燃气燃机工况下的反应机理。

（2）燃烧与着火特性、碳烟排放等关键技术难题。

4. 固体燃料电池技术

（1）降低质子交换膜和贵金属催化剂的技术。

（2）质子交换膜电解从研发走向工业化阶段的关键技术。

（三）高效储能技术

1. 材料开发、结构设计和系统集成

（1）相变储热单元高自由度结构设计。

（2）不同温区相变材料热物性的微观影响机理及其变化规律。

（3）采用尺寸优化、形状优化及拓扑优化等方法，从流动、传热等多物理场构建目标函数及约束条件，探究相变材料热物性、传热流体流速与温度等对相变储热单元储热、传热性能的影响规律。

（4）稳定性好、成本低、储热密度高的化学储热材料。

（5）反应输运和传热传质模型及特定反应条件的分解/合成微观反应机理。

2. 液流电池成本、能量密度和稳定性

（1）开发低成本高效催化剂，研究电池整体能量密度高的固体材料。

（2）研制高水溶性高循环稳定性的有机分子液流电池。

（3）开发不含钴先进锂离子电池正极材料、锂硫电池、锂空气电池等创新电化学储能技术。

（4）发展固态电解质，提升固态电解质的质子电导率特性。

（四）低碳型智慧能源系统

1. 低碳型智慧能源系统集成设计与高效运维

（1）智慧能源系统集成技术和优化设计。

（2）智慧能源系统的安全运行与故障诊断。

（3）考虑实时电价、碳税收机制的智慧能源信息调度管理平台运维与调度。

（4）融合大数据、人工智能的能源互联网高精度预测和优化模型算法。

（5）面向需求侧的低碳智慧能源"源-网-荷-储"一体化协同控制等。

2. 储能技术与智慧能源系统

（1）储能技术与分配系统的研究、分散式可再生能源发电的并网。

（2）储能系统与技术、分布式储能技术及系统优化。

（3）储能系统用户端需求管理及虚拟储能概念设计。

（4）储能技术规模化应用及新型商业模式探索等。

3. 低碳能源系统的智慧管理体系与示范

（1）低碳智慧型能源网系统关键技术示范与验证。

（2）能源互联网数据采集技术与硬件配套设施、标准与经济性评估体系制定。

（3）能量负荷预测与能源跨区域调配策略。

（4）多能互补与能源协同供给关系。

（5）智慧能源云计算和物联网等。

第四节 无碳－低碳能源化工与工业

一、基本范畴、内涵和战略地位

能源化工与工业，主要包括石油化工、天然气化工、煤化工等能源化工，以及钢铁冶金、水泥等一次能源消耗巨大的工业。无碳－低碳能源化工与工业是指在这些工业过程中通过节能降耗和 CO_2 捕集与封存技术，实现 CO_2 的大规模减排，实现无碳－低碳化。

"十三五"以来，我国先后制定并发布了 10 余项国家政策或发展规划，出台了 CO_2 捕集与封存技术的有关政策与发展规划，明确了其技术定位、路线及规划，积极推进无碳－低碳技术研究和应用。

目前我国能源工业的能耗水平，大致比发达国家高出 20%～30%。本领域积极通过大力支持和发展先进的节能减排及 CO_2 捕集与封存技术，引领相关领域的技术创新，在无碳－低碳能源化工与工业领域达到国际先进水平，为我国国民经济的可持续发展和全球环境保护作出重要贡献。

二、发展规律与发展态势

进入 21 世纪，全球气候变化问题成为国际社会关注的热点，国际社会认为全球气候变化的主要原因是 CO_2 等温室气体的排放。过去没有考虑无碳－低碳，排放了大量的 CO_2，因此，无碳－低碳化的提出对于能源化工与工业来说是革命性的。

CO_2 的捕集与封存技术是目前国际上的研究热点，初步研究表明，地球上的陆地及海洋下的含水层等地质和油气田等可以储存 CO_2 的量，可以满足人类社会几百年的需要。在未来几十年 CCUS 技术的发展要实现能耗和成本最小化的无碳－低碳化。

目前，我国能源化工与工业正处于大发展的年代，面对着资源枯竭、环境恶化、生态破坏、气候变暖等一系列严峻问题。发达国家在无碳－低碳能源化工与工业领域也正处于起步阶段，我国在相关领域和世界先进水平有同步发展的机会，部分技术甚至可以达到世界领先水平，实现我国能源化工与工业的可持续发展。

（一）发展规律

IEA 的研究报告（IEA，2021）指出，CCUS 是唯一能够在能源化工与工业过程中大幅减少化石燃料碳排放的解决方案，是保障全球经济社会可持续发展的重要技术手段。CO_2 的捕集与封存技术是实现 2℃乃至 1.5℃温升控制目标的关键技术，预计至 2060 年累计减排量的 14% 来自 CCUS。同时 CO_2 捕集与封存技术可实现煤炭大规模低碳利用，促进能源结构从化石能源为主向无碳－低碳多元供能体系平稳过渡。能源化工与工业碳减排具有多学科交叉特征以及国际化和可持续性特征。

1. 能源化工与工业的多学科交叉特征

能源化工与工业包括石油、天然气、煤、钢铁、水泥等部门，涉及能源、化工、环境、材料、管理等多个学科门类，具有强烈的学科交叉特征。

2. 能源化工与工业的国际化和可持续发展特征

能源化工与工业的国际化，是与社会、经济及贸易的国际化密不可分的，因此无碳－低碳化的战略发展也必然是国际化的。同时，从向无碳－低碳化方向的发展来看，可持续发展是鲜明特征。

目前，CO_2 捕集分离的成本占到 CCUS 总成本的 70%～80%。因此降低 CO_2 分离的能耗和成本是关键问题之一。CO_2 捕集技术根据成熟度不同可划分为一代、二代和三代技术。第一代 CO_2 捕集技术包括基于单一胺的燃烧后 CO_2 化学吸收技术、基于物理吸收的燃烧前 CO_2 捕集技术和常压富氧燃烧技术等；第二代 CO_2 捕集技术将在 2020～2025 年进行工程示范，以基于离子液体、胺基两相吸收剂等新型吸收剂的 CO_2 化学吸收技术、基于金属有机框架的 CO_2 吸附技术、增压富氧燃烧技术等为代表；第三代 CO_2 捕集技术是变革性技术，以新型酶催化 CO_2 吸收法捕集技术、化学链技术等为主要方向。

目前，燃烧前溶液吸收捕集技术最为成熟，随着吸收溶液从传统的单乙醇胺和甲基二乙醇胺发展到二代复合胺，能耗也由 3.5～3.8 GJ/t 降低到 2.0～2.4 GJ/t。相比化学吸收技术，物理溶液吸收法适用于高浓度气源，也具有更低的捕集能耗。

固体吸附 CO_2 技术是采用固体吸附剂的范德瓦耳斯力或化学键吸附作用从混合气中分离 CO_2 的过程。目前变压吸附法捕集 CO_2 在煤化工、合成氨领域工程应用都比较成熟。但大型 CO_2 捕集存在吸附剂消耗大、占地多等缺点，开发高效变压吸附技术是未来发展的关键。

膜分离法已在天然气净化和空气分离等领域实现工程应用，具有固定投资少、设备体积小等优点。但综合性能优异的合成气脱碳膜尚处于实验阶段。随着高性能 CO_2 选择性膜的开发，特别以固定载体膜为代表的促进传递膜的开发，高效分离出 CO_2 将成为可能。

水合物分离方法具有方法简单、无污染物产生、操作条件要求低等特点，该方法分离烟气和 IGCC 合成气中 CO_2 已获得一定的研究进展，但大规模的 CO_2 捕集分离还有待进一步研究。

富氧燃烧和化学链燃烧是新型的 CO_2 捕集技术。其特点是燃烧烟气中几乎不含 N_2，CO_2 纯度高，避免了从复杂烟气中分离、提纯 CO_2。富氧燃烧技术的优势包括全生命周期 CO_2 减排成本低、便于大型化等。

（二）发展态势

1. CO_2 减排介质的材料基因组学和材料理性设计

在 CO_2 的吸收、吸附、膜和水合物分离过程中，分离剂和分离介质是实现高效率、低能耗分离的关键，而分离剂和分离介质的性能与其分子结构、介观结构及其与 CO_2 的作用机理有着密切关系。应通过大数据、机器学习等手段探索全新的 CO_2 分离机理和材料筛选，深入研究各种类型的分离剂和分离介质的多尺度结构效应。主要方向有：① CO_2 减排介质的材料基因组学高通量筛选和机器学习；②高性能吸收溶剂的分子设计；③高性能吸附材料的设计及结构调控；④高性能膜材料分子设计与膜结构调控；⑤高性能 CO_2 水合物促进剂的筛选与热－动－化耦合强化机制。

2. CO_2 减排过程设备的多尺度强化

CO_2 排放源的流量特别大，迫切需要研究特大型分离设备的多尺度强化问题。采用先进的测试技术、理论分析和计算流体力学等方法，研究多尺度过程强化机理；设计新型填料、吸附材料、膜材料和水合物促进剂等的微观结构；研究吸收、吸附、膜分离和水合物分离过程中的多相体系流动规律和传递机制；建立以结构调控为核心的多相分离设备强化和放大设计新方法。微尺度和微界面强化近年来已成为 CO_2 吸收减排的重要发展方向。主要方向有：①微尺度传递与反应过程的特性；②特大型分离设备的多尺度强化原理；③新型高效分离/反应设备的特性；④反应耦合过程特性多尺度模拟与优化及工程设计。

3. CO_2 减排过程的耦合和能量集成

CO_2 捕集与封存涉及分离介质、设备、过程、再生能量选择和已有工业基础等诸多影响因素，有赖于整体的系统集成和优化方面的研究。一些新的分离 - 分离、分离 - 反应等耦合技术，近年来，将化石燃料制氢与 CO_2 捕集技术耦合，是低碳制氢的重要减排技术。主要方向有：①多种分离方法的耦合与集成原理；②捕集分离过程的模拟和能量集成规律；③捕集分离过程与高效制氢的能量耦合；④捕集分离过程与多能互补系统的集成。

4. 能源化工与工业的 CO_2 捕集集成技术

为了实现无碳 - 低碳化，需要将能源化工与工业的工艺过程进行改造。需要研究在各种能源化工与工业中 CO_2 减排的可能性、减排工艺以及能量的集成技术等。需要深入研究油气化工、煤化工、钢铁和水泥等不同行业的 CO_2 减排技术特点，研发能源化工与工业的 CO_2 捕集集成技术和减排策略。主要方向有：①多联产（煤电化）系统集成理论及技术；②多种分离方法的耦合与集成原理；③捕集分离过程的模拟和能量集成规律。

三、发展现状与研究前沿

CO_2 的捕集分离方法主要有吸收捕集、吸附捕集、膜分离捕集和水合物分离等，已成功应用于各种化工领域。由于应用对象种类多，CO_2 浓度变化大，体系复杂，各种分离技术目前都面临分离溶剂和材料、分离过程工艺和分离设备等创新问题，所以加强 CO_2 捕集分离技术及其集成技术的研究，是实现能源化工与工业的无碳 – 低碳化的关键。

（一）CO_2 吸收法捕集技术

吸收法使用的主要溶剂有物理吸收溶剂和化学吸收溶剂。物理吸收法适用于 CO_2 气体分压较高的情况。化学吸收法适用的范围较宽，但反应热较高（50～100 kJ/mol），导致解吸热大，过程所需的能量较大（Ochedi et al.，2021）。因此，开发高效吸收溶剂是提升捕集效率和降低能耗的有效途径。

（1）新吸收溶剂：高压气体中 CO_2 的捕集采用低温甲醇，CO_2 溶解度较高，但低温制冷能耗大，而聚乙二醇二甲醚和碳酸丙烯酯等常温体系的 CO_2 溶解度小、液体循环量大。因此，考虑 CO_2 和吸收溶剂的分子间相互作用及其中的构效关系，需要设计常温溶解度大的新型 CO_2 吸收溶剂。

（2）吸收捕集过程强化：将 CO_2 捕集与其转化过程进行耦合实现过程强化。利用多尺度模拟方法，吸收过程液膜特性的调控策略及传递性能强化将成为研究热点。

（3）吸收过程模拟和集成技术：在吸收溶剂和过程强化基础上，建立完善的吸收过程模拟技术。吸收溶剂体系多相平衡，其热力学、动力学和传质计算模型需要严格计算与实验数据验算，特别是混合溶剂体系以及物理化学联合吸收体系。需要建立 CO_2 吸收过程的工业集成的模拟和集成技术包。

（二）CO_2 吸附法捕集技术

吸附分离根据气体分子与吸附剂之间相互作用性质的不同，可分为物理吸附和化学吸附两种。物理吸附选择性较差、吸附容量较低、吸附剂再生容易，采用能耗较低的变压吸附操作；化学吸附则选择性好、吸附剂再生困难，采用能耗较高的变温吸附操作。

（1）新型吸附剂的开发：介孔分子筛、超级活性炭、金属有机框架材料等具有巨大比表面积的新型多孔材料受到广泛关注，展现出较好的前景。通过构建完备的材料基因组学数据库，借助大数据处理和机器学习，精准筛选性能优异的 CO_2 吸附剂（Bui et al.，2018；Zhang et al.，2019；Singh et al.，2020）。从"分子 – 孔道 – 吸附床"多尺度研究吸附剂性能的调控机制，研发具有拓扑结构的高性能新型复合材料。

（2）吸附分离新工艺的开发：变压吸附是工业上最常用的工艺，但不适用化学吸附过程。其真空脱附过程须与其变温脱附和电脱附耦合。此外，实际工业气体组分复杂，需要多个吸附床层耦合，实现整体 CO_2 吸附分离过程效率的最优化。

（3）吸附过程模拟和集成技术：研究真空变压吸附和变温吸附以及电解吸附等耦合工艺的最佳适配性工艺原则并建立相关数学模型，开发多塔多步骤循环吸附/脱附工艺流程模拟软件包，进行吸附塔的放大设计及循环分离过程的工艺放大，建立能连续循环运行的多吸附塔式中间试验装置，建立综合循环工艺数学模型与经济费用模型。

（三）CO_2 膜分离法捕集技术

膜分离法是利用 CO_2 和其他气体通过特定膜的渗透率不同实现对 CO_2 气体的分离和提纯。我国膜分离行业在核心膜材料研发和生产方面，与国际先进水平相比还有差距。膜分离捕集取决于混合气体的状态，低浓度 CO_2 和低压下分离是膜分离的难点（Leung et al., 2014）。国外已有工业化的用于天然气中 CO_2 脱除的膜分离技术，而国内目前多为实验室规模的研究。

（1）膜材料设计和结构调控理论和方法：面向 CO_2 分离捕集的膜材料设计，分析膜材料结构对 CO_2 分离捕集的影响。研究膜内的传递过程和调控理论，实现膜材料分子的精准设计，实现膜材料结构的智能、高效和耐久性。

（2）膜分离装置设计与高效强化技术：研究高效稳定的膜分离装置，探究低压、低浓度、复杂操作条件下膜分离设计准则。形成过程耦合强化基础理论，研究复合物理场膜分离高效强化技术。

（3）膜分离过程模拟与集成技术：建立膜分离过程的可靠模型，揭示膜材料、结构、操作等多因素耦合下的分离性能，对微观、介观和宏观尺度的膜分离传递进行模拟研究。开发高效、低能耗集成系统和优化技术，强化分离过程。

（四）CO_2 水合物法分离捕集技术

水合物法分离混合物气体是利用易生成水合物的气体组分发生相态转移，

实现混合气体的分离。含 CO_2 的混合气体（如烟气、IGCC 合成气），通过一定温压条件与水形成 CO_2 水合物晶体，从而与混合气体分离，分离后水合物晶体进行分解，得到高纯度的 CO_2（Babu et al.，2015；Cotton et al.，2018）。

（1）新型促进剂的研制和筛选：原有的促进剂多为稳定水合物晶体结构，能降低水合物生成压力，但降压效果有限。新型促进剂参与水合物晶体结构的形成，在接近大气压下可以生成水合物。研究新型促进剂的微观促进机理，开发提升气体分离因子的水合物促进剂。

（2）新型水合物法分离装置设计与优化：CO_2 水合物法分离装置优化，要能提高 CO_2 捕集效率、降低操作设备要求、在增加气液接触面积的情况下尽可能减少能耗，降低设备运行成本，优化工艺流程，实现 CO_2 分离装置高效、高性能捕集。

（3）水合物法连续分离过程集成、模拟和经济评价：研究多级分离工艺的集成，并确立相关分离因子和分离效率计算模型。开发高效气液混合装置，加快循环分离过程。将水合物气体分离技术和多种分离技术集合起来，提高分离效果，扩大整个工艺流程。

（五）CO_2 耦合捕集技术

CO_2 捕集技术中，吸收、吸附、膜分离和水合物分离等技术，分别是单一的分离技术。新的不同分离过程的耦合分离技术是进一步降低能耗促进 CO_2 技术发展的创新策略。

CO_2 耦合分离技术，主要包括膜分离与吸收分离、物理吸收与化学吸收、高浓吸附与低浓吸收、水合物分离与膜分离的耦合等。这些技术可以充分利用单个分离技术在某个条件下的低能耗捕集的特点，将不同分离技术组合和集成起来，实现整体捕集过程的能耗和成本最小化。另外，还可以将其他工业领域的技术与 CO_2 捕集技术耦合，实现能耗降低和产品增值。

（六）能源化工与工业和 CO_2 捕集集成技术

能源化工与工业和 CO_2 捕集技术的集成研发方面国内外研究还很少。在化石能源仍占重要地位的时代，无碳－低碳技术必须考虑 CO_2 的减排和捕集技术的集成，才能够实现我国中长期的能源战略和减排目标，通过生产过程原理革新、过程集成和强化以及节能降耗，实现无碳－低碳化。在今后，应加大能源化工与工业领域的无碳－低碳化基础理论、关键技术和重点发展领域的研究支持力度，尤其是围绕 CO_2 捕集技术和工业系统集成的研究前沿开展深入系统的基础研究与工业示范。

四、关键科学问题、关键技术问题与发展方向

2021～2035 年是国际上温室气体 CO_2 减排技术发展的关键时期，其中能源化工与工业的相关技术研发和集成占有重要地位。因此，建议 2021～2035 年，以 CO_2 减排的新概念、新材料、新设备、新耦合过程、新集成技术、新模拟优化技术为支持重点。

（一） CO_2 吸收法捕集技术

（1）吸收机理创新和溶剂分子设计基础理论。

（2）新型高效吸收溶剂捕集能力与结构关系表征。

（3）吸收设备强化基础理论和多维 CFD 技术。

（4）吸收过程从液膜到填料塔的多尺度模拟优化和集成技术。

（二） CO_2 吸附法捕集技术

（1）多孔功能材料基因组数据库的构建和材料理性设计。

（2） CO_2 在新型多孔材料中的热质传递与分离规律和机理。

（3）"分子－孔道－吸附床"的多尺度模拟及耦合多塔吸附分离过程的强化技术。

（4） CO_2 吸附分离过程的集成、模拟和经济评价。

（三） CO_2 膜分离法捕集技术

（1）膜材料设计和结构调控理论和方法。

（2） CO_2 分离膜性能与结构关系表征。

（3）膜分离装置设计与高效强化技术。

（4）膜分离过程模拟与集成技术。

（四）CO$_2$水合物法分离捕集技术

（1）水合物法分离机理与方法创新。

（2）高性能CO$_2$水合物促进剂的筛选与热－动－化耦合强化机制。

（3）新型水合物法分离装置设计与优化。

（4）CO$_2$水合物法分离过程的集成、模拟和经济评价。

（五）CO$_2$耦合捕集技术

（1）膜分离与吸收耦合捕集技术。

（2）双溶剂吸收耦合捕集技术。

（3）吸收吸附耦合捕集技术。

（4）水合物分离与膜分离耦合捕集技术。

（5）其他创新性耦合捕集技术。

第五节　低碳型生态工业系统

一、基本范畴、内涵和战略地位

低碳型生态工业系统是以生态工业与循环经济理论为基础，通过技术集成与系统优化，构建源头节能降耗、系统能效提高、能量梯级利用、资源循环利用的多过程生态耦合系统，实现火电、钢铁、水泥、化工等高碳排放载能型工业过程的碳减排。循环经济作为一种经济发展与环境保护相协调的发展模式，以减量化（reduce）、再使用（reuse）、再循环（recycle）为原则（3R原则），具有低消耗、低排放、高效率的特征。作为循环经济理论载体，工业生态把工业系统作为一个生态系统，系统中的物质、能源和信息的流动与储存模仿自然生态系统运行方式循环运行。发展低碳排放型循环经济生态工业系统是通过多产业、多过程的系统优化与技术集成，提高能源利用效率，优化能源结构，实现能源梯级利用与碳资源循环利用，建立低能量负载运行、低碳排放型循环经济生态工业系统模式。

构建低碳排放的过程工业循环经济和生态工业系统对我国碳减排意义重大。针对我国 CO_2 排放特点，建立适合我国国情的低成本、低环境风险 CO_2 减排技术体系，是解决我国温室气体 CO_2 排放问题的迫切科技需求，也是世界范围内 CO_2 减排技术的科技前沿。从大尺度层面通过系统优化与技术集成，构建能源优化配置、能效整体提高、余能梯级利用、碳资源循环利用及生物固碳协调发展的低碳排放型循环经济生态工业系统，不仅是实现温室气体控制的重要手段，也是解决资源和环境瓶颈问题，建设资源节约型、环境友好型社会的重要途径。

二、发展规律与发展态势

发展循环经济、建立生态工业系统是现阶段提高能源效率和减少碳排放的主要途径之一。从世界范围内看，循环经济发展经历了源头减污清洁生产、资源循环利用与污染集成控制、低碳排放型循环经济生态工业系统等不同发展阶段。

（一）发展规律

1. 以碳资源循环利用为核心的多种资源整合及闭路循环

实现含碳废弃物的近零排放与循环利用是构建低碳排放型循环经济生态工业系统的主要内涵。一方面，通过多种资源整合，可减少含碳废弃物排放，实现资源的优化配置、高效转化与清洁利用；另一方面，通过多种资源的闭路循环，将含碳废弃资源作为再生碳源加以利用。

2. 多过程、多技术的系统集成

许多围绕节能减排、废弃物资源化利用的单体技术已经从实验室走向工业化示范阶段。针对过程工业多过程、多点源 CO_2 排放特点，采用单一技术很难实现有效的大规模 CO_2 减排，温室气体控制技术逐步向多过程、多技术的碳减排系统集成发展，从而有效降低碳减排的经济成本，最终实现过程工业的碳减排技术大范围推广实施是重要的发展规律。

3. 多尺度、大系统的物质与能量集成

建立循环经济发展模式是一个系统化的问题，需进行大系统中物质流、能量流、信息流协同研究以实现整体效益最大化。针对重化工业高度密集的工业园区与产业聚集区，考虑基于园区、区域等不同尺度大系统的整体物质与能量集成，更能够实现 CO_2 排放量的最小化。目前，国内外已经建立了以大型重化工业联合企业及多产业聚集为代表的循环经济示范工业园区，通过企业、区域等多尺度大系统的物质与能量集成，形成了局部的低碳排放型循环经济生态工业系统。

4. 跨行业、跨领域的多学科交叉

构建低碳排放型循环经济生态工业系统涉及多行业，同时跨越资源循环利用、能源综合利用、固碳产业链构建、工业系统集成等多个领域，需要进行跨行业、跨领域的多学科交叉。特别是对于我国来说，钢铁、水泥、化工等过程工业是 CO_2 排放大户，因而构建低碳排放型循环经济生态工业系统，进行跨行业、跨领域的多学科理论知识交叉是必然的发展规律。

（二）发展趋势

基于循环经济发展模式，利用生态系统的运行规律和基本理论，立足于整个工业系统，多行业、多区域范围构建低碳排放型循环经济生态工业系统成为发展的必然趋势。

1. 研发降低能源消耗和提高能效的源头碳减排清洁生产技术

实现重污染行业的源头减污与清洁生产是循环经济减量化的核心和关键，提高高耗能工业过程的能效已经成为发达国家清洁生产发展的重要目标，并向高价值制造、高技术化、信息化制造升级，已经呈现可持续的绿色制造 - 低碳经济模式。以钢铁工业为例，如果采用低碳或无碳资源代替煤炭，如以氢冶金推动"以氢代煤"，或采用生物炭还原铁矿石进行钢材产品生产，便可大幅度减少 CO_2 排放，甚至形成 CO_2 负排放。

2. 实现余热余能的梯级利用和品位提升提高能源利用效率

余热余能资源的高效回收利用，是提高能源利用效率的有效手段，其关

键在于如何实现梯级利用。例如，在钢材产品生产过程中，部分显热资源通过建立分布式电站实现回收利用，而大量的液态高炉渣及钢渣显热资源尚未得到充分利用。此外，大量煤气资源均以热能的形式得到利用，并未按照其资源品质的特色加以综合利用。因此，在钢铁行业构建低碳排放型循环经济生态工业系统，迫切需要通过技术研发实现不同品位余热余能的梯级利用。此外，工业热泵则又是余热品位提升的有效工具，通过热泵可以回收废热并提升热能品位，变成有效的工业热能重新应用于工业流程。

3. 构建 CO_2 资源化利用产业链接技术实现碳资源循环

构建碳资源循环利用的新型 CO_2 产业链是实现大规模 CO_2 减排的主要途径。CO_2 经化学转化固定为含碳资源，实现碳元素的循环利用，将会实现稳定、低环境风险的低碳减排工业系统。因此，建立 CO_2 零排放与资源化利用的化工新体系是未来 CO_2 减排的重点研究方向。例如，利用 CO_2 直接羧化反应生产的化合物（Cotton et al.，2018），输入能量最小，利用前景广阔。

4. 建立生物固碳产业链实现区域大系统负碳排放

利用植物的光合作用，提高生态系统的 CO_2 吸收和储存能力，也是构建低碳排放型循环经济生态工业系统的主要方面。生物固碳针对 CO_2 排放量小、CO_2 含量较低的面源，对减少大气中日益增多的 CO_2 具有极大的优势，因此迫切需要通过构建以生物固碳为核心的固碳产业链，增加区域大系统的碳汇，促进大气中 CO_2 浓度的有效降低，形成负碳排放型循环经济生态工业系统。目前，构建以生物固碳为核心的固碳产业链，其发展趋势主要在于构建森林碳汇、生物炭还田及生物质能源联合碳捕集、利用与封存等方面（Lin and Ge，2019）。

5. 优化企业、园区、区域大系统碳集成，实现多尺度低碳排放工业系统集成

构建低碳排放型循环经济生态工业系统需要考虑不同层面、不同行业、不同区域间的 CO_2 排放情况，通过企业内部、工业园区区域大系统的碳集成，实现整体 CO_2 排放量的最小化。建立可客观评价、可精确量化的碳集成评价指标体系（Tang et al.，2020），对涉及物质及能量流耦合过程的系统集成方法进行研究，构建企业内部及区域大系统碳集成技术平台成为该领域的重要发展趋势。

6. 建设全国统一碳排放权交易市场，服务碳中和实现

建设全国统一碳排放权交易市场是实现碳中和的有效市场手段。当前全国统一的碳排放权交易市场尚在建设中，仍需从试点碳交易市场的运行中总结经验，完善碳市场运行环境。建立健全全国统一的碳排放权交易平台机制和交易规则、强化市场主体监管作用、激发企业自主积极性、提高市场有效性将会是全国统一碳排放权交易市场建设的重要发展趋势。

7. 建立能源管理体系实现节能降碳制度化

单纯依靠固碳减碳技术、大系统循环难以从根本上实现低碳，利用系统的能源管理手段降低能源消耗、提高能源利用效率也成为节能降碳的必然发展趋势。能源管理体系的建立使得节能减排工作制度化，也进一步推动企业节能降耗及推动减碳技术应用。但能源管理体系建设具体实施效果有差异，还需对能源管理成熟度模型的应用（Jin et al.，2021）进行统一评估以改善管理水平，以规范化制度化的能源管理从源头上降低碳排放。

三、发展现状与研究前沿

工业生态理论是循环经济乃至低碳经济的重要理论工具之一。其早期发展主要针对废物交换、工业代谢、工业共生，致力于解决环境污染控制等问题，如英国的"废物交换俱乐部"。进入 21 世纪，更大尺度的再生资源循环利用成为工业生态关注的主体，并由此诞生了循环经济发展模式。随着世界范围内温室气体减排压力日益增加，碳减排逐步成为发达国家生态工业学的研究前沿，推动循环经济从以废物交换为基础向资源循环利用与低碳排放相耦合的生态工业系统实践进展。

（一）循环经济发展模式

在低碳排放生态工业系统中，以循环经济发展模式构建低碳排放工业园区和区域是实现低碳排放工业系统的主要实践方式。美国、日本、加拿大等国家高度重视低碳排放型的工业园区建设，园区化已经成为国外工业系统集中化发展、提高资源利用效率和降低碳排放的主流。我国重点行业上下游产业集中化、园区化发展迅速，但现阶段工业系统园区发展模式总体上仍处于

简单的企业内部资源循环利用与上下游产业延伸发展阶段，园区化效益未能充分显现，资源浪费与环境污染依然严重，与国外同类工业园区的碳减排效益差距巨大，迫切需要突破能量梯级利用、废弃物循环利用等低碳排放型循环经济工业系统集成技术。同时针对已形成的重点行业节能减排单元技术或节点技术，开展沿工业流程的集成化研究、建立面向大型企业全过程节能减排的集成技术也是重要的研究前沿。

（二）CO_2分离与资源化利用

在低碳排放生态工业系统中，CO_2分离与资源化利用是实现碳元素闭路循环的技术核心。目前国内外主要有三类技术体系可以实现尾气中CO_2的固定或资源化利用。一是碳捕集与封存技术体系；二是将尾气中的CO_2进行分离，然后将分离出的CO_2与其他原料发生化学反应生成高附加值产品，从而实现CO_2资源化利用的技术体系；三是将尾气中的CO_2直接原位转化为其他化学品的合成原料，从而实现CO_2间接资源化利用的技术体系。因此，构建低碳排放型循环经济生态工业系统，迫切需要针对CO_2等大量工业废气，开发先进的净排放CO_2资源化利用产业链接技术，从而实现CO_2零排放（Ahmed et al.，2020）。

（三）CO_2固定与资源化利用

在低碳排放生态工业系统中，CO_2固定与资源化利用是实现低碳排放工业园区和区域的关键。目前，生物固碳是减碳最直接且副作用最小的方法，研究方向集中于三种技术：森林碳汇、BECCUS以及生物炭负碳技术（Coninck and Revia，2018）。推进森林碳汇工作，能有效降低大气中的温室气体浓度，当前国家的资金支持与政策倾向于大幅度提高土地的使用率，提高现有资源的固碳率。BECCUS技术总体上包括生物质利用和碳捕集与封存两个主要的技术环节，各环节技术的成熟程度将影响BECCUS的商业化水平。生物炭负碳技术主要通过生物质光合作用从大气中固定CO_2，然后经过热化学转化（主要为热解）生成生物炭，同时生产燃料和电力，生物炭还田后其蕴含的碳元素被固定在土壤中，有较长时间的稳定性，可认为整个过程实现了从大气中固定碳元素到土壤的负碳过程（Paustian et al.，2016）。因此实现低碳排放工业园区和区域构建，亟须推进生物固碳技术的研发与应用，综合利用生物固碳与资源化利用产业链接技术，从而实现 CO_2 生态化减排。

（四）多技术集成

在低碳排放生态工业系统中，多技术集成是构建 CO_2 闭路循环的研究前沿。过程工业目前已经形成多种 CO_2 分离、捕集、固定及资源化利用单体技术，但因为缺乏技术集成，尚未建立一体化的 CO_2 分离与固定集成技术体系。一方面需要开展碳减排技术集成的优化方法与评价体系研究；另一方面要实现不同产业、不同过程之间的碳减排技术集成创新，为 CO_2 闭路循环提供固碳产业链，如可以利用过程工业的余热为目前较为成熟的生物质热解多联产提供热量，生产高质量的生物炭、生物气和生物焦油，其中生物炭不仅可以用于土壤固碳，还可以用于高炉炼钢或工业烟气的气体污染物脱除，生物气进行燃烧为工业园区提供电力，同时可以利用工业园区的煤基燃料提纯设备进一步处理生物焦油，进一步生产能源或化学品，实现低碳排放工业生态体系中的多技术集成 CO_2 闭路循环构建。

四、关键科学问题、关键技术问题与发展方向

依据低碳排放型循环经济生态工业系统的需求与发展规律，在低碳排放工业生态领域将以突破关键科学问题引领关键技术发展作为未来的总体原则，建议 2021～2035 年及中长期把下列低碳排放型循环经济生态工业系统的五个发展方向及其对应的关键科学问题和关键技术问题作为研究重点，优先支持面向碳减排的循环经济与生态工业理论的基础理论、园区尺度上大幅度降低碳排放的集成技术与示范、碳氢资源分级利用和 CO_2 资源化利用的关键技术与示范、生物固碳及碳减排工业生态评价与集成方法等发展方向的研究，并予以政策及资金方面的优先资助。

（一）清洁生产替代与能量梯级利用研究

1. 关键科学问题

（1）能源构成与企业碳排放关联分析的基础研究。

（2）钢铁、化工、冶金等行业可回收能源的综合利用研究。

2. 关键技术问题

（1）大型复杂系统能量优化集成设计的新方法与关键技术。

（2）整体替代高耗能落后工艺的低耗能新工艺与集成技术。

（3）中低温余热、中低品位余能等高效回收与梯级利用关键技术。

（4）低温余热的品位提升技术与装备。

（二）碳资源生态化循环利用研究

1. 关键科学问题

（1）CO_2 资源化利用的分子活化机理和绿色反应新路径设计。

（2）CO_2 化学转化的新型催化剂设计与低能耗新过程。

2. 关键技术问题

（1）CO_2 转化利用的过程优化、反应－分离耦合与过程强化关键技术。

（2）碳氧资源同步和绿色产业链接集成技术。

（3）CO_2 碳酸化固定的过程强化与介质再生循环关键技术和工程基础。

（三）生物固碳技术的开发与应用研究

1. 关键科学问题

（1）工业系统与生态系统中生物间的相互影响和物质、能量循环规律。

（2）生物炭的矿化规律研究和生物炭对土壤理化环境、微生物群落关联效应。

2. 关键技术问题

（1）森林碳库的统计、功能评价、监控及保护技术。

（2）生物能源耦合碳捕集与封存的反应机理及从能源效率等方面进行的路径优化设计技术。

（3）生物质热解转化机理研究、过程优化及多产物联合调控关键技术。

（四）低碳循环经济生态工业大系统集成研究

1. 关键科学问题

（1）多系统共生耦合的 CO_2 分离与 CO_2 资源循环利用系统集成。

（2）过程产业与 CO_2 固碳技术耦合集成模型设计及 CO_2 闭路循环构建。

（3）多产业集聚型生态工业区域低碳循环经济生态工业系统模式。

2. 关键技术问题

（1）钢铁－水泥－化工副产煤气碳氢分质利用联产化学品产业链接技术。

（2）CO_2 工业废气分离捕集并应用于化工、冶金生产的集成技术。

（3）大型企业主导型生态工业园低碳生态产业链构建技术。

（五）低碳型循环经济生态工业系统决策与支撑研究

1. 关键科学问题

（1）循环经济模式下低碳技术评价与标准化。

（2）低碳型循环经济生态工业大系统协同。

2. 关键技术问题

（1）多尺度、多层面碳载体物质流分析。

（2）低碳排放型循环经济生态工业系统优化集成方法与产业共生风险分析。

（3）低碳技术生命周期环境影响评价。

（4）低碳型循环经济生态工业大系统中物质流、能量流、信息流多尺度协同评价。

（5）低碳型循环经济生态工业系统能源管理绩效评价。

本章参考文献

陈新风，赵子光，赵平利 . 2018. 能源供给侧改革促进低碳发展 . 低碳经济，7(3): 77-82.

程林，张靖，黄仁乐，等 . 2017. 基于多能互补的综合能源系统多场景规划案例分析 . 电力自动化设备，37(6): 282-287.

冯庆东 . 2015. 能源互联网与智慧能源 . 北京：机械工业出版社 .

金红光 . 2005. 温室气体控制一体化原理 // 李喜先 . 21 世纪 100 个交叉科学难题 . 北京：科学出版社 : 366-371.

科学技术部社会发展科技司 . 2019. 应对气候变化国家研究进展报告 . 北京：科学出版社 : 30-52.

刘沁雯，钟文琪，邵应娟，等 . 2019. 固体燃料流化床富氧燃烧的研究动态与进展 . 化工学报，70(10): 3791-3807.

全国能源信息平台 . 2020. 可再生能源将成为我国能源消费增量主体，并逐步走向存量替代 . https://baijiahao.baidu.com/s?id=1678683223906706041&wfr=spider&for=pc[2022-03-11].

张丹，沙志成，赵龙 . 2017. 综合智慧能源管理系统架构分析与研究 . 中外能源，22(4): 7-12.

张奇月，颜勇，段元强，等 . 2020. 超超临界 350 MW 富氧燃烧循环流化床设计 . 热力发电，49(5): 73-80.

郑彬 . 2020. 欧盟加速推进"欧洲绿色协议" . https://baijiahao.baidu.com/s?id=1658188264953676127&wfr=spider&for=pc[2022-03-11].

中国电力企业联合会 . 2020. 中国电力行业年度发展报告 2020. 北京：中国建材工业出版社 .

中华人民共和国国家林业和草原局 . 2019. 我国森林面积和蓄积实现 30 年持续增长 . http://www.forestry.gov.cn/main/195/20191209/171246300671332.html[2022-03-11].

中华人民共和国科学技术部 . 2013. "十二五"国家碳捕集利用与封存科技发展专项规划 .https://www.most.gov.cn/xxgk/xinxifenlei/fdzdgknr/fgzc/gfxwj/gfxwj2013/201303/t20130315_100225.html[2013-02-16].

中华人民共和国生态环境部 . 2016. 中华人民共和国气候变化第一次两年更新报告 . https://www.mee.gov.cn/ywgz/ydqhbh/wsqtkz/201904/P020190419522735276116.pdf[2022-07-21].

中华人民共和国生态环境部 . 2019. 生态环境部 9 月例行新闻发布会实录 .http://www.mee.gov.cn/xxgk2018/xxgk/xxgk15/202009/t20200925_800543.html[2022-03-11].

Ahmed R, Liu G J, Yousaf B, et al. 2020. Recent advances in carbon-based renewable adsorbent for selective carbon dioxide capture and separation：A review. Journal of Cleaner Production, 242: 118409.

Babu P, Linga P, Kumar R, et al. 2015. A review of the hydrate based gas separation (HBGS) process for carbon dioxide pre-combustion capture. Energy, 85: 261-279.

Bao C, Wang Y, Feng D, et al. 2018. Macroscopic modeling of solid oxide fuel cell (SOFC) and model-based control of SOFC and gas turbine hybrid system. Progress in Energy and Combustion Science, 66: 83-140.

Birdja Y Y, Pérez-Gallent E, Figueiredo M C, et al. 2019. Advances and challenges in understanding the electrocatalytic conversion of carbon dioxide to fuels. Nature Energy, 4: 732-745.

Broecker W S. 1975. Climatic change: Are we on the brink of a pronounced global warming? Science, 189(4201): 460-463.

Bui M, Adjiman C S, Bardow A, et al. 2018. Carbon capture and storage (CCS): the way forward. Energy & Environmental Science, 11(5): 1062-1176.

Coninck H D, Revia A. 2018. Strengthening and implementing the global response//Special Report: Global Warming of 1.5°C , Chap 4, IPCC.

Cotton C A, Edlich-Muth C, Bar-Even A. 2018. Reinforcing carbon fixation: CO_2 reduction replacing and supporting carboxylation. Current Opinion in Biotechnology, 49: 49-56.

EIA. 2019. International Energy Outlook 2019. US Energy Information Administration (EIA). https://www.eia.gov/outlooks/aeo/.

European Commission. 2019. The European Green Deal. Brussels: European Commission. https://eur-lex.europa.eu/legal-content[2022-03-11].

European Commission. 2020. EU methane strategy. Brussels: European Commission. https://ec.europa.eu/energy/sites/ener/files/eu_methane_strategy.pdf[2022-03-11].

Hu Y, Liu W, Jian S, et al. 2016. Structurally improved CaO-based sorbent by organic acids for high temperature CO_2 capture. Fuel, 167: 17-24.

IEA. 2020. CCUS in Clean Energy Transitions. https://www.iea.org/reports/ccus-in-clean-energy-transitions[2022-03-11].

IEA. 2020. World Energy Outlook 2020. https://www.iea.org/data-and-statistics/charts/announced-net-zero-co2-or-ghg-emissions-by-2050-reduction-targets[2022-03-11].

IEA. 2021. Net Zero by 2050, A Roadrnap for the Global Energy Sector. https://www.iea.org/reports/net-zero-by-2050[2021-05-18].

IPCC. 2018. Special Report on Global Warming of 1.5°C. https://www.ipcc.ch/sr15/[2018-10-08].

Jin Y H, Long Y, Jin S P, et al. 2021. An energy management maturity model for China: Linking ISO 50001:2018 and domestic practices. Journal of Cleaner Production, 290: 125168.

Lee S, Yun S, Kim J K. 2019. Development of novel sub-ambient membrane systems for energy-efficient post-combustion CO_2 capture. Applied Energy, 238: 1060-1073.

Leung D Y C, Caramanna G, Maroto-Valer M M. 2014. An overview of current status of carbon dioxide capture and storage technologies. Renewable and Sustainable Energy Reviews, 39: 426-443.

Liang Z W, Fu K Y, Idem R, et al. 2016. Review on current advances, future challenges and consideration issues for post-combustion CO_2 capture using amine-based absorbents. Chinese Journal of Chemical Engineering, 24(2): 278-288.

Lin B Q, Ge J M. 2019. Valued forest carbon sinks: How much emissions abatement costs could be reduced in China. Journal of Cleaner Production, 224: 455-464.

McNeil L A, Mutch G A, Iacoviello F, et al. 2019. Dendritic silverself-assembly in molten-carbonate membranes for efficient carbon dioxidecapture. Energy & Environmental Science, 13(6): 1766-1775.

Ochedi F O, Yu J, Yu H, et al. 2021. Carbon dioxide capture using liquid absorption methods: a review. Environmental Chemistry Letters, 19: 77-109.

Olivier J, Peters J. 2020. Trends in Global CO_2 and Total Greenhouse Gas Emissions: 2019 Report. Hague: PBL Netherlands Environmental Assessment Agency.

Palensky P, Dietrich D. 2011. Demand side management: Demand response, intelligent energy systems, and smart loads. IEEE Transactions on Industrial Informatics, 7(3): 381-388.

Paustian K, Lehmann J, Ogle S, et al. 2016. Climate-smart soils. Nature, 532: 49-57.

Perna A, Minutillo M, Jannelli E, et al. 2018. Performance assessment of a hybrid SOFC/MGT cogeneration power plant fed by syngas from a biomass down-draft gasifier. Applied Energy, 227: 80-91.

Singh G, Lee J, Karakoti A, et al. 2020. Emerging trends in porous materials for CO_2 capture and conversion. Chemical Society Reviews, 49(13): 4360-4404.

Tang J H, Tong M H, Sun Y H, et al. 2020. A spatio-temporal perspective of China's industrial circular economy development. Science of the Total Environment, 706: 135754.

The Zero Carbon Consortium. 2020. America's Zero Carbon Action Plan. SDSN. https://www.unsdsn.org/Zero-Carbon-Action-Plan[2022-03-11].

United Nations. 2015. Adoption of the Paris Agreement. http://unfccc.int/files/essential_background/convention/application/pdf/english_paris_agreement.pdf[2015-12-12].

United Nations Environment Programme. 2019. Emissions Gap Report 2019.https://iefworld.org/node/1012[2019-11-28].

Wang D, Li S, He S, et al. 2019. Coal to substitute natural gas system based on combined coalsteam gasification and one-step methanation. Applied Energy, 240: 851-859.

Williams M C, Strakey J P, Surdoval W A. 2005. The US department of energy, office of fossil energy stationary fuel cell program. Journal of power sources, 143(1-2): 191-196.

World Meteorological Organization. 2020. State of the Global Climate 2020. Geneva: WMO.

Xie H, Jiang W, Liu T, et al. 2020. Low-energy electrochemical carbon dioxide capture based on a biological redox proton carrier. Cell Reports Physical Science, 1(5): 100046.

Younis S A, Kwon E E, Qasim M, et al. 2020. Metal-organic framework as a photocatalyst: Progress in modulation strategies and environmental/energy applications. Progress in Energy and Combustion Science, 81: 100870.

Zhang Z, Schott J A, Liu M, et al. 2019. Prediction of carbon dioxide adsorption via deep learning. Angewandte Chemie, 131(1): 265-269.

Zhang Z, Pan S Y, Li H, et al. 2020. Recent advances in carbon dioxide utilization. Renewable and Sustainable Energy Reviews, 125: 109799.

第十二章

能源科学优先发展与前沿交叉领域

能源科学优先发展领域着重围绕"碳达峰、碳中和"及"构建以新能源为主体的新型电力系统"战略目标，考虑可再生能源、节能潜力大、能源资源丰富的相关学科领域。主要涉及化石能源与碳中和、可再生能源开发与利用、智能电网、能量转换中的动力装置、电力装备、储能、氢能、高能耗行业节能、温室气体控制与无碳‐低碳系统，以及智慧能源系统等。

交叉学科是指两门或两门以上学科因内在逻辑关系联结渗透融合而形成的一种新的综合理论或系统学问。不同的学科彼此交叉融合，有利于科学上的重大突破，培育新的生长点，乃至促成新学科的产生。近年来，科学研究要解决的问题，包括前沿科学问题和人类面临的全球性挑战，单一学科的知识、方法、工具等已不足以破解这些重大科学难题，学科交叉研究发展趋势明显，同时学科自身也在动态演变之中。强化学科交叉和寻求新的科研范式是重大科学突破和未来科学技术快速发展的必由之路。2020 年，国家自然科学基金委员会专门成立了交叉科学部，交叉科学部的设立将打破传统学科之间的壁垒，促进基础学科、应用学科交叉融合，使科学研究越来越多地呈现出集成创新、融合发展的新态势。能源学科愈来愈呈现出与诸多学科领域交叉的态势，交叉学科包括材料科学、信息科学、人工智能、大气科学、环境科学、化学、生命科学、医学和经济学等，对能源交叉领域的研究，可能成为解决能源问题的重要突破口，是现在及未来相当长时间内的重要工作，应予以特别重视及支持。

第一节　化石能源与碳中和技术

一、优先发展领域

（1）为达成在2060年前实现碳中和的目标，需要大力发展低碳燃烧技术，攻克复杂气氛条件（如高CO_2、高H_2O分压）下煤热解、气化、燃烧反应机理及污染物迁移转化控制路径，化学链燃烧中氧载体中晶格氧微观传递过程的机理和强化、高CO_2浓度流化床条件下各反应路径的动力学、S/N/Hg等元素的迁移转化规律等科学问题，发展低成本、低能耗、安全可靠的低碳燃烧技术体系。

（2）为深度践行"绿水青山就是金山银山"理念，坚持煤燃烧过程一次污染物和二次污染物深度脱除与超净排放的方向，攻克煤燃烧多种污染物（包括常规污染物、非常规污染物）的生成机理、演化机制等科学问题，发展电站锅炉煤燃烧多种污染物的低成本高效绿色协同脱除方法和技术，达到燃气污染物排放标准，提高燃煤工业炉窑和民用散煤燃烧污染物控制水平，达到超净排放标准。

（3）通过大数据、人工智能等与燃煤发电深度融合，实现燃煤电厂智能化、智慧化，柔性、灵活性运行，满足源-网-荷协同，支撑规模化可再生能源并网；坚持煤燃烧过程精确测量控制和多源互补协调的方向，攻克煤燃烧场参数的先进实时测量、智能寻优的科学理论基础和应用关键技术，发展燃煤-可再生能源-储能的耦合发电方法和技术，显著提升燃煤电厂局部乃至全厂的智能化运行水平，提高能源利用效率、安全性和经济性。

（4）提升煤炭高效转化技术，发展超高压、超大型清洁高效气化技术、煤的超临界气化制氢技术、煤气化系统协同处置含碳液体和固体废弃物技术、大型煤气化系统工艺优化及能量集成、气化过程中微量元素的迁移转化及控制。提升煤制油技术规模和经济竞争力，研制高效的费托合成催化剂、煤温和加氢催化剂和油品加工催化剂，开发柴油 – 汽油 – 航油 – 润滑油 – 化学品联产煤温和加氢与费托合成耦合的分级液化等新工艺和新方法。发展大型煤热解燃烧耦合热电油气多联产技术、煤基热解气化耦合 CO_2 还原多联产系统技术，实现化工原料来源多元化、产品精细化和功能化的目标。完成新一代甲醇制烯烃技术开发，突破煤制天然气、煤制芳烃、合成气直接制烯烃 / 芳烃、合成气直接制醇类含氧化合物等过程关键技术。

（5）为进一步发展清洁石油化工与能源转化利用技术，坚持石油化工深度开发、环境友好、高值利用的发展方向，攻克石油化工过程的清洁和高效转化利用等科学问题，发展清洁绿色过程工艺、原料的定向分离及转化工艺、资源化利用及炼化一体化方法和技术、低劣质原料综合高效转化利用技术、生产过程数字化及智能化技术等，满足日趋严格的污染物和有害废弃物排放标准，提高能源转化利用效率和污染物控制水平。

（6）在非常规油气资源方面，发展提高煤层气采收率的理论与技术、低渗透储层改造技术；通过超临界 CO_2 压裂储层改造，加快深层页岩气勘探开发，形成新一代缝网压裂技术、水平井钻井技术及多级分段压裂、同步压裂、重复压裂；加强深水油气输运水合物流动安全保障技术开发，以及与浅层气、常规油气联合试采技术的研发。

二、前沿交叉领域

（1）煤燃烧与材料科学、信息科学、计算机通信、人工智能、大气科学、环境科学、化学、地质学、生命科学、医学和经济学等领域交叉。例如，研究煤燃烧关键参数的基于光学图像、光谱、激光、放射、电磁、声学、化学等原理的先进检测传感器、仪器仪表、巡测机器人等；燃煤机组实时、历史数据挖掘与风险预测；智能发电系统的构造方法及体系结构；多源互补燃煤发电系统的全工况优化的系统集成理论等。探究煤燃烧污染物的生态效益和健康效益，包括 NO_x、SO_x 等污染物在大气、水体和土壤中的迁移扩散、对地表建筑物和生物的损害评估；Hg 等重金属在生物链中的迁移路径、累积效益和毒性机制；剧毒二噁英和致癌多环芳烃等对人体与动物的毒害机理等；适用于增压富氧燃烧、$S\text{-}CO_2$ 动力循环等高温高压环境下的金属材料研发；CO_2 安全地质封存技术及利用技术；低碳燃烧的经济效益，包括碳排放的政策和法规研究等。

（2）与机械、材料、信息、环境等领域的新方法、新技术交叉融合，全面提升煤转化系统的本质安全、清洁高效和低碳绿色水平。与分布式能源系统和污染物处置相结合，形成能适应分布式能源的可移动、模块化、环境友好新技术。与大气科学、环境科学和医学科学交叉，研究煤转化液体燃料和化工品等多联产利用过程，气体污染物和难降解有机废水控制，微量重金属在大气、水体和土壤中的迁移扩散、非金属化合物对地表建筑物和生物的损害评估。

（3）在清洁石油方面，与理论化学、化学动力学、人工智能等领域交叉，研究石油化工过程的分子水平理论模拟和微观动力学模拟，发展相关分子动力学和微观动力学模拟方法，理解催化反应、污染物生成反应等的机理，实现对石油化工过程的模型预测和理论分析。还可针对石油化工体系复杂、工况多变等特点，引入深度学习等人工智能方法进一步发展清洁石油化工与能源转化利用的理论方法和关键技术。

（4）在非常规油气方面，与材料科学、环境科学等领域交叉，利用水合物相变技术作为材料储能，利用二氧化碳水合物封存达到碳减排目的以及水合物技术在能源化工方面的利用；基于大数据的页岩气、煤层气等智能排采控制技术。

第二节　可再生能源与新能源

可再生能源利用过程中，能量和物质转化与传递的规律，以及相关的工程热物理问题，具有涉及领域广、研究对象复杂多变、多学科交叉与融合、学科集成度高等特点，涉及工程热物理与能源利用各个分支学科。2006 年开始实施的《中华人民共和国可再生能源法》大大推进了中国对可再生能源的研究、开发和应用。以太阳能为核心的可再生能源的开发利用已成为我国能源工业发展的重要战略目标，必须高度重视太阳能等可再生能源利用技术的基础研究。

一、优先发展领域

近年来，世界可再生能源产业持续高速发展，其发展规模及在能源消费结构中的占比已超越以往的部分预测。自 2014 年以来，全球每年可再生能源新增发电装机容量均超过煤炭发电和天然气发电新增容量之和。2018 年全球发电装机容量中已有 26.2% 来自可再生能源发电。此外，可再生能源还在供热和供冷、液体燃料等方面替代化石燃料。近年来，由于政策扶持、技术进步及生产规模的扩大，大部分可再生能源成本大幅下降，部分可再生能源成本已经可以与化石能源竞争。在我国，可再生能源产业的发展问题被首度提至前所未有的长期战略高度。2014 年 6 月，习近平总书记在中央财经领导小组第六次会议上首次提出"能源革命"战略思想，指明了我国能源发展的根本方向。2016 年国家发展和改革委员会、国家能源局发布了《能源生产和消费革命战略（2016-2030）》和 4 个行动计划，首次提出到 2030 年非化石能源发电占比达到 20%、2050 年非化石能源消费占比达到一半的战略目标。因此进一步开展太阳能、生物质能、氢能和核能利用研究是促进我国多形式新能源综合利用、实现我国新时代能源高质量发展的重要方向。

目前，我国可再生能源与新能源的优先发展领域为太阳能、生物质能、氢能和核能利用中的基础理论及关键技术。当前，我国在以太阳能为代表的可再生能源发电装机容量和以核电为代表的新能源发电量规模已稳居世界第一。党的十九大报告又进一步提出新时期要构建清洁低碳、安全高效的能源体系，主要目标就是优化能源结构，特别是实现以太阳能、生物质能、氢能和核能为主的可再生能源与新能源高效利用发展。因此，开展太阳能、生物质能、氢能和核能利用中的基础理论及关键技术研究是推动我国能源革命的核心需求，也是遵循能源发展规律、解决我国能源发展主要矛盾的根本途径。

在太阳能方面，我国在太阳能热利用领域具有举足轻重的地位，集热器产量和安装保有量均占世界 70% 以上，但主要用于生活热水。随着全国范围住宅建设速度放缓，太阳能热水需求趋于饱和。通过太阳能高效收集、可靠低成本储热与高效热功转换系统以及变工况太阳能直接利用体系与系统的相关研究，实现太阳能热水到热能，将太阳能热利用拓展到热发电、工业工艺热能和建筑供暖与制冷是进一步推进太阳能持续发展应用的关键。

在生物质能方面，我国生物质资源种类众多，每年仅农林废弃物类生物质产量就超过 9 亿 t，折合标准煤约 4.5 亿 t，储量巨大。但是目前我国生物质能源化利用率仅为 12%，大量生物质的粗放利用（如秸秆焚烧）不仅造成能源的浪费，而且导致严重的环境污染。2018 年中央一号文件《中共中央 国务院关于实施乡村振兴战略的意见》以及党的十九大报告等重要文件指出，要壮大清洁能源产业，促进能源生产和消费革命，推进生物质能等可再生能源开发利用。将我国大量的生物质资源转化为液体燃料不仅能够很大程度上缓解我国液体燃料的不足，同时也能够避免因木质纤维素类废弃物处置不当造成的环境污染问题。生物质高效转化制取清洁的液体燃料研究是面向我国能源稳定安全可持续的供给重大需求，对优化我国能源结构，促进农村生物质资源的合理高效利用，以及能源环境可持续发展具有深远的意义。

氢能具有无毒无污染、热值高、利用形式多样等特点，既可替代传统化石燃料，也可作为能源载体并通过燃料电池实现电、热、气一体化的能源利用，是改善我国能源结构、保障能源安全、减轻环境污染、推动我国能源生产和消费革命的重要手段。20 世纪 70 年代，"氢经济"被首次提出，后续提出了低成本利用氢能、开发经济高效的氢气储运技术和强化国际引领国际标准等十大行动计划。我国近年来发布的一系列政策引导和鼓励了氢能产业的蓬勃发展。2019 年更是将氢能第一次纳入《政府工作报告》。随着我国政府对氢能投入的逐年加大，我国在氢能制取、储运、利用等环节的研究进展迅速。目前，我国已形成了以北上广为中心的氢能产业集群，并初步掌握氢燃料电池堆及其关键材料、动力系统和氢能基础设施等关键技术，氢工业体系已初步形成。目前，利用可再生能源廉价高效制氢并实现氢能在燃料电池内高效能质传递与转化是促进我国氢能产业发展的关键。

核能的安全高效利用对于我国经济可持续发展具有重要战略意义。随着我国核电快速高效发展，迫切需要掌握核电厂严重事故进程中重要现象机理、缓解关键技术和研发严重事故综合分析软件平台，为核电厂设计和严重事故缓解策略制定提供支撑。

我国新能源与可再生能源的发展目标，应围绕以太阳能、生物质能、氢能、核能为主的可再生能源和新能源的安全高效利用所面临的挑战，开展新型可再生能源热力系统及高效集成与智能耦合、太阳能高效收集与转化、生物质全组分热化学与生化转化制备高品质燃料、氢能系统中多尺度能质传递与转化强化以及核能热工现象精细化机理与数学描述研究，从而支撑和促进我国可再生能源的发展模式从高速发展转向高质量发展。新能源与可再生能源的研究方向和核心科学问题包括以下几个方面。

（一）可再生能源热力系统方向

主要包括：太阳能聚光集热系统一体化实时动态光学模型，太阳能聚光集热系统光－热－力耦合机理与系统协同优化设计方法，超临界 CO_2 布雷顿循环与太阳能热利用系统的系统筛选匹配和优化原理，高效中低温地热发电传热传质机理及新型耦合发电系统构建原理，干热岩资源成藏、获取机理以及深层裂隙人工储层中热－流－固与化学反应相互作用机理，生物质热化学、生物催化转化液体燃料机理及调控机制，可再生能源热力系统的高效集成与智能耦合等。

（二）太阳能光热利用

主要包括：时间上不连续／空间上分散／相对低能量密度下的不稳定太阳能高效收集，涵盖太阳能吸热涂层的热物理特性演变机制、太阳能集热及其调制机理、基于大数据的太阳能资源实时预测方法及太阳能系统的热动态响应机制；适合太阳能热发电的规模化储热方法与高效热功转换系统，涵盖高强度辐射能流的可靠转换／规模储存与可控释放的热发电耦合机制、非稳定工况下太阳能热功转换系统的动态响应特性和调配；变工况太阳能直接利用体系与系统，涵盖工况快速变化的先进逆向热力循环体系与系统设计理论、太阳能热能直接利用新方法。

（三）生物质能

主要包括：木质纤维素类生物质结构解译与调变，涵盖生物质超微结构的精确解析、生物质大分子的定向裁剪与调变；生物质热化学转化机理与过程强化，涵盖生物质转化过程中多元多相反应体系的能质传递与转化机理及相互耦合关系；生物质生化转化机理与过程强化，涵盖高选择性、高稳定性催化反应体系的构建、催化反应机理解析及目标产物定向调控。

（四）氢能

主要包括：制氢过程中的能质传递与转化机理，探索高效制氢的新方法，涵盖电解水制氢、燃料重整制氢、太阳能光催化/光电催化分解水制氢、生化转换/生物质制氢；燃料电池内能质传递与转化，涵盖高效燃料电池膜电极技术、金属双极板高精度制造技术、新型燃料电池和电池堆系统集成与数值模拟。

（五）核能

主要包括：数值核反应堆技术，涵盖核反应堆高保真多尺度热工水力模型、核反应堆热工物理/力学精细化耦合机制、基于高性能计算的多场耦合数值求解算法及验证；先进核燃料技术，涵盖组件临界热流密度行为及临界后传热机理模型、燃料组件流致振动与微动磨损机理、积垢对燃料组件运行特性和包壳腐蚀特性的影响机理、燃料元件热工－机械－材料－燃耗的多物理场耦合机制；核电厂严重事故现象与机理学，涵盖多组分核燃料棒材料间的低温共晶及熔化机理，堆芯熔化过程中的多尺度、多成分、多相态演化机理，压力容器内熔融物滞留能力及失效机理。

二、前沿交叉领域

可再生能源及新能源的跨学科交叉优先领域集中在可再生能源与新能源利用基础研究。一方面，随着气候异常和针对常规化石能源的地缘纷争问题日益突出，各国对于化石能源的替代和可再生能源的规模化应用日益重视。人们对可再生能源科技的研究已有一定程度的积累，对其优缺点的认识更加深刻，对解决其规模化应用的技术途径和科学问题亦有进一步的认识。各国制定的技术路线图正显示出其现实的可行性，相关激励政策的效果正日益体现。可再生能源的应用正日益受到政府重视和被普通民众接受。各国已认识到新兴能源产业在未来国际经济竞争的重要性，正大力发展新兴能源产业。福岛核电站事故的发生使各国政府和人民对核能利用更加审慎，更愿意为可再生能源的利用付出经济代价。另一方面，近年来世界能源格局发生重大变革，能源结构清洁、高效、低碳化已成为发展趋势。能源技术创新进入活跃期，各种能源转化变革性新技术不断涌现，推动了能源技术革命的进程。可再生能源增长迅速，将成为未来重要能源，是未来重要研究领域。

可再生能源具有存在形式和转化方法的多样性，具有鲜明的学科交叉和耦合的特点。在可再生能源和新能源工程领域中，太阳能、生物质能、氢能和核能不仅占据了重要地位，而且其能源利用过程中的能量传递和物质转化是工程热物理学科的重要研究对象。同时太阳能、生物质能、氢能和核能的利用形式多样，涉及工程热物理各个分支学科及材料和资源环境等学科，具有鲜明的多学科交叉的特点。工程热物理学科相关分支的发展也为太阳能、生物质能、氢能、核能利用技术的研究和发展提供了理论基础与技术保障，而太阳能、生物质能、氢能、核能利用的研究又不断为工程热物理等学科提出新的研究方向和发展目标。因此，可再生能源及新能源利用的基础研究，需要借鉴化学、生物、地球科学、环境工程、农业工程、信息科学等学科相关理论和技术开展系统深入的机理研究，以突破可再生能源利用过程中的关键瓶颈难题。

目前，国内外可再生能源发电快速增长，已逐渐成为电力行业的生力军。信息科学与技术及分布式能源的发展使智能电网更为可行，为解决可再生能源的能量密度低、供给不稳定等重要问题提供可靠手段，可再生能源发电在发达国家（如德国）已占到总电力供给的40%，并具有更大的发展潜力。机械、电子、化学、生物、材料等多学科交叉、互补、渗透已成为可再生能源科学与技术发展的重要特点。多种可再生能源互补、可再生能源与化石能源互补、蓄能等以前不够重视的科学与技术成为研究热点和技术关键；另外，可再生能源的利用正朝着以制备高值化产品为目标发展。可再生能源相比传统能源，除了具有无污染、可再生的优势外，更是优良的能量载体。国内外众多学者正在利用可再生能源（如生物质能和太阳能）的特点将其转化成清洁高品质的液体燃料、化学品和功能材料，高位替代传统能源。例如，李静海、白春礼等多位院士提出"液态阳光"等概念[①]，正是要把可再生能源打造成为未来高品质产品的主要来源。面向可再生能源与新能源开发及利用过程中的高效能量传递、俘获、转换、储存和管理，通过工程热物理、机械、电子、化学、生物、材料等多学科的交叉融合与集成，进一步强化太阳能光催化制氢、太阳能光催化二氧化碳转化以及太阳能－空气－水－材料相关领域的基础研究，突破生物质液态燃料清洁制备与高值化利用技术瓶颈，实现多能互补互联综合利用系统的构建，为可再生能源与新能源高效安全利用提供理论支撑。

目前新能源及可再生能源的研究方向和核心科学问题包括：①太阳能方向。太阳能系统不同物质流和能量流之间的匹配与集成原理，太阳能液体燃料合成机制，高效低成本规模化太阳能光催化分解水制氢理论，基于太阳能与 CO_2 转化的可再生液体燃料合成理论和方法，太阳能－空气－水－材料相关领域的基础研究。②生物质能方向。生物质高值化热化学和生化转化过程中多相反应流传热传质机制，生物质转化过程强化及目标产物定向调控原理和方法，生物质制备高附加值产品协同耦联机制，生物质转化过程中物质和能量梯级利用及系统优化集成方法。③多能互补互联与分布式能源系统方向。多形式能源清洁高效转化和储存过程中能质传递及转化强化理论与方法，多能源系统高效互补的协同优化集成方法和运行调控理论。

第三节 智能电网

一、优先发展领域

（一）高比例可再生能源电力系统规划

探索以清洁低碳化为目标，以低碳电力技术创新为驱动，考虑资源、能

---

① 应对化石能源枯竭，施春风张涛李静海白春礼联合发文指出"液态阳光"有望驱动未来世界. https://news.sciencenet.cn/sbhtmlnews/2018/9/339307.shtm[2018-09-20].

源、环境、气候、经济交叉综合影响下的电力系统输电网和配电网结构形态及其演化机理；突破"强随机性复杂稳定机理的电力系统规划问题建模、求解与评估"这一科学问题，研究模型与数据联合驱动的高比例可再生能源电力系统评估与规划新理论与方法；研究涵盖源－网－荷－储等环节不同时空尺度的电力系统灵活性供给体系；考虑电力电子化低惯量特性带来的特殊挑战，研究低惯量电力系统的结构形态规划方法。

（二）电力系统运行与调度

针对未来电力系统运行特性，研究低惯量电力系统的调度运行与控制，突破高比例可再生能源接入场景下的低惯量电力系统调度运行与控制理论；通过多学科交叉，构建开放信息环境下的规模化异质多能流协同优化与综合安全基础理论体系，突破开放环境下的多主体异质能流互动机理与协同优化以及信息物理深度融合下的扰动传播机理与综合安全；构建模型驱动与数据驱动相结合的复杂电力系统智能调度理论框架，突破人工智能理论在电力系统调度领域的应用。

（三）电力与综合能源系统安全高效运行基础研究

探索并确定适于我国战略发展需要的智能电网的形态特征，建立适用于新一代能源电力系统的仿真分析、规划评估、调度控制、经济运行、市场交易等方面的系统性理论、方法与技术体系。

（四）电力系统市场机制建设

在高比例可再生能源接入的背景下，以市场机制实现能源系统短期运行效率与长期投资效率的全局最优化；提出新型综合能源市场主体的运营管理模式，实现市场主体间的博弈与均衡；基于新一代计算机、通信与控制技术，推动综合能源信息物理融合系统建设；针对综合能源市场博弈中大量有价值信息激增以及信息安全等问题，提出综合能源分布式交易相关算法，提升综合能源系统安全性和运行效率；建立健全适应能源系统高效、低碳转型与市场化建设的监管机制，保障综合能源市场主体公平竞争、合理投资，实现社会利益最大化。

（五）电力系统控制与保护

针对 100% 风光水可再生能源电力系统频率 / 电压多尺度稳定性及其控制问题，构建下一代可再生能源发电并网控制导则，为提高集中式可再生能源消纳水平提供关键技术；针对电力电子化电力系统多时间尺度物理发展过程，研究新能源电力系统故障分析方法与交直流控制保护理论体系；构建新一代电力系统的安全控制导则与保护防御体系。基于新一代数学基础理论发展，推动电工数学领域衍生与发展的同时，为电力系统安全分析与综合提供数学工具，研究基于人工智能与高速计算的系统级控制保护方法；结合 5G 的超低延时信息的微电网智能协调控制保护技术、直流配电系统故障穿越控制和高可靠性控制保护技术等。

（六）智能电网新技术

智能传感器微取能技术及智能终端集成芯片；大规模复杂电网的可靠高效通信机制与智能化计算机制；信息物理系统下的信息物理攻击评估和防御技术。

二、前沿交叉领域

（一）基于计算能源经济的电力能源系统碳中和规划方法

基于能源系统真实"大数据"、数字化建模、高性能计算，实现能源系统高精度、大尺度的运行模拟与优化，实现从局部电力系统分析到全国尺度、电力 / 能源 / 资源 / 环境的完整建模，以全局视角解决能源转型中的结构性挑战，分析社会经济系统、资源环境系统与能源电力系统的相互作用，探寻技术可行、经济最优、环境友好的能源转型路径，为国家提供量化的能源决策支持。

（二）电力电子化电力系统的保护控制理论

针对未来电力电子化电力系统，研究计及电力电子装备多时间尺度响应、控制策略非线性响应的故障全过程分析方法；在此基础上，研究基于电力电子一次设备和保护控制二次设备协调配合的保护与故障穿越理论，实现新能

源电力系统在故障后的安全可靠穿越与快速自愈恢复，提升系统运行安全性
与供电可靠性。

（三）高温超导交 / 直流输电技术

为了构建以新能源为主体的新型电力系统，必将发展跨区大电网，以实
现广域范围内的各种新能源资源的时空互补利用，对远距离大规模可再生能
源的电力输送提出了重要挑战。超导体具有零电阻、高密度载流能力和完全
抗磁性等独特的电磁特性，在电力输送方面的应用中，可望为应对上述挑战
提供潜在的技术支撑。因此，发展高温超导能源管道、超导交 / 直流限流器等
技术对新能源电力系统的安全稳定运行具有重要意义。

（四）智能电网新技术

多源、异构、分布式的电网大数据资产管理与交易体系和技术；人工智
能与人工经验相结合的人机混合智能技术；基于边缘计算和云微服务的电网
服务平台。

第四节　能量转换中的动力装置与热能利用

一、优先发展领域

（1）航空发动机：高推重比发动机、低耗油率发动机、自适应变循环发
动机、高速涡轮发动机、高超声速航空发动机的总体设计技术、部件与系统
技术等。

（2）燃气轮机：高负荷超大流量压气机设计技术；超低排放燃烧理论及
燃烧室设计技术；纯氢燃料的稳定燃烧技术和燃烧室设计；新型高效冷却技
术及透平气热耦合设计技术；智能化控制仿真与健康管理。

（3）汽轮机：适应电网调频调峰需求的汽轮机负荷快速响应技术；汽轮
机低压机组蒸汽湿度测量方法；低压机组内气动激波与凝结激波的耦合作用

机制；湿汽损失定量评估方法；700℃先进超超临界燃煤发电技术汽轮机关键部件金属材料开发；焊接材料耐高温、高压及热处理。

（4）内燃机：新一代内燃机高效清洁燃烧技术；低碳及碳中性燃料特性与内燃机燃烧控制协同优化；包括瞬态过程的燃烧实时智能控制技术；开发基于内燃机、电机、电池混合动力装置系统智能控制、能量分配和管理技术；开发智能燃油喷射系统、高效增压和电动增压及关键传感器。

（5）流体机械：流体机械新型节能与系统智能调控技术，包括复杂流场可靠预测、流动精细组织与设计、系统高效匹配与协同等；两级涡轮高增压、涡轮电动增压及闭式循环涡轮增压技术、叶轮机械内流高性能数值模拟与高时空分辨率实验技术；泵的非定常流动理论、多学科优化设计方法与流固耦合、振动与噪声预测、空蚀与磨蚀等技术；100 m级及以上海上超大型风电叶片先进设计技术。

（6）新型能源动力：可使能源动力装置性能发生颠覆性变化的技术革新，包括以对转压气机为代表的新气动布局、以爆震燃烧为代表的新型能量转化方式、以强预冷为代表的新型热力循环以及不同热力循环的高效匹配方案等。

（7）制冷空调：高效除湿空调热力循环，温湿度独立控制的空调热力循环和高效热驱动制冷循环；固体卡效应制冷（电卡、磁卡、弹卡、压卡等），天空辐射制冷；环保工质的高效压缩技术、高效微通道换热和高效空调系统，基于环保工质的低充注技术；可再生能源驱动的制冷及除湿系统，余热驱动的制冷系统，可再生能源驱动的被动温湿度调节。

（8）热泵：高温热泵的工质、循环、润滑、高效压缩和系统优化；大温升热泵热力学循环与系统优化；吸收‐压缩耦合新型热泵循环；基于热泵的分布式高效蒸汽供应技术；高效储热‐热泵耦合系统；基于热泵的超低温余热回收技术和余热就地消纳技术；空气源热泵高效除霜，多热源热泵系统，换热末端强化。

二、前沿交叉领域

（1）航空发动机：动力装置内流智能化技术，先进主动流动控制技术，涡轮连续爆震发动机技术，航空动力与等离子体交叉技术。

（2）燃气轮机：基于人工智能的燃气轮机关键部件优化设计方法、控制仿真与健康管理；适用于燃气轮机的增材制造技术；与硬件结合的高可靠性数值模拟技术与数据整合与分析技术。

（3）汽轮机：基于人工智能的汽轮机通流部分优化设计方法、汽轮机关键部件金属材料开发；适应电网调频调峰需求的大容量熔融盐储罐设计技术、熔融盐超临界水热交换器设计技术。

（4）内燃机：发动机一体化智能控制与系统集成技术；开发低摩擦损失、先进润滑技术、电动化附件、高效能量回收等节能技术；开发新结构、新材料和新工艺，实现内燃机高强度、高效率、低噪声和轻量化；推动先进机构研究和开发。

（5）流体机械：基于人工智能的流体机械节能设计、健康管理和寿命预测技术。深远海的超大型浮式风电机组多物理场耦合、风能冷热电连联供系统。

（6）新型能源动力：将新型能源安全、可靠、低成本地应用于能源动力装置，典型的方案包括基于电推进、氢能、核能等的新型航空动力。

（7）制冷空调：基于大数据和人工智能的空调节能降耗，基于可穿戴设备的个性化空调制冷技术与基础理论，空调制冷技术在氢能 / 大科学装置 / 新能源汽车 / 生鲜物流 / 数据中心冷却方面的交叉应用。

（8）热泵：空气源热泵蒸汽供应，余热源热泵蒸汽供应，与换热网络优化结合的热泵余热回收技术。

第五节　电　力　装　备

一、优先发展领域

（一）先进电工材料

先进电工材料包含电工绝缘、导电和导磁等领域，其先进性主要体现在包括电气、力学及长期可靠性等的综合性能以及环境友好等多个方面。应在以下几个方面优先发展：①新型能源结构和系统中的先进电工绝缘材料基础理论及适用性；②以重大能源转换和输运工程牵引的具有环境友好特征的基础树脂、植物性绝缘油及低温室效应的绝缘气体的应用；③高能量密度、低成本、长寿命、安全动力电池关键材料的设计理论和批量制备技术；④高性能导电和导磁材料与工程化应用关键技术。

（二）电力装备多物理场特性及计算方法

为实现电力装备的数字化转型，在电力装备的多物理场模型与计算方法领域开展以下研究：①多物理场作用下的电工材料物性参数模型。发展多尺度下的多物理场基础理论，揭示多物理场与物质的相互作用规律。②包含多尺寸的电力装备多物理场耦合机理及模型。建立在多物理场解析基础上介观和宏观的耦合模型以及建立在多物理场耦合测量基础上介观和宏观的耦合模型等。③电力装备多物理场高性能协同计算方法。电力装备多物理场的准确稳定高效的数值计算方法和仿真软件技术等，应用于物理分析的精确算法以及与实际测量结果间误差分析算法理论。④电力装备的数字孪生方法及其多物理场求解方法。电力装备的多物理场数字孪生模型以及实时计算，基于模型降阶、统计学习、不确定性量化等方法的多物理场代理模型、建模算法，装备数字孪生平台与评估方法。

（三）输变电装备运行态势感知

为实现输变电装备的全景信息感知，需要开展以下研究：①研究特征参量微弱信号的高灵敏感知机理，探索电气设备多参量融合感知技术，提升复杂电磁工况下传感器抗干扰能力、可靠性及运行寿命，突破低功耗、芯片化微型传感器件的国外垄断。②研究高性能光纤本征传感器与非本征光纤传感器材料、结构设计，建立输变电装备内部光纤大容量、多传感器、分布式组网技术，打破国外对高端光学检测元器件的垄断，实现光学核心器件的自主化。③探索电气设备内部缺陷发生发展过程中多物理场信息及其时空演变规律，构建多源数据融合的设备健康状态诊断与寿命预测的理论和方法，研制出具有智能感知、判断和执行能力的智能电力设备。

（四）先进输变电装备

为实现先进输变电装备服务我国未来电网发展，需要开展以下研究：①探索装备内部缺陷发生发展过程中多物理场信息及其时空演变规律，构建多源数据融合的设备健康状态诊断与寿命预测的理论和方法，研制出具有智能感知、判断和执行能力的智能电力装备。②研究输变电装备用环保型材料选型方法，开发环境友好型输变电装备，服务国家碳中和战略。③开发直流电力系统用输变电装备，突破我国一次能源变革新能源输送所面临的输变电技术关键瓶颈。

（五）超导电力装备

需要开展以下研究：①运行温度高于 LNG 温度的新型超导材料的探索研究以及低成本第 II 代高温超导材料的制备技术；②研究高电压大容量超导交直流限流器，重点解决高电压或大容量超导限流器的原理结构创新、高温超导限流单元设计和制造技术、低温高电压绝缘技术、低温传热传质技术、限流开断匹配技术等一系列关键技术问题；③研究大容量直流高温超导电缆和超导输电管道，重点解决超导直流电缆的原理结构创新、大电流高温超导电缆通电导体的优化设计和均流技术、大电流终端和电流引线技术、长距离低温杜瓦管的连接、电缆本体和终端低温高压绝缘技术、大冷量制冷技术等关键技术；④研究多功能超导电力装备原理结构及其动态特性和变化规律；⑤研究适用于不同温区的超导电力装置的混合冷却介质及其热力学特性和绝缘特性。

（六）电力电子器件及装备

大容量高电压高频电力电子器件及其高效变换装置。基于半导体材料的功率器件是电力电子技术的核心元件和重要支撑技术。当前，传统硅基功率器件的频率、效率、高温性能已趋近极限。以碳化硅和氮化镓为代表的宽禁带功率半导体器件，以氧化镓、氮化铝和金刚石为代表的超宽禁带功率半导体器件具有更低的导通电阻、更高工作频率、更优异的高温性能，有助于实现高效率和高功率密度的电力电子装备，在能源领域具有广阔应用前景。以基础元器件的突破为基础，进一步全面实现新型宽禁带功率半导体器件在工业民用和国防领域的高性能应用，将为我国电力、能源以及国防建设的持久发展提供坚实的基础。电力电子器件的突破，首先需要在电力电子基础元器件材料、原理、工艺等方面实现突破，并以此为基础构建新型高性能自主知识产权变流器拓扑、控制、设计和实现方法，系统地形成各类应用需求的应用基础理论。高电压大容量电能变换是智能电网、电气化交通、石油化工、采矿冶炼等国家能源支柱产业运转的驱动力和关键技术。因此，攻克材料、芯片、封装、可靠性和应用的基础理论与关键技术，实现高电压、大电流、耐高温、高频率、低损耗的宽禁带与超宽禁带功率半导体器件，将大幅提升能源转换效率和降低装备系统的体积重量。开展大容量、高电压与超高频电能变换新型拓扑、优化控制方法、多尺度系统建模以及仿真研究，为实现电力电子系统的高效率、高可靠、高功率密度、低成本提供理论基础。

（七）电机及系统

在发电机装备方面，优先发展领域包括：面向现代电力系统多场景的电网－发电机－多物理场的多域非线性综合理论计算方法；现代发电机高可靠多参数协调优化设计理论；新型发电机强稳定性电磁参数设计方法；超大容量发电机高效、可靠冷却系统重构设计研究；超大容量发电机内部复杂热交换机理理论与方法；高压、大容量发电机绝缘系统设计与试验体系的构建；现代高品质发电机用新型复合材料应用的研究。

在高效能电机系统装备方面，面向电气化交通、军事装备系统及特殊需求、分布式发电新能源领域、高端装备和精密仪器等需求，高效能电机系统的优先发展领域是极端条件下电磁能与动能转换理论；研究发展满足各自应用环境的电机系统；研究完善高性价比电机系统理论与技术；研究大规模电力系统与电机系统之间的交叉耦合问题，发展高稳定性、高可靠的超大容量电机系统。通过进一步发展高效能高品质电机系统，深入研究电机内物理规律，完善设计、加工及测试相关的基础理论，并形成复杂环境和工况约束下电机系统设计方法，拓展电机系统的构型及应用边际。

二、前沿交叉领域

（一）先进电工材料

先进电工材料的前沿交叉领域主要体现在为找寻和制备新型电工材料所

必须依赖的材料科学、化学化工科学的基础理论、制造原理、方法和技术，为确保其优异性能和长期可靠性而构建的物理学模型以及为表征其性能的物理学测试原理和方法，此外还包括先进电工材料在除能源领域以外的其他工程领域的应用，如在清洁核能、高能加速器等大科学装置、电磁能武器装备以及高端医学成像领域的集成应用科学。

（二）电力装备多物理场特性及计算方法

为实现电力装备的数字化设计、制造与运维，其多物理场模型与计算需要开展以下交叉学科研究：①鼓励电磁、传热、流体、力学、材料等学科的交叉融合，促进电力装备多物理场耦合机制、电工材料的多物理场模型的研究与发展，支撑电力装备多物理场耦合机制的研究。②鼓励电气、材料、计算数学、软件、人工智能等学科的交叉融合，加快自主国产的电力装备多物理场仿真软件的发展，推进装备多物理场的仿真生态系统发展。③推进电气、计算机、通信、机械制造、力学等学科的交叉融合，以及相关学科的产学研合作，加快电力装备数字孪生平台的建设与推广，支撑电力装备的数字化设计、制造与运维。

（三）输变电装备运行态势感知

为实现输变电装备的全景信息感知，需要开展以下交叉学科研究：①鼓励电磁、传感、材料、化学、微电子等多学科的交叉融合，促进智能化、微型化、低功耗、低成本、高精度电力传感芯片的发展，研发自主可控的传感器件、装置及传感网络系统，满足能源互联网全面感知的迫切需求。②鼓励光学、传感、材料、微电子、人工智能等学科的交叉融合，进一步提升状态信息光学感知水平，实现电气设备内部特征气体、温度、磁场、电场、局部放电、机械形变等多物理场的精确测量，掌握电气设备全景运行状态。③推动材料、物理、化学、微电子、电气、控制及数学等多学科的交叉融合，深入研究状态感知、分析评估、数字孪生等关键技术，形成具有智能感知、判断和执行能力的系列化高端智慧电力装备。

（四）先进输变电装备

为实现先进电力装备的相关发展战略，需要开展以下交叉学科研究：①鼓励电磁学、材料学、流体力学、量子力学以及等离子体物理等领域的交叉融合，促进输变电装备关键材料的自主化研发和制备，突破输变电装备设计中的瓶颈问题。②鼓励先进诊断技术与输变电装备设计制造的交叉融合，实现输变电装备服役过程中绝缘性能、局部放电特性、机械性能、灭弧性能等关键参数的精确测量，掌握输变电装备性能的形成机理和提升措施。③推动输变电装备设计与大数据、人工智能等的交叉融合，促进输变电装备数字孪生技术乃至智能化输变电装备的发展。

（五）超导电力装备

需要开展以下交叉学科研究：①鼓励超导电工、低温、材料、高压绝缘等多学科的交叉融合，促进不同温区低温液体绝缘和固体绝缘材料、新型高温超导材料、高载流密度高温超导复合导体和线圈、高可靠大冷量低温制冷机等技术的发展，研发安全、高效的多功能超导电力装备，满足智能电网、能源互联网的迫切需求。②鼓励超导电工、传感、人工智能、数字孪生等学科的交叉融合，进一步提升超导电力设备状态信息感知水平，实现超导电气设备内部特征气体、温度、磁场、电场、局部放电、机械形变等的精确测量，掌握超导电力设备全景运行状态，形成具有智能感知、故障自诊断能力的高端超导电力装备。

（六）电力电子器件及装备

交叉性强、融合度高、牵引力大是电力电子器件及装备研究领域所呈现的明显特点，电力电子学科在电气工程一级学科内部的交叉融合特性已经有目共睹。近年来，电力电子学科呈现出更明显的跨一级学科交叉趋势。新型电力电子器件及其封装、高性能电力电子装备和系统的发展，迫切需要与材料学、微电子学、力学、传热学、加工 / 制造、可靠性等学科进行交叉融合。高频大功率电力电子装备服役过程中，还受到其温度、应力等多物理场的作用，多物理场作用下元件、电路、装置和系统的相互作用机理表征、高可靠封装、高密度集成、高性能运行等则涉及材料、物理、信息、电子、电力、热能、电磁等多学科交叉。随着电力电子器件及其装置性能、容量、可靠性的持续提升，未来电力电子在电能变换方面的应用将日趋成熟，随着我国未来能源系统、电气化海陆空交通载运工具、航天航空等国家战略方向的强劲发展需求，电力电子器件及其装备将在电、磁、声、热、光多种形式的能量变换中实现新的应用拓展，并为能源领域多学科交叉提供新的发展动力。

（七）电机及系统

大容量高效能电力推进系统技术是基于高效率高功率密度电机系统的先进电气化推进技术，是与能源、机械、材料、信息、物理、环境等学科领域的新方法、新技术交叉融合产生的前沿领域。特别是面向新能源汽车、高铁、全电飞机等电气化交通应用的大容量高效能电力推进系统装备的研究发展，对于节能减排降碳，实现我国"双碳"目标具有重要意义。

第六节 储能装备及系统

一、优先发展领域

（1）优先发展包括制氢、可再生能源转化在内的热化学储能技术，从热化学储能材料与热化学反应机理出发，延长储能材料循环寿命，降低储能成本，提高整体能量转换效率。继续降低相变储能与显热储能的储能成本，解决高温相变材料与熔融盐储能技术中存在的腐蚀老化问题，并研究多种储能技术集成的复合储能系统的可行性。

（2）优先发展高比能、低成本的电极材料以及高安全性的锂离子电池有机电解液体系；优先发展使用更廉价的正负极材料或工艺途径，降低电芯成本；优化电池材料体系，提高能量密度；发展新的嵌钠机理，催生出不同适合嵌钠的结构体系；推进电极材料的规模化研究，从而进行电池体系的正负极匹配和相互作用探讨，并对电池体系安全性进行系统考察。探索人工智能和机器学习技术在电池材料开发的应用潜力，实现对海量实验数据的实时采集和快速高效分析，大幅提升实验效率，缩短实验周期。

二、前沿交叉领域

（1）新抽水蓄能创新形式建设，如利用废旧矿洞建设抽水蓄能电站，涉及工程热物理、地质学、采矿工程等多学科交叉领域，对进一步拓宽抽水电站站址资源选择范围、节约土地资源具有重要意义。

（2）从微观机理出发，研究储能材料微观特征对宏观参数和储能过程的协同影响机制与构效关系；从系统结构出发，研究多品位能源与热能的转化储存技术与多能互补的能源梯级利用存储技术；从实际出发，紧密贴合国家战略，革新可再生能源储能技术，开发分布式能源系统。

（3）发展新型电磁/超导磁悬浮技术。作为工程热物理、电力电子、机械工程等多学科交叉领域，对进一步降低飞轮电机轴系损耗有重要作用。

（4）电池管理系统的设计和开发，这是一个工程热物理、电化学、电学、材料学、计算机和控制等多学科交叉的领域，对于储能离子电池的安全性和使用寿命至关重要，对于降低储能锂离子电池的综合使用成本具有重要的意义。

（5）超级电容储能过程载能离子与电子混合输运过程的热物理问题；高性能超级电容关键组件先进制备方法；超级电容电极材料制备与应用过程中的微观热力学问题；极端服役条件下超级电容热管理问题；高温超导磁体力-热-电-磁多场耦合跨尺度建模及机理研究；超导体内局部温升及运行热稳定性；超导腔降温过程的流动传热机理。

第七节　氢　　能

一、优先发展领域

氢能领域产业链涵盖了氢能制备生产、氢能储存运输以及氢能终端利用等重要环节，其中，应优先发展燃料电池技术、氢储运技术和电解水制氢技术这三大领域。作为氢能制备技术，电解水制氢技术可以与可再生能源（风能、光伏、水能、地热等）生产的富余电力耦合，发展潜力巨大，应作为优先发展事项，持续优化其产业链，降低成本，开辟一条实现大规模、低成本制氢的创新模式。其次，电解水制氢技术可与管道运输结合，可有效降低运输成本。管道"掺氢"和"氢油同运"技术是实现长距离、大规模输送氢气的重要环节。燃料电池领域应加强燃料电池关键材料核心部件的研发与技术应用，优化批量生产工艺，全面实现关键材料核心部件的国产化与批量生产。同时，进一步提高电堆比功率，降低电堆铂用量，从而大幅度降低燃料电池产品的成本。

二、前沿交叉领域

氢能制备的前沿交叉领域主要聚焦于光生物制氢技术中光能转化效率低下的问题，运用基因工程手段改造光发酵细菌的光合系统，或者通过人工选育高光能转化效率的光发酵产氢菌株，从而深入研究光能吸收、转化和利用方面的机理，提高光能利用率。

氢能储运的前沿交叉领域主要聚焦于储氢材料的研发，我国储氢罐材料依赖进口，技术和产业化水平与国外都相距甚远。储氢材料技术的储氢量较大，作为前沿交叉领域，其未来的发展研究应集中在提高材料的热交换性能，提升吸放氢的效率，降低加氢脱氢装置的成本，实现储氢材料技术的规模化应用。

在氢能利用终端氢燃料电池方面，前沿交叉领域主要聚焦于开发增强的新型关键材料、耐腐蚀材料，以期提高燃料电池耐久性和寿命。同时，致力于寻找非铂或者低铂催化剂，降低燃料电池的成本。

第八节　高能耗行业节能

一、优先发展领域

在工业节能方面，优先发展领域有煤的高效清洁燃烧；可再生能源和燃料化学能等不同品位能量的协同转化与高效利用；规模化高效储能。

建筑节能中优先发展领域包括碳中和目标下建筑、气候、资源、环境等多因素之间的复杂作用新机理；全面电气化时代建筑用能需求与用能规律刻画方法；建筑光储直柔配电系统构建方法；可再生能源应用于建筑的"产－供－用－蓄－调"一体化分析方法等；能效倍增的高效空调制冷与供热技术与运行方法。

交通运输节能中优先发展领域包括高效清洁燃烧技术，多元化的交通能源燃料供应，以混合动力、燃料电池为代表的新能源动力装置和交通运输系统节能及智能控制等。

二、前沿交叉领域

工业节能的前沿交叉领域主要包括：碳捕集、利用与封存；多能互补分布式系统协同调控；"互联网＋"智慧能源。

建筑节能的前沿交叉领域主要包括：建筑用高性能被动式材料基础研究；建筑用电负荷灵活性与电网一体化调控方法；建筑多场景智慧化控制方法。

交通运输节能减排技术的前沿交叉领域主要包括：以传统石油燃料的高效生产、非传统石化燃料、煤的液化、生物质燃料生产制备及氢制造等为代表的多元化交通能源燃料开发生产技术；高效清洁燃烧、混合动力、燃料电池和系统能源控制等技术。

第九节　温室气体控制与无碳－低碳系统

一、优先发展领域

降低大气中温室气体浓度的途径包括减排（减少温室气体排放）与增汇（加强温室气体吸收）两类。减排手段包括提高能源利用效率，调整能源结构，以及捕集、埋存与资源化利用 CO_2。由于特性与适应情况不同，上述三种减排手段在我国温室气体控制战略中所扮演的角色也各不相同。为了协调经济发展、能源利用与温室气体控制，我国的 CO_2 减排战略应该基于我国国情，分阶段、按步骤、有侧重地开展，近中期以发展和推广节能技术，提高能效，并大力发展可再生能源等绿色替代能源为重点，长期则以控制 CO_2 排放的一体化系统为主线。

1）控制 CO_2 排放的洁净煤技术及无碳－低碳高效转换与集成技术

从温室气体控制角度看，CO_2 是由化石燃料中的含碳成分氧化后生成的，这个氧化过程既是 CO_2 的生成过程，也是燃料化学能的转化与释放的过程。能源转化利用与 CO_2 分离一体化的出发点在于将能源系统中的化学能梯级利用与 CO_2 分离过程相耦合，依靠系统集成，寻找能量的梯级利用与 CO_2 分离一体化的突破口，研发全新的分离原理与技术。

需要研究以煤气化或热解气为燃料的无碳－低碳高效转换与集成技术，结合气化煤气富碳、焦炉煤气富氢等互补特点，采用创新型重整技术，使气化煤气中的 CO_2 和焦炉煤气中的 CH_4 转化成合成气，提高原子利用效率。燃料电池（如 PEMFC、SOFC 等）是一种可直接将煤气化/热解气化学能转化为电能的装置，其转换效率不受卡诺循环限制，理论上可高达60%～80%。近年来，燃料电池/燃气轮机混合动力系统（如 SOFC/GT）成为研究热点，该系统中燃料电池尾气高品位热能驱动燃气轮机做功，可解决能源动力系统效率低下与污染严重双重问题。

实现重污染行业的源头减污与清洁生产是循环经济减量化的核心和关键，提高高耗能工业过程的能效已经成为发达国家清洁生产发展的重要目标，需要研发降低能源消耗和提高能效的源头碳减排清洁生产技术。以钢铁工业为例，如果采用低碳或无碳资源代替煤炭，如以氢冶金推动"以氢代煤"，或采用生物炭还原铁矿石进行钢材产品生产，便可大幅度减少 CO_2 排放，甚至形成 CO_2 负排放。

2）无碳－低碳燃烧技术

氧－燃料燃烧技术，是一种利用高纯度的氧气代替燃烧空气并通过烟气再循环来调节炉内温度和传热的新型燃烧技术。MILD 燃烧是低氧稀释条件下的一种温和燃烧模式，在燃烧时局部高温火焰存在，可实现极低 NO_x 排放和较高燃烧热利用效率。化学链燃烧技术是一种高效、清洁、经济的新型无火焰燃烧技术，在燃烧过程中实现高浓度 CO_2 富集和分离，并降低其他污染物的排放。

3）先进的碳捕集技术

CO_2 的捕集方法主要有吸收捕集、吸附捕集、膜分离捕集和水合物分离捕集等，已成功应用于各种化工领域。由于应用对象种类多，CO_2 浓度变化大，体系复杂，各种分离技术目前都面临分离溶剂和材料、分离过程工艺和分离设备等创新问题，所以加强 CO_2 捕集分离技术及其集成技术的研究，是实现能源化工与工业的无碳－低碳化的关键。

4）高效的 CO_2 资源化利用技术

CO_2 是重要的资源，未来的 CO_2 控制技术集中在如何利用资源，顺应我国能源化工需求，开发 CO_2 低能耗制备合成气、甲醇等能源化学品的高效选择性催化剂和 CO_2 温和制备碳酸酯高值化学品的反应器装备。利用太阳能将废弃二氧化碳转化成所需的化学物质，开展 CO_2 光生物转化（微藻固碳、细菌发酵制酸醇等液体燃料）。基于光催化创建"人工光合"的"太阳能"提炼厂，探索 CO_2 光生化、光电、光热转化液体燃料和多种产品的"平台"分子的交叉前沿技术研究等。

5）与可再生能源集成基于多能互补方式的温室气体控制研究

研究区域多能互补系统优化配置与集成机理，建立与可再生能源集成控制 CO_2 排放的多能互补系统耦合机制与系统设计，探索可再生能源驱动的 CO_2 捕集与分离方法等。

二、前沿交叉领域

我国面临能源与环境的严峻挑战，温室气体控制问题更对能源、环境等多学科领域交叉相关理论和技术的研究提出了迫切要求。

CO_2 控制相关的基础理论研究涉及能源、环境、化工、生物、地学和规划管理多个学术领域，不但有领域内的学科交叉，还有领域间的学科交叉，急需解决的前沿科学问题多，需要长期开展基础研究，循序渐进，对科学问题的认识不断深入，鼓励学科交叉。温室气体控制近中期支持的交叉领域主要包括：①燃料化学能梯级利用的温室气体控制（与化学学科交叉）；②CO_2储存与资源利用方法（与环境、地球科学交叉）；③低碳排放型循环经济生态工业系统研究（与管理交叉）等。

应尽快启动相关重大研究计划，大力支持CO_2控制相关的前瞻性基础研究，尤其是交叉学科的基础研究。

CO_2的化学利用正在成为热门的科研领域。主要利用途径有：CO_2加氢制备低碳烯烃、甲烷与CO_2反应制备C_2烃、CO_2加氢制备C_1 - C_2混合醇、CO_2加氢制备二甲醚、CH_4还原CO_2制备合成气、合成碳酸二甲酯、CO_2共聚合成等。由于CO_2化学性质十分稳定，以CO_2作为资源进行化学利用难度较大，能耗和成本很高，而且规模有限。目前应加强基础研究，增加技术储备。争取在H_2价位逐渐降低和催化剂等技术获得突破后实现CO_2规模利用。

第十节　智慧能源系统

我国正处于能源系统智慧化发展的关键时期，加快推进能源全领域、全环节智慧化发展，提高可持续自适应能力将是我国面临的一项重大挑战，也是我国智慧能源系统引领全球能源技术的一次重要机遇。对智慧能源系统的研究，可能成为解决能源问题的重要突破口，是现在及未来相当长时间内的重要工作，应予以重视及支持。智慧能源系统的相关研究主要包含以下优先发展领域和交叉领域。

一、优先发展领域

（一）可再生能源与传统能源系统多能互补和调谐

我国正处于向低碳能源转型的重要阶段，可再生能源占比逐年提高，已成为化石能源重要的、不可或缺的"绿色"补充/替代。如何尽可能地提高可再生能源的比例、降低城市供冷/供热对化石能源的依赖，是当前亟须解决的一个重要问题。随着物联网的快速发展，多类型能源系统（风／电、光／电、气／电、气／热、气／冷、电／冷）的信息可通过能源物联网进行互联。基于物联网技术，用人工智能把供电侧／用户侧能源信息融合起来，挖掘利用其"隐含"的能量特征，使得多能互补能源系统在物联网信息融合决策后配合更高效，让多能互补、供冷／供热通过人工智能更加"鲁棒"和"智慧"，将成为可再生能源与传统能源系统结合新的研究方向。在接下来的一段时间内，应鼓励开展能源、物联网、人工智能等多学科交叉和协同创新，以可再生能源系统、多能互补等能源系统为对象，以物联网大数据、人工智能技术为核心，发展多能源系统人工智能，重点突破以下几个子问题：能源系统的冷／热需求－供给智能预测问题，多类型可再生能源与传统能源系统耦合供能特性挖掘，多能源互补系统调谐设计和运行优化问题，系统长期可靠性问题与全生命周期投入最小化问题。

（二）能源系统大数据

大数据技术已经越来越广泛地运用于各个传统行业，将大数据技术应用于能源领域是推动能源产业发展创新的必然趋势，将多能源系统整合、系统生产和消费及相关技术革命与大数据理念深度融合是一个重要的研究方向。能源系统数据通常具有非结构化的特点，每类数据源的数据采集范围不一，数据信息聚焦的时空尺度有别，在数据多样性方面呈现出明显的多源异构特性，能源系统的各种信息在当前难以高效利用，在今后一段时间内，应重视能源系统大数据挖掘的相关研究。主要内容包括：能源系统多源异构数据标准化，能源系统能流特性大数据和关联规则的挖掘，用户用能特性与潜力的挖掘，源－荷特性的预测分析，环境热舒适性参数、能耗数据、运行控制参数之间的强／弱关联分析，能源系统接入的供冷／热及其能耗特征与鲁棒性研究。

（三）城市／区域／建筑能源系统智能化

楼宇自动化系统或建筑设备自动化系统（building automation system，BAS）可为建筑运行节能 20% 左右，然而我国 80% 以上的智能建筑内 BAS仅仅作为设备状态监控使用，造成投资的极大浪费。在今后的一段时间内，我国经济与生活水平仍将高速发展，建筑面积仍将快速增加，建筑能耗在社会总能耗中的比例将会继续高速增长，应重视该领域的基础及应用研究。其中，城市 / 区域 / 工业园区 / 建筑群间的能源设备、传感器和控制器信息共享与协同，建筑群数据仓库和云存储技术将作为建筑能源系统智能化的基础设施建设，在该层面上需进一步对城市能源效率进行评估，重点关注城市能源效率定量化、精细化的研究工作，深入研究城市 / 区域 / 建筑能源系统的智慧调适、决策调度、智慧管理等全方位智能化的问题。

（四）能源系统运行风险预测及其全生命周期健康管理

能源系统故障与风险会严重限制多能互补系统、可再生能源系统的供冷 / 热能力及其供能时效，加重供给侧与用户侧的供需矛盾，需关注和开展能源系统的运行风险与健康管理研究。建筑能源系统的有关研究已取得了较丰富的成果，但已有成果多针对单一系统的单一类型故障开展研究，仍不够深入，很少涉及复合能源系统的多故障问题。在当前及今后的一段时间内，应重点关注以下研究方向：故障跨能源系统的迁移和传递机理研究，热力故障和电气故障的耦合特性及解耦研究，电气故障对热力过程的反向干扰机制，控制调节对热力故障的被动补偿特性研究。此外，已有的运行风险方法缺乏故障征兆预示和预警能力，对于未知运行工况缺乏适应性和鲁棒性，对系统的运行风险缺少全生命周期的量化评估，应加强对能源系统全生命周期尺度的故障预示、容错、风险管理的深入研究。

（五）能源系统智慧化决策与智能运维

能源系统智能运维是建立在物联网基础上的人工智能智慧化决策和管理，在今后的一段时期内，随着物联网和人工智能技术的不断迭代，能源系统智慧化决策与智能运维将得到进一步发展和突破，应加强该领域的研究积累，重点在以下几个方向进行突破：研究多类型能源系统稳定供能和快速响应机理，分析供储能设备、装置及系统内各单元机组静动态特性，借助人工智能算法建立决策与控制响应关联，研究基于物联网多信息融合的人工智能调谐与智慧决策弹性控制方法。此外，智慧决策控制目标不应单一考虑节能，在今后的一段时间中需进一步关注多能互补系统整体效率和需求响应因素。

二、前沿交叉领域

（一）能源互联网与数字孪生

能源互联网可以高效采集和管理多类能源系统数据，将其与数字孪生技术交叉融合，则能源系统可以定义为一个多物理、多时空尺度、多概率的模拟过程，通过将能源互联网映射到虚拟空间，反映了能源系统的整个生命周期过程。能源互联网数字孪生涉及电学、热学、计算机、机械和通信等多学科知识的交叉，将给能源领域带来新的研究热点。在当前和今后的一段时间内，能源与数字孪生的结合和应用需要重点解决以下几个问题。①物理系统的测量感知。优化物理系统中传感器的布置，优化数据测量、传输、处理、存储和搜索相关的技术难点。②数字空间的建模。探究能源系统物理实体的时间尺度和空间尺度的特征，研究物理实体与数字空间的同步特性。③仿真空间与决策。数字空间与能源互联优化计算，复杂与不确定性场景推演，孪生系统智慧决策。能源和数字孪生的交叉应用将成为能源互联网主要发展模式。

（二）能源云与边缘计算

能源云可将海量数据汇集到云端进行处理，能源云技术作为能源物联网和人工智能技术的基础设施具有巨大的应用前景。城市级的能源物联网具有巨大的数据存储需求，因此需要结合边缘计算来减少信息传输延迟、提高能源信息的可扩展性、增强对信息的访问量。在未来的一段时间内，能源云在能源系统边缘侧的边云协同具有广阔的研究和应用前景。边缘计算需要执行数据采集、程序更新、设备管理和监控、机器学习模型更新等高级功能，而且这些功能需要复制到所有边缘节点和集群。因此，应结合能源云技术和能源系统关注边缘计算的管理策略、成本、拓展性和网络安全等问题。

（三）能源智能硬件及其智慧软件

研究能源系统的智能硬件及其智慧软件问题，探索研究能源系统的单一部件智能，研究多智能设备的设计架构与集成、多智能体的硬件优化协同问题。从单一能源设备智能的应用到能源系统智能研究及其应用；从能源系统的设计智能，到系统调试智能、运行与控制智能，再到全生命周期运维智能，将包含一系列能源智能硬件及其智慧软件的交叉前沿问题。

在硬件智能方面，关注能源系统中的各个能源设备、设备组、能源设施和系统网络与先进的传感器、智能控制器和智慧软件及其应用程序相连接的新方式、新技术，其中也涉及先进的能源信息的感知与传感技术、新型智能控制装置、能源 IoT 智能硬件、能源嵌入式智能系统及其平台等问题，可能涉及材料科学、电气工程及其他交叉领域新兴技术等交叉前沿问题。

在软件智能方面，研究能源系统设计软件的智能化、能源数据的安全性、能源系统调试工具的智能化、管理与决策的智能化、系统运维工具的智能化等问题。未来面临如何整合能源物理分析、算力算法、能源信息结构、安全协议与数据加密算法、能源系统与用户（使用者）的交互智能、能源设施运行与城市功能（服务）的交互智能等交叉前沿问题。

第十三章

发 展 建 议

第一节 化 石 能 源

煤的燃烧和利用方面总体上需要严控煤电增量，逐步采用先进高效的燃煤发电机组替代现役的落后机组。在智慧发电方面，重点发展燃烧发电过程运行状态精细化表征方法，提出多相流动燃烧环境下速度场、温度场、浓度场、成分场等的新型检测理论与技术，发展状态参数软测量技术；基于机理分析与大数据分析建立煤燃烧发电过程理论及先进控制方法，建立火电机组灵活智能运行控制理论技术体系；重点布局煤与可再生能源、储能系统的耦合发电技术方向，实现煤炭高效灵活智慧发电，支持可再生能源发展、电网智能化与数字化水平提升。在清洁燃烧方面，为了降低单一燃煤污染物控制方法串联叠加带来的系统复杂、能耗高、成本高等问题，建议发展多种污染物（特别是 Hg 等重金属、VOCs、放射性核素等非常规污染物）协同脱除技术；同时为了减少二次污染物，建议发展二次污染物前驱体的抑制技术和协同脱除方法，并与多种污染物协同脱除技术耦合，实现多种污染物深度协同脱除技术；发展燃煤污染物脱除废物的再利用方法，实现高值化产品精细化回收。在低碳燃烧方面，要进一步降低低碳燃烧的能耗，建议发展多种技术耦合的低碳燃烧技术，如利用氧载体或膜分离方式制备富氧燃烧技术中所需纯氧，多梯次降低系统能耗；研究低碳燃烧过程中的氧载体释氧和污染物脱除的技术耦合，降低燃烧过程中污染物排放；发展低碳燃烧过程中所捕集的 CO_2 的利用方式，实现高附加值产物的转化；同时加快新型燃烧技术（如超临界 CO_2 燃烧、氨燃烧、氨－煤混燃）从过程开发到工业示范的技术成果转化。

发展适应大型煤化工园区的超高压超大型清洁高效煤气化技术；推进煤炭超临界水气化制氢技术及与碳中和为导向的煤气化多联产技术；推进煤气化技术从单一的"气化岛"向"气化岛＋环保岛"方向发展。扩大煤制油产业规模，发挥煤制油对石油的替代作用，开发煤制油大规模系统集成技术与大型装备技术，加强低阶煤热解初级产品深加工联产技术基础和应用研究；发展煤转化以及油/煤/气融合转化制液体燃料和化学品（烯烃、芳烃以及含氧化合物等）的新路线与新方法。

石油化工领域稳步朝着绿色、高效、清洁及高端化的方向前进，以下领域研究十分活跃：新型催化材料和催化剂工程的进一步开发及工业应用；新型高效绿色的石油加工工艺工程技术的设计；基于分子管理技术的过程模型及工艺设计。我国的石油化工的研究从长期"跟跑"，已经开始逐步进入"并跑"阶段，自主研发了一系列催化剂及工艺过程，部分已经达到世界先进水平。我国在重油资源的高效利用领域进行了长期布局，具有较好的理论研究基础，在石油加工分子工程领域正在积极开展基础理论研究。但仍需指出的是，我国目前石油化工行业的技术自给率仍然有限，尤其是石油基化学品制造技术储备相对薄弱。建议 2021～2035 年重点在以下方向进行布局：①石油化工过程分子工程基础理论及方法；②石油复杂分子体系分离工程；③石油分子转化催化材料和催化剂工程；④石油分子绿色反应工程；⑤石油分子绿色转化工艺和工程；⑥石油分子高值化利用工程。

非常规油气方面建议建设国家级"非常规油气资源开发利用综合平台"，并建设若干领域的分平台，形成有效互补。建议将非常规油气资源开发补贴，由直接的产量补贴转为技术补贴，促进高校等科研机构开展理论、技术创新。

打造超前、尖端、世界一流的非常规油气资源实验室，解决战略性、前瞻性科学问题，为保障能源安全贡献更大的"非常规"力量。

第二节　可再生能源与新能源

我国学者 2013～2018 年在可再生能源学科相关领域的 8 种主要国际学术期刊上所发表论文总数排在国际第一位，占期刊论文总数的 20.7%，其中基本科学指标（Essential Science Indicators，ESI）数据库论文数也排在国际首位。截至 2018 年底，我国可再生能源发电装机容量超过 7.28 亿 kW，占全部装机容量的 38.4%，且太阳能光伏 / 太阳能光热 / 风能等产业均稳居世界第一位。目前，我国的可再生能源利用成本显著下降，清洁低碳、安全高效的能源体系日渐成熟，为高速增长转向高质量发展奠定了坚实的基础。我国学者提出了采用腔体吸收器大幅度降低集热器成本的新方法，实现了太阳能集热器的工业热能应用，建成了我国第一个太阳能热发电实验系统——八达岭太阳能热发电实验电站；此外，我国学者在太阳能中温集热转换、太阳能低温集热制冷 / 除湿、太阳能中温集热变效吸收制冷等方面居国际领先水平。在生物质热解液化、生物柴油制备及高值化利用、生物质气化合成液体燃料、纤维素乙醇发酵等方面，我国学者也取得了国际前沿创新性成果。

但同时，我国在太阳能热利用的耐高温 / 高可靠性 / 高吸收比 / 低发射率涂层、大规模太阳能储热、核燃料组件热工水力模型等方面的研究比较薄弱，需突破太阳能利用过程的能量转换、释放机理、不同物质流和能量流之间的调控与优化集成关键技术，发展低成本规模化高密度储热理论及关键技术。此外，需探索生物炼制过程强化及目标产物定向调控新方法，实现生物质资源全组分综合利用，发展生物质转化过程中多相反应流传热传质理论，同时加强与物理化学、化学工程及工业化学、微生物学、植物学与农业种业学、信息科学等学科的交叉融合创新研究。针对我国可再生能源和新能源可持续应用发展的不足之处及技术瓶颈，构建可再生能源和新能源高效转换、储存及利用的新理论与新技术应从以下几个方面着手。

（一）太阳能利用方面

具体包括：太阳能热发电、太阳能采暖/空调及工业热能应用、太阳能高效转化收集、变工况太阳能直接利用新技术、太阳能规模化储热与高效热功转换关键技术、低成本规模化储能、先进热功转换系统、太阳能中低温直接利用等。

（二）生物质能利用方面

生物质高效转化制取清洁的液体燃料研究是我国能源稳定安全可持续的供给重大需求，对优化我国能源结构和能源环境可持续发展具有深远的意义，因此应该重点发展生物质制备高品质液体燃料的新方法、新理论。具体包括：生物质能源定向转化及调控新方法、生物质转化过程多尺度能质传递强化关键技术、生物质高效生化转化集成及能量梯级利用。

（三）氢能利用方面

氢能利用具有显著的多学科交叉特征，鼓励与材料、生物、化工、物理、化学、环境、微生物学、生物工程等学科的深度交叉融合，重点开展氢能制备、储存、运输、转化与利用中的工程热物理问题研究。在可再生能源制氢以及氢能利用技术的领域需要研究：制氢过程中的能质传递与转化机理、高效制氢新方法、燃料电池膜电极和金属双极板高精度制造关键技术。

（四）核能利用方面

核能的安全高效利用对我国经济可持续发展具有重要战略意义，重点开展数值反应堆技术、先进核燃料及事故容错燃料技术、严重事故现象与机理学方面的共性和前沿技术研究。在核能热工水力方面，研发高精度数值核反应堆技术、先进核燃料技术、核能安全高效利用关键技术、多层次核反应堆能源系统热能综合利用关键技术。同时研发结合可再生能源与核能利用的新技术、基于可再生能源与常规能源结合的智慧能源技术与系统。

第三节 智能电网

（一）电力系统"碳中和"转型路径研究

实现我国能源电力系统的"碳中和"转型，将是 21 世纪以来全球规模最大、持续时间最长、资金投入最多、覆盖面最广的国家基础设施建设项目。然而，如何制定科学合理的转型路线，在实现碳中和转型的同时，保障能源系统的经济性与安全性，是复杂的系统性问题。我国以煤为主、资源负荷逆向分布的格局为碳中和转型带来了先天困难，如西北等局部区域可再生能源消纳能力不足、弃风弃光显著、灵活性资源补偿代价过高；东北等风力资源丰富地区的风电装机增速不足 3%，大量投资向风力资源较差区域转移导致资产利用率与盈利能力严重下降；海上风电方兴未艾，沿海地区不断增加海上风电发展规模，系统灵活性接入能力尚不明晰。如何保障可再生能源的持续健康发展、实现电源的合理布局、电网的协调规划、确保充足的运行灵活性，是关系万亿级资产配置的重要问题。建议加强电力系统碳中和理论与规划方法的研究，形成数字化、动态化、互动化的路线图，以大规模数值计算支持复杂网络与系统的平稳转型。

（二）面向碳中和建设新一代智能电网体系

面向高比例可再生能源与碳中和电力系统，创新智能电网新技术研究与应用体系，加强重大关键新技术攻关，重视理论突破与核心装备自主化，实现我国智能电网新技术装备平台与人才队伍处于"领跑"水平。构建广泛互联、智能互动、灵活柔性、安全可控、开放共享的现代智能电网体系；支撑电力市场机制创新，构建多元化的能源电力市场模式；大幅度提升电网抗故障、抗攻击能力。

（三）新能源电力系统故障分析方法与保护控制理论

面向未来新能源为主体的新型电力系统，研究新能源电力系统的故障分析理论与方法，基于电磁波传播理论、线性分析理论及非线性响应补偿思想，解决故障暂态全过程控制策略响应切换与故障特性分析连贯性分析难题；研究新能源电力系统的继电保护新原理与方法，重点研究对电源出力具有强鲁棒性的保护原理，解决新能源为主体的新型电力系统故障辨识与故障保护难题；研究新能源电力系统的故障穿越与自愈控制方法和策略，解决新能源并网和组网条件下可靠的故障穿越与故障自愈的匹配协调难题。

（四）新能源电力系统先进输配电关键技术

面向新能源为主体的新型电力系统面临的新能源资源分布与负荷中心不匹配、大量新能源资源需要大范围传输和互补利用的问题。研究多端混合型柔性直流输配电系统的设计、控制与保护一体化技术，提升输配电系统的灵活性；研究多频率混联电网的拓扑结构、形态特征构建，以及传统电网向多频率电网的演化路径推演；研究基于超导技术的能源管道、超导限流器和超导储能系统，增加系统的运行效率。

（五）智能电网新技术

电网感知能力是智能电网高效运行的基础，建议加强电网的全面感知能力，从智能传感器、物联、通信方面形成对智能电网数字孪生运行模式的支撑；围绕电网大数据的管理与利用，建议实现数据资产管理、交易与隐私保护，汇聚全环节、全业务、全对象数据，实现与产业链上下游企业、数字政府及利益相关方信息数据的有效开发与利用。此外，充分利用先进人工智能技术，建议实现电网计算与云服务平台，支撑数据驱动业务在智能电网的应用，推动智能化技术在智能电网中落地。

第四节 能量转换中的动力装置与热能利用

（一）航空发动机

（1）建设国家级公益性航空发动机基础性研究机构。针对我国国家级航空发动机基础研究力量不足的问题，借鉴美国NASA格伦研究中心、俄罗斯中央航空发动机研究院的成功经验，建立国家级公益性航空发动机基础性研究机构，发挥基础研究的创新超越引领作用，补齐航空发动机创新链的短板。

（2）改进航空发动机行业人才评价和培养机制。对于学术研究型人才，应以提出创新性学术理论为遴选标准和培养目标，需要细分针对不同学科和研究方向，弱化以文章数量和影响因子等为代表的计量型数据的考核指标；对于面向航空发动机重大需求的工程应用基础研究型和技术性人才，建议把对工程实践工作的指导性和前瞻性作用作为其成果评判的最重要标准，对工程支撑性较强的研究人员应提升遴选的优先级。面向世界科学前沿，梳理制约国家重大战略需求发展的关键瓶颈问题，有序建立学科发展战略体系，大力支持长期从事自主数值工具、物理模型和实验方法研发的科技工作者，为其营造创新发展环境。建议设立"空天动力科学与技术"或"运载动力科学与技术"学科，增加航空发动机方向的研究生招生指标。

（3）加强试验设施设备和数字化条件的建设和统筹使用。进一步优化航空发动机试验设备布局、改进开放使用机制，建设"空天动力结构服役安全流热固耦合实验装置"重大科技基础设施，并充分利用即将建设的"吸气式发动机关键部件热物理实验装置"重大科技基础设施及国内已有其他试验设备。加强航空发动机研制体系中数字化设计、制造、试验条件建设，加强各类软件建设。

（二）燃气轮机

（1）发展新型高效热力循环设计技术，采用脉冲燃烧技术、旋转爆震燃烧技术与无冲击爆炸燃烧技术等拓宽燃机布雷顿（等压燃烧）循环，结合阿特金森（定容）循环，逼近卡诺循环，加强开式二氧化碳循环技术与闭式二氧化碳循环技术研究。

（2）加强压气机与透平部件气固、气热耦合机理及多学科优化设计研究，探索燃料适应性强、低污染创新性燃烧组织方式，突破氢燃机基础理论与关键技术。

（3）加强自主化的燃气轮机设计和数值仿真工具研发，发展与硬件结合的高可靠性数值模拟技术与数据整合与分析技术。

（4）与两机专项有机衔接，加强基础理论探究和专业人才培养，统筹规划和建设燃气轮机综合试验与验证平台，提供公共平台服务，支撑燃气轮机理论与技术验证工作。

（三）汽轮机

（1）加强汽轮机通流部分优化设计研究，探索汽轮机级内超音速流动、激波干涉、边界层分离、跨音速非平衡凝结流动等复杂流动现象，突破湿蒸汽凝结流动损失机理与汽轮机内湿度测量关键技术。

（2）研究二次再热机组自身系统内的蓄能、蓄热分布及其特性，获得主蒸汽压力等运行参数对系统自身蓄能和蓄热特性的影响，提出二次再热机组高效、灵活复合调节控制技术，实现自身蓄能和蓄热的安全、经济利用，有效缓解机组自身负荷响应能力的瓶颈问题。

（3）加强自主化的汽轮机设计和数值仿真工具研发，发展与硬件结合的高可靠性数值模拟技术；通过虚拟数字世界的仿真不断优化实际产品的设计过程、制造过程和运维过程，延伸产品的价值链并由设备制造商往能源方案解决商转型，建设世界一流的透平制造企业。

（4）与国家能源战略有机衔接，加强基础理论探究和专业人才培养，统筹规划和建设各类汽轮机综合试验与验证公共服务平台，支撑热力设计与数值验证。

（四）内燃机

（1）高效、低碳和零环境影响的新一代内燃机研究，包括基于混合气浓度、燃料活性、缸内温度、缸内组分等不同分层控制的低温燃烧技术，拓展稀燃极限并发展空间燃烧提高热效率，发展低摩擦、低散热技术，发展更灵活、更高喷射压力的燃油系统，发展低温适用的高效后处理技术等，实现内燃机更高热效率，更低碳排放，以及零环境影响。

（2）开发基于可再生能源的碳中性燃料和氢能利用技术，实现碳中性燃料和内燃机的协同发展；寻找甲醇、乙醇、生物柴油、氨气、氢气、天然气等多元燃料在内燃机上稳定可靠运转的控制方法；探明传统燃料和低碳燃料与内燃机协同后实现全生命周期碳排放最低的路径和方法。

（3）加强内燃机领域的军民融合，提升我国内燃动力在舰艇、潜艇、坦克、装甲车、无人机等领域的强化性能和可靠性，促进军民技术的相互支撑和有效转化，保障国防装备内燃机的自主发展，增强我国国防力量。

（4）推动内燃动力系统数字化和智能化关键技术创新与应用，内燃动力系统的电气化、数字化和智能化，是动力系统实现低碳、高效和超清洁等综合性能，满足未来发展需求的重要技术路线。通过组织多学科交叉和跨界融合的协同创新，促进内燃动力全产业链与人工智能、大数据等智能技术深度融合，实现内燃动力系统的数字化与高度智能化。

（五）流体机械

（1）全面深入开展提升流体机械装备及其系统高效节能、安全可靠性能的相关理论和技术研究。

（2）加强新型工质闭式循环涡轮动力系统基础理论和关键技术研究。

（3）加强叶轮机械整机非定常流动数值模拟工程实用及高精度大规模并行软件开发。

（4）面向国家需求培养创新型、复合型高端人才。

（5）加强流体机械领域高水平国际期刊建设，提高我国流体机械相关学科的国际影响力。

（六）新型能源动力

（1）对于未来的高超声速、新能源、新构型等新型航空发动机，国际上高度重视，但目前都处于多概念、多途径的探索和技术攻关阶段，技术路线还不清晰，研发体系也不健全，技术有效性未得到工程验证，属于"未知的未知"领域，直接大规模投入存在较大的技术不确定性。建议前瞻规划、小步快跑、审慎推进。

（2）加强对转冲压发动机基础研究和关键技术攻关，我国在这方面处于国际领先地位，建议进一步加大支持力度，实现引领发展。

（3）从多个渠道支持爆震发动机、强预冷发动机、电推进、氢能/核能发动机等新型能源动力发展，占领新的技术制高点。

（七）制冷空调

（1）基于高效除湿空调和温湿度独立控制的热力循环有望突破传统空调

技术的低温冷凝除湿瓶颈，大幅度提升空调效率，并带来空调制冷技术的突破性进展，建议加强相关方面的热力学循环、传热传质机理、新材料和系统优化研究。

（2）基于天然工质和人造环保工质的制冷空调技术是实现环境友好型空调制冷技术的有效手段，同时也受到相关政策的大力推动，基于二氧化碳和水等天然工质和 HFO 等人造环保工质的高效制冷空调技术亟须突破。

（3）空调制冷技术已经成为支撑氢能利用、新能源汽车、生鲜物流和大科学装置的基础技术，而为了满足这些应用场景的特殊需求，空调制冷技术也需要进一步与这些场景进行融合。

（八）热泵

（1）当前热泵技术主要面向中低温输出应用场景，在高温输出场景下存在较大的技术挑战，严重限制了热泵技术在农业和工业中的应用，因此建议针对高温热泵和超高温热泵相关的工质、部件、循环与系统展开全面研究。

（2）当前热泵温升能力有限是限制其在农业和工业中应用的一大重要因素，建议基于高温热泵技术，进一步开展大温升热泵技术的全面研究，探寻兼顾大温升和高效率热泵技术。

（3）基于高温热泵和大温升热泵技术，拓展热泵技术在不同工农业生产中的个性化和高效化设计，实现热泵在工农业干燥、蒸汽产生等高温用热场景下的关键技术突破。

第五节　电力装备

（一）先进电工材料

（1）加强基础理论与关键技术研究。研究传统绝缘材料性能提升技术、基础材料尽限设计与应用理论，阐明基础材料功能失效的影响因素及机理；尽快启动电工绝缘材料分子结构层面的仿真设计原理、方法和软件等的研究工作，并结合工程化应用的需求，获得材料性能演变定量规律，提高新材料开发效率。

（2）布局战略性电气设备基础材料研究。建议将以超高压电缆绝缘用聚乙烯及聚丙烯、特高压绝缘用环氧树脂、电力电容器用聚丙烯等为代表的"卡脖子"绝缘材料作为突破口，实现该类材料加工性能与绝缘性能协同提升。

（3）环保绝缘气体综合性能（绝缘、灭弧、分解、生物安全、材料相容）提升的机理与评估技术，突破环保绝缘气体设计理论与合成技术。

（4）建议加强对提高分断电流能力和耐电压水平的新型触头材料的研究，加强对电工磁性材料（非）晶态结构（织构）的成相原理与精确控制的研究和工程应用。布局研制高强铝合金导线、高导耐热铝合金导线、高性能铝基复合输电导体、高压铝合金电缆等新型节能输电线缆材料及产品。

（5）建议以高能量密度、低成本、长寿命、安全动力电池关键材料制备技术为主线，开展高性能储能电池材料的研究与应用。

（二）电力装备多物理场特性及计算方法

深化电磁、传热、流体、力学、材料等学科的交叉融合，推进含微纳尺寸物质的电力装备多尺度下的多物理场的模型库建设，实现多物理场的全参数直接耦合模型；推进电气、材料、计算数学、软件、人工智能等学科的交叉融合，加快电力装备多物理场仿真软件的国产替代，建立电力装备多物理场仿真生态系统，推进电力装备的数字化设计、制造与运维。鼓励电气、计算机、通信、机械制造、力学等学科的交叉融合，推进多学科的产学研合作，加快电力装备数字孪生平台的建设与推广，实现复杂电力装备与系统、高价值电力装备的全生命周期的预测与评估，支撑数字化电网的建设。

（三）设备运行状态感知

推动电磁、传感、材料、化学、微电子等学科的交叉融合，研究特征参量微弱信号的高灵敏度感知机理，探索电气设备多参量融合感知技术，突破高端、低功耗、芯片化微型传感器件的国外垄断；促进光学、材料、微电子、精密仪器、人工智能等学科的交叉融合，打破国外对高端光学检测元器件的垄断，实现核心器件的自主化，实现电气设备内部多物理场的智慧感知，实现特征参量微弱信号高灵敏感知和参量融合；鼓励材料、物理、化学、电气以及数学等多学科领域的交叉，探索电气设备内部缺陷发生发展过程中多物理场信息及其时空演变规律，构建多源数据融合的设备健康状态诊断与寿命预测的理论和方法，研制出具有智能感知、判断和执行能力的智能电力设备。

（四）先进电力装备

建立输变电装备数字孪生技术，将数值模拟和数据挖掘所得产品统计模型融合，实现电力设备更加准确的状态评估和故障预警。探索适用新型输变电装备的关键材料，针对未来输变电装备的发展方向和应用场合，开展电磁场、流场、温度场、机械特性等作用下环保型电力装备材料特性研究，提出适用新型输变电装备的关键材料选型准则和制备方法。紧密围绕推进更大容量电能输送、柔性直流输电、分频输电等关键技术需求，研究高电压、小型化、高可靠性、绿色环保的新型输变电装备。

（五）超导电力设备

超导电力技术属于重大前沿战略性高技术，一旦取得重大突破，将同时对电力、能源、交通、科学研究等产生重大影响。因此建议长期稳定支持该方面的研究。为此，应设立"超导电力技术行动计划"，加强总体设计和组织，制订近、中、远期发展战略路线图，突出目标驱动导向，根据目标任务需求予以长期稳定支持。作为重要切入点，建议启动液化天然气温度的长距离超导输电示范工程项目，宽温区液氮氟碳混合液体绝缘介质冷却的高可靠超导限流及储能装置关键技术研发项目，通过超导材料、低温绝缘材料、超导磁体关键技术及其在电网中应用的关键科学问题的系统性突破，全面推动超导电力技术的发展。

（六）电力电子器件及装备

（1）将电力电子器件和装备作为发展重点，以实现自主可控、研发拥有自主知识产权和能够自主制造的技术为原则，给予政策和资金方面的优先资助。

（2）在电力电子器件方面，重点突破宽禁带功率半导体器件、高性能高频磁性元器件等电力电子基础元器件的材料制备、结构、封装与高效高质高可靠运行理论，掌握具有完全自主知识产权的电力电子基础元器件关键技术，实现电力电子基础元器件核心技术和工艺自主可控；攻克材料、芯片、封装、可靠性和应用的基础理论与关键技术，实现高电压、大电流、耐高温、高频率、低损耗的宽禁带与超宽禁带功率半导体器件。

（3）在电力电子装备方面，面向可再生能源规模化利用、大规模输配电工程、工业节能等国家能源战略中的重点领域和基础性核心技术，开展高性能电力电子变换与控制、电磁能量瞬变机制与电磁兼容基础理论以及电能的高效高质转化等应用基础研究，突破大容量、高电压与超高频电能变换新型拓扑、优化控制方法、多尺度系统建模以及仿真技术，实现高电压、大容量、高频/超高频电力电子装备及其系统的高可靠、长寿命、高效经济运行。

（七）电机及系统

电机及系统是一个典型的以需求为导向的研究领域。在基础研究层面，加强对电机及系统中冷却、机械、控制及系统应用相关等问题的交叉研究。在电机本体方面，电机是一个电磁、机械、冷却强相关的研究对象，耦合效应明显，但受关注度不够。在电机控制技术方面，单台电机的控制只是其中一个方面，电机在应用中常涉及多台协同问题。在电机系统方面，电机系统不但与电机及其控制相关，还与电源、传感技术等相关，要突破在具体应用领域电机系统相关瓶颈技术。因此，建议进一步建立以企业为主体、市场为导向、产学研深度融合的电机及系统技术创新体系。建立极端条件下电磁能与动能转换理论和技术体系；突破多物理因素综合作用下电机系统内物理量耦合分析及多目标优化设计技术，实现电机系统的精确建模与设计；进一步完善电机系统状态监测、故障诊断、远程通信等相关理论和技术体系，探索实现电机系统与互联网技术、人工智能技术融合的突破；构建高性价比电机系统理论与技术研究，推进更多应用领域"电动化"的进程。

第六节　储能装备及系统

（1）水资源配置与电网储能一体化调度技术、水库筑坝及防渗技术、复杂地质条件下大型地下洞室群的围岩稳定、高水头及高转速机组特性、大范围变速恒频机组开发、大型地下洞群通风系统设计、与其他新能源的联合运行，都具有较大的挑战，需要深入开展调查研究。

（2）超导磁轴承技术在技术上尚未成熟，是现阶段飞轮储能技术研究的热点，应用电磁/超导技术的主被动磁轴承和混合式磁轴承将成为飞轮储能技术发展的主流趋势，日本、美国、韩国、德国都在建立实验装置，而我国的研究技术较为薄弱，应作为飞轮储能技术发展的重要方向。

（3）根据实际需求进行顶层设计，从材料优化与储能装置设计到储能系统集成，从局部到整体，开发显热、相变与热化学储能技术的能源综合存储平台。一方面，以热化学储能技术为核心将太阳能、风能等可再生能源转化存储在氢气、一氧化碳、甲烷等燃料中，同时根据不同可再生能源的实际特性，优化综合储能平台的构造与布局，克服现有可再生能源利用技术的效率低、波动快、消纳难的问题，实现能源的梯级利用与提质增效；另一方面，研究多能互补的分布式能源存储系统，与城市的供暖、供电系统深度结合，取代传统集中式远距离供能系统，实现冷、热、电能就地转化消纳，进而降低碳排放，减少污染与能耗。

（4）同时推进新材料的研发和电池系统的开发，从科学和技术两个角度探究储能锂离子电池的基本问题，包括单体电池中的材料、电解液、材料与电解液界面等问题，也包括电池系统的稳定性和安全性问题。另外，探索新型锂离子电池回收再利用的方案，进一步降低储能锂离子电池的综合使用成本也是推进本领域发展的重要途径。

（5）根据现有的钠离子电池技术成熟度和制造规模水平，将首先从各类低速电动车应用领域切入市场，然后随着钠离子电池产品技术的日趋成熟以及产业的进一步规范化、标准化，其产业和应用将迎来快速发展期，并逐步切入到各类储能应用场景，如可再生能源（风能、太阳能等）的存储、数据中心、5G 通信基站、家庭和电网规模储能等领域。

（6）载能离子与电子耦合输运的多尺度模拟方法；低成本重质碳资源（煤、生物质）热转化制备超容碳材料技术；电极材料微纳限域空间内离子高密度、快速储运的新机制与新方法；超级电容器件内流动、传热传质和电化学吸附反应的多尺度复杂行为机理及控制方法。

（7）突破低能耗超导腔降温及保温技术。超导磁体大多运行在约 4.5 K

的液氦温区，保证超导设备的长期稳定运行直接影响着设备运行时的各项性能。

（8）突破高温、高稳定性超导材料开发技术瓶颈。高温超导材料的研发可以大幅度降低超导储能的成本，提高超导储能的实用性，使超导储能应用范围增加。

（9）探索复合储能技术。将 SMES 与其他储能方式相结合，协调控制各自的补偿对象，在技术指标上形成互补，可以得到性能更优越的复合储能系统。

第七节 氢　　能

氢能作为一种灵活的能源载体，是连接可再生能源和传统化石能源的桥梁，是未来能源变革的重要组成部分，具有极高的战略意义。氢能制备领域应充分利用各种资源，开发低成本、高效率的制氢方法，以推动氢能工业的发展。

氢能的优先发展领域应集中于电解水制氢，推动以风电或光伏发电与电解水制氢耦合的可再生能源制氢技术满足商业化的要求，可以成为小规模制氢的中坚力量，实现氢能和新能源的多能互补、多能协同发展。现阶段各类可再生能源制氢技术仍处于发展初期，未来的发展方向需要着力开发清洁、低碳的新型制氢技术。

氢气储运领域则应着重研发多种复合储氢技术，以期提高储氢密度，降低成本，逐步提升氢气的储存和运输能力。氢燃料电池被认为是氢能利用的终端形式，氢能在燃料电池领域的应用对建立清洁、低碳、安全的交通能源系统颇具意义。氢燃料电池领域应坚持开发创新型耐腐蚀材料，发展低成本的材料和部件，优化批量生产工艺和技术，优化电堆结构，以期提高燃料电池电堆性能与比功率，提高电堆及系统的寿命，降低燃料电池的成本，占领燃料电池车发展的战略制高点。

第八节　综端用能及节能

在工业节能领域，一方面应该依靠基础科学研究成果的积累并与关键技术攻关相结合，增强高能耗行业节能减排核心技术的自主创新能力，并对我国火力发电为主的装置进行改造、升级，同时在新型热力循环理论（如超临界 CO_2 布雷顿循环）的支持下，形成新的能源动力技术，从而实现煤的高效清洁利用；另一方面需要大力发展可再生能源，以提高非化石能源在我国一次能源消耗中的比例，并出台相应政策法规鼓励重工业领域中的高耗能行业消纳可再生能源发电量，同时需要建立健全以原始创新、集成创新和节能减排产业发展为导向的科技创新机制，着力打通基础研究、应用开发和成果转化等环节。

建筑节能发展需结合碳中和目标开展适用于建筑领域的实现路径和方法，建议进一步研究全面电气化时代的建筑用能特征与需求，揭示建筑冷热电等需求侧变化规律；研究和建立符合碳中和目标与绿色建筑发展要求的能源供应体系，结合当地气候资源禀赋条件研究城乡能源供给保障方法，构建柔性建筑能源系统；根据碳中和目标和能源结构状况，发展新型的暖通空调系统及其设计、运行控制的新理念、新方法；将暖通空调等建筑机电系统、建筑采光和照明系统、用电设备等建筑设备作为一个有机整体进行系统设计和运行控制，结合物联网与大数据方法实现建筑智能化调控。

交通运输节能需要继续推动高效清洁燃烧、电化学反应和复杂系统能流调控等基础理论的突破，加强引领混合动力、燃料电池、替代燃料汽车、航空发动机等高效清洁动力装置的开发，重点攻关高效低排放内燃机、燃料电池、动力电池、航空发动机等关键部件应用技术。

第九节　温室气体控制与无碳－低碳系统

我国是二氧化碳排放大国，控制温室气体二氧化碳排放研究，是我国应对减缓气候变化的国际压力需求，也是我国实施可持续发展战略的重要组成部分。因此今后 10～15 年，我国应在尽力争取实现现代化所必需的排放空间的同时，把温室气体控制和气候变化作为我国可持续发展战略的重要内容，积极采取各种可行的温室气体减排和控制措施。我国学者已经对二氧化碳减排有了较深刻的认识，为我国迅速实施碳捕集和存储基础研究打下了良好的基础。结合我国国情，提出我国在能源动力系统中实现二氧化碳减排相关建议如下。

（1）加强集二氧化碳捕集、运输、利用与封存为一体的温室气体控制系统方面的示范研究和大规模应用研究，加强二氧化碳捕集、运输、利用与封存系统的环境影响评估与风险控制等研究。

（2）将低碳型循环经济生态工业系统基础理论与关键技术研究列入学科发展研究规划，给予相应支持，统筹协调和调动各种研究力量，突出重点，形成合力，推进我国低碳排放型循环经济生态工业系统基础理论与关键技术研究的进展。依托国家循环经济发展态势与重大科技需求，逐步建立全国低碳型循环经济生态工业系统研究队伍，大力培养青年人才。加强国际交流，提高我国在低碳型工业生态领域的研究水平与国际影响力。

（3）温室气体控制技术涉及能源利用、化工冶金、环境保护与战略政策等多个研究领域，国家应尽快启动相关重大研究计划，加强交叉学科领域的基础研究。

（4）未来二氧化碳可能成为全球经济所需要的一种重要资源，为了促进二氧化碳利用技术发展，在二氧化碳利用、碳捕集与封存法规、政策和评估领域也需加强。与此同时，为了提高公众对环境影响的认识，应强调对

CCUS 的公众教育和宣传，并需要进一步加强国际合作，促进发达国家先进技术的转移，共同推进和早日实现碳中和。

第十节 变革性能源转换与利用技术

2020 年 9 月，我国政府对国际社会庄严承诺，将提高国家自主贡献力度，采取更加有力的政策和措施，二氧化碳排放力争于 2030 年前达到峰值，努力争取 2060 年前实现碳中和。为了推动"双碳"目标的实现，能源系统将发生深刻的、跃迁式的变革，可再生能源将成为主体。然而，可再生能源转换、储释和互补利用等方面的一些瓶颈技术仍未突破，导致目前可再生能源尚未大规模部署。因而，迫切需要研发变革性能源技术，包括太阳能、风能等能源的高效低成本转换，电能、热能等能源的致密快速储释，以及多种能源互补高效利用等，从而推动我国能源结构快速转型，实现碳中和国家能源战略目标。建议如下。

（1）持续加大能源科技基础研究尤其是前瞻性探索性研究的支持力度。变革性技术大多来源于基础性研究尤其是跨学科基础研究的突破。因此，对于探索性和前沿性的想法、学科交叉的空白领域研究要给予更多支持，尤其是对于 5～10 年可能产生变革性能源技术的基础领域要重点资助，如低成本高效光伏转换、全光谱太阳能梯级利用、仿生相变与热化学储能、二氧化碳封存与转换一体化、高效长寿命太阳能合成燃料、甲醇－氢能互补转换与储运等。

（2）布局一批系统级变革性能源技术研发和创新项目，发展支撑等熵储能系统构建的新原理、新方法和新技术。对于变革性原理已经走通、具有产业化前景的项目，建议设立重大创新项目，开展从材料、工艺、设备、到系统的全链条研究，突破共性关键技术，研发变革性能源转换与利用新装置和新产品，服务碳中和经济发展。可以重点考虑超临界二氧化碳循环太阳能热发电、规模化太阳能合成燃料、低成本燃料电池、风－光－生物质－煤炭多能互补、能源－水－空气－材料等学科交叉前沿等方向。

（3）培育建设一批重大能源科技创新平台。建议以国家能源结构转型和产业变革为契机，加大培育一批变革性能源技术领域的国家工程研究中心、国家技术创新中心、国家科技资源共享服务平台等创新平台，从而孵化更多工业、农业、交通、建筑等领域的能源碳中和技术企业，促进国家绿色低碳产业发展。

附录：参与报告编写人员名单

第一章： 金红光、何雅玲、陈维江、杨勇平、聂超群、范英、李政、张希良

秘　书： 郝勇、段立强、董学强、高林、鲁宗相

第二章： 齐飞、骆仲泱、姚洪、姚强

秘　书： 罗坤、赵海波

第三章： 王如竹、廖强

秘　书： 葛天舒、李俊

第四章： 文劲宇、李斌、辛焕海、鲁宗相、陈新宇

秘　书： 姚伟

第五章： 贾宏杰、康重庆、别朝红、孙宏斌、顾伟、李斌

秘　书： 郭庆来

第六章： 孙晓峰、席光、王如竹

秘　书： 吴云、孙大坤、孙中国、徐震原

第七章： 何金良、肖立业、尹毅、阮新波、盛况、李立毅、吴翊、马国明、杨帆、吴红飞、张成明

秘　书：胡军

第八章： 何雅玲、帅永、谢佳、王凯

秘　书：徐超、李明佳、王凯、席奂

第九章： 郭烈锦、樊建人

秘　书：吕友军、罗坤、苏进展

第十章： 杨勇平、何雅玲

秘　书：刘晓华、田华、李胜、童自翔、刘启斌、李廷贤

第十一章： 张兴、王秋旺

秘　书：曹炳阳

第十二章： 唐桂华、鲁宗相

第十三章： 唐桂华、鲁宗相

关键词索引

463, 465, 466, 467, 468, 469, 470,
471, 472, 473, 475, 480, 481, 483,
484, 488, 489, 490, 493, 503, 504,
505, 506, 512, 513, 518, 519, 524,
525, 527, 529

电力装备　43, 47, 49, 262, 263, 264,
266, 267, 268, 272, 273, 274, 275, 276,
277, 278, 279, 280, 281, 282, 283, 284,
285, 286, 287, 288, 289, 290, 291, 294,
302, 303, 304, 305, 306, 307, 308, 313,
318, 322, 480, 494, 495, 496, 498, 499,
520, 521, 522

F

发展战略　1, 43, 53, 89, 92, 112, 129,
141, 164, 182, 201, 260, 264, 434,
498, 522, 527

H

海洋能　21, 22, 95, 104, 117, 118, 119,
120, 122, 319, 330, 399, 411

核能　31, 42, 46, 49, 128, 129, 130,
248, 249, 250, 251, 319, 321, 324,
336, 375, 484, 486, 487, 488, 494,
498, 514, 519

化石能源　1, 2, 7, 8, 9, 18, 23, 28, 36,
39, 46, 47, 57, 66, 95, 98, 166, 168,
184, 256, 337, 338, 373, 375, 386,
389, 395, 399, 401, 402, 403, 404,

411, 435, 443, 450, 456, 460, 465,
480, 481, 484, 487, 488, 506, 525,
526

节能　2, 5, 6, 13, 15, 16, 18, 25, 34,
35, 42, 46, 47, 48, 53, 61, 62, 75,
76, 77, 78, 79, 85, 97, 101, 123, 141,
150, 153, 164, 174, 175, 178, 190,
194, 233, 240, 242, 243, 244, 245,
246, 251, 253, 254, 255, 256, 257,
258, 259, 264, 268, 271, 272, 298,
301, 303, 309, 318, 322, 325, 327,
339, 350, 355, 395, 397, 398, 399,
400, 402, 403, 404, 406, 407, 408,
409, 410, 411, 412, 413, 414, 415,
416, 417, 418, 419, 420, 421, 422,
423, 424, 425, 427, 428, 429, 430,
440, 441, 459, 466, 467, 468, 471,
472, 480, 492, 493, 494, 500, 502,
503, 504, 507, 508, 516, 519, 521,
523, 526

近零排放　18, 39, 63, 202, 231, 233,
447, 468

K

可持续　1, 7, 15, 16, 18, 21, 32, 33,
36, 46, 47, 66, 67, 71, 73, 87, 102,
112, 128, 130, 151, 152, 170, 182,
192, 194, 240, 243, 247, 253, 264,
325, 334, 367, 371, 372, 380, 386,
401, 404, 405, 413, 414, 416, 424,

N

Q

R